高等院校信息技术规划教材

工业组态软件应用技术
（第2版）

龚运新　顾群　陈华　编著

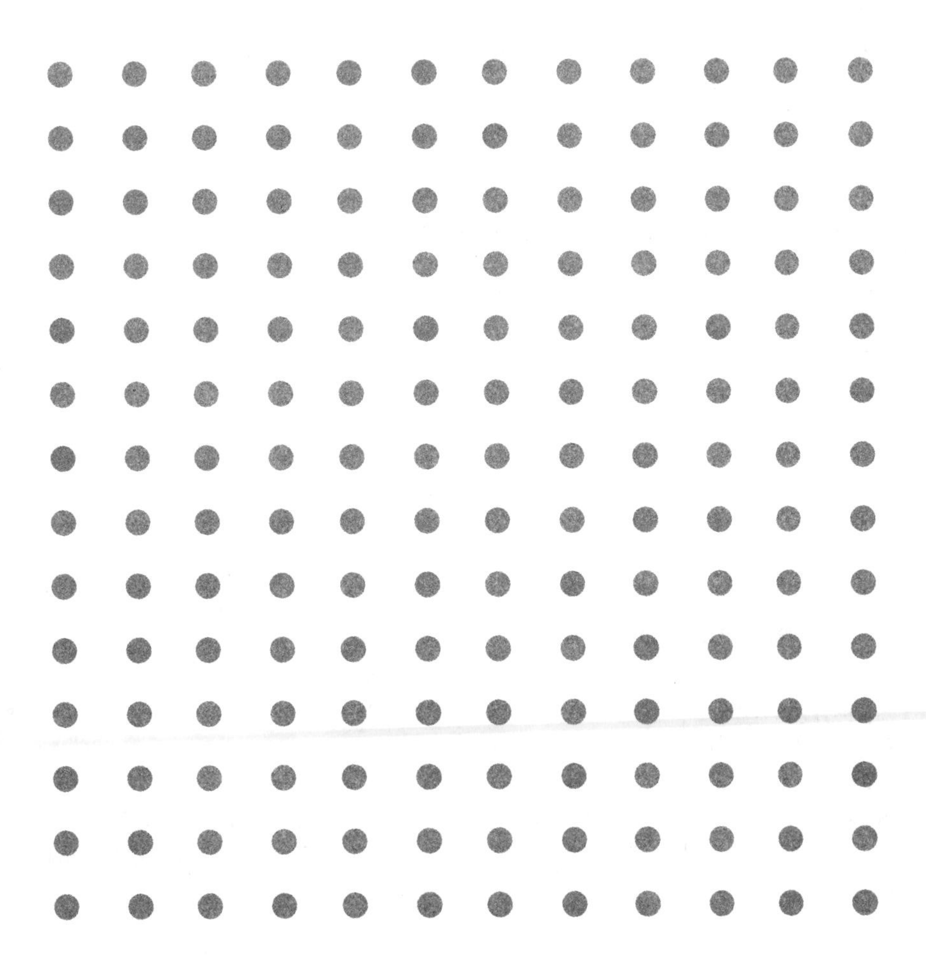

清华大学出版社
北京

内容简介

本书是作者近十年来在全国各地进行现场培训教材的基础上修改而成的，书中以力控组态软件为蓝本，全面而又具体地介绍了组态软件的使用方法和主要知识，包括组态概念、实时数据库系统、分析曲线、数据报表、报警和事件、配方、控件及对象组件、I/O设备驱动、外部接口及通信、分布式网络及WWW应用、动画制作、脚本语言等，内容新颖，紧扣实际，做到触类旁通。

本书可作为高职高专教材，也可作为组态软件自学教材或培训教材，还可用作从事工控应用开发的工程技术人员的参考书。

图书在版编目（CIP）数据

工业组态软件应用技术/龚运新，顾群等编著. --2版. --北京：清华大学出版社，2013
高等院校信息技术规划教材
ISBN 978-7-302-32639-7

Ⅰ. ①工… Ⅱ. ①龚… ②顾… Ⅲ. ①过程控制软件—高等学校—教材 Ⅳ. ①TP317

中国版本图书馆CIP数据核字(2013)第122420号

责任编辑：袁勤勇 薛 阳
封面设计：傅瑞学
责任校对：白 蕾
责任印制：杨 艳

出版发行：清华大学出版社
网　　址：http://www.tup.com.cn，http://www.wqbook.com
地　　址：北京清华大学学研大厦A座　　**邮　　编**：100084
社 总 机：010-62770175　　**邮　　购**：010-62786544
投稿与读者服务：010-62776969，c-service@tup.tsinghua.edu.cn
质量反馈：010-62772015，zhiliang@tup.tsinghua.edu.cn
课件下载：http://www.tup.com.cn,010-62795954
印 装 者：北京国马印刷厂
经　　销：全国新华书店
开　　本：185mm×260mm　　**印　　张**：20.75　　**字　　数**：478千字
版　　次：2005年9月第1版　2013年9月第2版　　**印　　次**：2013年9月第1次印刷
印　　数：1～2000
定　　价：35.00元

产品编号：053210-01

前言 Foreword

目前，组态技术在我国的各行各业都得到了广泛应用，且发展迅速。组态技术发展迅速的主要原因是PC和组态软件的普遍使用。所谓组态软件是用计算机语言编写的能将各种控制硬件（工业PC、各种控制板卡、PLC、模块、单片机、数字仪表）组合到一起形成一个大的、能进行实时监控的系统专业应用软件。组态软件将复杂的工控技术，特别是将繁重而冗长的编程简单化，使得工控开发变得简单而高效，且大幅度缩短了开发时间，使工控技术这门高科技技术得到了快速发展。

我国有很多家开发组态软件，目前ForceControl组态软件占有较大市场份额。组态软件都可运行于Windows XP/Windows 7/Windows Server 2008等多种操作系统，集动画显示、流程控制、数据采集、设备控制与输出、网络数据传输、工程报表、数据与曲线等诸多强大功能于一身，并支持国内外众多数据采集与输出设备，广泛应用于石油、电力、化工、钢铁、矿山、冶金、机械、纺织、航天、建筑、材料、制冷、交通、通信、食品、制造与加工、水处理、环保、智能楼宇、实验室等多种工程领域。使用组态软件，用户可以方便地构造适合自己需要的数据采集系统，在任何需要的时候把生产现场的信息实时地传送到控制室，保证信息在全厂范围内的畅通。

组态软件的网络功能使企业的基层和其他部门建立起联系，现场操作人员和工厂管理人员都可以看到各种数据。管理人员不需要深入生产现场，就可以获得实时和历史数据，优化控制现场作业，提高生产率和产品质量。

组态软件易于学习和使用，拥有丰富的工具箱、图库和操作向导，开发容易、开发时间短，既可以节省大量时间，又能提高系统性能。

组态软件是一个多而杂的大系统，是一门实践性、综合性很强的技术，需要有计算机、网络、数据库、通信技术、接口板卡、PLC、传感技术、数字电路、电器控制、电力电子知识作为基础，必须通过一系列的实验、理论联系实际，才能学好、学懂。作者集多年理论培训教学、实验教学、产品开发的经验，完全摒弃了以前那种理论与实验分开的思维模式，将实验、理论、产品开发三者有机结合，采用实例教学方式，使学习更加轻松容易。教学中充分利用多媒体技术、网站等现代教学手段，使本书概念清晰、直观明了、易学易懂。

力控 ForceControl 7.0 软件安装包及主要内容的多媒体演示等请详见网站 www.sunwayland.com.cn。

编　者

2013年7月

目录 Contents

第1章 chapter 1

工业组态软件及发展

典型的计算机控制系统通常可以分为设备层、控制层、监控层、管理层4个层次结构，其中设备层负责将物理信号转换成数字或标准的模拟信号；控制层完成对现场工艺过程的实时监测与控制；监控层通过对多个控制设备的集中管理，以完成监控生产运行过程的目的；管理层实现对生产数据的管理、统计和查询。监控组态软件一般是位于监控层的专用软件，负责对下集中管理控制层，向上连接管理层，是企业生产信息化的重要组成部分。

1.1 工业组态软件的发展概况

力控监控组态软件是对现场生产数据进行采集与过程控制的专用软件，最大的特点是能以灵活多样的组态方式而不是编程方式来进行系统集成，它提供了良好的用户开发界面和简捷的工程实现方法，只要将其预设置的各种软件模块进行简单的“组态”，便可以非常容易地实现和完成监控层的各项功能，例如在分布式网络应用中，所有应用（例如趋势曲线、报警等）对远程数据的引用方法与引用本地数据完全相同，通过“组态”的方式可以大大缩短自动化工程师的系统集成时间、提高集成效率。

1.1.1 工业组态软件的发展过程

新型的工业组态软件是伴随着计算机技术的突飞猛进发展起来的。在20世纪60年代，虽然计算机开始涉及工业过程控制，但由于计算机技术人员缺乏工厂仪表和工业过程的知识，导致计算机工业过程控制系统在各行业的推广速度比较缓慢。在70年代初期，微处理器的出现，促进计算机控制走向成熟。微处理器在计算能力、数据处理能力不断提高的同时，计算机的硬件成本大大下降，计算机体积不断减小，PC广泛使用。在这种情况下，很多从事控制仪表和原来一直从事工业控制计算机的公司先后推出了新型控制系统，这一历史时期较有代表性的就是1975年美国Honeywell公司推出的世界上第一套DCS TDC—2000；而随后的20年间，DCS及其计算机控制技术日趋成熟，得到了广泛应用，此时的DCS已具有较丰富的软件，包括计算机系统软件（操作系统）、工业组态软件、控制软件、其他辅助软件（如通信软件）等。

这一阶段虽然DCS技术、市场发展迅速，但软件仍是专用和封闭的，除了在功能上不断加强外，软件成本一直居高不下，造成DCS在中小型项目上的成本过高，使DCS在中小型应用项目上很难推广。80年代中后期，随着个人计算机的普及和开放系统（Open System）概念的推广，基于个人计算机的监控系统开始进入市场并发展壮大。工业组态软件作为个人计算机监控系统的重要组成部分，比PC监控的硬件系统具有更为广阔的发展空间。

这是因为：

(1) 很多DCS和PLC厂家主动公开通信协议，加入PC监控的阵营。目前，几乎所有的PLC和一半以上的DCS都使用PC作为操作站。

(2) 由于PC监控大大降低了系统成本，使得市场空间得到扩大，从远程监控（如防盗报警、江河汛情监视、环境监控、电信线路监控、交通管制与监控、矿井报警等）、数据采集与计量（如居民水电气表的自动抄表、铁道信号的采集与记录等）、数据分析（如汽车/机车自动测试、机组/设备参数测试、医疗化验仪器设备实时数据采集、虚拟仪器、生产线产品质量抽检等）到过程控制，几乎无处不用。

(3) 各类智能仪表、调节器和现场总线设备可与工业组态软件构筑完整的低成本自动化系统，具有广阔的市场空间。

(4) 各类嵌入式系统和现场总线的异军突起，把工业组态软件推到了自动化系统的主要位置，工业组态软件越来越成为工业自动化系统中的灵魂。

工业组态软件之所以同时得到用户和DCS厂商的认可有以下几个原因：

(1) 微型计算机操作系统日趋稳定可靠，实时处理能力增强且价格便宜。

(2) 微型计算机的软件及开发工具也非常丰富，使工业组态软件的功能愈加强大，开发周期相应缩短，软件升级和维护也较方便。

所以，新型的工业控制系统正以标准的工业计算机软、硬件平台构成的集成系统取代传统的封闭式系统，它们具有适应性强、开放性好、易于扩展、经济、开发周期短等显著优点。通常可以把这样的系统划分为控制层、监控层、管理层三个层次。

其中监控层对下连接控制层，对上连接管理层，它不但实现对现场的实时监测与控制，且常在自动控制系统中完成上传下达、组态开发的重要作用。监控层的硬件以工业级的微型计算机和工作站为主，目前更趋向于工业PC。

组态软件是指数据采集与过程控制的专用软件，它们在自动控制系统监控层一级的软件平台和开发环境中能以灵活多样的组态方式（而不是编程方式）提供良好的用户开发界面和简捷的使用方法，其预设置的各种软件模块可以非常容易地实现和完成监控层的各项功能，并能同时支持各种硬件厂家的计算机和I/O设备，与高可靠的工控计算机和网络系统结合，可向控制层和管理层提供软、硬件的全部接口，进行系统集成。

工业组态软件的开发工具以C++为主，也有少数开发商使用Delphi或C++ Builder。一般来讲，使用C++开发的产品运行效率更高、程序代码更短、运行速度更快，但开发周期要长一些，其他开发工具则相反。

1.1.2 工业组态软件的主要特点

工业组态(Configuration)软件为模块化任意组合。工业组态软件主要有以下特点。

(1) 延续性和可扩充性。用通用工业组态软件开发的应用工程项目,当现场(包括硬件设备或系统结构)或用户需求发生改变时,不需作很多修改而方便地完成软件的更新和升级。

(2) 封装性(易学易用)。通用工业组态软件所能完成的功能都用一种方便用户使用的方法封装起来,对于用户,不需掌握太多的编程语言技术(甚至不需要编程技术),就能很好地完成一个复杂工程所要求的所有功能。

(3) 通用性。每个用户根据工程实际情况,利用通用工业组态软件提供的底层设备(PLC、智能仪表、智能模块、板卡、变频器等)的 I/O Driver、开放式的数据库和画面制作工具,就能完成一个具有动画效果、实时数据处理、历史数据和曲线并存、具有多媒体功能和网络功能的工程,并且不受行业限制。

因此,工业组态软件是一个具有易用性、开放性和集成能力的应用软件。应用组态软件可以使工程师把主要精力放在控制对象上,而不是形形色色的通信协议、复杂的图形处理、枯燥的数字统计上。只需要进行填表式操作,即可生成适合自己的"监控和数据采集系统"。它可以在整个生产企业内部将各种系统和应用集成在一起,实现厂际自动化的最终目标。

最早开发的通用工业组态软件是 DOS 环境下的工业组态软件,其特点是具有简单的人机界面(MMI)、图库、绘图工具箱等基本功能。随着 Windows 的广泛应用,Windows 环境下的工业组态软件成为主流。与 DOS 环境下的工业组态软件相比,其最突出的特点是图形功能有了很大的增强。国外许多优秀通用工业组态软件是在英文状态下开发的,它具有应用时间长、用户界面不理想、不支持或不免费支持国内普遍使用的硬件设备、工业组态软件本身费用和工业组态软件培训费用高昂等缺点,使其在国内不能广泛应用。随着国内计算机水平和工业自动化程度的不断提高,通用工业组态软件的市场需求日益增大。近年来,一些技术力量雄厚的高科技公司相继开发出了适合国内使用的通用工业组态软件。

组态软件中的力控 ForceControl V7.0 版具有强大的 Web 功能和 Internet/Intranet 浏览器技术,WWW 功能全部用 VC++ 实现,因此当在 Internet 上远程访问监控画面时,具有更好的实时性。同时易于使用 ASP 等快速开发工具构建 B/S 系统结构,并可以直接访问单窗口。

国内领先的网络体系构架,支持 B/S 和 C/S 访问方式,支持多层次网络冗余及故障切换。提供多重冗余结构,支持 I/O 设备冗余、网络冗余、数据库冗余等;可靠的工业通信设计框架,提供 3000 个及以上的驱动程序,支持国内外主流的 PLC、DCS、PAC、SCADA 软硬件等设备的通信与联网。现场设备和力控网络节点支持 GPRS、CDMA 等移动通信功能;GSM 手机短信报警管理系统方便管理报警信息;重新设计的加密系统,支持工程加密。

1.1.3 对工业组态软件的性能要求

1. 实时多任务

实时性是指工业控制计算机系统应该具有的能够在限定的时间内对外来事件作出反应的特性。这里所说的在限定的时间内，具体地讲是指限定在多长的时间以内呢？在具体地确定限定时间时，主要要考虑两个要素：其一，工业生产过程中出现的事件能够保持多长的时间；其二，该事件要求计算机在多长的时间以内必须作出反应，否则将对生产过程造成影响甚至造成损害。工业控制计算机及监控工业组态软件具有时间驱动能力和事件驱动能力，即在按一定的周期对所有事件进行巡检扫描的同时，可以随时响应事件的中断请求。

实时性一般都要求计算机具有多任务处理能力，以便将测控任务分解成并行执行的多个任务，加快程序执行速度。

可以把那些变化并不显著，即使不立即作出反应也不至于造成影响或损害的事件，作为顺序执行的任务，按照一定的巡检周期有规律地执行；而把那些保持时间很短且需要计算机立即作出反应的事件，作为中断请求源或事件触发信号，为其专门编写程序，以便在该类事件出现时计算机能够立即响应。如果由于测控范围庞大、变量繁多，这样分配仍然不能保证所要求的实时性，则表明计算机的资源已经不够使用，只得对结构进行重新设计，或者提高计算机的档次。

现在举一个实例，以便能够对实时性有具体而形象的了解。在铁路车站信号计算机控制（在铁路技术部门，通常称作铁路车站信号微机联锁控制系统）中，利用轨道电路检测该段轨道区段内是否有列车运行或者有车辆停留。轨道电路是利用两条钢轨作为导体，在轨道电路区段的两端与相邻轨道电路区段相连接的轨缝处装设绝缘物体，然后利用本区段的钢轨构成闭合电路。装设轨道电路后，通过检测两条钢轨的轨面之间是否存在电压而检知该轨道电路区段是否有列车运行或有车辆停留。在实际运用中，最短的轨道电路长度为25m，而最短的列车为单个机车，它的长度为20m（确切地讲，这是机车的两个最外方的轮对之间的距离）。当机车分别按照准高速（160km/h）运行和高速（250km/h）运行时，通过最短的轨道电路区段所需要的时间分别计算如下：

$$t_1 = (25+20)/(160\times1000)\times3600 = 1.01\text{s}$$

$$t_2 = (25+20)/(250\times1000)\times3600 = 0.648\text{s}$$

如果计算机控制系统使用周期巡检的方法读取轨道电路的状态信息，则上面计算出的两个时间值就是巡检周期 T 的限制值。如果巡检周期大于这两个时间值而又不采取其他措施，则有可能遗漏机车以允许的最高速度通过最短的轨道区段这个事件，从而造成在计算机系统看来，好像机车跳过了该段短轨道电路区段。

2. 高可靠性

在计算机、数据采集控制设备正常工作的情况下，如果供电系统正常，当监控工业组态软件的目标应用系统所占的系统资源不超过负荷时，则要求软件系统的平均无故障时间 MTB(Mean Time Between Failures)大于一年。

如果对系统的可靠性要求更高,就要利用冗余技术构成双机乃至多机备用系统。冗余技术是利用冗余资源来克服故障影响从而增加系统可靠性的技术,冗余资源是指在系统完成正常工作所需资源以外的附加资源。说得通俗和直接一些,冗余技术就是用更多的经济投入和技术投入来获取系统可能具有的更高的可靠性。

以力控组态软件运行系统的双机热备功能为例,如图 1-1 所示,可以指定一台机器为主机,另一台作为从机,从机内容与主机内容实时同步,主从机可以同时操作。从机实时监视主机状态,一旦发现主机停止响应,便接管控制,从而提高系统的可靠性。

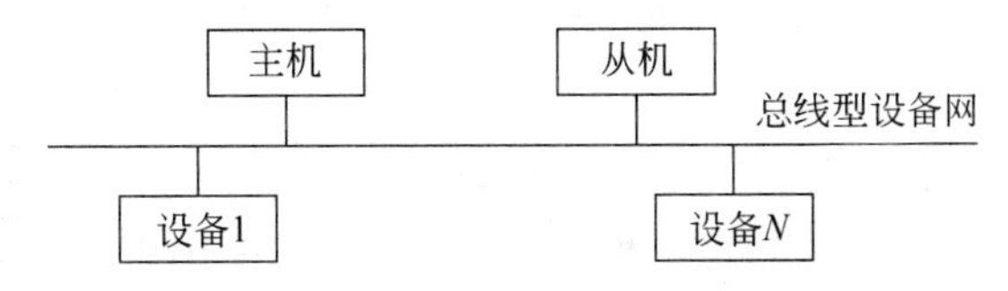

图 1-1　总线型设备网的双机热备系统

实现双机冗余可以根据具体设备情况选择如下几种形式:

(1) 如果采集、控制设备与操作站间使用总线型通信介质,如 RS485、以太网、CAN 总线等,两台互为冗余设备的操作站均需单独配备 I/O 适配器,直接连入设备网即可,如图 1-2 所示。

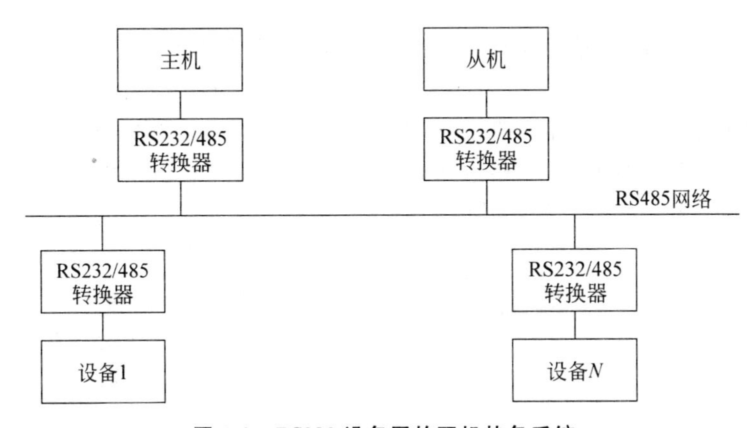

图 1-2　RS232 设备网的双机热备系统

① 开始运行时从机首先向主机数据库注册,向主机发送同步请求。

② 当主机正常工作时,从机不断向主机发送请求。

③ 当主机正常工作时,从机不进行任何运算,I/O SERVER 启动不工作,但是可以接受用户操作,操作结果直接送往主机。

④ 当主机在一定时间内(超时时间)不响应从机的同步请求时,从机便接管控制,停止向主机发送同步请求,启动 Iomoniter,这时从机将变为活动站。

⑤ 当故障的主机重新启动后,发现从机已经转为活动站,将自行转为备用站,并以从机方式工作,也可以手动切换回主机方式。

(2) 如果采集、控制设备与操作站间通信使用非总线型通信介质如 RS232,在这种情

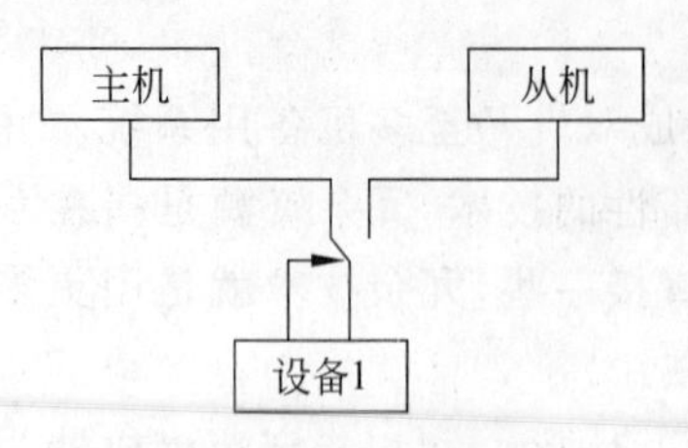

图 1-3 由设备来切换通信线路的双机热备系统

况下，一方面可以用 RS232/RS485 转换器使设备网变成总线型网，前提是设备的通信协议与设备的地址、型号有关，否则当向一台设备发出数据请求时会引起多台设备同时响应，容易引起混乱。在这种情况下软件结构依旧使用上面的方式，如图 1-2 所示。

另一方面，也可以在 I/O 设备中编制控制程序，如果发现主机通信出现故障，马上将通信线路切换到从机，如图 1-3 所示。

3. 标准化

尽管目前尚没有一个明确的国际、国内标准用来规范工业组态软件，但国际电工委员会 IEC1131-3 开放型国际编程标准在工业组态软件中起着越来越重要的作用，IEC1131-3 用于规范 DCS 和 PLC 中提供的控制用编程语言，它规定了 4 种编程语言标准（梯形图、结构化高级语言、方框图、指令助记符）。

此外，OLE（目标的连接与嵌入）、OPC（过程控制用 OLE）是微软公司的编程技术标准，目前也被广泛地使用。

TCP/IP 是网络通信的标准协议，被广泛地应用于现场测控设备之间及测控设备与操作站之间的通信。

每种操作系统的图形界面都有其标准，例如，UNIX 和微软的 Windows 都有本身的图形标准。

工业组态软件本身的标准尚难统一，其本身就是创新的产物，处于不断的发展变化之中，由于使用习惯的原因，早一些进入市场的软件在用户意识中已形成一些不成文的标准，成为某些用户判断另一种产品的标准。

1.2 工业组态软件的系统构成

在工业组态软件中，通过组态软件生成的一个应用工程项目在计算机硬盘中占据唯一的物理空间（逻辑空间），可以用唯一的一个名称来标识，这个唯一的标识称为一个应用工程项目或工程项目。在同一台计算机中可以存储多个应用工程项目，工业组态软件通过应用工程项目的名称来访问其组态内容，打开其组态内容进行修改或将其应用工程项目装入计算机内存投入实时运行。

工业组态软件的结构划分有多种标准，这里使用软件的工作阶段和软件体系的成员构成的两种标准来讨论其体系结构。

1. 使用软件的工作环境

也可以说是按照系统环境划分，从总体上讲，工业组态软件是由系统开发环境和系统运行环境两大部分构成的。

系统开发环境：是自动化工程设计工程师为实施其控制方案，在工业组态软件的支持下进行应用工程项目的系统生成工作所必须依赖的工作环境。通过建立一系列用户数据文件,生成最终的图形目标应用系统,供系统运行环境使用。

系统开发环境由若干个组态程序组成,如图形界面组态程序、实时数据库组态程序等。

系统运行环境:在系统运行环境下,目标应用工程项目被装入计算机内存并投入实时运行。系统运行环境由若干个运行程序组成,如图形界面运行程序、实时数据库运行程序等。

工业组态软件支持在线组态技术,即在不退出系统运行环境的情况下可以直接进入组态环境并修改组态,使修改后的组态直接生效。

自动化工程设计工程师最先接触的一定是系统开发环境,通过一定的系统组态和调试工作,最终将目标应用工程项目在系统运行环境中投入实时运行,完成一个工程项目。

2. 工业组态软件的组件功能

工业组态软件因为其功能强大,而每个功能相对来说又具有一定的独立性,因此其组成形式是一个集成软件平台,由若干程序组件构成。

其中必备的典型组件包括以下几种(以三维力控组态软件为例)。

(1) 工程管理器

工程管理器用于创建工程、工程管理等。

(2) 开发系统(Draw)

开发系统是一个集成环境,可以创建工程画面,配置各种系统参数,启动力控其他程序组件等。

(3) 运行系统(View)

运行系统用来运行由开发系统 Draw 创建的画面。

(4) 实时数据库(Db)

实时数据库是力控软件系统的数据处理核心,是构建分布式应用系统的基础。它负责实时数据处理、历史数据存储、统计数据处理、报警处理、数据服务请求处理等。

(5) I/O 驱动程序

I/O 驱动程序是工业组态软件中必不可少的组成部分,用于和 I/O 设备通信、互相交换数据,DDE 和 OPC Client 是两个通用的标准 I/O 驱动程序,用来和支持 DDE 标准和 OPC 标准的 I/O 设备通信。多数工业组态软件的 DDE 驱动程序被整合在实时数据库系统或图形系统中,而 OPC Client 则多数单独存在。

I/O 驱动程序负责力控与 I/O 设备的通信。它将 I/O 设备寄存器中的数据读出后,传送到力控的数据库,然后在运行系统的画面上动态显示。

(6) Web 服务器(HttpServer)

在生产监控过程中,除了标准的客户/服务器(C/S)网络应用方式,也可以用 IE 浏览器作为一个标准的瘦客户端(B/S)来浏览服务器的画面,通过力控监控组态软件提供的 Web 功能,可以使用户从 IE 浏览器上远程访问力控监控组态软件的工程画面,浏览的效果与在力控监控组态软件运行系统 View 中看到的工程画面完全相同,包含全部动态数据和动画。而在客户端并不需要安装力控监控组态软件(仅仅使用浏览器)。

3. 扩展可选组件

(1) 通用数据库接口(ODBCRouter)

通用数据库接口组件用来完成工业组态软件的实时数据库与通用数据库(如 Oracle、Sybase、Visual FoxPro、DB2、Informix、SQL Server 等)的互联,实现双向数据交换,通用数据库既可以读取实时数据,也可以读取历史数据;实时数据库也可以从通用数据库实时地读入数据。通用数据库接口(ODBC 接口)组态环境用于指定要交换的通用数据库的数据库结构、字段名称及属性、时间区段、采样周期、字段与实时数据库数据的对应关系等。

(2) 网络通信程序(CommServer)

该通信程序支持串口、以太网、移动网络等多种通信方式,通过力控在两台计算机之间实现通信,使用 RS-232C 接口,可实现一对一(1∶1 方式)的通信;如果使用 RS-485 总线,还可实现一对多(1∶N 方式)的通信,同时也可以通过电台、Modem、移动网络的方式进行通信。

(3) 无线通信程序(Commbridge)

目前自动化工业现场很多远程监控采用电台和拨号的方式,随着移动 GPRS 网络的建设,移动网络有不受地理、地域限制等诸多优点,对传统的无线通信起到了有效的补充作用,但各家 GPRS 厂商对外的通信接口的通信标准的不统一给 GPRS 的透明通信制造了瓶颈,不同厂家的设备和软件如何通过第三方厂家的 GPRS 进行透明通信传输是国内自动化目前应用 GPRS 的主要问题之一。

三维力控的无线通信程序 Commbridge 可以有效地解决这个问题,可以将国内大部分厂商的产品统一集成到一个系统内,该组件可以广泛地应用于电力、石油、环保等诸多领域,可以通过移动网络进行关键的数据采集与处理。

(4) 通信协议转发组件(DataServer)

国内企业的自动化系统中,由于历史原因,存在着大量的不同厂家和不同通信方式的设备。设备之间的数据不能共享已经制约了企业信息化的发展。在一个自动化工程当中,自动化工程技术人员经常因为各种自动化装置之间的通信调试而花费大量的时间。使用 DataServer 以后,各种自动化装置之间的通信变得轻松简便,远程的设备监控成为可能。DataServer 通信协议转发器是一种新型的通信协议自动转发程序,主要用于各种综合自动化系统之间的互联通信,实现数据共享,彻底解决信息孤岛问题,也适用于其他需要通信协议转换的应用。

(5) 实时数据库编程接口 DBCOMM

DBCOMM 主要是解决第三方系统访问力控实时数据库的问题。DBCOMM 基于 Microsoft 的 COM 技术开发,支持绝大多数的 32 位 Windows 平台编程环境,如.NET、VC++、VB、ASP、VFP、DELPHI、FrontPage、C++ Builder 等。DBCOMM 提供面向对象的编程方式,通过 DBCOMM 可以访问本地或远程 DB,对 DB 的实时数据进行读写,并对历史数据进行查询。当 DB 数据发生变化时,通过事件主动通知 DBCOMM 应用程序。DBCOMM 采用快速数据访问机制,适用于编写高速、大数据量的应用。

1.3　工业组态软件的设计思想

工业组态软件最突出的特点是实时多任务。例如，数据采集与输出、数据处理与算法实现、图形显示及人机对话、实时数据的存储、检索管理、实时通信等多个任务要在同一台计算机上同时运行。

1.3.1　概述

工业组态软件的使用者是自动化工程设计人员，工业组态软件的主要目的是使使用者在生成适合自己需要的应用系统时不需要修改软件程序的源代码，因此在设计工业组态软件时应充分了解自动化工程设计人员的基本需求，并加以总结提炼，重点、集中解决共性问题。下面是工业组态软件主要解决的问题。

(1) 如何与采集、控制设备间进行数据交换；

(2) 使来自设备的数据与计算机图形画面上的各元素关联起来；

(3) 处理数据报警及系统报警；

(4) 存储历史数据并支持历史数据的查询；

(5) 各类报表的生成和打印输出；

(6) 为使用者提供灵活、多变的组态工具，可以适应不同应用领域的需求；

(7) 最终生成的应用系统运行稳定可靠；

(8) 具有与第三方程序的接口，方便数据共享。

自动化工程设计技术人员在工业组态软件中只需填写一些事先设计的表格，再利用图形功能把被控对象(如反应罐、温度计、锅炉、趋势曲线、报表等)形象地画出来，通过内部数据连接把被控对象的属性与I/O设备的实时数据进行逻辑连接。当由工业组态软件生成的应用系统投入运行后，与被控对象相连的I/O设备数据发生变化后直接会带动被控对象的属性发生变化。若要对应用系统进行修改，也十分方便，这就是工业组态软件的方便性。

1.3.2　工业组态软件的设计思想

在单任务操作系统环境下(例如MS-DOS)，要想让工业组态软件具有很强的实时性，就必须利用中断技术，这种环境下的开发工具较简单、软件编制难度大，目前运行于MS-DOS环境下的工业组态软件基本上已退出市场。

在多任务环境下，由于操作系统直接支持多任务，工业组态软件的性能得到了全面加强。因此工业组态软件一般都由若干组件构成，而且组件的数量在不断增多、功能不断加强。各工业组态软件普遍使用了面向对象(Object Oriental)的编程和设计方法，使软件更加易于学习和掌握，功能也更强大。

一般的工业组态软件都由下列组件组成：图形界面系统、实时数据库系统、第三方程序接口组件、控制功能组件。下面将分别讨论每一类组件的设计思想。

在图形画面生成方面,构成现场各过程图形的画面被划分成几类简单的对象,包括线、填充形状和文本。每个简单的对象均有影响其外观的属性,对象的基本属性包括线的颜色、填充颜色、高度、宽度、位置移动等。这些属性可以是静态的,也可以是动态的。静态属性在系统投入运行后保持不变,与原来组态一致。而动态属性则与表达式的值有关,表达式可以是来自I/O设备的变量,也可以是由变量和运算符组成的数学表达式。这种对象的动态属性随表达式值的变化而实时改变。例如,用一个矩形填充体模拟现场的液位,在组态这个矩形的填充属性时,指定代表液位的工位号名称,液位的上、下限及对应的填充高度,就完成了液位的图形组态。这个组态过程通常叫作动画连接。

在图形界面上还具备报警通知及确认、报表组态及打印、历史数据查询与显示等功能,各种报警、报表、趋势都是动画连接的对象,其数据源都可以通过组态来指定,这样每个画面的内容就可以根据实际情况由工程技术人员灵活设计,每幅画面中的对象数量均不受限制。

在图形界面中,各类工业组态软件普遍提供了一种类Basic语言的编程工具——脚本语言来扩充其功能。用脚本语言编写的程序段可由事件驱动或周期性地执行,是与对象密切相关的,例如,当按下某个按钮时可指定执行一段脚本语言程序,完成特定的控制功能,也可以指定当某一变量的值变化到关键值时,马上启动一段脚本语言程序完成特定的控制功能。

实时数据库是更为重要的一个组件,因为PC的处理能力太强了,因此实时数据库更加充分地表现出了工业组态软件的长处。实时数据库可以存储每个工艺点的多年数据,用户既可浏览工厂当前的生产情况,也可回顾过去的生产情况,可以说,实时数据库对于工厂来说就如同飞机上的"黑匣子"。工厂的历史数据是很有价值的,实时数据库具备数据档案管理功能,工厂的实践告诉我们:现在很难知道将来进行分析时哪些数据是必须的,因此,保存所有的数据是防止丢失信息的最好的方法。

通信及第三方程序接口组件是开放系统的标志,是工业组态软件与第三方程序交互及实现远程数据访问的重要手段之一,它有下面几个主要作用。

(1) 用于双机冗余系统中,主机从机间的通信。

(2) 用于构建分布式HMI/SCADA应用时多机间的通信。

(3) 在基于Internet或Browser/Server(B/S)应用中实现通信功能。

通信组件中有的是一个独立的程序,可单独使用,有的被"绑定"在其他程序当中,不被"显式"地使用。

1.4 组态软件的使用方法介绍

三维力控组态软件中的力控ForceControl V7.0版,是最近推出的新版本。

1.4.1 软件安装与启动

启动计算机插入安装光盘,自动播放出现窗口,选择版本,按提示安装。

安装好后在桌面上用快捷方式启动或从开始菜单运行 ForceControl V7.0，出现如图 1-4 所示的“工程管理器”窗口。

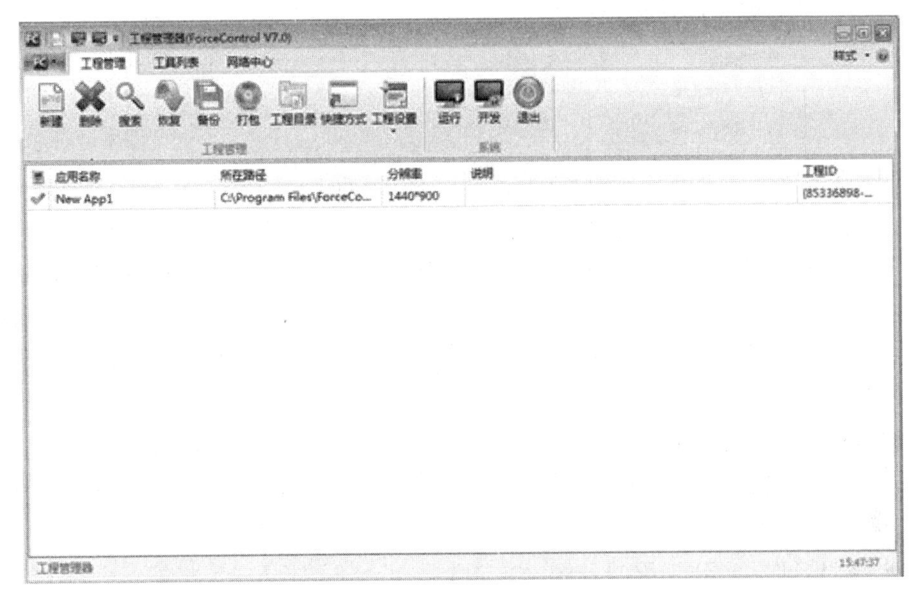

图 1-4 “工程管理器”窗口

1.4.2 工程管理器

工程管理器中有菜单、工具条、管理器窗口。“工程管理器”窗口列出了已创建的力控应用工程项目的名称和目录。

窗口从上至下包括菜单栏、工具栏、工程列表显示区、属性页标签等部分。单击属性页标签上的“工程管理”、“工具列表”、“网络中心”三个选项可以在三个属性页窗口之间进行切换。

工程管理器的工具栏如图 1-5 所示。

图 1-5 工具栏

工具栏的各项工具按钮的下面都有标注，便于记忆，下面具体讨论每个按钮的使用方法。

1. 新建

新添加一个工程应用。单击工具栏上的按钮，出现如图 1-6 所示的对话框，对话框中各项解释如下。

(1) 项目类型：包括新建工程和模板工程。新建工程是未经过任何处理的空白工

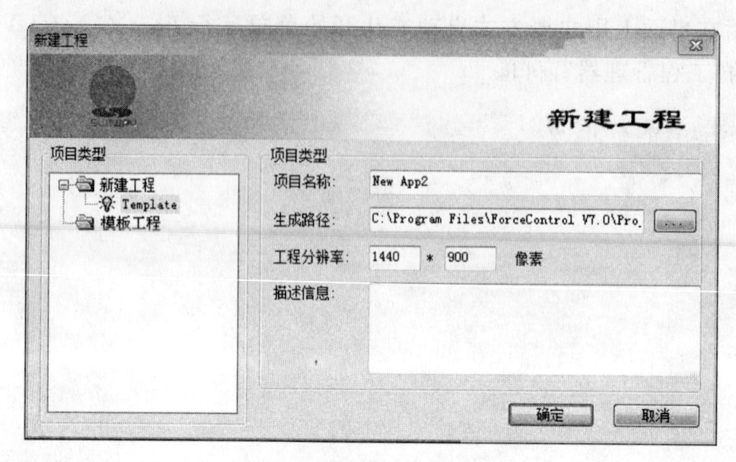

图 1-6 “新建工程”对话框

程，需要用户自己从头开发。模板工程已经对工程做了相应的优化，用户可以引用模板工程生成新的工程，在新生成的工程上进行修改、添加后得到自己的工程，从而缩短开发工期。

（2）项目名称：新建工程的名称。

（3）生成路径：新建工程的路径，默认路径为 C:\Program Files\ForceControl V7.0\Project，可以修改。

（4）描述信息：对新建工程的描述文字。

单击“确定”按钮，此时在工程管理器中可以看到添加了一个名为 New App2 的工程，工程名可以修改，然后再单击“开发系统”按钮，进入力控的组态开发界面。

2. 删除

：将已存在的工程应用从工程管理器上移除。

注意事项：删除只是将工程从工程管理器上移除，但是工程文件夹在工程目录下依然存在，这样就避免了误删。

3. 运行

：单击“运行”按钮，进入选中工程的运行环境。

4. 开发

：单击“开发”按钮，进入选中工程的开发环境 Draw。

5. 搜索

：工程搜索是查找已有的工程应用，将其添加到工程管理器下。

6. 备份

：在菜单上单击“备份”按钮，可将力控工程备份成 PCZ 格式的压缩文件，备份文件可以随意拷贝移动。

7. 恢复

：恢复与备份是一对相反的操作，恢复是将工程备份生成的 PCZ 格式压缩文件解压缩并恢复成原工程。

8. 打包

：制作安装包。用于将当前版本的力控监控组态软件运行系统及当前工程制作成安装程序，以便随时安装运行系统及当前工程。

9. 工程目录

：打开选中的工程文件夹，并默认选中文件 FCAppNam.dat。

10. 快捷方式

：为启动当前工程的运行系统在指定目录下创建快捷方式。

11. 工程设置

：可以修改项目名称、分辨率以及描述。

12. 退出

：关闭工程管理器。

1.4.3 工具列表

单击“工程管理器”窗口上的属性页标签“工具列表”，切换到“工具列表”属性页窗口，如图 1-7 所示。

该窗口列出了力控监控组态软件的常用工具，包括注册授权工具、加密锁驱动安装、加密锁检测工具等。

1.4.4 网络中心

单击“工程管理器”窗口上的属性页标签“网络中心”，切换到“网络中心”属性页窗口，如图 1-8 所示。

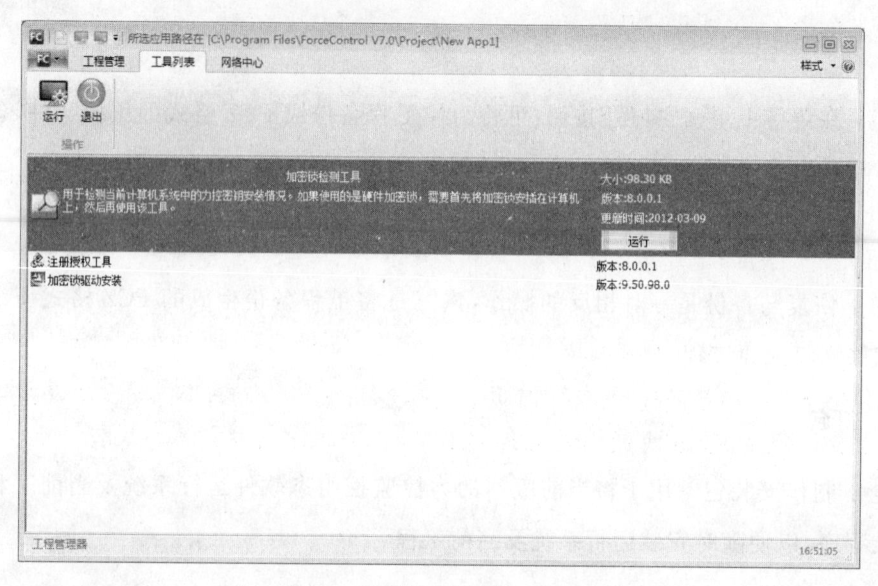

图 1-7 “工具列表”属性页窗口

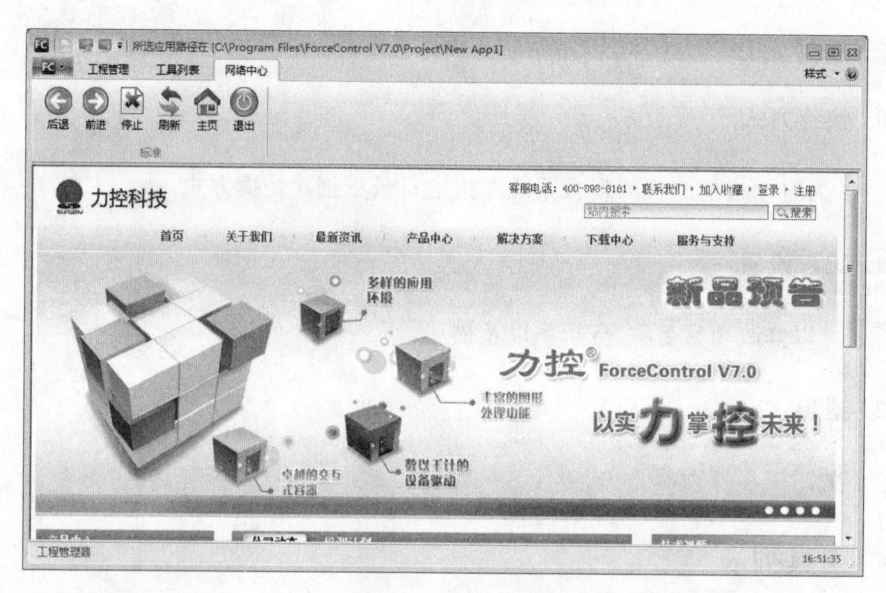

图 1-8 网络中心

如果用户的计算机已经连接到互联网上，则该窗口将显示力控网站的内容。

1.4.5 应用工程项目开发过程

应用工程项目开发过程大概分为项目工程概要设计、实施方案设计、硬件设备选型、软件开发、软件调试、系统联调、系统试运、系统交付使用等步骤。

项目工程概要设计：这一过程主要是根据需方提出的工程内容、工程要求和合同要求，制定基本的系统结构、系统构成。

实施方案设计：根据概要设计的要求，制订详细的进度方案、技术实现方法，并据此制定详细的施工文件、技术文件、实施步骤。

硬件设备选型：按照性能、指标的要求，在符合本工程方案设计要求的生产厂家及选型手册中选择所需设备。

软件开发：利用组态软件进行软件开发时的步骤为建立工程、工程组态、软件打包、模拟调试。同时开发其他软件，如 PLC 程序等。

软件调试：验证软件的正确性。

系统联调：从软件、硬件两个角度验证系统功能的正确性，要一一查找，一个一个排除故障，直到运行全部正常为止。

系统试运：一般系统连续 72 小时以上正确无误地运行，标志着系统可以通过验收。

系统交付使用：要编写使用说明书、操作规程、维护手册等文档。

习题与思考

1.1　组态软件是如何定义的？

1.2　组态软件有何功能？

1.3　组态软件的设计思想是什么？

1.4　组态软件有何特点？

1.5　试述组态软件的使用步骤。

第2章 chapter 2

创建一个简单工程

通过本章的学习，可以初步了解创建一个简单项目（工控产品）的过程。因为开发的是一个简单项目，所以仅实现了最基本的功能。在后续各章中将逐步论述较大项目的开发方法。组态软件和其他 Windows 系统应用软件一样，都有菜单、工具条、快捷键，它们的具体用法将分散到各章去讲解，若要全面了解，请参考力控网站 www.sunwayland.com.cn。

2.1 创建简单工程概述

一个工业控制项目或者是一个工控机产品，其开发过程基本相同。首先要全面了解整个工程的情况和要求；确定设置多少个控制点，控制精度多高，硬件怎么实现，软件怎么实现；然后写出具体的工程任务书和实施方案，有时还要写出项目投标书等。

2.1.1 工程总体概况

工业控制中一个项目总的要求可分为5个部分，即控制现场及工艺、执行部件及控制点数、控制设备、现场模拟和监控以及数据库。下面以存储罐的液体控制项目为例加以说明。该项目是化工厂的化工液体存储罐，有入口阀门、出口阀门、管道、电控柜等。控制任务是存储罐空时自动开启入口阀门输灌液体，当存储罐液体灌满时排放液体，反复循环。

1. 控制现场及工艺

控制现场及工艺是在开发工业控制项目和学习组态软件使用时首先要掌握的内容。需要控制的现场是多种多样的，如工业生产线、楼宇小区、大型油田、大型仓库，它们的控制内容、控制方式各不相同，工艺要求各异，控制对象不一样，精度要求也不同。例如，在存储罐的液体控制项目中，控制现场为存储罐、入口阀门、出口阀门、罐中经配方后的化工液体、管道、电控柜等。

2. 执行部件及控制点数

将开发的工业控制项目中所有控制点的参数收集齐全，并填写表格，以备在监控组态软件和设备组态时使用,每一个点要认真研究,怎么控制、什么类型、执行部件是什么,特别是执行部件很多种,电机类有交流电机、直流电机、步进电机、伺服电机;控制阀有电磁阀、气阀、液压阀;传感器有数字传感器、模拟传感器;还有各种开关仪表等。这里给出两个参考格式(分别对应模拟量和开关量信号),请参阅表 2-1 和表 2-2,表格中参数的含义将在第 3 章中解释。

表 2-1 模拟量 I/O 点的参数表

I/O 位号名称	说明	工程单位	信号类型	量程上限	量程下限	报警上限	报警下限	是否做量程变换	裸数据上限	变化率报警	偏差报警	正常值	I/O 类型
TI1201	存储罐液位	mm	液位传感器	1500	0	1200	600	是	4095	2(C/S)	±10℃	1050	输入

表 2-2 开关量 I/O 点的参数表

I/O 位号名称	说　明	正常状态	信号类型	逻辑极性	是否需要累计运行时间	I/O 类型
TI1201	电磁阀状态	启动	干接点	正逻辑	是	输入

在本例中,有 5 个控制点,分别为存储罐液面的实时高度、入口阀门、出口阀门、启动和停止两个按钮。5 个点中入口阀门和出口阀门用电磁阀控制,液面的实时高度用高精度液位传感器检测,两个按钮用常用的机械按钮。但是 5 个点用 4 个变量(即存储罐的液位模拟量、入口阀门的状态量、出口阀门的状态量、控制整个系统的启动与停止的开关量)表示就行。

3. 控制设备

在开发工业控制项目时用什么设备来实现控制也是很重要的设计内容,实现一种控制的方法有多种,需要研究哪些设备稳定可靠、性价比最高,然后选定设备。例如,在存储罐的液体控制项目中,入口阀门和出口阀门用电磁阀,液面的实时高度用高精度液位传感器。具体驱动控制电磁阀和检测两个按钮的开关状态用一台 PLC(可编程控制器)来实现,即 PLC 的输出端用两个点接电磁阀,用两个点接两个按钮。PLC 的串行线与一台工业 PC 相连,用 A/D 转换模块(或用 PLC 中自带的 A/D 转换单元)将传感器数据输入到工业 PC,这样就组成了一个控制系统。由此可见工业 PC 与执行部件之间还要各种板卡、模块、PLC、智能仪表、变频器等作为桥梁才能组成一个完整的控制工程。

4. 现场模拟和监控

可以用软件将现场情况在工业 PC 中模拟出来,例如,在存储罐的液体控制项目中,可以设计两个按键代替实际的启动和停止开关,再设计出一个存储罐和两个阀门,当用鼠标单击开始按键时入口阀门不断地向一个空的存储罐内注入某种液体,当存储罐快满时,入口阀门自动关闭,同时出口阀门自动打开,将存储罐内的液体排放到下游。当存储罐快空时,出口阀门自动关闭,入口阀门打开,又开始向快空的存储罐内注入液体,如此反复进行。同时将液位的变化用数字显示出来。在实际控制过程中用一台 PLC 来实现控制，在仿真时，整个逻辑的控制过程都是通过力控仿真驱动和脚本实现的。力控除了要在计算机屏幕上看到整个系统的运行情况（如存储罐的液位变化和出入口阀门的开关状态变化等）外，还要能实现控制整个系统的启动与停止。

5. 数据库

数据库是工业控制中相当重要的部分，它要将整个系统的参数实时存储，计算机实时进行数据分析，根据分析结果进行实时控制，将分析的结果用各种形式显示出来。

综上所述，一个工业控制项目包括硬件和软件两部分。本书不涉及硬件部分，软件部分既可以用语言编程，也可以使用本书介绍的组态软件省去繁琐的编程工作。

2.1.2 使用组态软件的一般步骤

根据以上分析，组态软件创建新的工程项目的一般过程包括绘制图形界面、创建数据库、配置I/O设备并进行I/O数据连接、建立动画连接、运行及调试。

图2-1是采集的数据在力控各软件模块中的数据流向图。

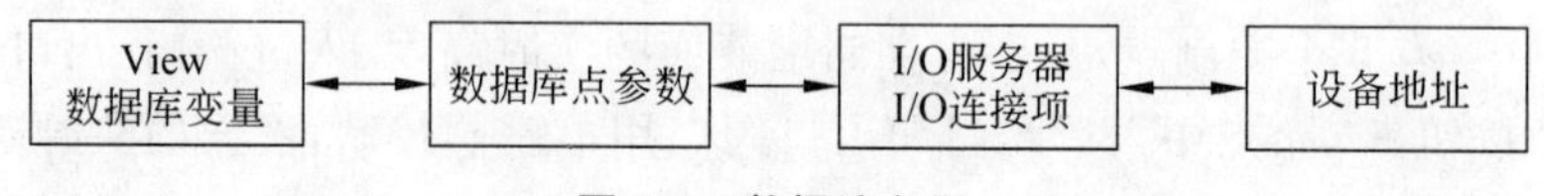

图2-1 数据流向图

要创建一个新的工程项目，首先要为工程项目指定工程路径，不同的工程项目不能使用同一工程项目路径。工程项目路径保存着力控生成的组态文件，它包含区域数据库、设备连接、监控画面、网络应用等各个方面的开发和运行信息。每个机器只能安装一套力控软件，在具体的工程项目中要将各种设备在组态软件中进行完整、严密的组态，组态软件才能够正常工作，具体的组态步骤如下所示。

(1) 将开发的工业控制项目中所有I/O点的参数收集齐全，并填写表格。

(2) 搞清楚所使用的I/O设备的生产商、种类、型号，使用的通信接口类型，采用的通信协议，以便在定义I/O设备时做出准确选择。设备包括PLC、板卡、模块、智能仪表等。

(3) 将所有I/O点的I/O标识收集齐全，并填写表格，I/O标识是唯一地确定一个I/O点的关键字，组态软件通过向I/O设备发出I/O标识来请求其对应的数据。大多数情况下，I/O标识是I/O点的地址或位号名称。

(4) 根据工艺过程绘制、设计画面结构和画面草图。

(5) 按照第(1)步统计出的表格，建立实时数据库，正确组态各种变量参数。

(6) 根据第(1)步和第(3)步的统计结果，在实时数据库中建立实时数据库变量与I/O点的一一对应关系，即定义数据连接。

(7) 根据第(4)步的画面结构和画面草图，组态每一幅静态的操作画面（主要是绘图）。

(8) 为操作画面中的图形对象与实时数据库变量建立动画连接关系，规定动画属性和幅度。

(9) 对组态内容进行分段和总体调试。

(10) 系统投入运行。

根据上面的叙述创建第一个简单工程。

(1) 启动力控 7.0 工程管理器，出现"工程管理器"窗口，如图 2-2 所示。

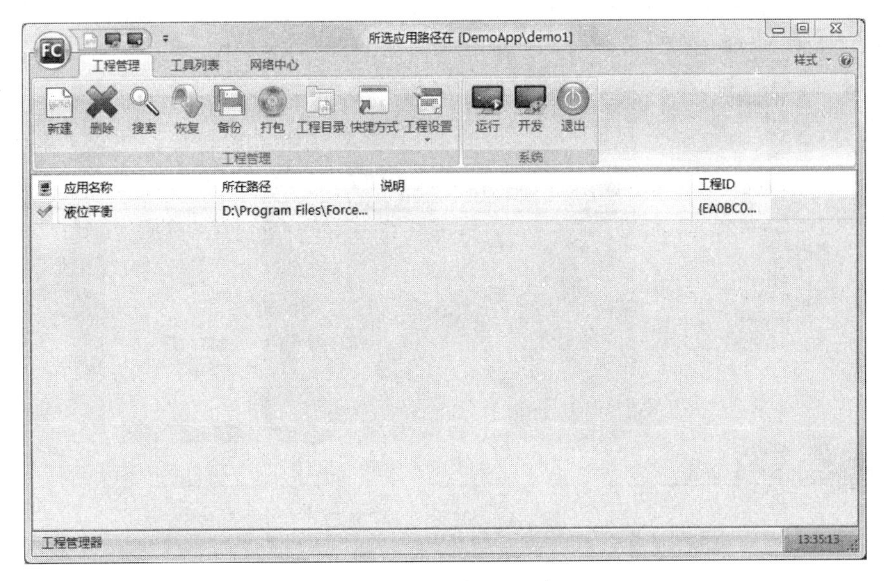

图 2-2 "工程管理器"窗口

(2) 单击"新建"按钮，创建一个新的工程，出现如图 2-3 所示的"新建工程"对话框。

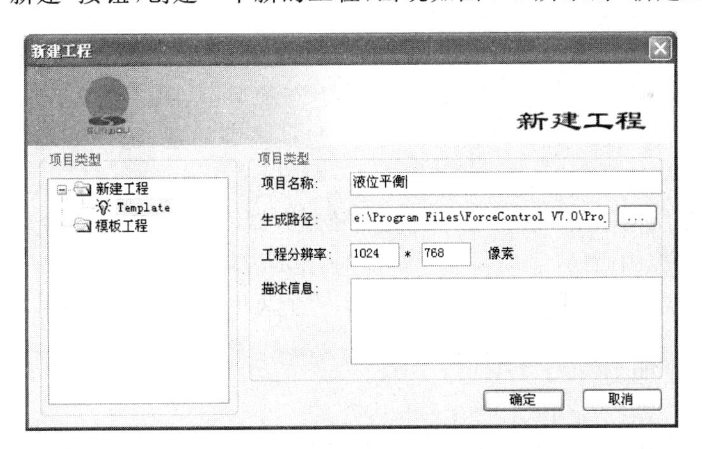

图 2-3 "新建工程"对话框

(3) 在"项目名称"输入框内输入要创建的应用程序的名称，不妨命名为"液位平衡"。在"生成路径"输入框内输入应用程序的路径，或者单击[...]按钮创建路径。在"描述信息"输入框内输入对新建工程的描述文字。最后单击"确定"按钮返回。应用程序列表增加了"液位平衡"，即创建了液位平衡项目，同时它也是液位平衡项目的开发窗口。

(4) 单击"开发系统"按钮进入开发系统，即进入图 2-4 所示的液位平衡项目的"开发系统"窗口。

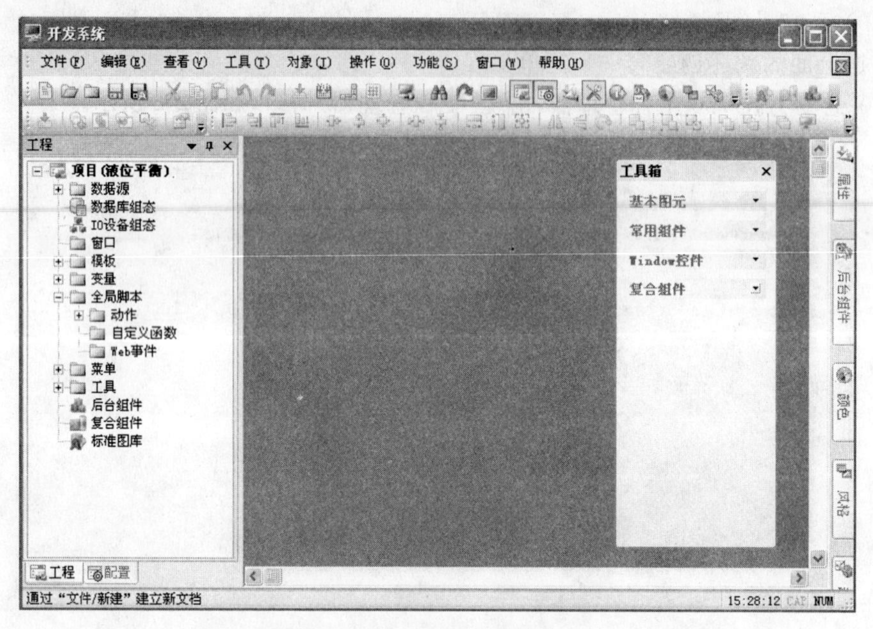

图 2-4 “开发系统”窗口

2.2 开发环境

开发系统(Draw)、界面运行系统(View)和数据库系统(Db)都是组态软件的基本组成部分。Draw 和 View 主要完成人机界面的组态和运行，Db 主要完成过程实时数据的采集(通过 I/O 驱动程序)、实时数据的处理(包括报警处理、统计处理等)、历史数据处理等。

开发一个系统的基本步骤如下：首先是建立数据库点参数，对点参数进行数据连接；其次建立窗口监控画面，对监控画面里的各种图元对象建立动画连接；然后编制脚本程序，进行分析曲线、报警、报表制作后便完成了一个简单的组态开发过程。

2.2.1 数据库概述

实时数据库 DB 是整个应用系统的核心，构建分布式应用系统的基础。它负责整个应用系统的实时数据处理、历史数据存储、统计数据处理、报警信息处理、数据服务请求处理。完成与过程数据采集的双向数据通信。双击图 2-4 中“数据库组态”选项，出现如图 2-5 所示的窗口。

实时数据库根据点名决定数据库的结构，在点名字典中，每个点都包含若干参数。一个点可以包含一些系统预定义的标准点参数，还可包含若干个用户自定义参数。

点类型是实时数据库 Db 根据监控需要而预定义的一些标准点类型，目前提供的标准点类型有模拟 I/O 点、数字 I/O 点、累计点、控制点、运算点等。不同的点类型的功能不同。例如，模拟 I/O 点的输入和输出量为模拟量，可完成输入信号量程变换、小信号切除、报警

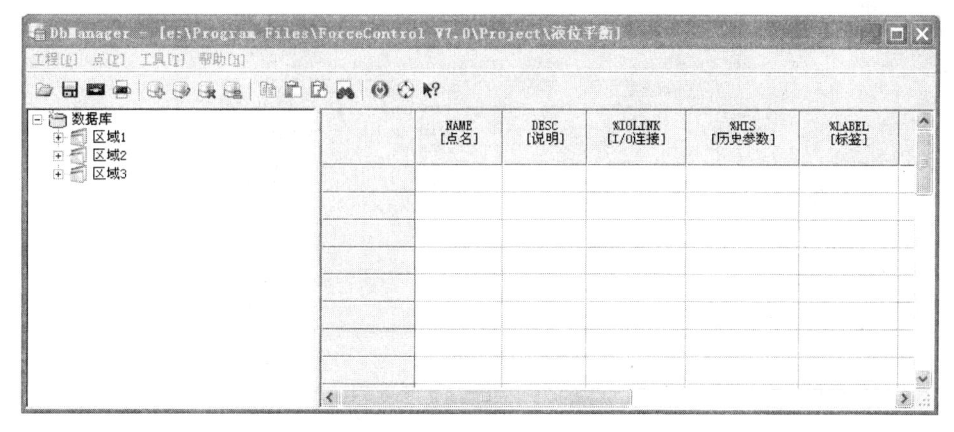

图 2-5 "数据库组态"窗口

检查,输出限值等功能。数字 I/O 点输入值为离散量,可对输入信号进行状态检查。

点的参数的形式为"点名.参数名",默认的情况下用"点名.PV"代表一个测量值。

例如"TAG2.DESC"表示点 TAG2 的点描述,为字符型,"TAG2.PV"表示点 TAG2 的过程测量值,为浮点型。

2.2.2 创建数据库点参数

根据以上工艺需求,定义 4 个点参数。

(1) 反映存储罐的液位模拟 I/O 点,点的名称定为 YW。

(2) 入口阀门的状态为数字 I/O 点,点名定为 IN1。

(3) 反映出口阀门开关状态的数字 I/O 点,命名为 OUT1。

(4) 控制整个系统的启动与停止的开关量,命名为 RUN。

具体的定义步骤如下。

(1) 在 Draw 导航器中双击"实时数据库"项使其展开,在展开项目中双击"数据库组态"启动组态程序 DbManager(如果没有看到导航器窗口,可以激活 Draw 菜单命令"功能"→"初始风格")。

(2) 启动 DbManager 管理器后出现主窗口,如图 2-5 所示。

(3) 选择菜单命令"点"→"新建"或在右侧的点表上双击任一空白行,出现"请指定节点、点类型"对话框,如图 2-6 所示。

选择"区域 1"→"单元 1"→"模拟 I/O 点",然后单击"继续"按钮,进入点定义对话框,如图 2-7 所示。

(4) 在"点名"输入框内输入点名 YW,其他参数可以采用系统提供的默认值,单击"确定"按钮,即在点表中增加了一个点 YW。

(5) 然后创建几个数字点。选择 DbManager 菜单"点"→"新建",选择"区域 1"→"单元 1"→"数字 I/O 点",然后单击"继续"按钮,进入"数字 I/O 点组态"对话框后,在"点名"输入框内输入点名 IN1,其他参数可以采用系统提供的默认值。用同样的方法创建点 OUT1 和 RUN,单击保存按钮保存组态内容,然后单击退出按钮(退出后才能进行下一步)。

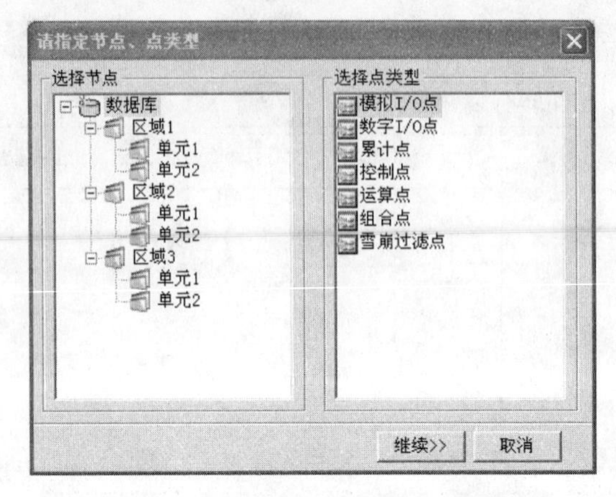

图 2-6 “请指定节点、点类型”对话框

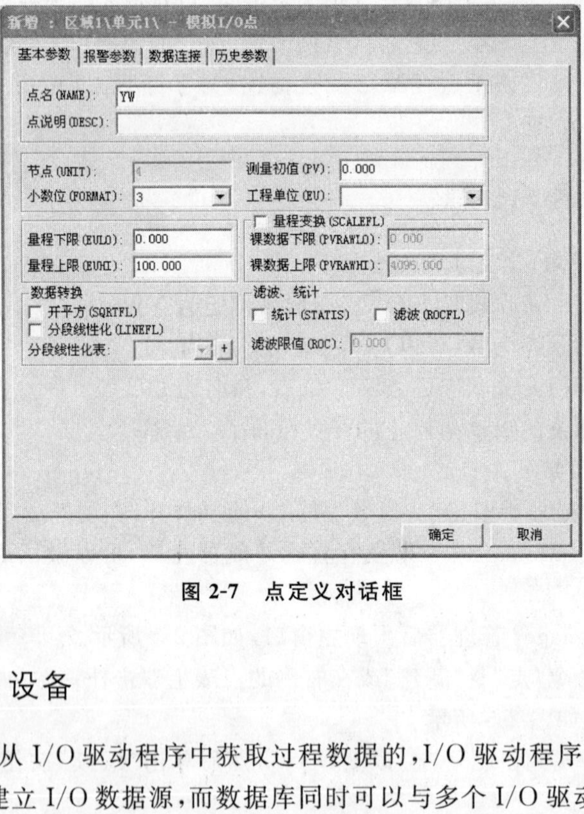

图 2-7 点定义对话框

2.2.3 定义 I/O 设备

实时数据库是从 I/O 驱动程序中获取过程数据的，I/O 驱动程序负责软件和设备的通信，因此首先要建立 I/O 数据源，而数据库同时可以与多个 I/O 驱动程序进行通信，一个 I/O 驱动程序也可以连接一个或多个设备。下面介绍创建 I/O 设备的过程。

(1) 在工程项目导航栏中双击“I/O 设备组态”项出现如图 2-8 所示的对话框，在展开项目中选择“力控”项并双击使其展开，然后继续选择“仿真驱动”并双击使其展开后，选择项目 Simulator(仿真)。

(2) 双击 Simulator(仿真)出现如图 2-9 所示的“设备配置-第一步”对话框，在“设备名称”输入框内输入一个自定义的名称，这里输入 dev(大小写都可以)。接下来要设置

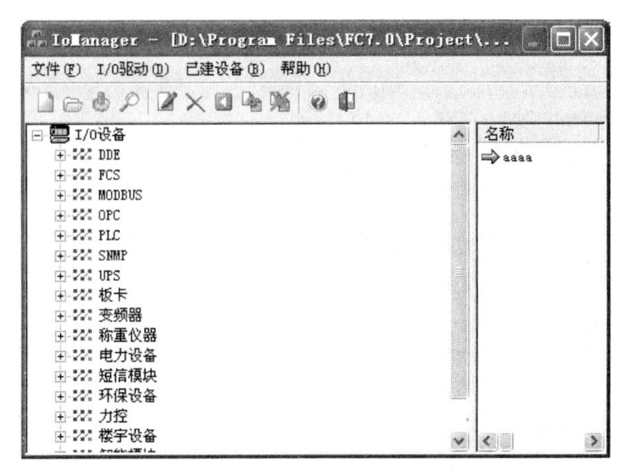

图 2-8 I/O 设备组态栏

dev 的采集参数,即“更新周期”和“超时时间”。在“更新周期”输入框内输入 1000 毫秒,即 I/O 驱动程序在同一逻辑设备内,处理两次数据包采集任务的时间间隔为 1000 毫秒。

图 2-9 “设备配置-第一步”对话框

(3) 单击“完成”按钮,就可以看见在 Simulator(仿真 PLC)项目下面增加了一项 dev。用鼠标右击项目 dev,可以进行修改、删除、测试等操作。

以上完成了配置 I/O 设备的工作。通常情况下,一个 I/O 设备需要更多的配置,如通信端口的配置(波特率、奇偶校验等)、所使用的网卡的开关设置等。仿真驱动实际上没有与硬件进行物理连接,所以不需要进行更多的配置。

2.2.4 数据连接

使这 4 个点的 PV 参数值能与仿真 I/O 设备 dev 进行实时数据交换的过程就是建立数据连接的过程。由于数据库可以与多个 I/O 设备进行数据交换,所以必须指定哪些点与哪个 I/O 设备建立数据连接。

(1) 启动数据库组态程序 DbManager,双击点 YW,再单击“数据连接”,出现如图 2-10

所示的对话框。

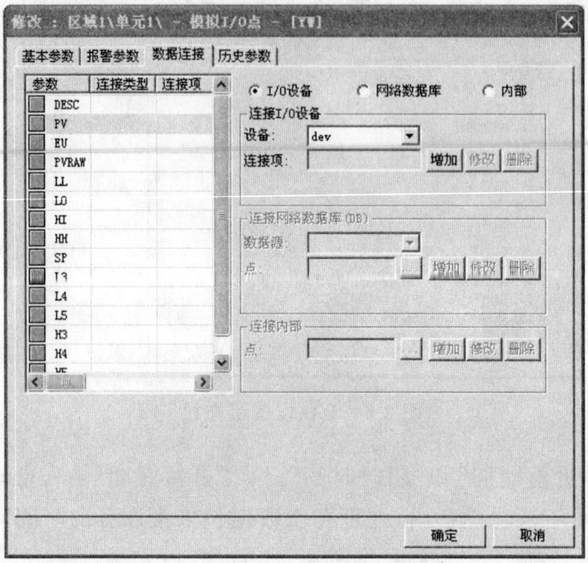

修改 : 区域1\单元1\ - 模拟I/O点 - [YW]

基本参数 | 报警参数 | 数据连接 | 历史参数

参数	连接类型	连接项
DESC		
PV		
EU		
PVRAW		
LL		
LO		
HI		
HH		
SP		
L3		
L4		
L5		
H3		
H4		

I/O设备 网络数据库 内部

连接I/O设备

设备: dev

连接项: 增加 修改 删除

连接网络数据库(DB)

数据源:

点: 增加 修改 删除

连接内部

点: 增加 修改 删除

确定 取消

图 2-10 数据连接

(2) 在“连接 I/O 设备”中的“设备”下拉框中选择 dev,再单击“增加”按钮,出现如图 2-11 所示的对话框。

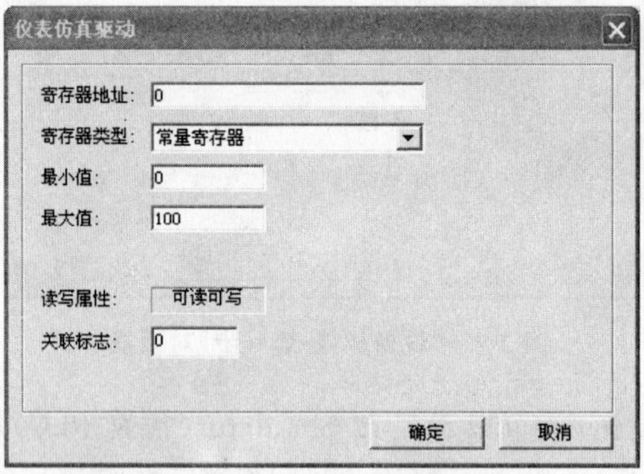

仪表仿真驱动

寄存器地址: 0

寄存器类型: 常量寄存器

最小值: 0

最大值: 100

读写属性: 可读可写

关联标志: 0

确定 取消

图 2-11 “仪表仿真驱动”对话框(1)

将“寄存器地址”指定为 0,“寄存器类型”选择“常量寄存器”,“最小值”和“最大值”分别指定为 0 和 100,然后单击“确定”按钮,便可见 DbManager 中右边的“I/O 连接”列中增加了一项。

(3) 双击 IN1,再单击打开“数据连接”页,建立数据连接。单击“增加”按钮,出现图 2-12 所示的对话框,将“寄存器地址”指定为 1,“寄存器类型”选择“状态控制”。

(4) 用同样的方法为点 OUT1 和 RUN 创建 dev 下的数据连接,它们的“寄存器地址”分别为 2 和 0,“寄存器类型”分别选择“常量寄存器”和“状态控制”,最后对话框的形式如图 2-13 所示。

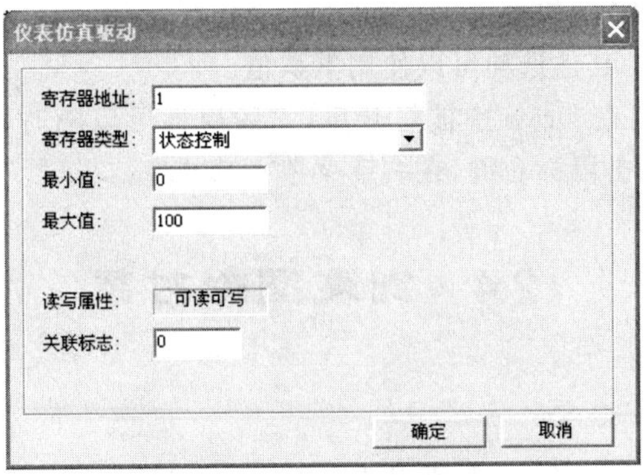

仪表仿真驱动

寄存器地址: 1

寄存器类型: 状态控制

最小值: 0

最大值: 100

读写属性: 可读可写

关联标志: 0

确定 取消

图 2-12 “仪表仿真驱动”对话框(2)

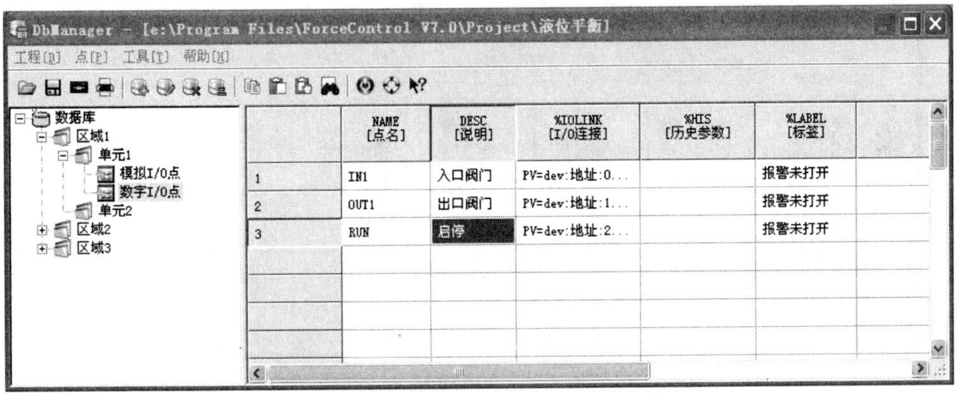

DbManager - [e:\Program Files\ForceControl V7.0\Project\液位平衡]

工程[D] 点[P] 工具[T] 帮助[H]

数据库
区域1
单元1
模拟I/O点
数字I/O点
单元2
区域2
区域3

	NAME [点名]	DESC [说明]	%IOLINK [I/O连接]	%HIS [历史参数]	%LABEL [标签]
1	IN1	入口阀门	PV=dev:地址:0...		报警未打开
2	OUT1	出口阀门	PV=dev:地址:1...		报警未打开
3	RUN	启停	PV=dev:地址:2...		报警未打开

图 2-13 数据库

2.3 创建窗口

进入开发系统 Draw 后，首先需要创建一个新窗口。

选择菜单命令“文件”→“新建”，出现如图 2-14 所示的“窗口属性”对话框。

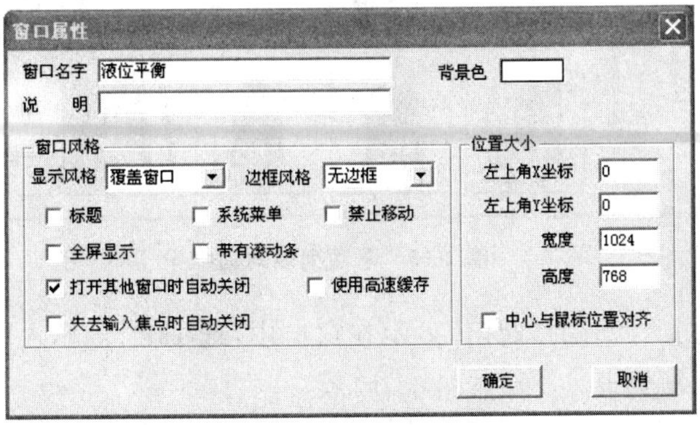

窗口属性

窗口名字 液位平衡　　背景色

说　明

窗口风格

显示风格 覆盖窗口　边框风格 无边框

标题　系统菜单　禁止移动

全屏显示　带有滚动条

打开其他窗口时自动关闭　使用高速缓存

失去输入焦点时自动关闭

位置大小

左上角X坐标 0

左上角Y坐标 0

宽度 1024

高度 768

中心与鼠标位置对齐

确定 取消

图 2-14 “窗口属性”对话框

窗口的标题命名为“液位平衡”。单击按钮“背景色”，出现调色板，选择其中的一种颜色作为窗口背景色。其他选项可以使用默认值。

提示：当一个窗口在 Draw 中被打开后，它的属性可以随时被修改。要修改窗口属性，在窗口的空白处单击鼠标右键，在右键菜单中选择“窗口属性”命令。

2.4 创建图形对象

1. 存储罐制作

现在，在屏幕上有了一个窗口，在开发系统(Draw)导航器中（如图 2-4 所示）双击“工具”→“标准图库”，出现如图 2-15 所示的“图库”对话框。

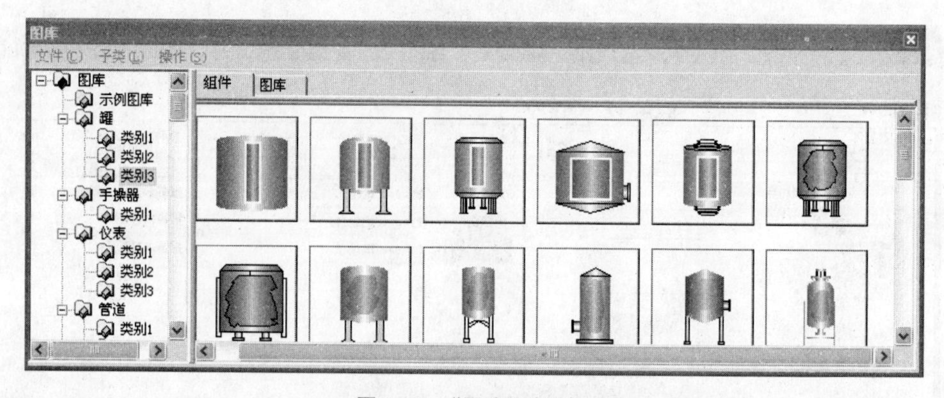

图 2-15 “图库”对话框

在子目录中选择“罐”→“类别 1”，所有的罐显示在窗口中，若要选 1261 号，双击 1261 号罐，它就会出现在作图窗口中，如图 2-16 所示。

图 2-16 子图列表对话框

同理可选“阀门”，所有的“阀门”显示在窗口中，选 1395 号作入口阀门和出口阀门，双击就出现在作图窗口中。

同理可选“传感器”，所有的“传感器”显示在窗口中，选 1782 号，双击就出现在作图窗口中。

然后将这些图拖动拼装在一起，组成一个现场模拟图，如图 2-17 所示。

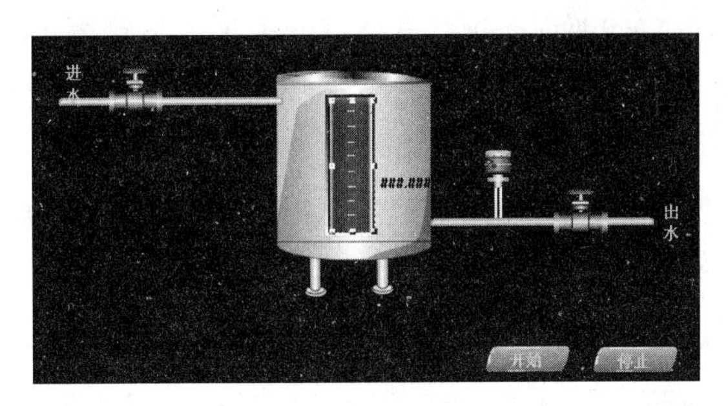

图 2-17 现场模拟图

2. 文本制作

创建一个显示存储罐液位高度的文本域和一些说明文字。选择工具箱“文本”工具，把鼠标移动到存储罐下面，单击一下（这个操作定位“文本”工具）。输入“###.##”然后按回车键结束第一个字符串，然后输入“进水”、“出水”。

把符号（#）移动到存储罐的下面。把字符串“进水”和“出水”分别移动到入口阀门和出口阀门图形两边。

3. 按钮制作

创建两个按钮来启动和停止处理过程。选择“按钮”工具，创建一个按钮。选定这个工具后，单击以定位按钮的起点，拖动鼠标调整按钮的大小。创建的按钮上有一个标志 Text（文本）。选定这个按钮，单击鼠标右键，弹出右键菜单。选择“对象属性”，弹出“按钮属性”对话框，在其中的“新文字”项中输入“开始”，然后选择“确定”键确认。用同样的方法继续创建“停止”按钮。

现在，已经完成了“液位平衡系统”应用程序的图形描述部分的工作，最终的效果如图 2-17 所示。

前面已经做了很多事情，包括制作显示画面、创建数据库点，并通过一个自己定义的 I/O 设备 dev 把数据库点的过程值与虚拟设备 dev 连接起来。现在又要回到开发系统 Draw 中，通过制作动画连接使显示画面活动起来。

2.5 动画连接

有了变量就可以制作动画连接。一旦创建了一个图形对象，给它加上动画连接就相当于赋予它“生命”，使其“活动”起来。动画连接使对象按照变量的值改变其显示。

1. 阀门动画连接

根据以上工艺要求要完成下面功能。

代表入口阀门的开关状态的变量 IN1. PV 是个状态值，如果为真（值为 1），则表示入口阀门为开启状态，同时入口阀门变成绿色；如果为假（值为 0），入口阀门变成白色表示关。所以在“值为真时颜色”选项中将颜色通过调色板设为绿色；在“值为假时颜色”选项中将颜色通过调色板选为白色。

双击入口阀门对象，出现如图 2-18 所示的“动画连接”对话框。

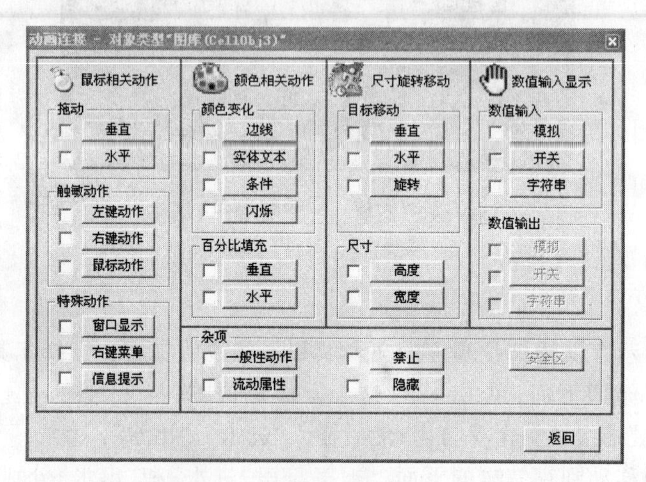

图 2-18 “动画连接”对话框

要让入口阀门按一个状态值改变颜色。选用连接“颜色变化”→“条件”。单击“条件”按钮，出现如图 2-19 所示的对话框。

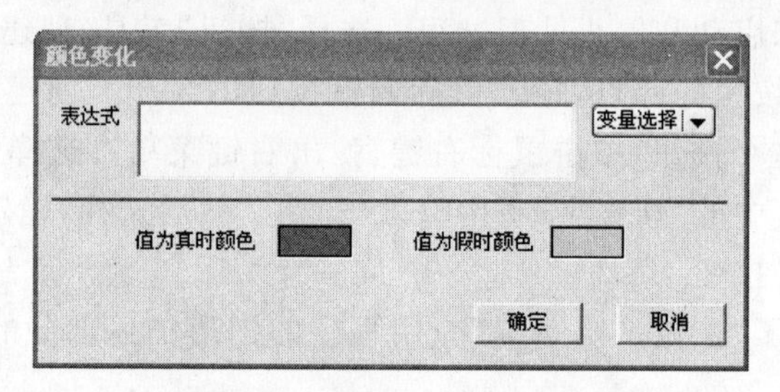

图 2-19 “颜色变化”对话框

在该对话框中单击“变量选择”按钮，展开“实时数据库”项，展开“区域 1”→“单元 1”然后选择点 IN1，在右边的参数列表中选择 PV，如图 2-20 所示。

然后单击“选择”按钮，“颜色变化”对话框“表达式”项中自动加入了变量名“区域 1\单元 1\IN1. PV”，在该表达式后输入 ＝＝1，使最后的表达式为“区域 1\单元 1\IN1. PV ＝＝1”（力控中的所有名称标识、表达式和脚本程序均不区分大小写）。

最后的形式如图 2-21 所示。

用同样的方法，定义出口阀门的颜色变化条件及相关的变量。

2. 液位动画连接

将存储罐的液位通过数值的方式显示，并且代表存储罐矩形体内的填充物体的高度

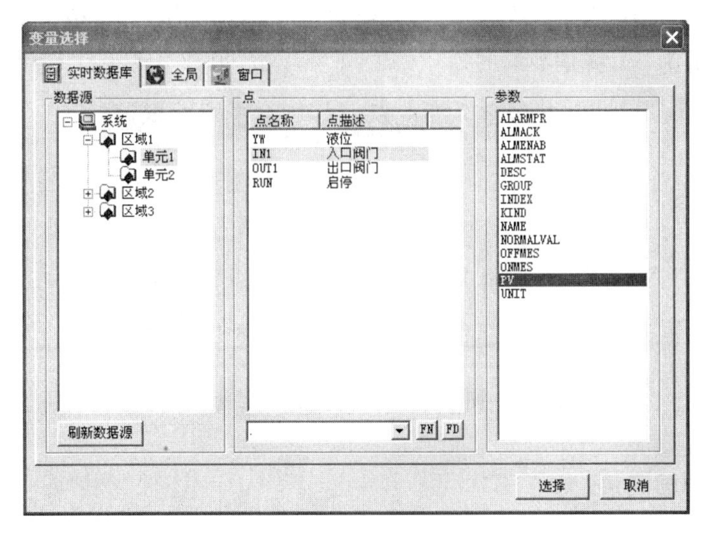

图 2-20 "变量选择"对话框

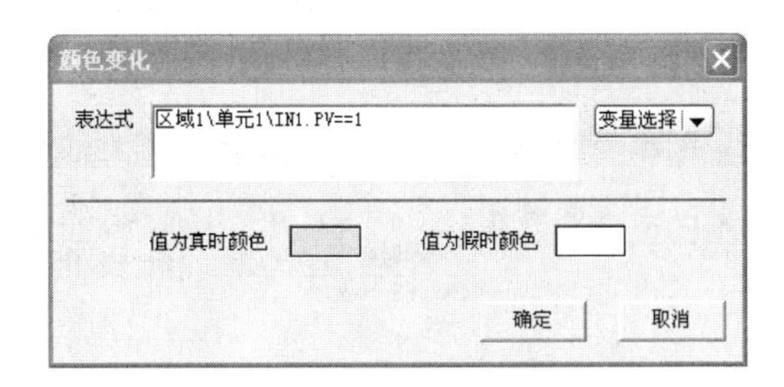

图 2-21 "颜色变化"对话框

也能随着液位值的变化而变化,便可以仿真存储罐的液位变化了。

首先来处理液位值的显示。双击存储罐下面的磅符号"###.###",出现如图 2-18 所示的"动画连接"对话框 ,要让"###.###"符号在运行时显示液位值的变化,选择"数值输出"→"模拟"。单击"模拟"按钮出现如图 2-22 所示的"模拟值输出"对话框,在对话框中单击"变量选择"按钮,出现如图 2-20 所示的对话框,选择点 YW,在右边的参数列表中选择 PV,然后单击"选择"按钮,再单击图 2-22 中"确定"按钮,设置完成。

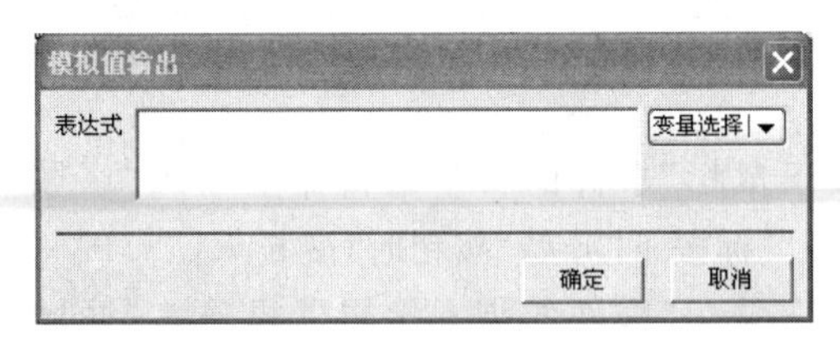

图 2-22 "模拟值输出"对话框

存储罐填充动画操作如下。

选中存储罐后单击鼠标右键选择"单元内编辑",然后选中液位,弹出如图 2-18 所示的对话框,选择"尺寸"→"高度",弹出如图 2-23 所示的对话框,在"表达式"项内输入"区域 1\单元 1\YW. PV”。如果值为 0，存储罐将填充 0，即全空；如果值为 100，存储罐将是全满的；如果值为 50，将是半满的等。

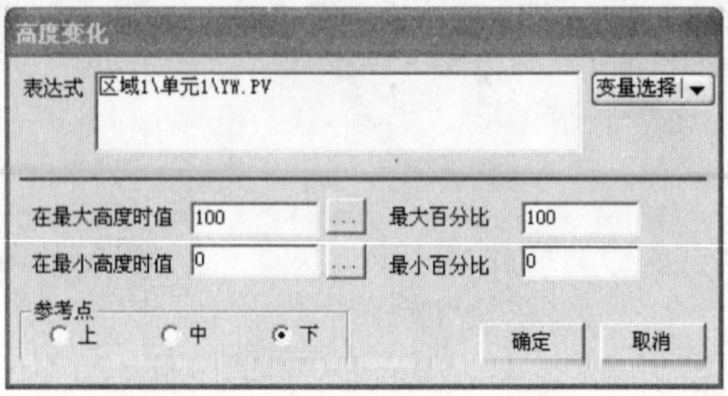

图 2-23 “高度变化”对话框

3. 按钮动画连接

接着定义两个按钮的动作来控制系统的启停。

选中按钮后双击，出现“动画连接”对话框，选用“触敏动作”→“左键动作”。单击“左键动作”按钮，弹出如图 2-24 所示的“脚本编辑器”对话框。

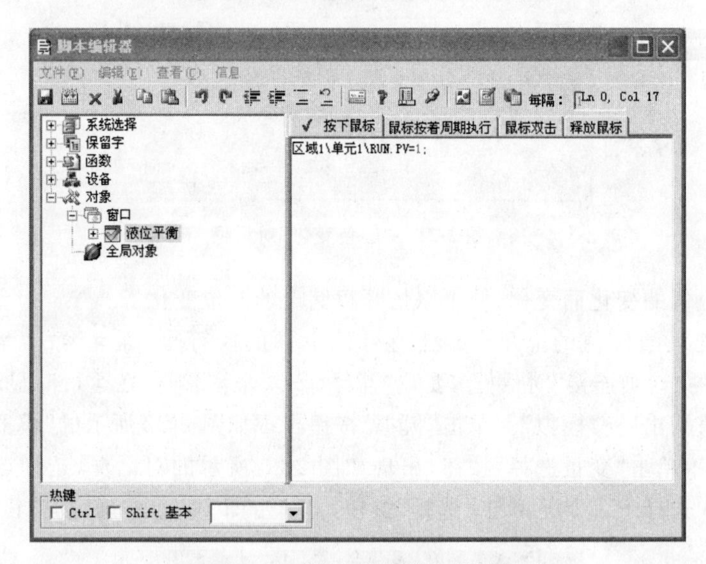

图 2-24 “脚本编辑器”对话框

在开始按钮的“按下鼠标”事件的脚本编辑器里输入“区域 1\单元 1\RUN. PV=1;”。这个设置表示，当鼠标按下“开始”按钮时，变量 RUN. PV 的值被设置为 1。

在停止按钮的“按下鼠标”事件的脚本编辑器里输入“区域 1\单元 1\RUN. PV=0;”。这个设置表示，当鼠标按下“停止”按钮时，变量 RUN. PV 的值被设置为 0。

4. 脚本编辑

在“动作”→“应用程序动作”→“程序运行周期执行”中写如下脚本。

```
IF 区域 1\单元 1\RUN.PV==1 THEN
    IF 区域 1\单元 1\YW.PV==0 THEN
      区域 1\单元 1\IN1.PV=1;
      区域 1\单元 1\OUT1.PV=0;
    ENDIF
    IF 区域 1\单元 1\YW.PV==100 THEN
      区域 1\单元 1\IN1.PV=0;
      区域 1\单元 1\OUT1.PV=1;
    ENDIF
    IF 区域 1\单元 1\IN1.PV==1&& 区域 1\单元 1\OUT1.PV==0&& 区域 1\单元 1\YW.PV<100 THEN
      区域 1\单元 1\YW.PV=区域 1\单元 1\YW.PV+2;
    ENDIF
    IF 区域 1\单元 1\IN1.PV==0&& 区域 1\单元 1\OUT1.PV==1&& 区域 1\单元 1\YW.PV>0 THEN
      区域 1\单元 1\YW.PV=区域 1\单元 1\YW.PV-2;
    ENDIF
ENDIF
IF 区域 1\单元 1\RUN.PV==0 THEN
    区域 1\单元 1\YW.PV=0;
    区域 1\单元 1\IN1.PV=0;
    区域 1\单元 1\OUT1.PV==0;
ENDIF
```

2.6 运　行

最后运行时的工作过程是这样的：由 I/O 驱动程序把从设备 dev 中采集到的数据传送到数据库上并经数据库处理后，传送给 View 对应的变量，并在 View 的画面上动态显示出来；当操作人员在 View 画面上置数据时，也就是修改了 View 变量的数据，View 会将变化的数据传送给 Db，经 Db 处理后，再由 I/O 驱动程序传送给设备 dev。

保存所有组态内容，重新启动力控工程管理器，选择工程“液位平衡”，然后单击“进入运行”按钮运行系统。在运行画面的菜单中选择“文件”→“打开”，则弹出如图 2-25 所示的“选择窗口”对话框。

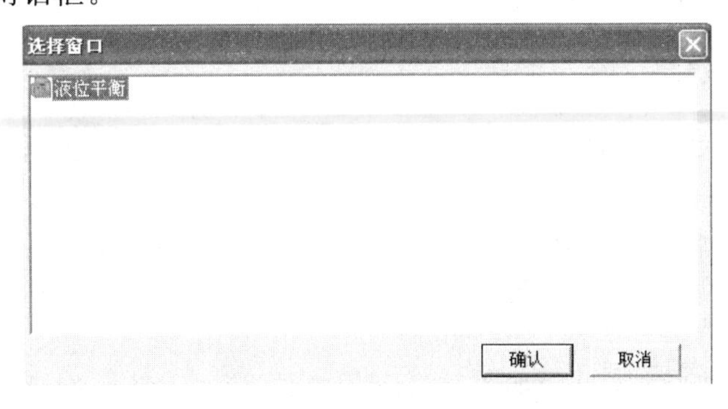

图 2-25 “选择窗口”对话框

选择“液位平衡”，再单击“确认”按钮，出现如图2-26所示的运行过程。在画面上单击“开始”按钮，会看到阀门打开，存储罐开始被注入；一旦存储罐即将被注满，它会自动排放，然后重复以上过程。可以在任何时候单击“停止”按钮来中止这个过程。

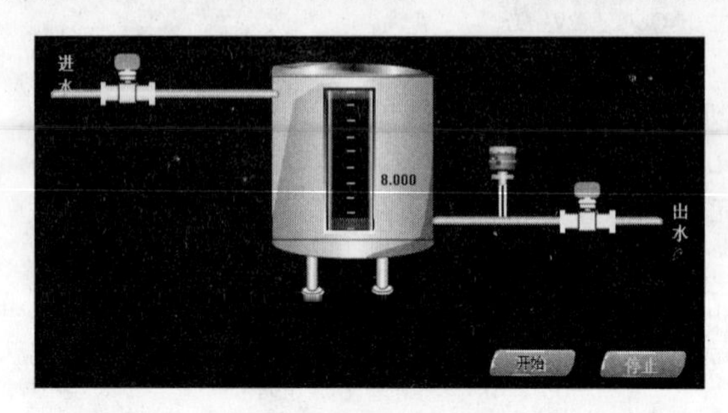

图2-26 运行过程

2.7 创建实时趋势

实时趋势是根据某个变量的实时值随时间变化而绘出的该变量的时间关系曲线。使用实时趋势可以查看某一个数据库点或中间点在当前时刻的状态，而且实时趋势也可以保存某一段时间内的数据趋势，这样使用它就可以了解当前设备的运行状况、整个车间当前的生产情况等。

下面具体说明如何创建实时趋势。

1. 制作按钮

在主画面“液位平衡”中创建一个“趋势曲线”按钮。可以按2.4节制作按钮的方法，也可以去力控标准图库中选择按钮。

2. 创建窗口

创建一个新的“实时趋势窗口”，方法是单击工具条中的 按钮或在主菜单中单击“文件”→“新建”或者双击导航器中窗口，出现如图2-14所示的“窗口属性”对话框，在窗口名字中输入“实时趋势”，单击“确定”按钮出现如图2-27所示的窗口。

3. 创建实时趋势

(1) 在工具箱的常用组件中选择“趋势曲线”，在“开发系统”窗口中单击并拖曳到合适大小后释放鼠标。

(2) 这时可以像处理普通图形对象一样改变实时趋势图的属性。右击“实时趋势曲线”打开“对象属性”对话框，通过这个对话框可以改变实时趋势曲线的填充颜色、边线颜色、边线风格等。

(3) 双击“趋势对象”，弹出如图2-28所示的对话框。

(4) 相应的值改变如图2-29所示。

图 2-27 “开发系统”窗口

图 2-28 实时趋势组态

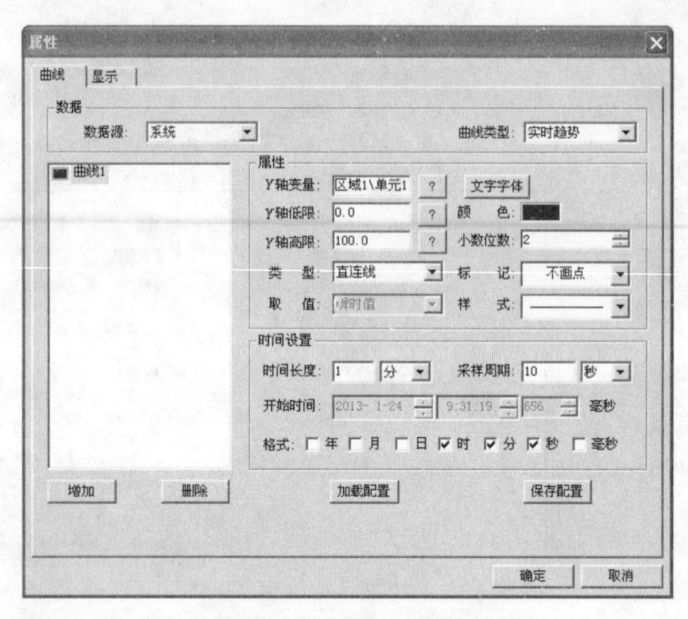

图 2-29 实时趋势设置

(5) 改变“Y 轴变量”的值。双击 ? ，打开“变量选择”对话框，在选项卡“实时数据库”中选择变量“区域 1\单元 1\yw. pv”即可。

(6) 在本窗口中创建一个“主画面”按钮，保证在画面运行时能返回主界面。

(7) 分别插入“液位实时趋势曲线”、“液位高度”、“时间”三个文本。

最终创建的实时趋势曲线如图 2-30 所示。

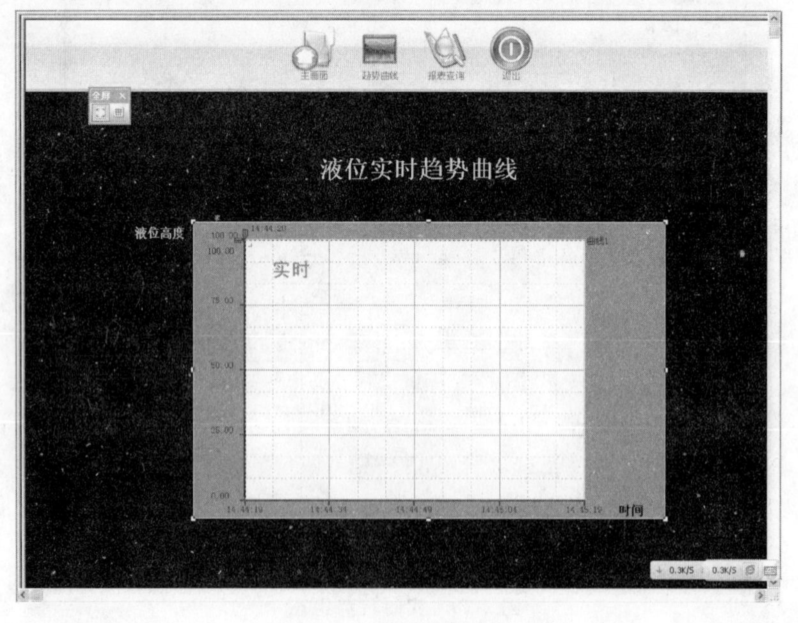

图 2-30 实时趋势曲线

4. 动画连接

“趋势曲线”按钮与实时趋势窗口连接，在溶液控制窗口中双击“趋势曲线”按钮，出现如图 2-18 所示的对话框，在框中单击“窗口显示”，出现“窗口选择”对话框，选择“实时趋势”。运行后实时趋势曲线显示在窗口中。

2.8 创建历史报表

历史报表提供了浏览历史数据的功能。下面具体说明如何创建历史报表(在建立历史报表之前先要在点组态的历史数据页中设定定时保存历史数据)。

1. 制作按钮

在主画面“液位平衡”中创建一个“报表”按钮。可以按 2.4 节制作按钮的方法，也可以去力控标准图库中选择按钮。

2. 创建窗口

创建一个新的“历史报表”窗口，方法是单击工具条中的“创建一个新文档”按钮或在主菜单中单击“文件”→“新建”或者双击导航器中窗口，出现如图 2-14 所示的“窗口属性”对话框，在窗口名字中输入“历史报表”，单击“确定”按钮，出现如图 2-27 所示“开发系统”窗口。

3. 创建历史报表

(1) 在工具箱中选择“历史报表”按钮或在主菜单中单击“插入”→“历史报表”，在“开发系统”窗口中单击并拖曳到合适大小后释放鼠标。

(2) 这时可以像处理普通图形对象一样来改变历史报表的属性。右击“历史报表”打开其“对象属性”对话框，通过这个对话框可以改变历史报表的填充颜色、边线颜色、边线风格等。

(3) 双击历史报表对象，弹出如图 2-31 所示的对话框，在变量页中双击“点名”下的空格，出现变量选择对话框，选定“区域 1\单元 1\yw. pv”单击“确定”按钮，点名自动输入。

(4) 在本窗口中创建一个“查询”按钮、一个时间控件，在按钮左键按下动作里写入“#HisReport. SetTime(#DateTime. Year，#DateTime. Month，#DateTime. Day，#DateTime. Hour，#DateTime. Minute，#DateTime. Second)；”，即可按时间查询报表，其中 HisReport 是历史报表的名称，DateTime 是时间控件的名称。

(5) 插入“历史报表”文本标题。

最终创建的历史报表如图 2-32 所示。

4. 动画连接

(1) “报表查询”按钮与历史报表窗口连接，在反应监控中心窗口中双击“报表查询”

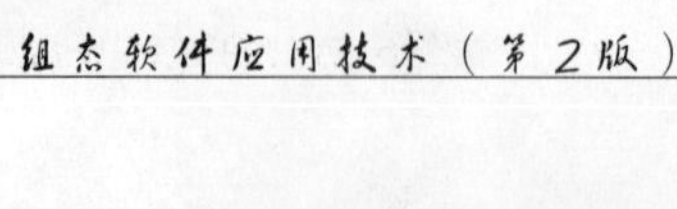

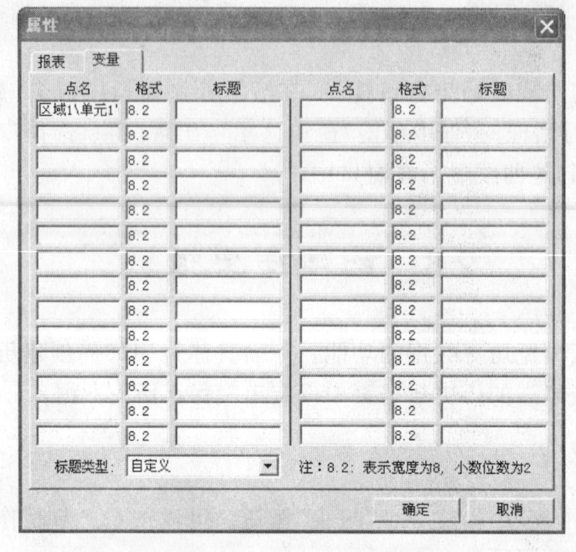

图 2-31 “历史报表组态”对话框

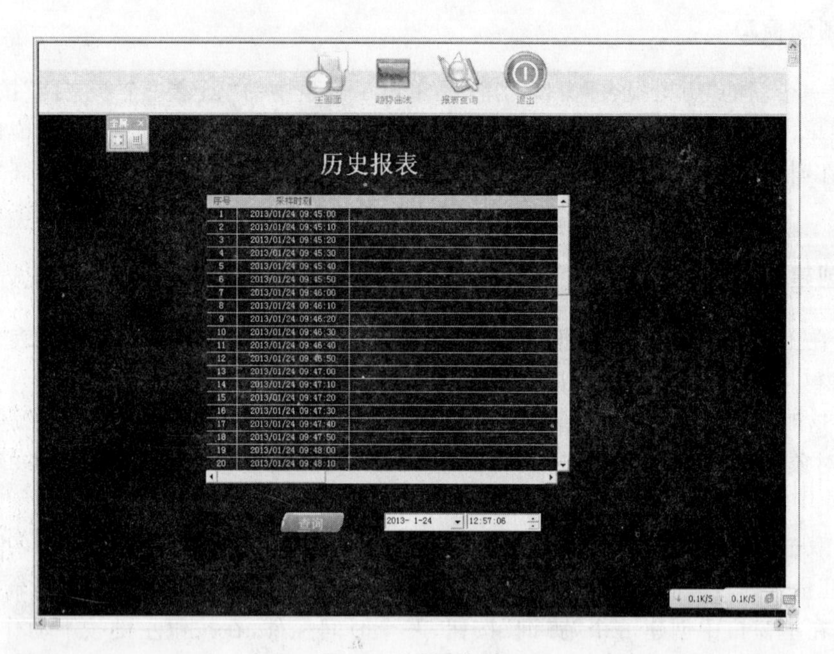

图 2-32 历史报表

按钮，出现如图 2-18 所示的对话框，在框中单击“窗口显示”，出现“窗口选择”对话框，选择“历史报表”。

(2) 同样在“历史报表”窗口中进行“返回主页面”的动画连接。

最后的“反应监控中心”(如图 2-33 所示)，在运行时单击“报表查询”进入“历史报表”窗口，历史数据显示在表格中。当单击“趋势曲线”时，实时趋势曲线显示在窗口中。

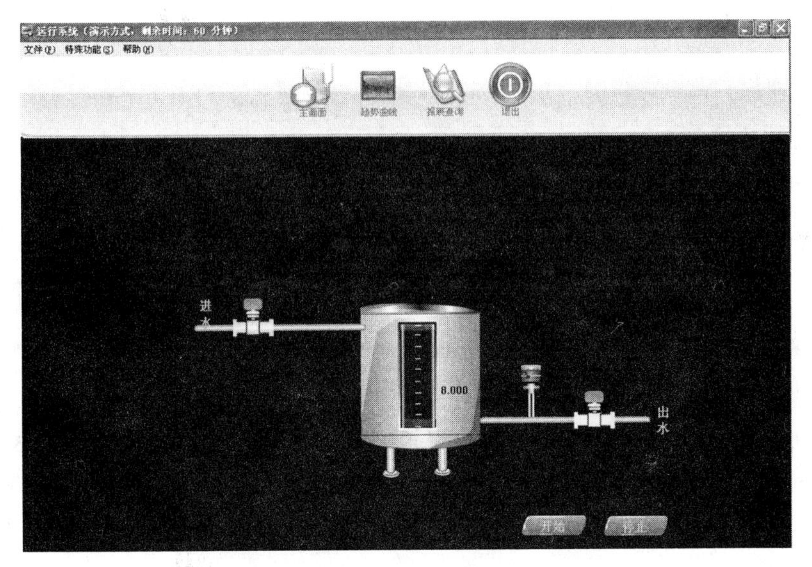

图 2-33　反应监控中心

习题与思考

2.1　如何通过事件记录，来查看开、关阀门的操作历史记录？

2.2　如果想知道入口阀门和出口阀门的累计运转时间，如何实现？给出脚本语言和数据库累计点两种实现方法。

2.3　如何创建数据库点参数，创建时要注意哪些问题？

2.4　试述创建一个工程项目的全过程。

2.5　开发环境主要包括哪些内容？

2.6　开发环境能创建哪些内容？

第3章 chapter 3

变 量

组态软件基本的运行环境分为三个部分，包括 HMI(VIEW)人机界面、数据库(DB)、通信程序 I/O SERVER，变量是人机界面软件数据处理的核心。它是 View 进行内部控制、运算的主要数据成员，是 View 中编译环境的基本组成部分，它只生存在 View 的环境中。

人机界面程序 View 运行时，工业现场的状况要以数据的形式在画面中显示，View 中所有动态表现手段，如数值显示、闪烁、变色等都与这些数据相关。同时操作人员在计算机前发送的指令也要通过它送达现场，这些代表变化数据的对象为变量，运行系统 View 在运行时，工业现场的生产状况将实时地反映在变量的数值中。

每种组态软件提供多种变量，包括窗口中间变量、中间变量、间接变量、数据库变量等。

数据库变量与数据库 Db 中的点参数进行对应，完成数据交互，数据库变量是人机界面与实时数据库联系的桥梁，其中的数据库变量不但可以访问本地数据库，还可以访问远程数据库，来构成分布式结构。

3.1 变量类别

变量类别决定了变量的作用域及数据来源。例如，如果要在界面中显示、操作数据库中的数据时，就需要使用数据库型变量。本节描述了力控支持的几类变量。

(1) 窗口中间变量；

(2) 中间变量；

(3) 间接变量；

(4) 数据库变量。

3.1.1 窗口中间变量

窗口中间变量作用域仅限于力控应用程序的一个窗口，或者说，在一个窗口内创建的窗口中间变量，在其他窗口内是不可引用的，即它对其他窗口是不可见的。窗口中间变量是一种临时变量，它没有自己的数据源，通常用作一个窗口内动作控制的局部变量、局部计算变量,或用于保存临时结果。

3.1.2 中间变量

中间变量的作用域为整个应用程序,不限于单个窗口。一个中间变量,在所有窗口中均可引用,即在对某一窗口的控制中,对中间变量的修改将对其他引用此中间变量的窗口的控制产生影响。中间变量也是一种临时变量,它没有自己的数据源。中间变量适于作为整个应用程序动作控制的全局性变量、全局引用的计算变量或用于保存临时结果。

3.1.3 间接变量

1. 当作其他变量的指针使用

间接变量是一种可以在系统运行时被其他变量代换的变量,一般将间接变量作为其他变量的指针,操作间接变量也就是操作其指向的目标变量,间接变量代换其他变量后,引用间接变量就相当于引用代换变量。

可以用赋值语句实现变量的转换,例如,表达式"@INDIRECT=@LIC101. PV;"的两边变量的前面都加上了符号@,表示这个表达式不是一个赋值操作,而是一个变量代换操作。

例:在一个矩形图形上完成"垂直百分比填充"的动作,要求根据不同的条件,数值来自数据库变量 LIC101. PV 和 LIC102. PV。

可以引用一个中间变量 INDIRECT,做如下表达式。

当条件满足条件 1 时:@INDIRECT =@LIC101. PV;//表达式 1

当条件满足条件 2 时:@INDIRECT =@LIC102. PV;//表达式 2

说明:表达式 1 经过这种变量代换后,变量 INDIRECT 和 LIC101. PV 的数值和行为变为完全一致。改变 INDIRECT 的数值就等于改变 LIC101. PV 的值,改变 LIC101. PV 的数值就等于改变 INDIRECT 的值,当执行表达式 2 时,INDIRECT 又将与 LIC102. PV 的值保持一致。

2. 当作普通变量使用

间接变量除了用于完成变量代换之外,也可以作为普通变量使用。例如,"INDIRECT=LIC101. PV;"。

3. 当作数组使用

间接变量实现数组功能,可以直接使用而不需要初始化。

功能说明:变量数组

操作说明:未初始化的数组可用间接变量数组,用户定义间接变量后可直接在需要使用变量的脚本中使用数组,例如,"arr[100]=10;"。

间接变量的获取区别于其他变量的获取,间接变量将[]数组符号作为一个操作符,当使用 a[0]的时候,编译器将自动分解为两个步骤,第一步将变量 a 的 id 和下标 0 压栈,第二步对栈偏移的变量进行赋值或者取值的操作。因此,运行系统先将变量 id 和 offset 压栈,再从栈内弹出变量 id 和 offset 进行赋值或者取值操作,建议每个数组最大下标不超过 10 000。

3.1.4 数据库变量

数据库变量与数据库 Db 中的点参数进行对应,完成数据交互,数据库变量是人机界面与实时数据库联系的桥梁,其中的数据库变量不但可以访问本地数据库,还可以访问远程数据库,构成分布式结构。

当要在界面上显示处理数据库中的数据时,需要使用数据库变量。数据库变量的作用域为整个应用程序。一个数据库变量对应数据库中的一个点参数,如图 3-1 所示,关于力控数据库的说明请参考数据库和通信部分。

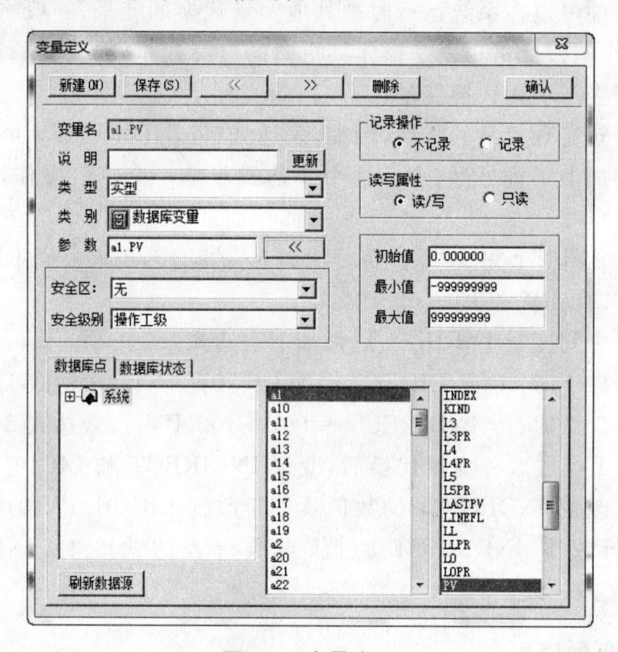

图 3-1 变量定义

3.1.5 系统变量

力控提供了一些预定义中间变量,称为系统变量。每个系统变量均有明确的意义,可以完成特定功能。例如,若要显示当前系统时间,可以将系统变量“$time”动画连接到一个字符串显示上,具体参见使用手册。

系统变量均以美元符号($)开头。

3.2 定义新变量

若要定义一个新变量，可按如下步骤进行。

下面以数据库变量为例进行介绍，在工程项目导航栏中，选择“变量”→“数据库变量”，双击弹出的“变量管理”对话框，单击“变量管理”工具栏菜单上的“添加变量”按钮，在弹出的如图 3-2 所示的“变量定义”对话框中定义新的变量。

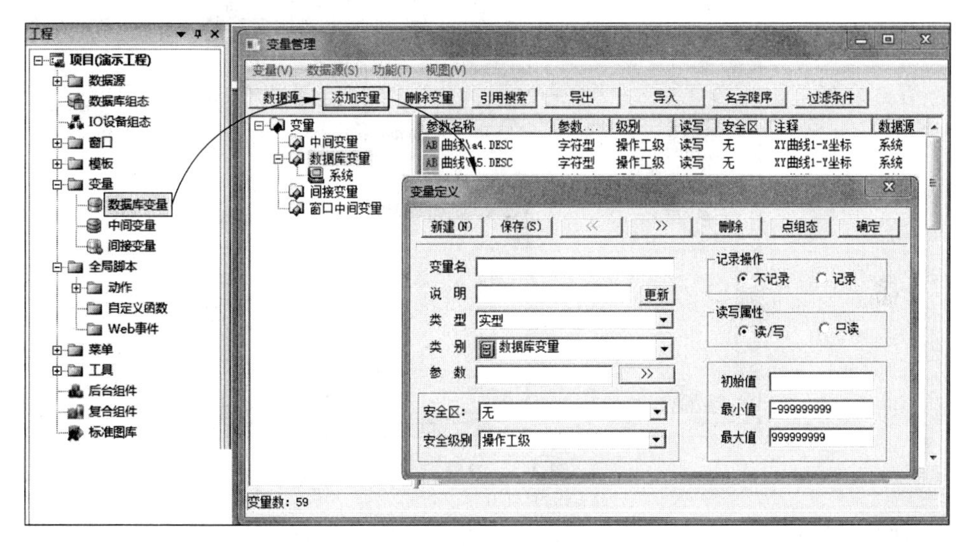

图 3-2 定义新变量

新建(N)：要创建的变量的名称。

保存(S)：保存输入的内容。

<<：上一个变量。

>>：下一个变量。

删除：进入“删除变量”对话框。

确认：对输入的信息进行确认，建立变量。

变量名：定义变量名名称，系统中必须唯一。

说明：设置变量的描述文字。

类型：设置变量的数据类型，可设置为实型、整型、离散型、字符型。

实型：值为$-2.2\sim10^{308}$或$18\sim10^{308}$之间的 64 位双精度浮点数。

整型：值为－2 147 283 648～2 147 283 648 的 32 位长整数。

离散型：值为－2 147 283 648～2 147 283 648 的 32 位长整数。

字符型：长度为 64 位的字符型变量。

类别：设置变量的类型属性，可设置为数据库变量、中间变量、间接变量、窗口中间变量。

参数：如果选定变量类别是“数据库变量”，在“参数”对话框的右侧，单击 << 按钮，如图 3-3 所示。

图 3-3　参数定义

在此处的数据库点中指定数据库的数据源及具体点参数。

安全区：设置变量的可操作区域，只有拥有该区域操作权限的用户才可以修改此变量数值。

安全级别：设置变量的安全级别，只有当前设置级别以上的用户才可以修改此变量数值。

记录操作：该选项用于记录运行系统 View 中，对该变量的操作过程。如果选择不记录，就看不到对变量的操作过程。如果选择“记录”，系统就将操作该变量的过程进行记录，从力控的系统日志里面就可以看到变量的操作记录了。

读写属性：此项用于控制该变量的读写。有“读/写”和“只读”两种选择。

初始值：设置初始运行时变量的值。

最大/小值：设置变量的量程范围。

3.3　搜索被引用变量和删除变量

已创建的变量若在动画连接、脚本程序或其他表达式中被使用过，则变量成为被引用变量，当要删除一个被引用变量时，首先要找到引用此变量的动画连接和脚本程序，并对其进行修改以取消其对变量的引用。没有被引用过的变量可以直接删除。

3.3.1 删除变量

若要删除已创建的变量则需要按照以下的步骤。

单击“变量管理”工具栏菜单上的“删除变量”按钮，在弹出的对话框中删除变量，如图 3-4 所示。

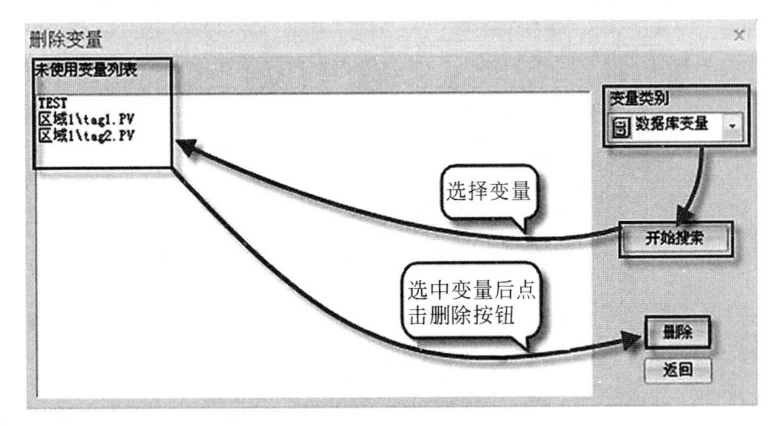

图 3-4 删除变量

变量类别：选择需要删除的变量的类型。

未使用变量列表：根据变量类别下拉框中选择的类型，列出未使用的变量。

删除：在未使用列表中选中变量，单击“删除”按钮进行删除。

若选择“开始搜索”，则系统开始搜索所选变量类别下的所有未被引用的变量。当变量的数量较多时，可能要等待几秒到几十秒。搜索完毕后，在“未使用变量列表”列表框中列出所有搜索到的未经引用变量的名称，选择其中的一个或多个变量(若要同时选取多个变量，可在按下 Ctrl 键的同时单击)，然后单击“删除”按钮，所选变量即被删除。

3.3.2 搜索被引用变量

如果要查询变量在工程中的哪些地方引用了此变量，则需要用到引用搜索功能，操作步骤如下。

在变量列表框中选中需要查询的变量，单击“变量管理”工具栏菜单上的 引用搜索 按钮，弹出“查找”对话框如图 3-5 所示。

查找位置有全部工程脚本、工程界面脚本、当前打开界面、后台组件脚本、自定义函数脚本、应用程序动作脚本、按键动作脚本、条件动作脚本、数据改变动作脚本、菜单动作脚本。

单击“查找”，就会在窗口下面增加一个输出信息框，双击“查找结果”中的记录，就会直接指向引用了此变量的画面(如动画连接窗口、脚本编辑器等)。

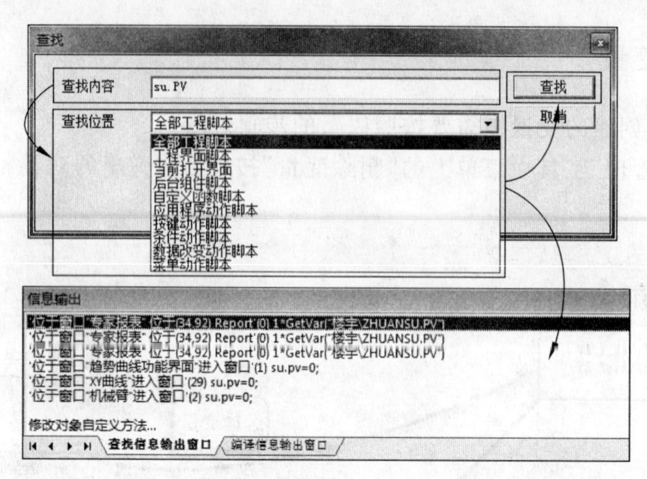

图 3-5 “查找”对话框

习题与思考

3.1 变量分为哪几类？使用时各有什么区别？

3.2 如何定义变量？定义变量时要注意哪些问题？

3.3 数据类型有几种？各有什么区别？

第4章 chapter 4

实时数据库系统

在生产监控过程中，许多情况要求将生产数据存储在分布在不同地理位置的不同计算机上，可以通过计算机网络对装置进行分散控制、集中管理，要求能够对生产数据进行实时处理、存储等，并且支持分布式管理和应用。力控监控组态软件实时数据库是一个分布式的数据库系统，实时数据库将点作为数据库的基本数据对象，确定数据库结构、分配数据库空间，并以树形结构组织点，对点“参数”进行管理。

实时数据库由管理器和运行系统组成，运行系统可以完成对生产实时数据的各种操作，如实时数据处理、历史数据存储、统计数据处理、报警处理、数据服务请求处理等，实时数据库可以将组态数据、实时数据、历史数据等以一定的组织形式存储在介质上。管理器是管理实时数据库的开发系统，通过管理器可以生成实时数据库的基础组态数据，对运行系统进行部署。

力控监控组态软件实时数据库负责和I/O调度程序的通信、获取控制设备的数据，同时作为一个数据源服务器在本地给其他程序如界面系统VIEW等提供实时和历史数据。实时数据库又是一个开放的系统，作为一个网络节点，也可以给其他数据库或界面显示系统提供数据，数据库之间可以互相通信，支持多种通信方式，如TCP/IP、串行通信、拨号、无线等方式，并且运行在其他网络节点的第三方系统可以通过OPC、ODBC、API/SDK等接口方式访问实时数据库。力控监控组态软件数据库应用如图4-1所示。

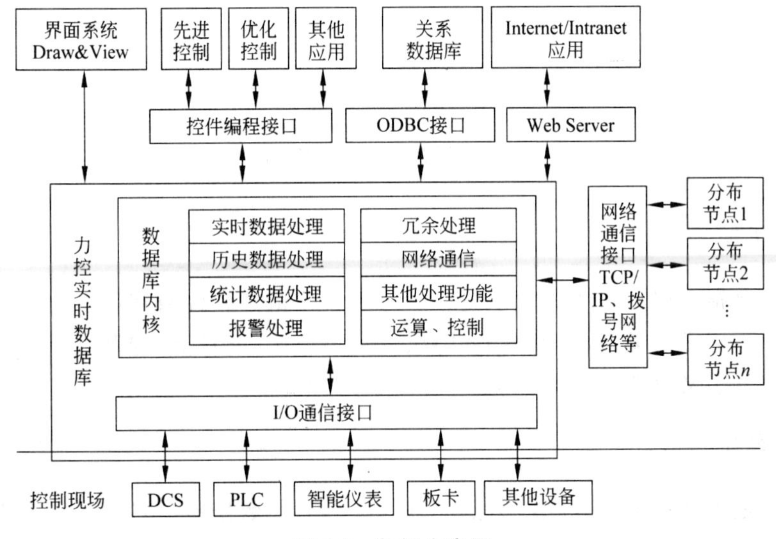

图4-1 数据库应用

关于分布式应用的详细信息可参考后续章节。

4.1 基本概念

实时数据库系统的基本概念分别介绍如下。

1. 点

在数据库中，系统以点（TAG）为单位存放各种信息。点是一组数据值（称为参数）的集合。在点组态时先定义点的名称，点名最多可以使用63个字符，这里的点名指点的短名，在界面上引用点时要使用带节点路径的长名。点参数可以包含标准点参数和用户自定义点参数。

2. 节点

数据库以树形结构组织点，节点就是树形结构的组织单元，每个节点下可以定义子节点和各个类型的点。对节点可以进行添加子节点、点、删除、重命名等操作。新建的数据库有一个默认的根节点就是数据库节点，根节点不能被重命名。节点的层次结构及操作如图4-2所示。

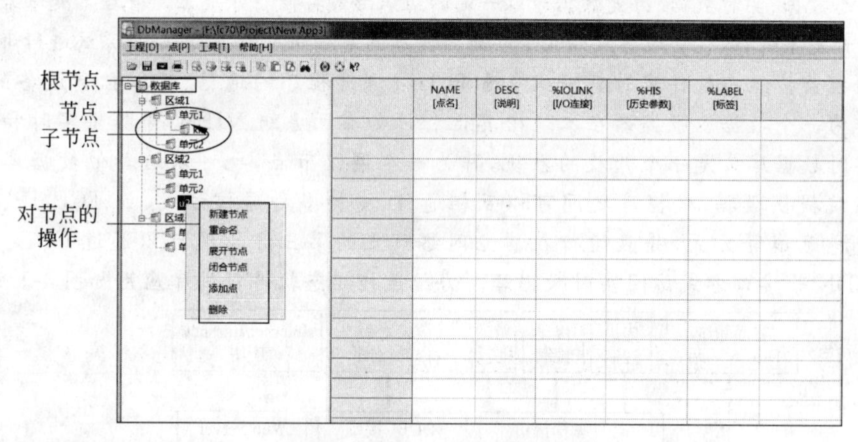

图4-2 节点的层次结构及操作

3. 点类型

点类型是指完成特定功能的一类点。力控监控组态软件数据库系统提供了一些系统预先定义的标准点类型，如模拟I/O点、数字I/O点、累计点、控制点、运算点等，用户也可以创建自定义点类型。

4. 点参数

点参数是含有一个值（整型、实型、字符串型等）的数据项的名称。系统提供了一些预先定义的标准点参数，例如 PV、NAME、DESC 等，用户也可以自定义点参数。

5. 数据库访问

对数据库的访问采用“节点路径\点名.参数名”的形式访问点及参数，如 TAG1.PV 表示点 TAG1 的 PV 参数，通常 PV 参数代表过程测量值，也是最常用的数据库变量。

1）本地数据库

本地数据库是指当前的工作站内安装的力控监控组态软件数据库，它是相对网络数据库而言的。

2）网络数据库

相对当前的工作站，安装在其他网络节点上的力控监控组态软件数据库就是网络数据库，它是相对本地数据库而言的。

6. 数据连接

数据连接是确定点参数值的数据来源的过程。力控监控组态软件数据库正是通过数据连接建立与其他应用程序(包括 I/O 驱动程序、DDE 应用程序、OPC 应用程序、网络数据库等)的通信、数据交互过程。

数据连接分为以下几种类型。

① I/O 设备连接：I/O 设备连接是确定数据来源于 I/O 设备的过程，I/O 设备的含义是指在控制系统中完成数据采集与控制过程的物理设备，如可编程控制器(PLC)、智能模块、板卡、智能仪表等。当数据源为 DDE、OPC 应用程序时，对其数据连接过程与 I/O 设备相同。

② 网络数据库：网络数据库连接是确定数据来源于网络数据库的过程。

③ 内部连接：本地数据库内部同一点或不同点的各参数之间的数据传递过程，即一个参数的输出作为另一个参数的输入。

4.2 数据库管理器 DbManager

DbManager 是数据库组态的主要工具，通过 DbManager 可以完成点参数组态、点类型组态、点组态、数据连接组态、历史数据组态等功能。

在 Draw 导航器中选择“工程项目”→“数据库组态”，如图 4-3 所示。

双击“数据库组态”启动 DbManager(如果没有看到导航器窗口，请激活 Draw 菜单命令“功能”→“初始风格”)，启动 DbManager 后，进入 DbManager 主窗口，如图 4-4 所示。

4.2.1 导航器与点表

导航器是显示数据库点结构的窗口，它采用树形节点结构，数据库是根节点，其下可建多个节点，每个节点下又可建多个子节点，在每个节点下可建立多个不同类型的点。

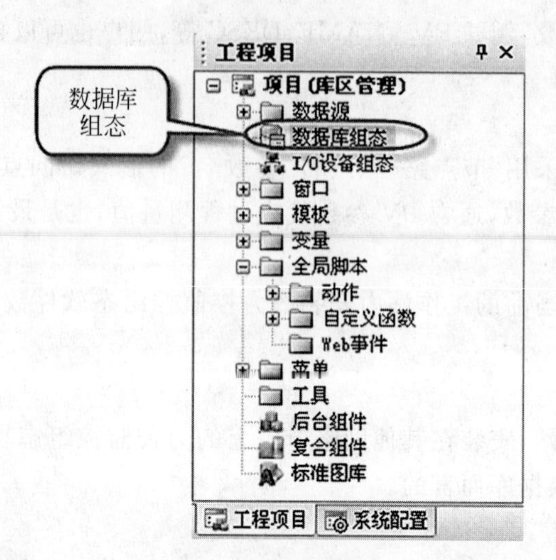

图 4-3 数据库组态

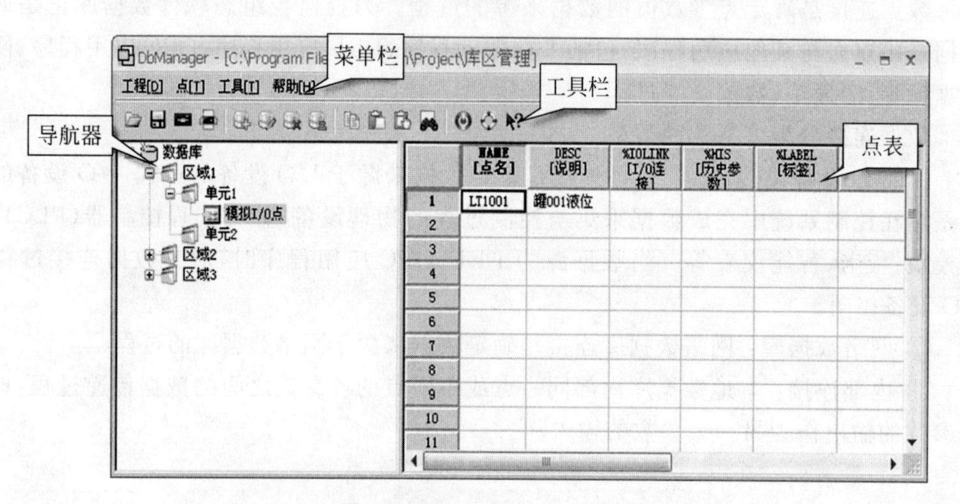

图 4-4 DbManager 主窗口

数据库点表是一个二维表格，一行代表一个点，列显示各个点的信息，点信息包括点的参数值、数据连接、历史保存等信息。在点表上，点表支持鼠标双击操作，也可以用箭头键、Tab 键、Page UP 键、Page Down 键、Home 键、End 键来定位当前选中节点下的点。

点表内显示的内容取决于导航器当前选择的节点或点类型。如果在导航器上选择根节点“数据库”，则点表会自动显示根节点下所有类型点的信息，如果在导航器上选择某节点下的模拟 I/O 点，则点表会自动显示该节点下所有模拟 I/O 点的信息。

4.2.2 菜单和工具栏

图 4-5 显示了“数据库管理器”菜单的展开内容。

表 4-1 为 DbManager 菜单、热键、工具栏按钮功能说明。

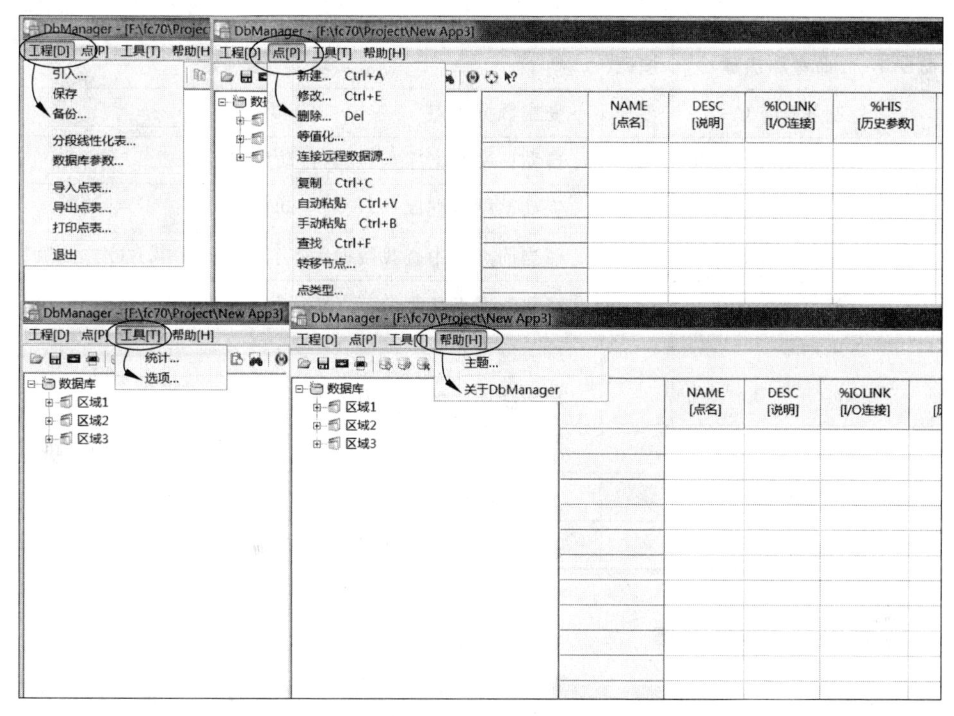

图 4-5　“数据库管理器”菜单的展开内容

表 4-1　菜单、热键、工具栏按钮功能说明

菜单命令	命令和热键	按钮	功　能
工程	引入		引入其他工程数据库组态数据
	保存		保存当前工程数据库
	备份		备份当前数据库组态内容到指定位置
	分段线性化表		分段线性化表组态
	数据库参数		设置数据库系统参数
	导入点表		将点表文件内容导入到当前数据库
	导出点表		将当前点表的内容导出到文件
	打印点表		打印当前点表
	退出		退出 DbManager 程序
点	新建/Ctrl+A		新建数据库点
	修改/Ctrl+E		修改数据库点
	删除/Del		删除数据库点
	等值化		等值化数据库点
	连接远程数据源		选择远程数据源

续表

菜单命令	命令和热键	按钮	功　能
点	复制/Ctrl+C		复制数据库点
	自动粘贴/Ctrl+V		自动粘贴数据库点，点名自动生成
	手动粘贴/Ctrl+B		手动粘贴数据库点，点名手动指定
	查找/Ctrl+F		在当前点表中查找数据库点、任意字符串，I/O 连接项等
	转移节点		将数据库点从某个节点转移到另一节点
	点类型		点类型组态
工具	统计		对数据库中的组态内容进行统计
	选项		对显示内容、显示格式、组态内容保存时间等项进行设置
帮助	主题/F1		显示 DbManager 联机帮助
	关于		显示 DbManager 程序的版本、版权等信息

1. 点类型与点参数组态

数据库系统预定义了许多标准点参数以及用这些标准点参数组成的各种标准点类型，用户也可以自己创建自定义点参数和点类型，“点类型”对话框如图 4-6 所示。

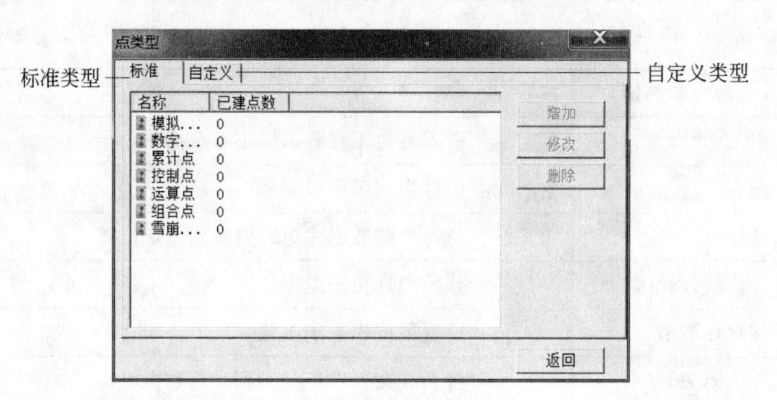

图 4-6　“点类型”对话框

2. 创建用户自定义点类型

若要创建自定义点类型，切换到点类型自定义属性页，选择“增加”按钮，如图 4-7 所示。

在“名称”一栏中输入要创建的点类型名称，若要为点类型增加一个参数，则在左侧列表中选择一个参数，双击或选中后单击按钮 增加 >> ，这个参数会自动增加到右侧列表中，同时左侧列表中不再显示这个参数。按钮 << 清除 执行相反操作。选择“自定义”按钮可以为新的点类型自定义点参数。

新创建的点类型在没有用它创建点之前，可以反复进行修改或删除。如果已经创建

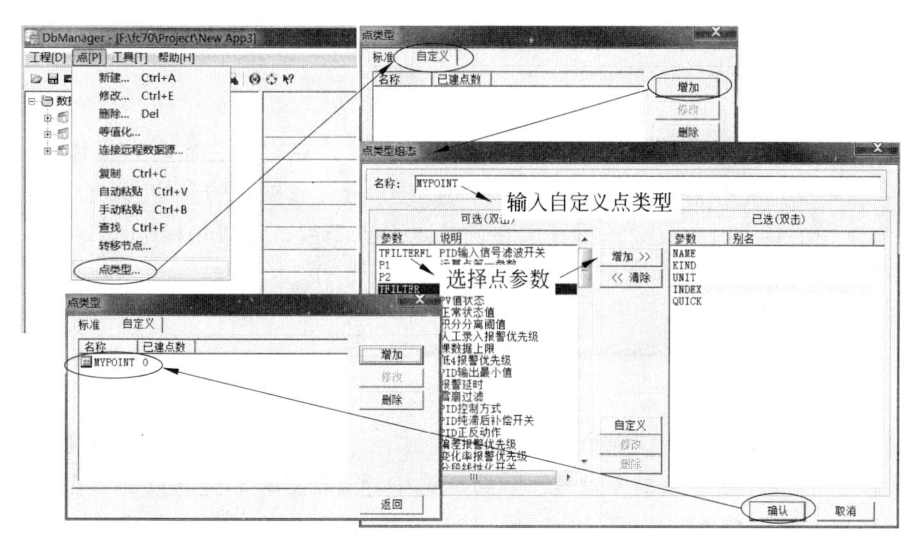

图 4-7 增加点类型

了点，若要修改或删除，则要首先删除用该点类型创建的所有点后方可进行。注意，自定义点类型不能超过 32 个。

3. 创建自定义点参数

每个新创建的自定义点类型都可以创建自己的自定义点参数，在“点类型组态”对话框中单击“自定义”按钮，出现“点参数组态”对话框，如图 4-8 所示。

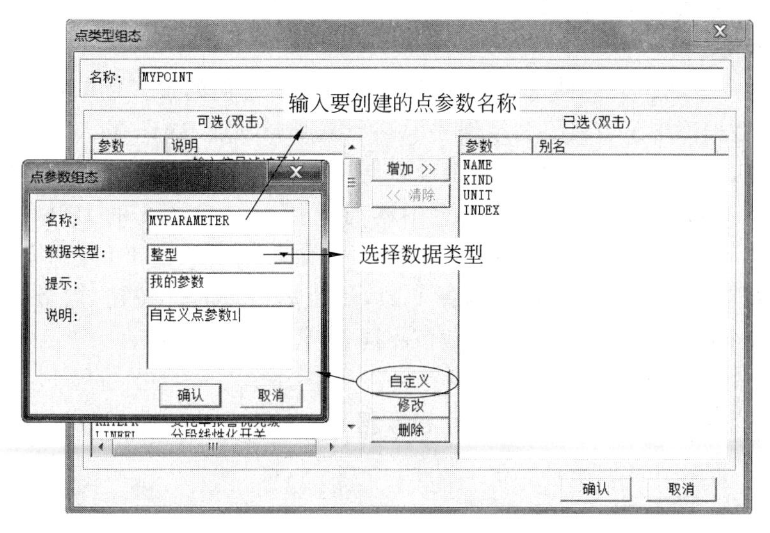

图 4-8 “点参数组态”对话框

在“名称”一栏中输入要创建的点参数名称。选择数据类型，数据类型分为实型、整型、枚举型、字符型 4 种。在“提示”一栏中输入对该参数的提示信息(提示信息一般要简短，它将出现在点组态对话框和点表的列标题上)。在“说明”一栏中输入对该参数的描述说明。注意，每个自定义点类型的自定义点参数不能超过144个。

4. 点组态

点是实时数据库系统保存和处理信息的基本单位。点存放在实时数据库的点名字典中。实时数据库根据点名字典决定数据库的结构，分配数据库的存储空间。

在创建一个新点时首先要选择其所在的节点及点类型。可以用标准点类型生成点，也可以用自定义点类型生成点。

5. 点的操作

(1) 新建点

若要创建点，可以选择 DbManager 菜单命令“点”→“新建”；可以按下快捷键 Ctrl+A；可以单击工具栏“新建数据库点”按钮；可以选中导航器后在要建立点的节点上单击鼠标右键，弹出右键菜单后选择“添加点”项，然后在弹出的对话框中指定节点、点类型，可进入“点组态”对话框；也可以在当前点类型下双击点表的空白区域，在此节点下建立此类型的点。

(2) 修改点

若要修改点，首先在点表中选择要修改点所在的行，然后选择 DbManager 菜单命令“点”→“修改”，其他操作方式同上。

(3) 删除点

若要删除点，首先在点表中选择要删除点所在的行，然后选择 DbManager 菜单命令“点”→“删除”，其他操作方式同上。

(4) 等值化

对于数据库中属于同一种点类型的多个点，可以对它们的很多点参数值进行等值化处理。例如，数据库中某节点下已经创建了5个模拟I/O点 tag1～tag5。我们可以利用等值化功能让这5个点的DESC参数值全部与其中的一个点(假设为 tag1)的DESC参数值相等。可按如下步骤进行：在点表中同时选择 tag1～tag5 的 DESC 列(按 Shift 键)，然后选择 DbManager 菜单命令“点”→“等值化”，或者单击工具栏“等值化数据库点”按钮，出现对话框。在对话框中选择 tag1，然后单击“确认”按钮，点 tag1～ tag5 的 DESC 参数值全部与 tag1 的 DESC 参数值相同，过程如图4-9所示。

(5) 连接远程数据源

连接远程数据源可以使点连接到远程数据源上的数据点。远程数据源概念请参考其他相关论述。

(6) 复制/粘贴点

若要复制点，首先在点表中选择要复制的点，按下快捷键 Ctrl+C，再按下 Ctrl+V，DbManager 会自动创建一个新点，这个点已被复制点为模板，点名是被复制点的名称递增一个序号。例如，被复制点名为 tag1，则自动粘贴创建的新点自动命名为 tag2。如果 tag2 已被占用，则自动命名为 tag3，以此类推。如果在粘贴时选择手动粘贴，则点名需要组态人员手动自行指定。复制点与被复制点除点名不同外，点类型与参数值均相同，但

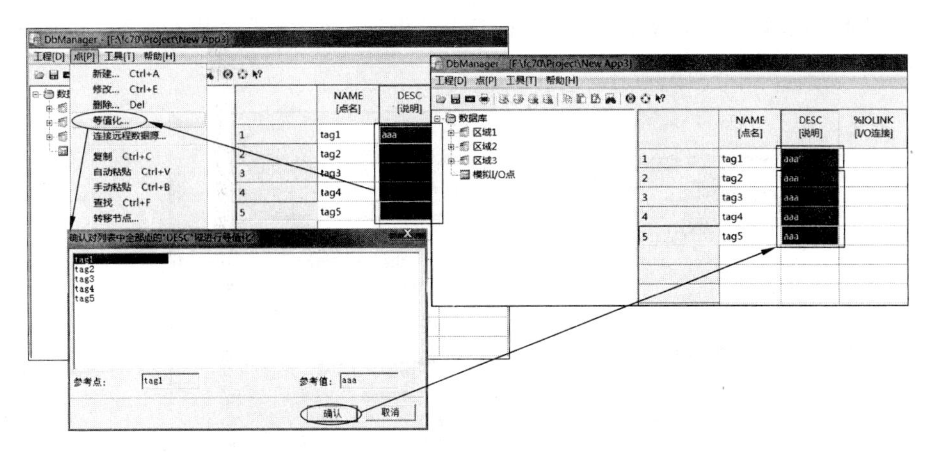

图 4-9 等值化过程

数据连接与历史组态内容不进行复制。

(7) 查找

选择 DbManager 菜单命令"点"→"查找",或者按下快捷键 Ctrl+F,或者单击工具栏"查找数据库点"按钮,弹出"查找"对话框,如图 4-10 所示。

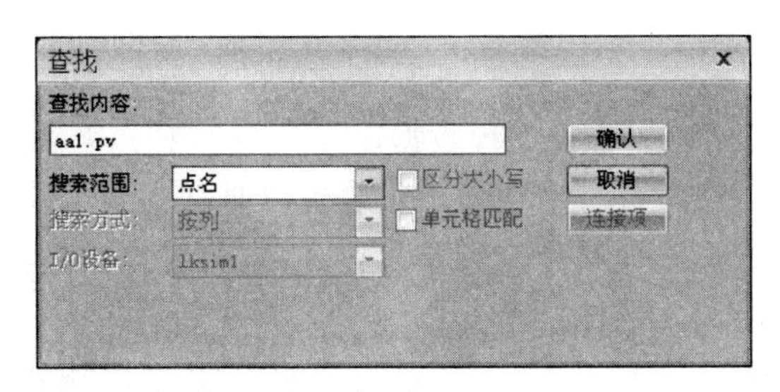

图 4-10 "查找"对话框

若要查找点,在"查找"对话框内输入要查找的点名,"搜索范围"选择点名,单击"确认"后,会弹出"搜索结果"对话框,显示搜索的结果。

数据库的查找功能,还可按字符串或 I/O 数据连接项来查找,只需要在搜索范围中选择相应的范围。当搜索 I/O 数据连接项时,可以继续选择要搜索的 I/O 设备。

(8) 转移节点

可以将一个或多个点从某一节点转移到另一节点。首先在某一节点中选择要转移的点,单击"点"→"转移节点"在弹出的"选择节点"对话框中选择要转移到的节点,单击"确认"按钮。

(9) 模拟 I/O 点

模拟 I/O 点,输入和输出量为模拟量,可完成输入信号量程变换、分段线性化、报警检查等功能。

4.2.3 基本参数

模拟 I/O 点的基本参数页中的各项用来定义模拟 I/O 点的基本特征,组态对话框共有4项："基本参数"、"报警参数"、"数据连接"和"历史参数"，"基本参数"页的外观如图4-11所示，各项意义解释如下。

图4-11 "基本参数"页

(1) 点名(NAME)：唯一标识工程数据库某一节点下一个点的名字，同一节点下的点名不能重名，最长不能超过63个字符。点名可以是任何英文字母、数字，可以含字符＄和_，除此之外不能含有其他符号及汉字。此外，点名可以以英文字母或数字开头，一个点名中至少含有一个英文字母。

(2) 点说明(DESC)：点的注释信息，最长不能超过63个字符，可以是任何字母、数字、汉字及标点符号。

(3) 节点(UNIT)：点所属父节点号。节点号不可编辑，在定义节点时由数据库自动生成。

(4) 小数位(FORMAT)：测量值的小数点位数。

(5) 测量初值(PV)：本项设置测量值的初始值。

(6) 工程单位(EU)：工程单位描述符，描述符可以是任何字母、数字、汉字及标点符号。

(7) 量程变换(SCALEFL)：如果选择量程变换，数据库将对测量值(PV)进行量程变换运算，可以完成一些线性化的转换，运算公式如式4-1所示。

$$PV = EULO + (PVRAW - PVRAWLO) \times (EUHI - EULO) / (PVRAWHI - PVRAWLO) \tag{4-1}$$

(8) 开平方(SQRTFL)：规定I/O模拟量原始测量值到数据库使用值的转换方式。转换方式有两种：线性，直接采用原始值；开平方，采用原始值的平方根。

(9) 分段线性化(LINEFL)：在实际应用中，对一些模拟量的采集，如热电阻、热电偶等的信号为非线性信号，需要采用分段线性化的方法进行转换。用户首先创建用于数据转换的分段线性化表，力控监控组态软件将采集到的数据通过分段线性化表处理后得到最后的输出值，在运行系统中显示或用于建立动画连接。如果选择进行分段线性化处理，则要选择一个分段线性化表。若要创建一个新的分段线性化表，可以单击右侧的按钮“＋”或者选择菜单命令“工程”→“分段线性化表”，增加一个分段线性化表，如图 4-12 所示。

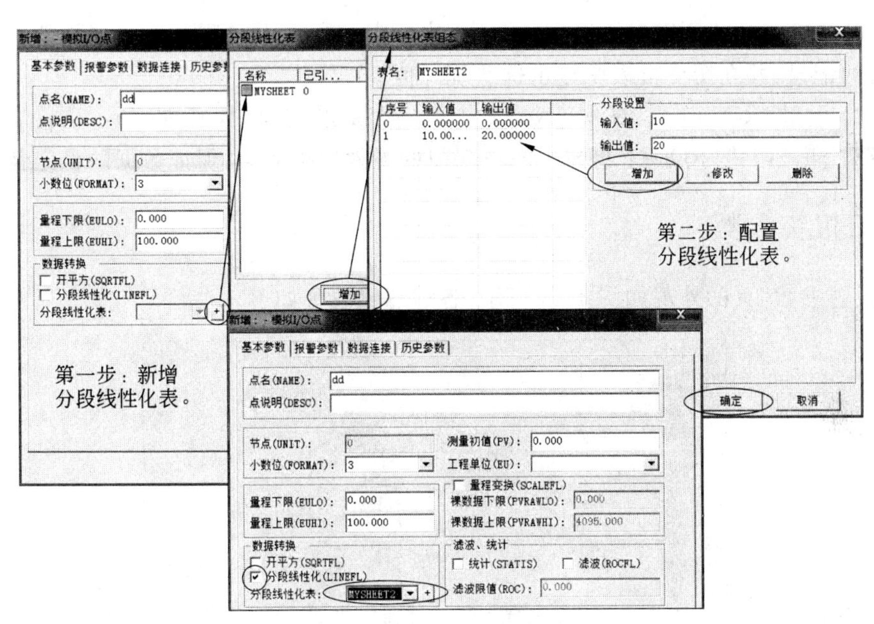

图 4-12　分段线性化过程

分段线性化表共三列，第一列为序号，每增加一段时系统自动生成。第二列是输入值，该值是指从设备采集到的原始数据经过基本变换（包括线性/开平方、量程转换）后的值。第三列为该输入值应该对应的工程输出值。若要增加一段，在“分段设置”中指定输入值和输出值后，单击“增加”按钮即可。

分段线性化表是用户先定义好的输入值和输出值一一对应的表格，当输入值在线性表中找不到对应的项时，将按照式(4-2)进行计算。

$$((\text{后输出值} - \text{前输出值}) \times (\text{当前输入值} - \text{前输入值}) / (\text{后输入值} - \text{前输入值})) + \text{前输出值} \tag{4-2}$$

当前输入值：当前变量的输入值。

后输出值：当前输入值项所处的位置的后一项数值对应关系中的输出值。

前输出值：当前输入值项所处的位置的前一项数值对应关系中的输出值。

后输入值：当前输入值在表格中输入值项所处的位置的后一输入值。

前输入值：当前输入值在表格中输入值项所处的位置的前一输入值。

例如，在建立的线性列表中，数据对应关系如表 4-2 所示。

那么当输入值为 5 时，其输出值的计算如下。

$$\text{输出值} = ((14 - 8) \times (5 - 4)/(6 - 4)) + 8\text{，即为 } 11\text{。}$$

表 4-2 数据对应关系表

序号	输入值	输出值
0	4	8
1	6	14

(10) 统计(STATIS)：如果选择统计，数据库会自动生成测量值的平均值、最大值、最小值的记录，并在历史报表中显示这些统计值。

(11) 滤波(ROCFL)：滤波开关，选中后按照滤波限值参数滤波。

(12) 滤波限值(ROC)：将超出滤波限值的无效数据滤掉，保证数据的稳定性。

4.2.4 报警参数

"报警参数"页的外观如图 4-13 所示，各项意义解释如下。

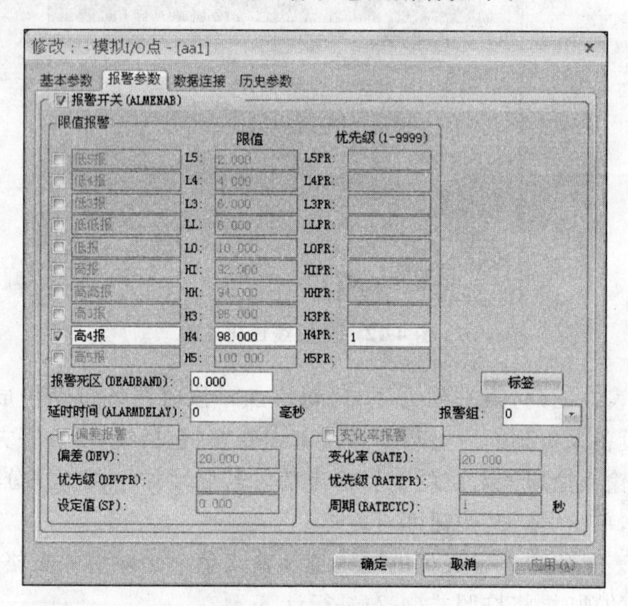

图 4-13 "报警参数"页

1. 报警开关(ALMENAB)

确定此点是否是处理报警的总开关。

2. 限值报警

模拟量的测量值在跨越报警限值时产生的报警。限值报警的报警限(类型)有 10 个：低 5 报(L5)、低 4 报(L4)、低 3 报(L3)、低低报(LL)、低报(L0)、高报(HI)、高高报(HH)、高 3 报(H3)、高 4 报(H4)、高 5 报(H5)。它们的值在过程测量值的最小值和最大值之间，它们的大小关系从低到高排列依次为低 5 报、低 4 报、低 3 报、低低报、低报、高报、高高报，高 3 报，高 4 报，高 5 报。当过程值发生变化时，如果跨越某一个限值，立即发生限值报警，某个时刻，对于一个变量，只可能跨越一种限值，因此只产生一种越限报警。例如，如果过程值超过高高限，就会产生高高限报警，而不会产生高限报警。另外，如果两次越限，就得看这两次越的限是否是同一类型，如果是，就不再产生新报警，也不表示该报警已经恢复；如果不是，则先恢复原来的报警，再产生新报警。

3. 报警死区（DEADBAND）

当测量值产生限值报警后，再次产生新类型的限值报警时，如果变量的值在上一次报警限加减死区值的范围内，就不会恢复报警，也不产生新的报警；如果变量的值不在上一次报警限加减死区值的范围内，则先恢复原来的报警，再产生新报警。报警死区主要用来消除由于反复越限造成的大量报警和恢复报警。

4. 报警优先级

定义报警的优先级别，共有 1～9999 个级别，对应的报警优先级参数值分别为1～9999。

5. 延时时间

报警发生后，报警状态持续延迟时间后才提示产生该报警。

6. 报警组

每个报警的点可以选择从属于一个报警组，界面可以依据报警组来查询报警，报警组最多可使用 99 个。

7. 标签

标签用于对报警点按实际需求进行不同的分类，便于在报警发生后依照报警标签进行报警查询。每个点最多可使用 10 个标签。

8. 变化率报警

模拟量的值在固定时间内的变化超过一定量时产生的报警，即变量变化太快时产生的报警。当模拟量的值发生变化时，就计算其变化率以决定是否报警。变化率的时间单位是秒。变化率报警利用式(4-3)计算。

(测量值的当前值 − 测量值上一次的值)/(这一次产生测量值的时间
− 上一次产生测量值的时间)　　(4-3)

取其整数部分的绝对值作为结果，若计算结果大于变化率(RATE)/变化率周期(RATECYC)的值，则出现报警。

9. 偏差报警

模拟量的值相对设定值上下波动的量超过一定量时产生的报警。用户在“设定值”中输入目标值(基准值)。计算公式如式(4-4)。

$$偏差 = 当前测量值 - 设定值 \tag{4-4}$$

4.2.5 数据连接

模拟 I/O 点的“数据连接”页中的各项用来定义模拟 I/O 点数据连接过程，如图 4-14 所示。各项意义解释如下。

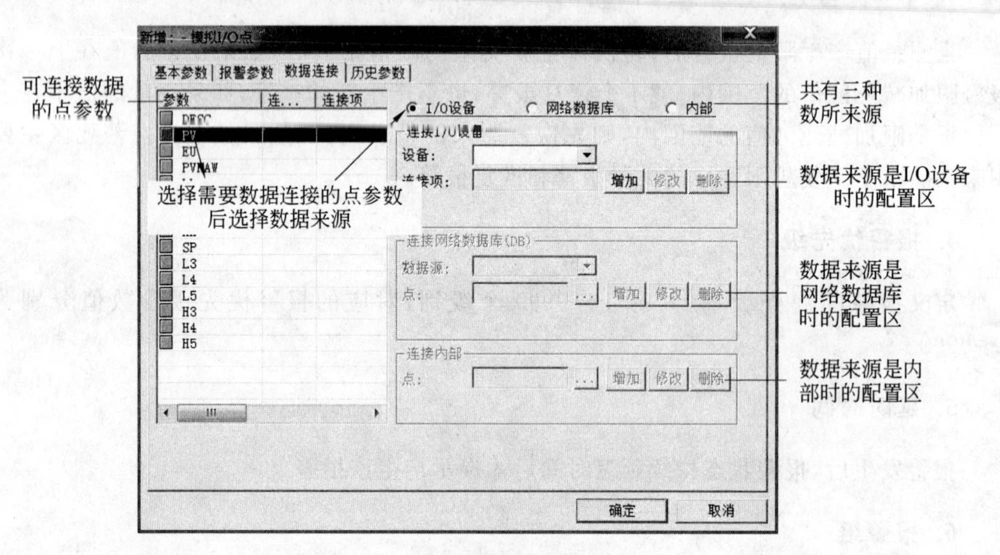

图 4-14 “数据连接”页

左侧列表框中列出了可以进行数据连接的点参数及已建立的数据连接情况。

对于测量值(标准点参数中使用 PV 参数)，有三种数据连接可供选择：I/O 设备、网络数据库和内部。

1. I/O 设备

表示测量值与某一种 I/O 设备建立数据连接过程。

2. 网络数据库

表示测量值与其他网络节点上力控监控组态软件数据库中某一点的测量值建立连接过程，保证了两个数据库之间的实时数据传输，若要建立网络数据库连接，必须建立远程数据源。

3. 内部

对于内部，则不限于测量值，其他参数(数值型)均可以进行内部连接。内部连接是同一数据库(本地数据库)内不同点的各个参数之间进行的数据连接过程。

例如，在一个控制回路中，测量点 FI101 的测量值 PV 就可以通过内部连接到控制点 FIC101 的目标值 SP 上。

4.2.6 历史参数

模拟 I/O 点的"历史参数"页中的各项用来确定模拟 I/O 点哪些参数进行历史数据保存，以及保存方式及其相关参数，如图 4-15 所示。各项意义解释如下。

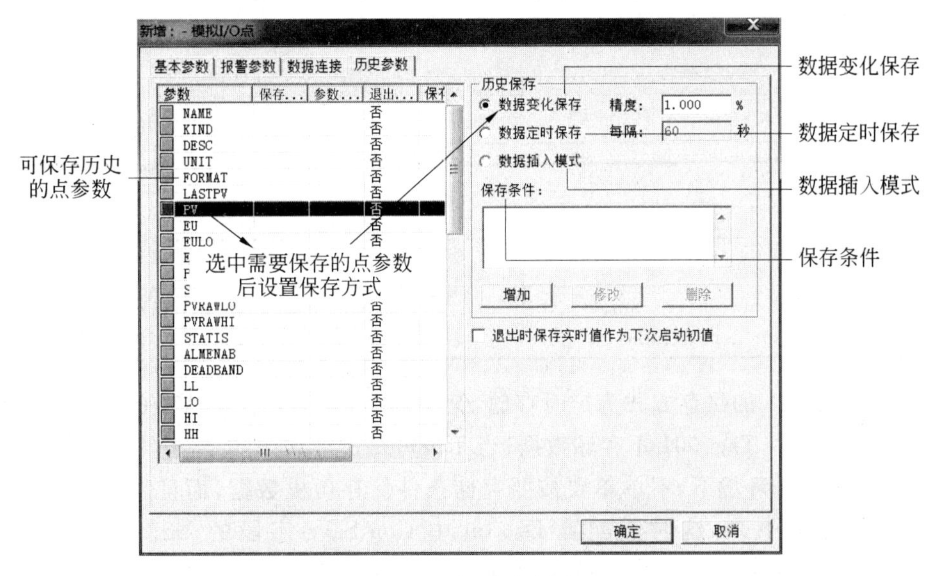

图 4-15 "历史参数"页

左侧列表框中列出了可以进行保存历史数据的点参数及其历史参数设置情况。

1. 方式及条件

保存方式有数据变化保存、数据定时保存、数据插入模式 3 种。

1）数据变化保存

选择该项，表示当参数值发生变化时，其值被保存到历史数据库中。为了节省磁盘空间、提高性能，可以指定变化精度，即当参数值的变化幅度超过变化精度时，才进行保存。变化精度是量程的百分比。如果 LIC101 的量程是 20～80、精度是 1，则当前值变化超过 1%，即(80－20)×0.01＝0.6 时，才记录历史数据。0 表示只要数据变化就保存历史。

2）数据定时保存

选择该项，表示每隔一段时间，参数值被自动保存到历史数据库中。在文本框中输入间隔时间，单击"增加"按钮，便设置该参数为数据定时保存的历史数据保存方式，同时指定了间隔时间。单击"修改"或"删除"按钮，可修改间隔时间或删除数据定时保存的历史数据保存设置。

3）数据插入模式

该模式下，Db 将不再存储任何历史数据，历史数据将依靠外部组件(IO/VIEW/DBCOMM 等)插入 Db 历史库中。

4）保存条件

条件存储的条件是一个表达式(可使用的数学公式如表 4-3 所示)，当表达式为真时数据库将存储数据，为假时不存储数据，可在保存条件中使用。

表 4-3 数学公式

表达式名称	符 号
四则运算	+、−、×、/、%
移位操作	>>、<<
大小判断	>、>=、<、<=、==、!=
位操作	&、^、|、!、~
条件判断	&&、||
数学函数	abs、floor、ceil、cos、sin、tan、cosh、sinh、tanh、acos、asin、atan、deg、rad、exp、ln、log、logn、sqrt、sqrtn、pow、mod

例如，Tag0001 的保存方式为定时存储，保存条件为 Tag0002. PV>0。当 Tag0002. PV=0 或者<0 时，Tag0001 不存储数据；当 Tag0002. PV>0 时满足条件，Tag0001 存储数据。在某些应用环境下，不单单要按照存储条件保存历史数据，而且需要把满足条件的具体时间记录下来，这时需配置 Db. ini 中 ConfSave 字段的 DoAction 属性。当 DoAction=1 时，DB 将在一个条件存储过程完成后(从保存条件满足到保存条件不满足)，将开始储存和结束存储的时间记录到工程目录的 DB 目录下的 ConfSave. mdb 数据库中，如需保存到其他数据库需修改 ConfSave 字段的 ConnectStr 属性，ConnectStr 属性是一个 ODBC 连接字符串，可以根据具体数据库自行生成。默认情况下不保存条件存储记录。

2. “退出时保存实时值作为下次启动初值”

同时选择该项和数据库系统参数里的“保存参数”→“自动保存数据库内容”，数据库会定时将数据库中点参数的实时值保存到磁盘。当数据库下次启动时，会将保存的实时值作为点参数的初值。

4.2.7 数字 I/O 点

数字 I/O 点的输入值为离散量，可对输入信号进行状态检查。数字 I/O 点的组态对话框共有 4 项：“基本参数”、“报警参数”、“数据连接”和“历史参数”。

1. 基本参数

数字 I/O 点的“基本参数”页中的各项用来定义数字 I/O 点的基本特征，其外观如图 4-16 所示，各项意义解释如下(在前文已经进行过说明，意义相同的参数在此不再重复)。

(1) 关状态信息(OFFMES)：当测量值为 0 时显示的信息(如 OFF、“关闭”、“停止”等)。

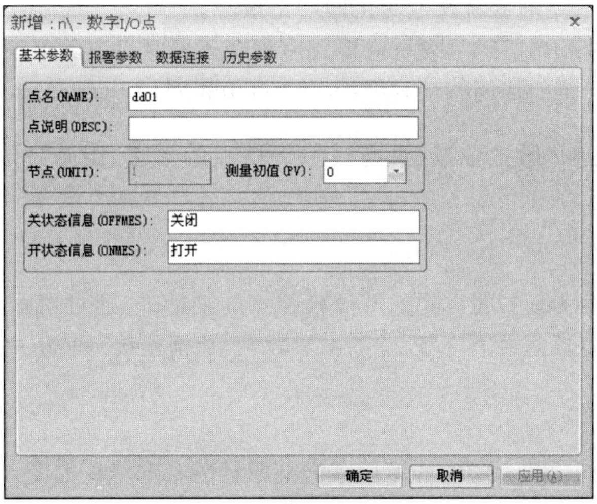

图 4-16 “基本参数”页

(2) 开状态信息(ONMES)：当测量值为 1 时显示的信息(如 ON、“打开”、“启动”等)。

2. 报警参数

数字 I/O 点的“报警参数”页中的各项用来定义数字 I/O 点的报警特征，其外观如图 4-17 所示，各项意义解释如下。

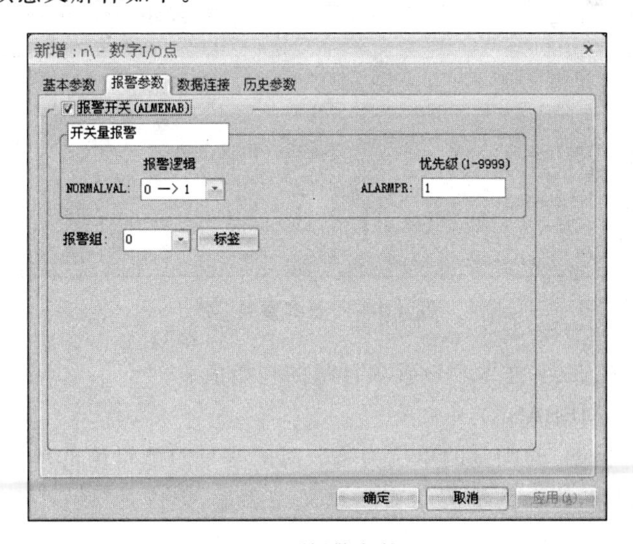

图 4-17 “报警参数”页

(1) 报警开关(ALMENAB)：确定数字 I/O 点是否处理报警的总开关。

(2) 报警逻辑(NORMALVAL)

0->1：表示 0 为正常状态，即不产生报警时的状态，当测量值为 1 时产生报警。

1->0：表示 1 为正常状态，即不产生报警时的状态，当测量值为 0 时产生报警。

0<->1：表示只要测量值发生变化即产生报警。

(3) 优先级(ALARMPR)：表示选择相应报警逻辑时对应的报警优先级。

(4) 报警组和标签的使用方法与模拟 I/O 点中相同。

3. “数据连接”和“历史参数”页与模拟 I/O 点的形式、组态方法相同

4.2.8 累计点

累计点的输入值为模拟量，除了 I/O 模拟点的功能外，还可对输入量按时间进行累计。累计点的组态对话框共有 3 项：“基本参数”、“数据连接”和“历史参数”。

1. 基本参数

累计点的“基本参数”页中的各项用来定义累计的基本特征如图 4-18 所示(在前文已经进行过说明的意义相同的参数在此不再重复)。

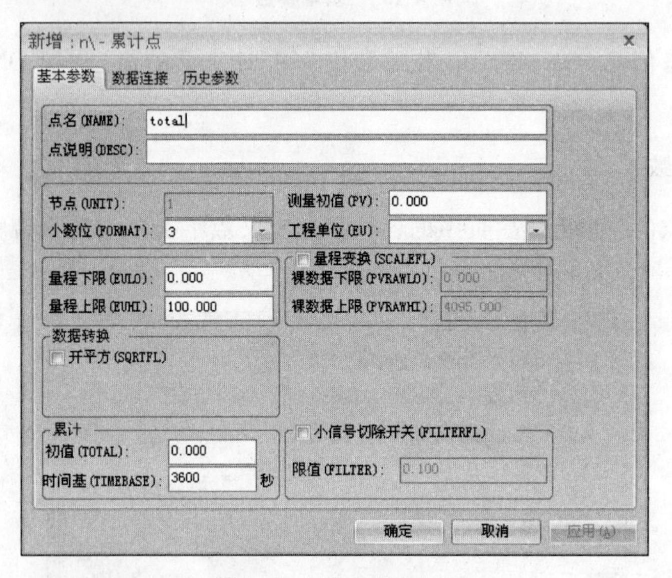

图 4-18 “基本参数”页

(1) 初值(TOTAL)：在本项设置累计量的初始值。

(2) 时间基(TIMEBASE)：

累积计算的时间基，时间基的单位为秒。时间基是对测量值的单位时间进行秒级换算的一个系数。例如，假设测量值的实际意义是流量，单位是“吨/小时”，则将单位时间换算为秒是 3600 秒，此处的时间基参数就应设为 3600。

(3) 小信号切除开关(FILTERFL)：确定是否进行小信号切除的开关。

(4) 限值(FILTER)：如果进行小信号切除，低于限值的测量值将被认为是 0。

累计增量算式如式(4-5)所示。

$$测量值/时间基\times时间差 \tag{4-5}$$

时间差为上次累计计算到现在的时间，单位为秒。

例如，用累计点 TOL1 来监测某一工艺管道流量。流量用测量值(PV)来监测，经量程变换后其工程单位是“吨/小时”。假设实际的数据库采集周期为 2 秒，10 秒钟之内采集的数据经过 TOL1 线性量程变换后，其测量值监测的 5 次结果按时间顺序依次为T1＝360 吨/小时、T2＝720 吨/小时、T3＝1080 吨/小时、T4＝720 吨/小时、T5＝1440 吨/小时，那么 10 秒钟内流量累计结果将反映在 TOL1 点的 TOTAL 参数的变化上，TOTAL 在 10 秒内的增量值为 $T1/3600\times2+T2/3600\times2+T3/3600\times2+T4/3600\times2+T5/3600\times2$，即为 4.8 吨。这表示在 10 秒内，该管道累计流过了 4.8 吨的介质。

2. “数据连接”和“历史参数”页

参见模拟 I/O 点的形式、组态方法。

4.2.9 控制点

控制点通过执行已配置的 PID 算法完成控制功能。

控制点的组态对话框共有 5 项：“基本参数”、“报警参数”、“控制参数”、“数据连接”和“历史参数”。

(1) “基本参数”页中的各项与模拟 I/O 点中的相同。

(2) “报警参数”页中的各项与模拟 I/O 点中的相同。

(3) “控制参数”页中的各项用来定义控制点的 PID 控制特征，其外观如图 4-19 所示，各项意义解释如表 4-4 所示。

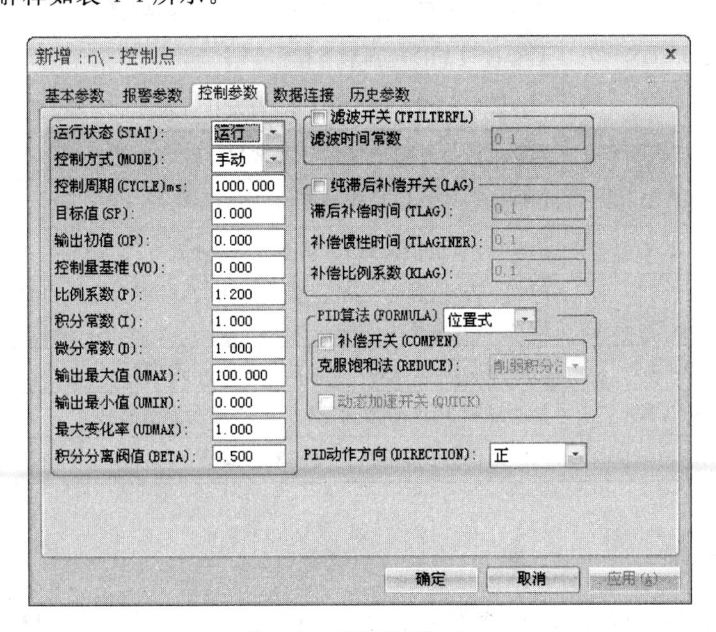

图 4-19 “控制参数”页

(4) “数据连接”和“历史参数”页与模拟 I/O 点的形式、组态方法相同。

表 4-4 “控制参数”页中各项说明

控制参数	功能描述
运行状态(STAT)	点的运行状态，可选择运行或停止。如果选择停止，控制点将停止控制过程
控制方式(MODE)	PID 控制方式，可选自动或手动
控制周期(CYCLE)	PID 的数据采集周期
目标值(SP)	PID 设定值，建议设定在－1～1之间
输出初值(OP)	PID 输出的初始值
控制量基准(V0)	控制量的基准，如阀门起始开度、基准电信号等，它表示偏差信号
比例系数(P)	PID 的 P 参数
积分常数(I)	PID 的 I 参数
微分常数(D)	PID 的 D 参数
输出最大值(UMAX)	PID 的输出最大值，跟控制对象和执行机构有关，可以是任意大于0的实数
输出最小值(UMIN)	PID 的输出最小值，跟控制对象和执行机构有关
最大变化率(UDMAX)	PID 的最大变化率，跟执行机构有关，只对增量式算法有效
积分分离阀值(BETA)	PID 节点的积分分离阈值
滤波开关(TFILTERFL)	是否进行 PID 输入滤波
滤波时间常数	PID 滤波时间常数，可为任意大于0的浮点数
纯滞后补偿开关(LAG)	是否进行 PID 纯滞后补偿
滞后补偿时间(TLAG)	PID 滞后补偿时间常数(≥0)，为0时表示没有滞后
补偿惯性时间(TLAGINER)	PID 纯滞后补偿的惯性时间常数(>0)，不能为0
补偿比例系数(KLAG)	PID 纯滞后补偿的比例系数(>0)
PID 算法(FORMULA)	PID 算法，包括位置式，增量式，微分先行式
补偿开关(COMPEN)	PID 是否补偿，如果是位置式算法，则是积分补偿；如果不是位置式算法，则是微分补偿
克服饱和法(REDUCE)	PID 克服积分饱和方法，只对位置式算法有效
动态加速开关(QUICK)	是否进行 PID 动态加速，只对增量式算法有效
PID 动作方向(DIRECTION)	PID 动作方向，包括正动作和反动作

4.2.10 运算点

运算点，用于完成各种运算，含有一个或多个输入、一个结果输出。目前提供的算法有加、减、乘、除、乘方、取余、大于、小于、等于、大于等于、小于等于。PV、P1、P2 三操作数均为实数型。对于不同运算 P1 和 P2 的含义亦不同。

运算点的组态对话框共有3项：“基本参数”、“数据连接”和“历史参数”。

1. 基本参数

运算点的“基本参数”页中的各项用来定义运算点的基本特征，图 4-20 显示了运算点的“基本参数”页中的各项。

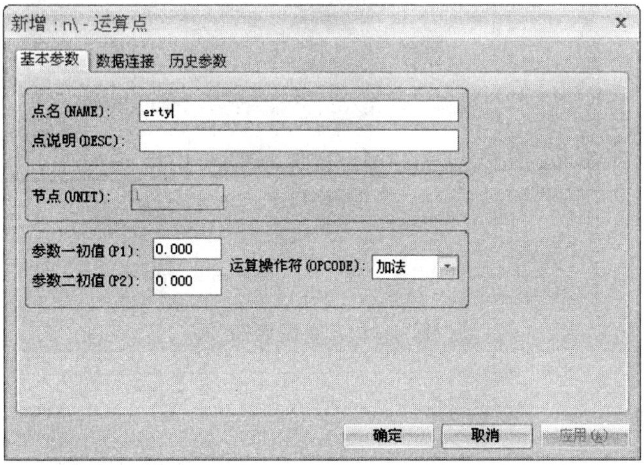

图 4-20 运算点的“基本参数”页

(1) 参数一初值(P1)：参数一的初始值。

(2) 参数二初值(P2)：参数二的初始值。

(3) 运算操作符(OPCODE)：此项用于确定 P1 与 P2 的运算关系。有加法、减法、乘法、除法等多种关系可选。

(4) 运算关系表达式为 PV = P1 (OPCODE) P2。例如，如果 OPCODE 选择加法，则运算关系为 PV = P1 + P2。

2. 数据连接

运算点的数据连接页中的各项用来定义运算点的数据连接过程。

4.2.11 组合点

组合点针对这样一种应用而设计：在一个回路中，采集测量值(输入)与下设回送值(输出)分别连接到不同的地方。组合点允许在数据连接时分别指定输入与输出位置。

1. 基本参数

“基本参数”页中各项的意义与模拟 I/O 点中的相同。

2. 数据连接

组合点的“数据连接”页与模拟 I/O 点的基本相同，如图 4-21 所示，唯一的区别是在指定某一参数的数据连接时，必须同时指定“输入”与“输出”。

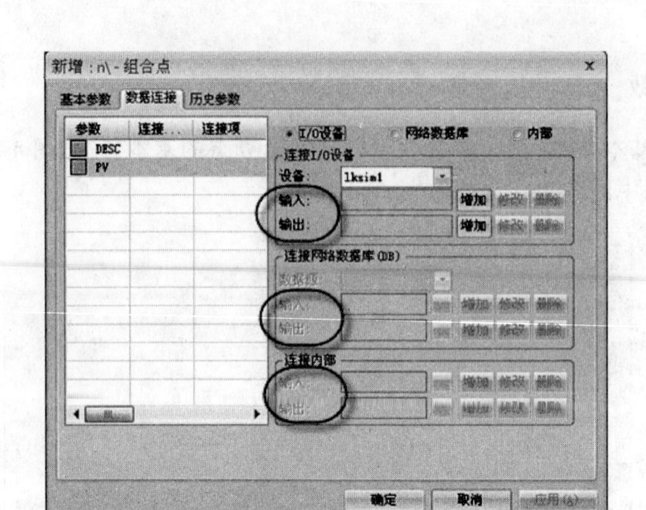

图 4-21 “数据连接”页

3. 历史参数

“历史参数”页在前文已经进行过说明，在此不再重复。

4.2.12 雪崩过滤点

雪崩过滤点是用于过滤报警的一类点。它可以将数据库中点的一部分不需要产生的报警过滤掉，防止大批量无效报警的出现。

雪崩过滤点的组态对话框共有 2 项：“基本参数”、“报警参数”。

1. 基本参数

雪崩过滤点的“基本参数”页中的各项用来定义雪崩过滤点的基本特征，其外观如图 4-22 所示（在前文已经进行过说明的意义相同的参数在此不再重复）。

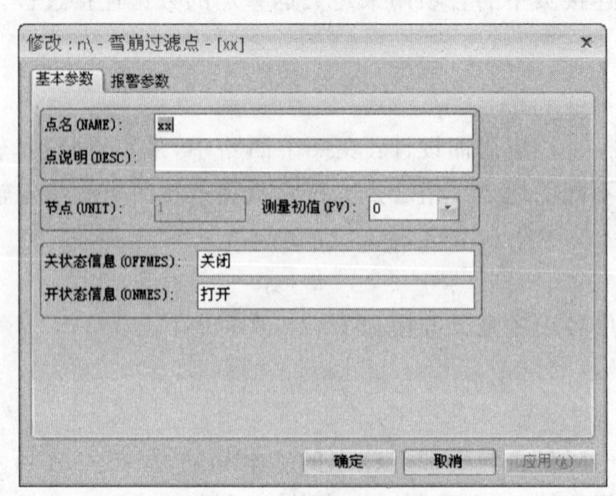

图 4-22 “基本参数”页

(1) 关状态信息(OFFMES)：当测量值为 0 时显示的信息(如 OFF、“关闭”、“停止”等)。

(2) 开状态信息(ONMES)：当测量值为 1 时显示的信息(如 ON、“打开”、“启动”等)。

2. 报警参数

雪崩过滤点的“报警参数”页中的各项用来定义雪崩过滤点的报警特征，其外观如图 4-23 所示。

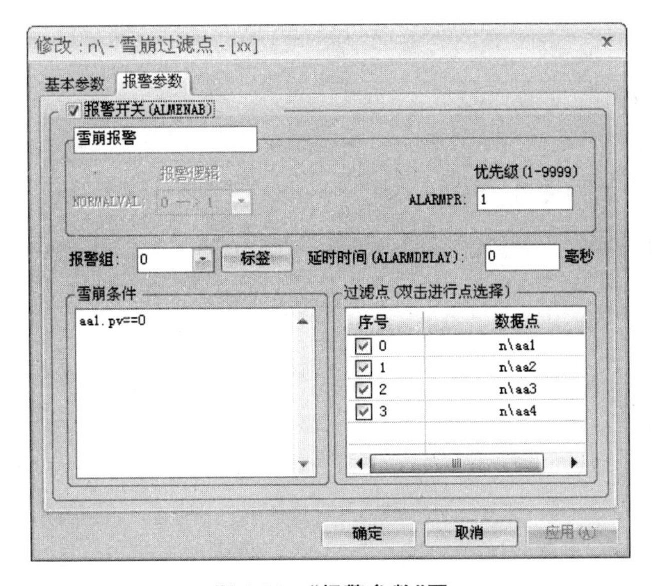

图 4-23 “报警参数”页

(1) 报警开关(ALMENAB)：确定雪崩过滤点是否处理报警的总开关。

(2) 报警逻辑(NORMALVAL)：报警逻辑是规定的，不可编辑，为 0->1，0 为正常状态，表示雪崩条件不满足，不产生报警；当雪崩条件满足时为 1，即产生报警。

(3) 优先级(ALARMPR)：表示雪崩过滤点报警的优先级。

(4) 报警组和标签的使用与模拟 I/O 点相同。

(5) 雪崩条件。

雪崩条件为一条件表达式，当表达式为真时，产生雪崩报警，并按过滤点的设置，过滤所选点的报警。雪崩条件可由点参数、运算符号、数学函数等组成，可使用的字符可参考模拟点历史参数中条件存储相关内容。

(6) 过滤点：过滤点是雪崩条件满足时报警被过滤的点，可以通过双击列表框选择点。要删掉已选的点可以通过取消点前面的复选框实现。

(7) 延时时间：如果触发雪崩状况的条件在延迟时间内消失，即雪崩条件在延时时间内变为假，则雪崩状况在延时时间到达时自动停止，延时时间后过滤点发生的报警将继续被处理；如果雪崩条件为真且持续超过延时时间，则雪崩状况是持久的，延时时间后过滤点的报警不再被处理,需要手动确认才能关闭雪崩状况。

4.2.13 自定义类型点

如果在点类型中自定义了新的类型,那么可以在数据库列表中创建自定义类型点。其组态对话框共有 3 项:"基本参数"、"数据连接"和"历史参数"。

1. 基本参数

自定义类型点的"基本参数"页中的各项用来定义自定义类型点的基本特征,其外观如图 4-24 所示。

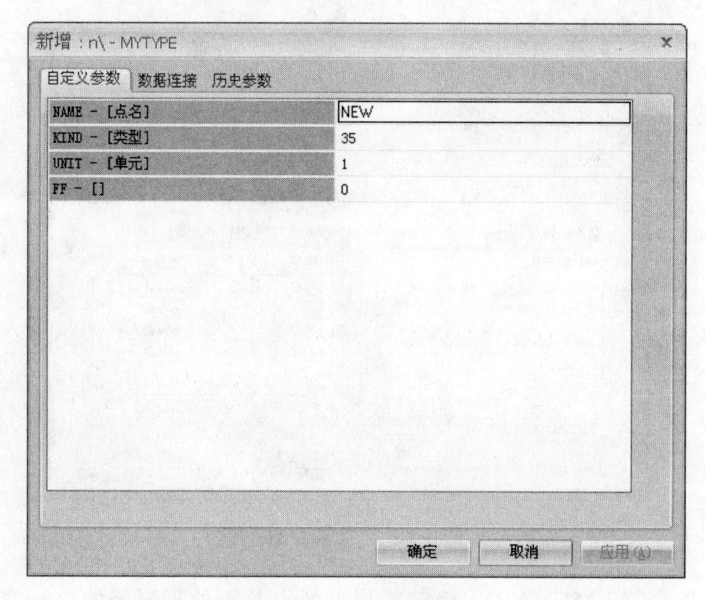

图 4-24 "基本参数"页

自定义类型点是用自定义点类型创建的,其参数可能是标准点参数,也可能是自定义点参数。

2. "数据连接"和"历史参数"页

"数据连接"和"历史参数"页与模拟 I/O 点的形式、组态方法相同。

4.3 DbManager/工程

DbManager 提供一组工程管理功能,包括引入功能、保存功能、备份功能、导入/导出点表、打印点表、设置数据库系统参数等。

4.3.1 DbManager 管理功能

1. 引入

引入功能可将其他工程数据库中的组态内容合并到当前工程数据库中。使用该功能时选择 DbManager 菜单命令“工程”→“引入”，在弹出的“浏览文件夹”对话框中选择要引入的工程所在的目录，DbManager 会自动读取工程数据库的组态信息，并与当前工程数据库的内容合而为一。引入功能可以用于多个技术人员同时为一个工程项目施行工程开发。

2. 保存

保存功能可将当前工程数据库的全部组态内容保存到磁盘文件上，保存路径为当前工程应用的目录。使用该功能时选择 DbManager 菜单命令“工程”→“保存”。

3. 备份

备份功能可将当前工程数据库的全部组态内容及运行记录备份到指定的目录。使用该功能时选择 DbManager 菜单命令“工程”→“备份”。

4.3.2 数据库系统参数

数据库系统参数是与数据库 Db 运行状态相关的一组参数。若要设置数据库系统参数，选择 DbManager 菜单命令“工程”→“数据库参数”，出现如图 4-25 所示的“数据库系统参数”对话框。

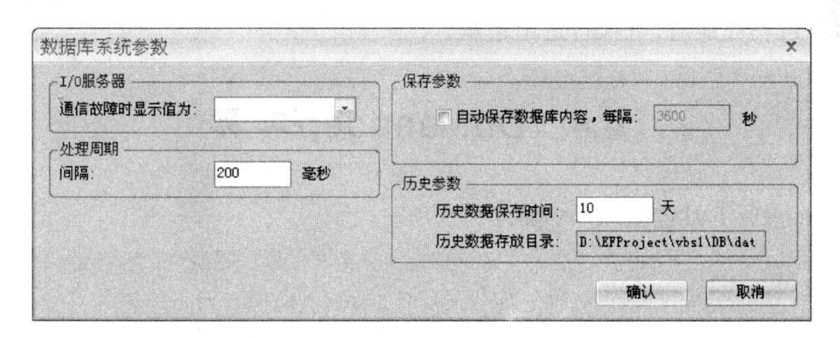

图 4-25 “数据库系统参数”对话框

下面分别描述各参数意义。

1. I/O 服务器/通信故障时显示值

当 I/O 设备故障时，在运行系统 View 上连接到该设备的变量值按照该参数设置进行显示，默认为空时，是－9999。

2. 处理周期/间隔

该项参数确定数据库运行时的基本调度周期，单位为毫秒。

3. 保存参数/自动保存数据库内容

选择该项，数据库运行期间会自动周期性地保存数据库中的点参数值。在“周期”输入框中指定自动执行周期，单位为秒。

4. 历史参数/历史数据保存时间

数据库保存历史数据的时间长度，单位为天。当时间超出历史数据保存时间后，新形成的历史数据将覆盖最早的历史数据，并保持总的历史数据长度不超出该参数设置。

历史参数/历史数据存放目录：保存历史数据文件的目录。

5. 导入点表/导出点表/打印点表

为了使用户更方便地使用、查看、修改或打印 DbManager 的组态内容，DbManager 提供了数据库的导入/导出功能。可供导入/导出的组态内容包括数据库点、数据连接、历史组态等。组态内容被导出到 Excel 格式的文件中，用户可以在 Excel 文件中查看、修改组态信息，在文件中新建数据库点并定义其属性，然后再导入到工程中。

DbManager 支持以表格形式打印数据库组态内容。打印的内容与格式即为 DbManager 点表的内容与格式。

4.3.3 退出

当组态过程完成时，可执行退出过程。

4.4 DbManager/工具

DbManager/工具包括两项：统计和选项。

4.4.1 统计

DbManager 可以从多个角度对组态数据进行统计。选择 DbManager 菜单命令“工具”→“统计”，出现“统计信息”对话框，如图 4-26 所示。

“统计信息”对话框由 4 页组成：数据库、点类型、I/O 设备和网络数据库。

1. 数据库统计

数据库统计按照数据库的结构生成统计信息。在此页下方显示了数据库总计点数，各项的含义如下。

点数：数据库中总共有多少个点。

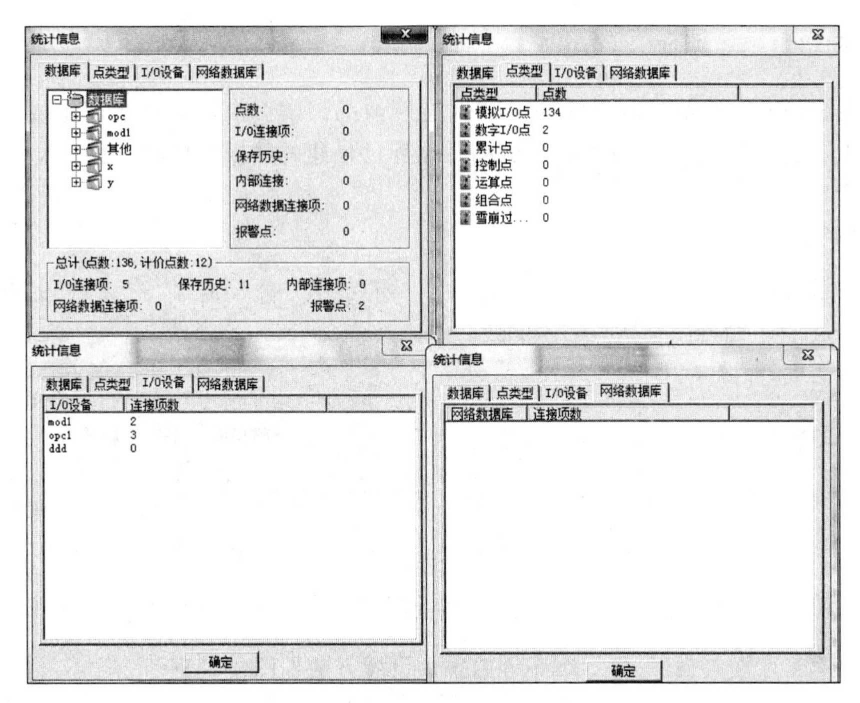

图 4-26 “统计信息”对话框

计价点数：数据库中用于价格计算的点数。计价点数为I/O连接项数与网络数据连接项数之和与保存历史数的并集。

I/O连接项：用于连接I/O设备的点参数总数。

保存历史：设置保存了历史的点参数总数。

内部连接：连接数据库内部点的点参数总数。

网络数据连接项：连接远程数据源点参数的总数。

报警点：设置了报警点的总个数。

数据库的统计信息可以按照节点或点类型来统计，用鼠标在导航器上选择要统计的节点或点类型，右侧的统计结果会自动生成。例如，要对数据库根目录下的点信息进行统计，选择导航器的根节点“数据库”；若要对某节点内模拟I/O点进行统计，则选择导航器此节点下的“模拟I/O点”一项。

2. 点类型统计

点类型统计从点类型的角度对整个数据库进行数据统计。列表框列出了数据库中所有的点类型以及每种点类型在整个数据库中所创建的点数。

3. I/O设备统计

本页统计各个I/O设备的数据连接情况，由一个列表框组成，列表框列出了所有的I/O设备，以及每种I/O设备已创建的数据连接项个数。

4. 网络数据库统计

本页统计各个网络数据库统计的数据连接情况。该页由一个列表框组成。列表框列出了所有的网络数据库，以及每个网络数据库已创建的数据连接项个数。

4.4.2 选项

DbManager 的选项功能可对其外观、显示格式、自动保存等进行设置。选择 DbManager 菜单命令“工具”→“选项”，出现“选项”对话框，如图 4-27 所示。

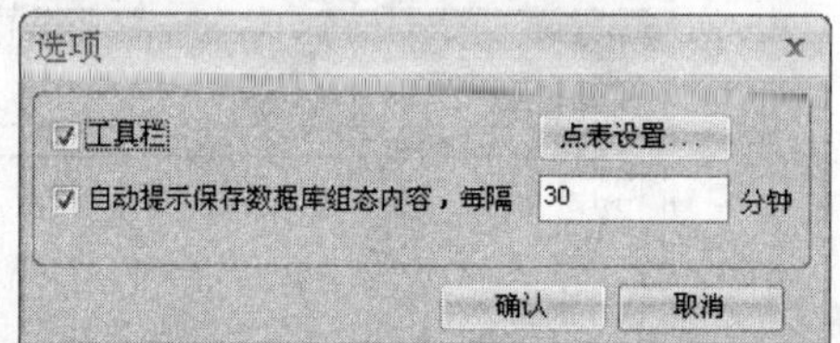

图 4-27 “选项”对话框

1. 工具栏

该项确定 DbManager 主窗口是否显示工具栏。

2. 点表设置

该项用于设置点表列、显示顺序等内容。设置方法如图 4-28 所示。

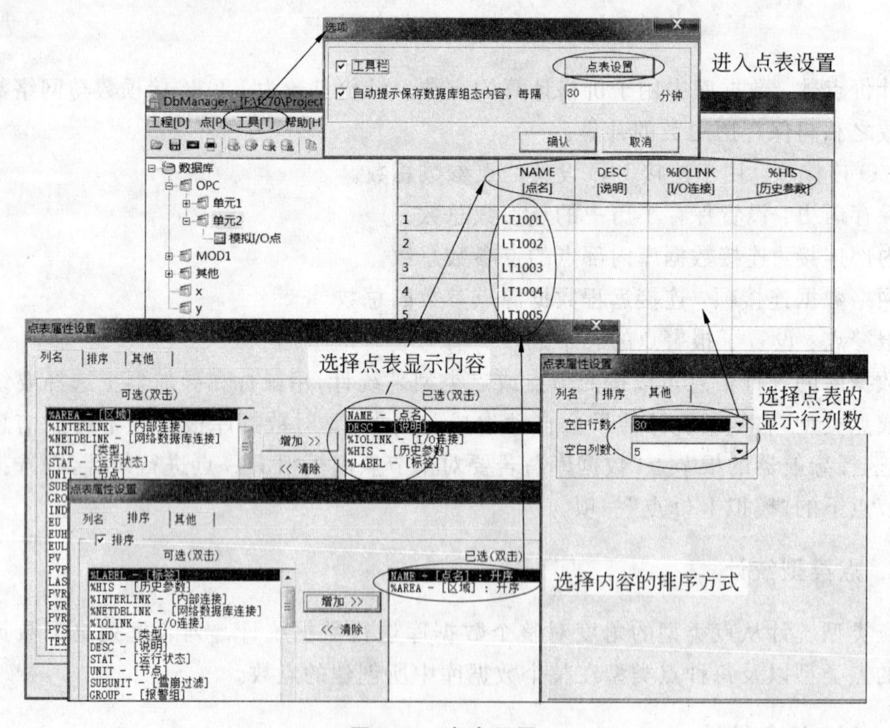

图 4-28 点表设置

3. 自动保存数据库组态内容

该项用于确定是否自动保存数据库组态内容以及间隔时间。

4.5 数据库状态参数

数据库提供了一组状态参数可供监视。在开发系统 DRAW 中"工程项目导航栏"→"变量"→"数据库变量"上双击，进入"变量管理"对话框，如图 4-29 所示。

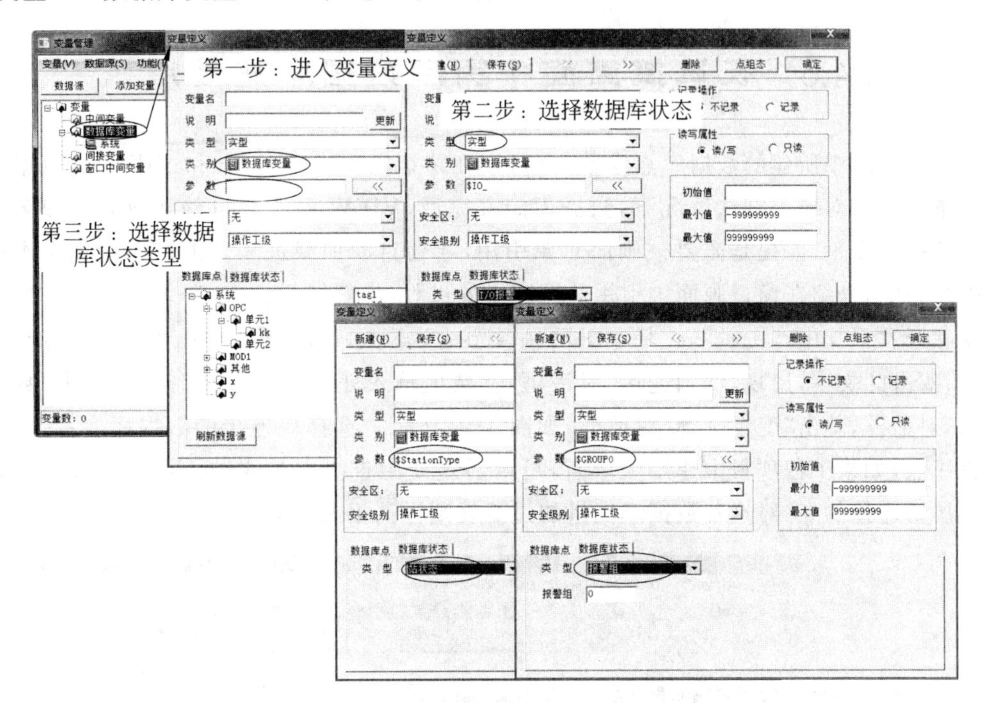

图 4-29 "变量管理"对话框

1. $ ALARM，$ ALARM1，$ ALARM2

该参数的数据类型为整型，数值范围为 0～9999。它表示所选数据源对应节点及子节点是否发生报警，当没有报警发生时，值为 0。$ ALARM 表示整个数据库，$ ALARM1 表示节点号为 1 的节点及其子节点中的点是否发生报警。

2. $ IO_XXXXXX

其中 XXXXXX 代表 I/O 设备名称。该参数数据类型为整型，数值范围为 0～1。值为 0 时表示 I/O 设备 XXXXXX 状态正常，值为 1 时表示 I/O 设备 XXXXXX 发生故障。

3. $ STATIONTYPE

该参数数据类型为整型，数值范围为 0～2。表示所选数据源的站类型，0 代表单机；1 代表主机；2 代表从机。

4. GROUP0…GROUP99

该参数表示报警组报警信息，表示所选数据源报警组中是否发生报警，为整型，数值范围为 0～9999，没有报警时值为 0。GROUP0 表示报警组号为 0 的组，当该组中点发生报警时，此参数值变为 1。

4.6 在监控画面中引用数据库变量点

在数据库中所建的数据库点参数，都可以在窗口画面中被引用，和 VIEW 的数据库变量进行一一对应。默认情况下，数据库定义完后，VIEW 系统会自动生成和参数名一样的数据库变量，前提是需要被画面对象引用，才会自动加载进来。下面以使用文本引用变量为例，介绍在窗口画面中引用数据库点的过程，步骤如下。

在开发系统中，“工具”→“基本图元”中，选择文本**A**，在画面中输入＃＃＃＃＃＃＃＃；双击此文本，出现“动画连接”对话框，在数值输入处，单击“模拟”按钮，弹出“数值输入”对话框，单击“变量选择”对话框，如图 4-30 所示。选择要连接的数据库变量，对于数据库点，如果工程项目中建了大量点，可以通过使用查找点名或查找点描述来快速地找到所要连接的点，对这种数据库变量的过滤规则详见相关章节。

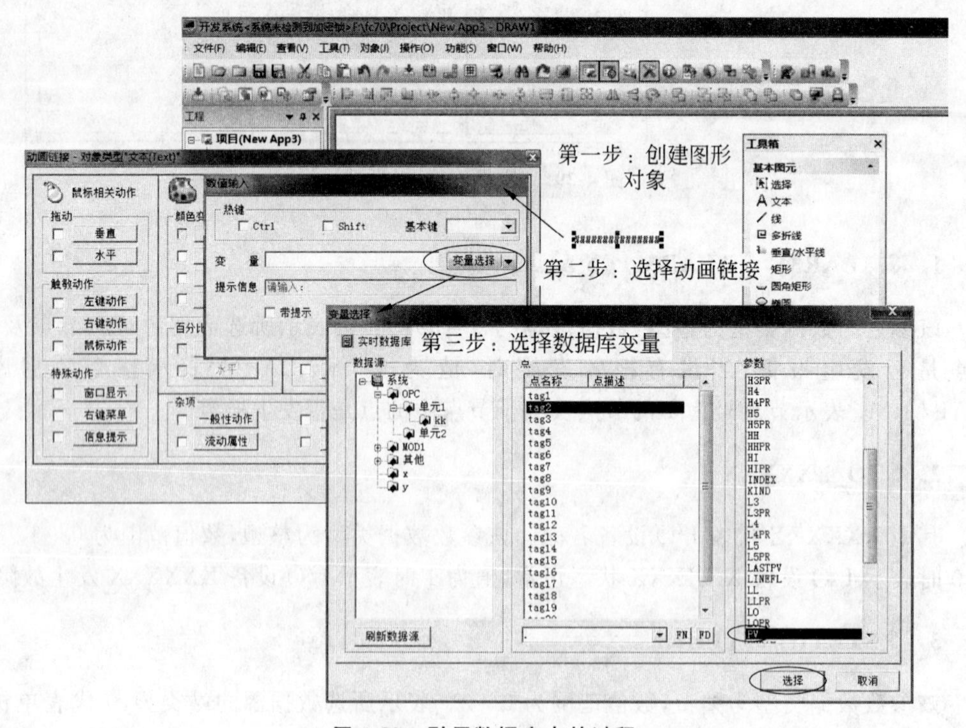

图 4-30　引用数据库点的过程

思考与习题

4.1 在组态软件中点有何意义?

4.2 点有哪些类型? 每一类有何实际意义?

4.3 怎样创建模拟 I/O 点?

4.4 怎样创建累计点?

4.5 实时数据库运行系统可以完成对哪些生产实时数据的操作?

4.6 实时数据库能存储哪些数据?

第5章 chapter 5

动画制作

在第2章工程项目的画面制作中，只是举了一个简单的例子，下面详细介绍在用户窗口中如何创建和编辑图形画面以及如何用系统提供的各种图形对象生成漂亮的图形界面，介绍对图形对象的动画属性进行定义的各种方法，使图形界面“动”起来，真实地描述外界对象的状态变化，达到过程实时监控的目的。

动画制作是建立画面中对象与数据变量或表达式的对应关系。动画制作又称动画连接。定义动画连接，实际上是将用户窗口内创建的图形对象与实时数据库中定义的数据对象建立对应连接关系，通过对图形对象在不同的数值区间内设置不同的状态属性(如颜色、大小、位置移动、可见度、闪烁效果等)，用数据对象值的变化来驱动图形对象的状态改变，使系统在运行过程中，产生形象逼真的动画效果。建立了动画连接后，在图形界面运行环境下，根据数据变量或表达式的变化，图形对象可以按动画连接的要求进行改变。因此，动画连接过程就归结为对图形对象的状态属性设置的过程。

在所有动画连接中，数据的值与图形对象间都是按照线性关系关联的。

5.1 动画连接概述

1. 对象

对象可以认为是一种被封装的，具有属性、方法和事件的特殊数据类型。力控是面向对象的开发环境，力控中的对象是指组成系统的一些基本构件，例如窗口、窗口中的图形、定时器等，每一个对象作为独立的单元，都有各自的状态，可以通过改变对象的属性和方法来操作。

2. 属性、方法、事件

描述对象的数据称为属性，对对象所作的操作称为对象的方法，对象对某种消息产生的响应称为事件，事件给用户提供了一个过程接口，可以在事件过程中编写处理代码。

每种图形对象都有决定其外观的各种属性。例如，线有线宽、线色、线风格等属性；填充体有边线颜色、边线线宽、填充颜色等属性。开发系统提供了对图形对象的属性和方法进行设置的操作。

3. 对象的命名

对象的名称是对象的唯一标识，引用对象的属性方法之前，首先要给对象命名，只有这样才能在引用对象时指明是对哪一个对象进行的属性和方法的操作。力控采用面向对象技术使得图形具备真正的“对象”概念上的意义，用户可以为每个图形对象指定一个唯一的名称，并在动作脚本程序中引用这个对象的名称和属性。当创建一个图形对象之后，系统会自动为对象分配名称。对象名称可以修改，修改的方法有两种。

(1) 选中要修改的对象，在“属性设置”导航栏中，基本属性的第一项即为对象名称，在此文本输入框中输入对象的新名称。

(2) 选中要修改的对象，右击，选择“对象名称”命令，在弹出的对话框中的文本输入框中输入对象的新名称。如果修改的名称已被使用，系统会出现提示，若成功为一个图形对象定义了名称，系统将保留这个名称直至图形对象被删除。

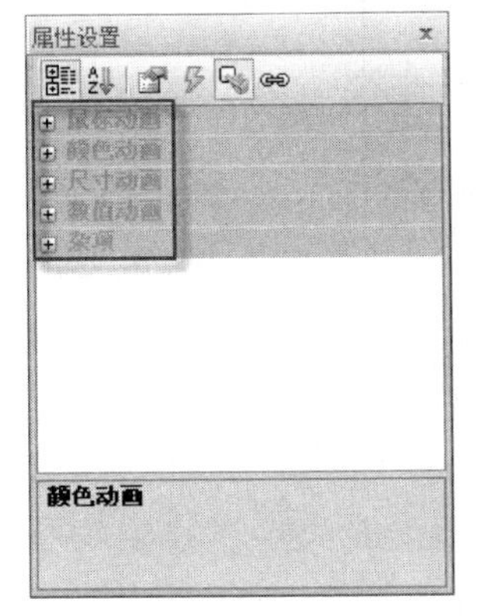

图 5-1 图形对象

4. 力控的对象类型

力控的对象类型分为以下几类：普通图元、复合组件、后台组件图库、标准 ActiveX 控件、智能单元对象。

在创建图形对象或文本后，可以通过动画连接来赋予其“生命”，通过动画连接，可以改变对象的外观，以反映变量点或表达式的值所发生的变化，动画功能也就是图形对象的事件。

图形对象的事件包括以下几种，如图 5-1 所示，分别是鼠标动画、颜色动画、尺寸动画、数值动画、杂项。

5.2 动画连接的创建和删除方法

一旦建立了图形对象或图形符号，就可以建立与之相关联的动画连接。与图形对象相连的数据库变量值发生变化后，对象的外形显示就会随着数据的变化而发生变化。

5.2.1 动画连接的创建方法

创建并选择连接对象，如线、填充图形、文本、按钮、子图等的动画连接创建方法有以下几种。

(1) 先选中图形对象，然后在属性设置导航栏中，单击按钮切换到动画页，选择相应的动画功能，如图 5-2 所示。

(2) 用鼠标右键单击对象，弹出右键菜单后选择其中的“对象动画”。

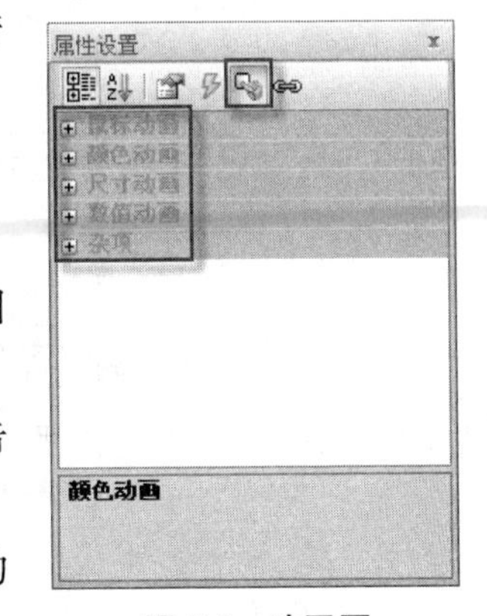

图 5-2 动画页

(3) 选中图形对象后直接按下 Alt + Enter 键。

(4) 双击图形对象。

使用第一种方法创建动画连接，详细使用方法见本章后续小节。使用后三种方法创建动画连接，会弹出“动画连接”对话框，如图 5-3 所示。

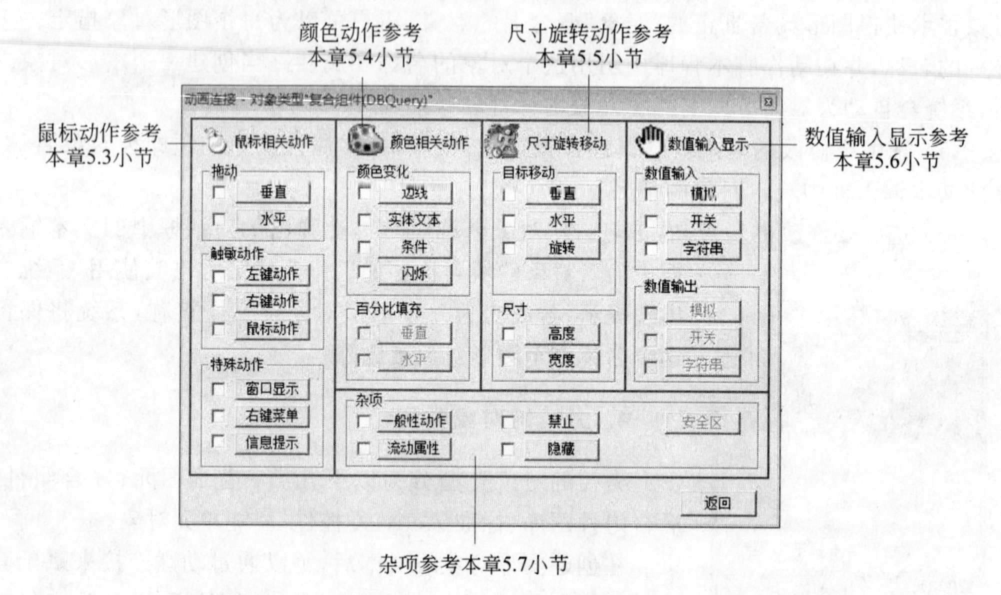

图 5-3 “动画连接”对话框

5.2.2 动画连接的删除方法

选择存在动画连接的连接对象，如线、填充图形、文本、按钮、子图等的动画连接的删除方法有以下几种。

(1) 选中图形对象，然后在“属性设置”导航栏中，单击按钮切换到动画页，然后单击相应的动画功能后面的下拉框，选择“删除动画连接”，如图 5-4 所示。

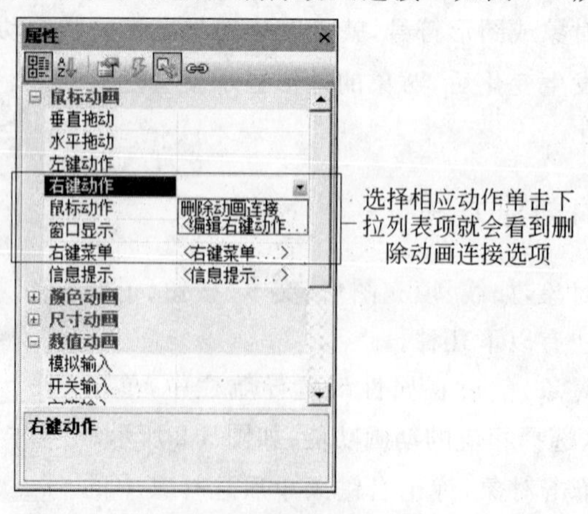

图 5-4 删除动画连接

(2) 双击图形对象，弹出“动画连接”对话框，然后去掉相应动画功能按钮前复选框的选择标志就可以了。

5.3 鼠标动画

鼠标动画是常用的组态动画，该类动作分为垂直拖动、水平拖动、左键动作、右键动作、鼠标动作、窗口显示、右键菜单、信息提示 8 大类，如图 5-5 所示。

图形对象一旦建立了与鼠标相关动作的动画连接，在系统运行时当对象被鼠标选中或拖曳时，动作即被触发。

1. 垂直拖动

垂直拖动连接使图形对象的垂直位置与变量数值相关联。变量数值的改变使图形对象的位置发生变化；反之，用鼠标拖动图形对象又会使变量的数值改变。

首先要确定拖动对象在垂直方向上移动的距离(用像素数表示)。画一条参考垂直线，垂直线的两个端点对应拖动目标移动的上下边界，记下线段的长度(线在选中状态下，其长度显示在“属性设置”栏中，如图 5-6 所示)。

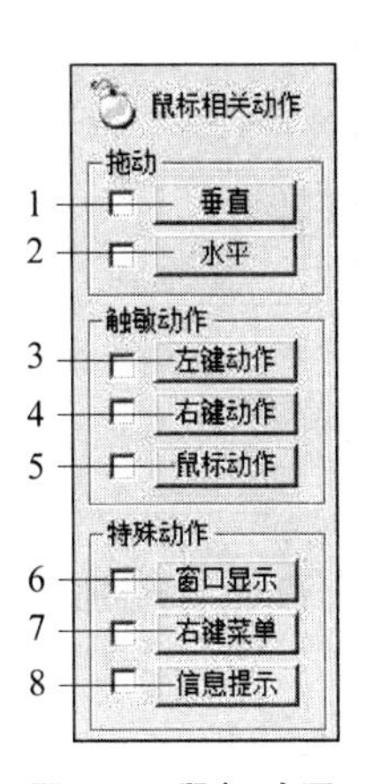

图 5-5 鼠标动画

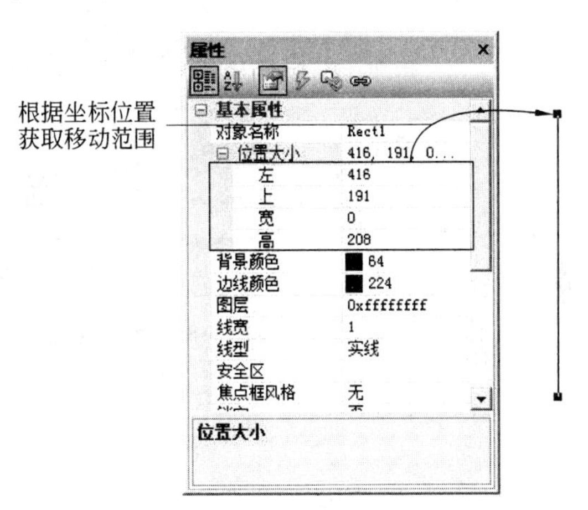

图 5-6 线段属性

建立拖动图形对象，使对象与参考线段的下端点对齐，删除参考线段。

然后选中图形对象，在属性设置导航栏中，单击按钮切换到动画页，然后单击鼠标动画功能下“垂直拖动”后面的下拉框，选择“垂直拖动”，如图 5-7 所示。

下面就对话框中各项内容予以说明。

① 变量选择：变量名称，选择要进行连接的变量名称。

② 在最底端时(值变化)：图形对象被拖到最底端时对变量的设定值。

③ 在最顶端时(值变化)：图形对象被拖到最顶端时对变量的设定值。

④ 向上最少(移动像素数)：图形对象被拖到最顶端时，其位置在垂直方向上偏离原始位置的像素数。

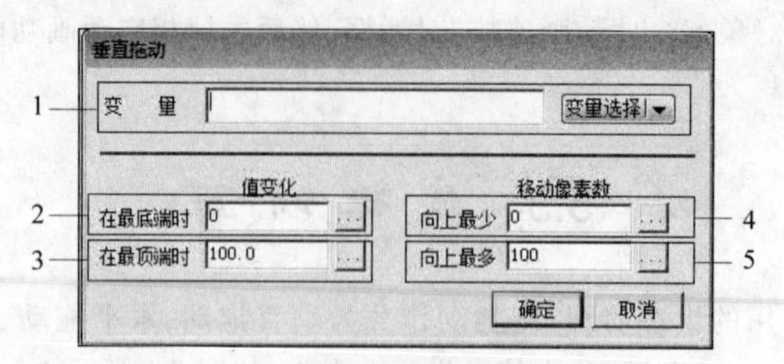

图 5-7 “垂直拖动”对话框

⑤ 向上最多(移动像素数)：图形对象被拖到最底端时，其位置在垂直方向上偏离原始位置的像素数。

2. 水平拖动

水平拖动连接使图形对象的水平位置与变量数值相关联。变量数值的改变使图形对象的位置发生变化；反之，用鼠标拖动图形对象又会使变量的数值改变。

水平拖动连接的建立方法与垂直拖动方法类似，“水平拖动”动画连接对话框如图 5-8 所示。

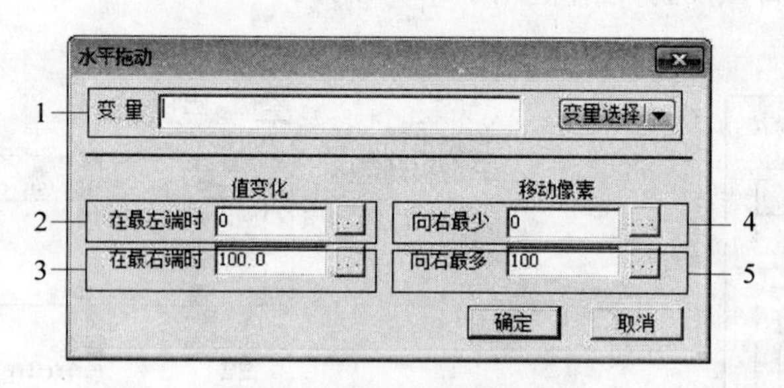

图 5-8 “水平拖动”对话框

① 变量选择：选择此按钮，弹出“变量选择”对话框，选择后变量名自动加在“变量”输入框内。

② 在最左端时(值变化)：图形对象被拖到最左端时对变量的设定值。

③ 在最右端时(值变化)：图形对象被拖到最右端时对变量的设定值。

④ 向右最少(移动像素数)：图形对象被拖到最左端时，其位置在水平方向上偏离原始位置的像素数。

⑤ 向右最多(移动像素数)：图形对象被拖到最右端时，其位置在水平方向上偏离原始位置的像素数。

3. 左键动作

左键动作连接能使图形对象与鼠标左键动作建立连接，单击选中的图形对象时，执行在按下鼠标、鼠标按周期执行、鼠标双击、释放鼠标这四个事件的脚本编辑器中的动作程序。因为该动作主要涉及脚本程序，所以对其较为详细的说明请参考本书第 6 章。

4. 右键动作

右键动作连接能使图形对象与鼠标右键动作建立连接，单击选中的图形对象时，执行在按下鼠标、鼠标按周期执行、鼠标双击、释放鼠标这 4 个事件的脚本编辑器中的动作程序。因为该动作主要涉及脚本程序，所以对其较为详细的说明请参考相关章节。

5. 鼠标动作

鼠标动作连接能使图形对象与鼠标动作建立连接，对选中的图形对象作鼠标动作时，执行在鼠标进入、鼠标悬停、鼠标移动、鼠标离开这 4 个事件的脚本编辑器中的动作程序。因为该动作主要涉及脚本程序，所以对其较为详细的说明请参考相关章节。

6. 窗口显示

窗口显示能使按钮或其他图形对象与某一窗口建立连接，当用鼠标单击按钮或图形对象时，自动显示连接的窗口。

首先在组态界面创建图形对象。

然后选中图形对象，在“属性设置”导航栏中，单击按钮切换到动画页，然后单击鼠标动画功能下“窗口显示”后面的下拉框，选择“编辑窗口显示”，弹出“界面浏览”对话框，如图 5-9 所示。

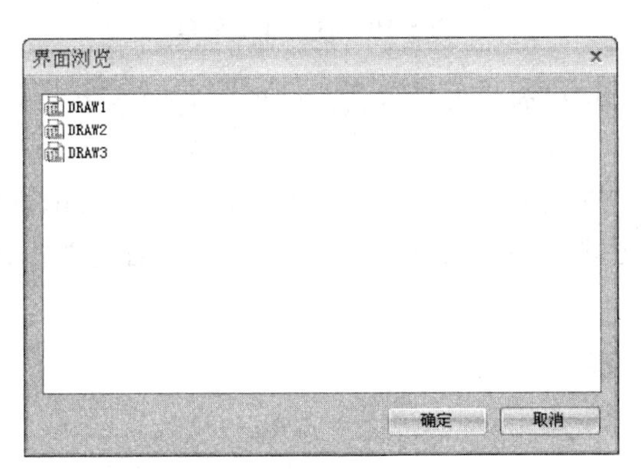

图 5-9 “界面浏览”对话框

在该对话框中选择一个窗口，单击“确定”按钮或直接双击窗口名。返回动画连接菜单，可以继续创建其他动作，或者选择“取消”按钮返回。

7. 右键菜单

右键菜单与“工程项目”导航栏→“菜单”→“右键菜单”配合使用，进入运行系统后，右击该对象时，显示一列右键弹出菜单，如图 5-10 所示。

首先在“菜单定义”对话框中定义一个名为 menu 的右键菜单，菜单项有两项：open、close。

其次在界面上创建一个图形对象。

最后选中图形对象，在“属性设置”导航栏中，单击按钮切换到动画页，然后单击鼠

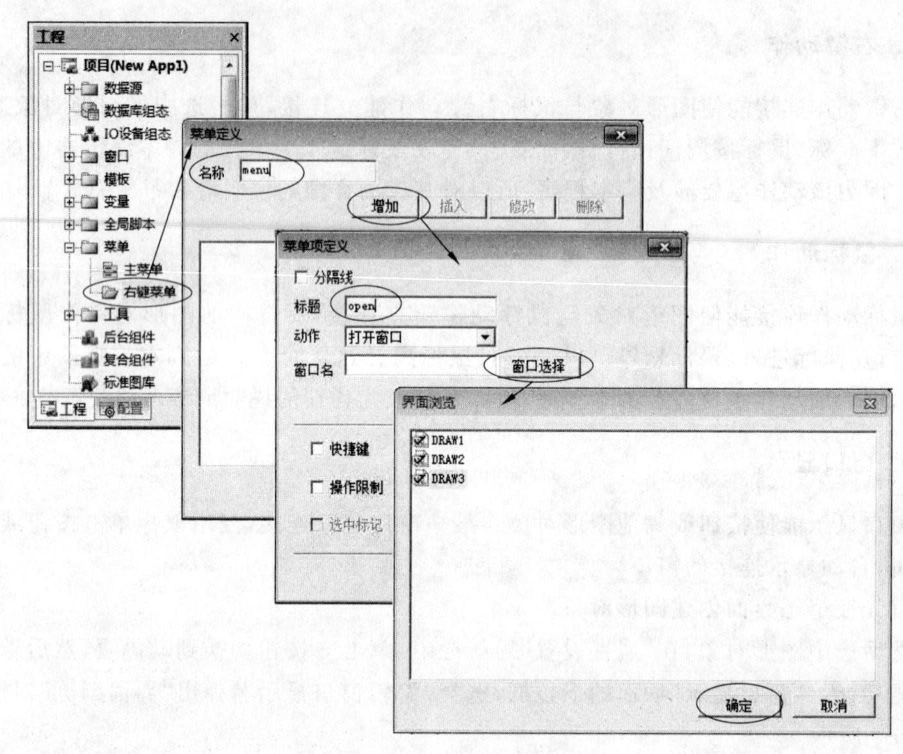

图 5-10 右键弹出菜单

标动画功能下"右键菜单"后面的下拉框，选择"编辑右键菜单"，弹出"右键菜单指定"对话框，如图 5-11 所示。

最后在"菜单名称"下拉框中选择已定义的右键菜单 menu，在"与光标对齐"方式中选择一种合适的对齐方式。进入运行系统后，当用鼠标右键单击该图形对象时，出现如图 5-12 所示的菜单。

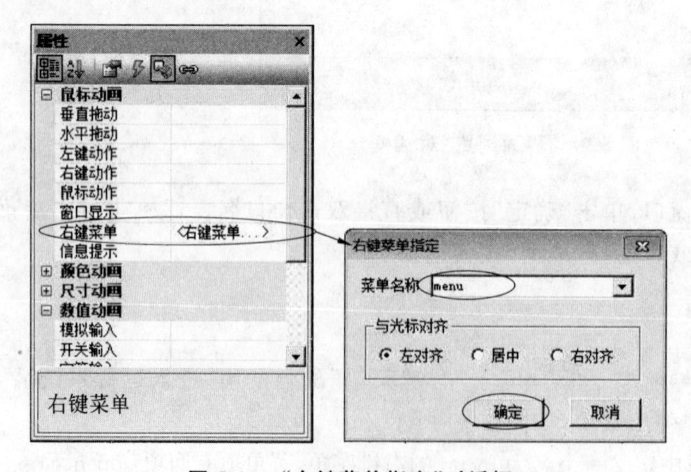

图 5-11 "右键菜单指定"对话框

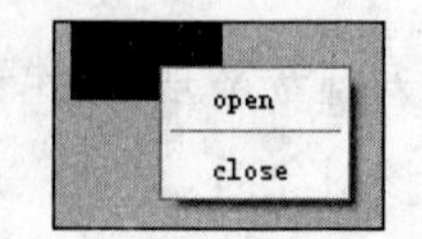

图 5-12 鼠标右键菜单

8. 信息提示

使图形对象与鼠标焦点建立连接，当鼠标的焦点移动到图形对象上时，执行本动作，可以显示常量或变量等提示信息。

首先在组态界面创建图形对象。

然后选中图形对象，在“属性设置”导航栏中，单击按钮切换到动画页，然后单击鼠标动画功能下“信息提示”后面的下拉框，选择“编辑信息提示”，弹出“输入提示信息”对话框，如图 5-13 所示。

在“字符串/表达式”编辑框内输入要显示的提示信息。在输入字符串信息后，要将字符串信息用双引号“ ”括起来。“延迟显示时间”项用于指定当鼠标焦点移动到图形对象上后，延迟多长时间显示提示信息。“提示停留时间”项用于指定当开发时显示提示信息后，持续多长时间显示提示信息。

最后进入运行系统后，当鼠标的焦点移动到图形对象上时，产生的效果如图 5-14 所示。

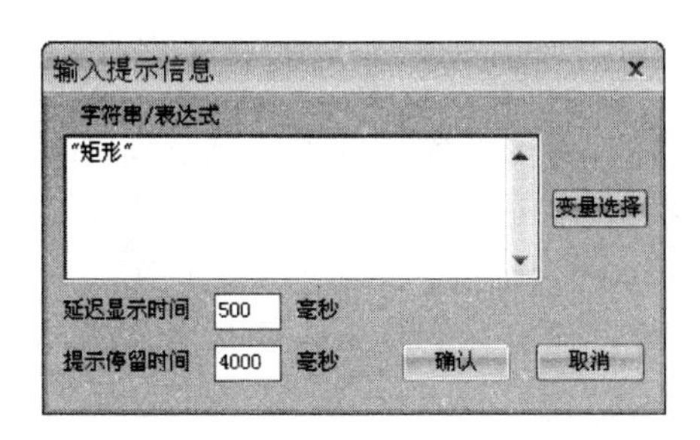

图 5-13 “输入提示信息”对话框

图 5-14 图形对象

5.4 颜色动画

该类动作分为边线、实体文本、条件、闪烁、垂直填充、水平填充六大类。颜色相关动作连接可使图形对象的线色、填充色、文本颜色等属性随着变量或表达式的值的变化而变化。

1. 边线

边线变化连接是指图形对象的边线颜色随着表达式的值的变化而变化。

首先创建要进行边线变化连接的图形对象。

然后选中图形对象，在“属性设置”导航栏中，单击按钮切换到动画页，然后单击颜色动画功能下“边线”后面的下拉框，选择“编辑边线”弹出“颜色变化”对话框，如图 5-15 所示。

下面就对话框中各项内容予以说明。

① 表达式/变量选择：变量名称或表达式，选择要进行连接的变量名称。

② 断点：颜色分段变化时断点处的值，可以根据用户设置的断点个数来将颜色变化区域分成颜色不同或相同的若干段。

③ 颜色：选择各段颜色，每种颜色对应一段。当要设置某一段的颜色时，在相应段的颜色显示区内单击，会弹出"颜色选择"对话框，如图 5-16 所示。

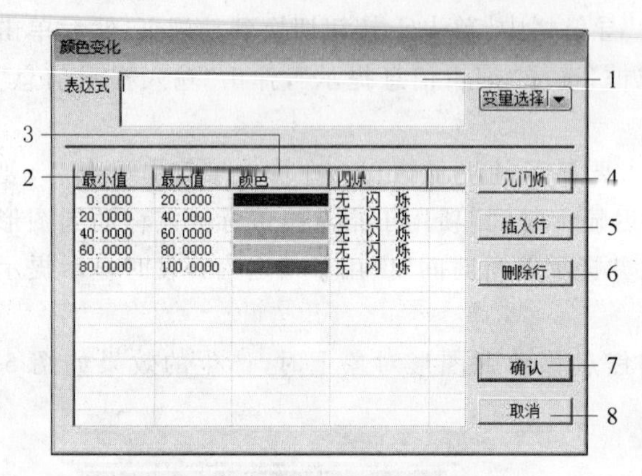

图 5-15 "颜色变化"对话框

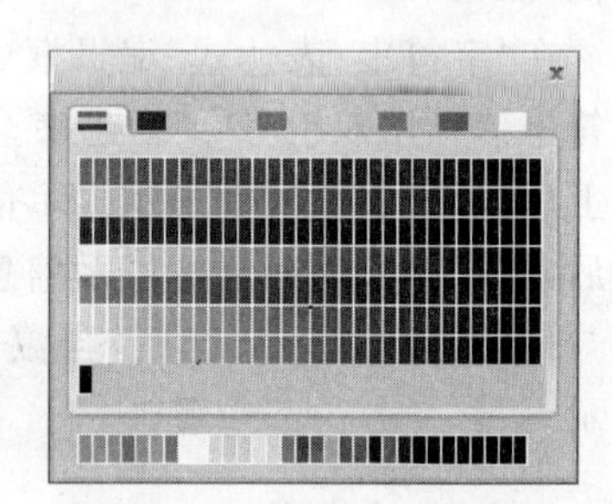
图 5-16 "颜色选择"对话框

在调色板窗口中单击鼠标选择一种颜色。例如，当这五段的颜色依次被设为黄色、红色、绿色、红色、黄色时，表示图形对象边线的颜色随表达式的值变化情况为小于 20 时为黄色，20～40 时为红色，40～60 时为绿色，60～80 时为红色，80 以上时为黄色。

④ 无闪烁：设置颜色选择后面的闪烁颜色，可以设置当满足颜色变化条件时，闪烁选择的闪烁颜色，也可以通过无闪烁按钮来取消闪烁。

⑤ 插入行：可以在已选定断点行前插入一行自己需要的断点设置行。

⑥ 删除行：删除已选定断点行。

⑦ 确认：保存设置并退出。

⑧ 取消：不保存设置并退出。

2. 实体文本

实体文本变化连接是指图形对象的填充色或文本的前景色随着逻辑表达式的值的变化而变化。其动画连接设置和边线动作完全相同，本小节不再过多介绍。

3. 条件

条件变化连接是指图形对象的填充色或文本的前景色随着逻辑表达式的值的变化而变化。

首先创建要进行条件变化连接的图形对象。

然后选中图形对象，在"属性设置"导航栏中，单击按钮切换到动画页，然后单击颜色动画功能下"条件"后面的下拉框，选择"编辑条件"，弹出"颜色变化"对话框，如图 5-17 所示。

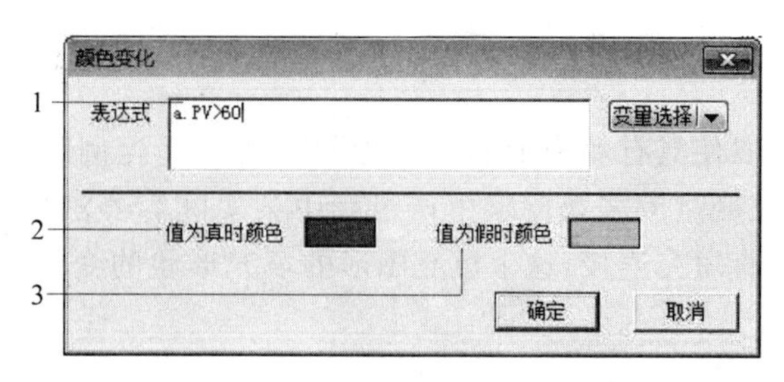

图 5-17 “颜色变化”对话框

下面就对话框中各项内容予以说明。

① 表达式/变量选择：变量名称或表达式，选择要进行连接的变量名称。

② 值为真时颜色：逻辑表达式或开关量变量的值为真时的颜色。

③ 值为假时颜色：逻辑表达式或开关量变量的值为假时的颜色。

在上例中 level.PV 的值大于 60 时，图形填充色为红色；level.PV 的值小于或等于 60 时，图形填充色为绿色。

4. 闪烁

闪烁连接可使图形对象根据一个布尔变量或布尔表达式的值闪烁。闪烁可表现为颜色变化及或隐或现。颜色变化包括填充色、线色的变化。

首先创建闪烁连接的图形对象。

然后选中图形对象，在“属性设置”导航栏中，单击按钮切换到动画页，然后单击颜色动画功能下“闪烁”后面的下拉框，选择“编辑闪烁”，弹出“闪烁”对话框，如图 5-18 所示。

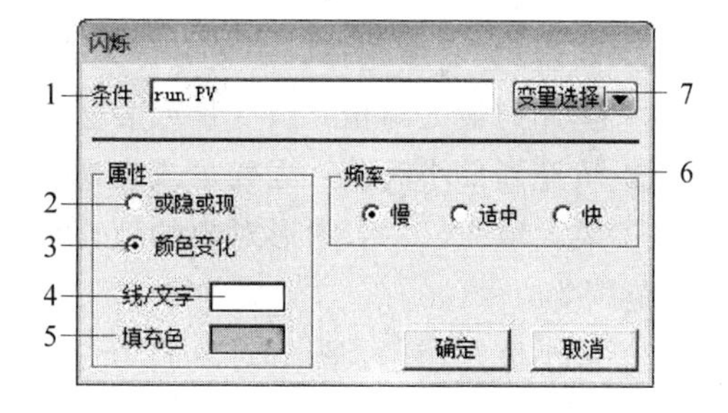

图 5-18 “闪烁”对话框

下面就对话框中各项应输入的内容予以说明。

① 条件：布尔表达式或开关量变量名。

② 或隐或现：如果选择该选项，闪烁则以图形对象隐藏和显现交替变化来表现。

③ 颜色变化：如果选择该选项，闪烁则以图形对象原始颜色与设定颜色之间的交替变化来表现。如果选择“颜色变化”需设定与图形对象原始颜色进行对比交替变化时的边线色或文本的前景色以及实体的填充色。

④ 线/文字：该项用来设定用“颜色变化”表现闪烁时，与图形对象原始线色或文本的前景色进行对比交替变化的边线色或文本的前景色。

⑤ 填充色：该项用来设定用“颜色变化”表现闪烁时，与图形对象原始填充颜色进行对比交替变化的填充色。

⑥ 频率：该项指定闪烁速度为慢速、中速或快速。

⑦ 变量选择：选择此按钮，弹出“变量选择”对话框，可在对话框中直接选择要进行连接的变量名称。

5. 垂直填充

垂直填充连接可以使具有填充形状的图形对象的填充比例随着变量或表达式值的变化而变化。例如，某变量值客观反映生产过程中某实际容器液位的变化，把此变量与一个填充图形进行垂直填充连接，这个填充图形的填充形状的变化就可以形象地表现容器液位的变化了。

首先创建用于垂直填充连接的图形对象。

其次选中图形对象，在“属性设置”导航栏中，单击按钮切换到动画页，然后单击颜色动画功能下“垂直填充”后面的下拉框，选择“编辑垂直填充”，弹出“垂直百分比填充”对话框，如图 5-19 所示。

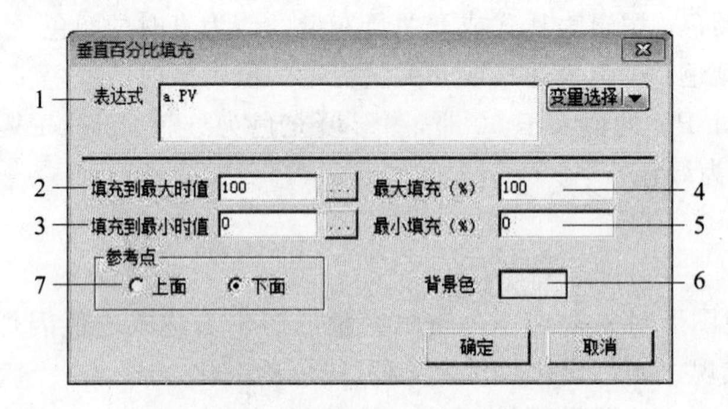

图 5-19 “垂直百分比填充”对话框

下面就对话框中各项内容予以说明。

① 表达式/变量选择：变量名称或表达式，选择要进行连接的变量名称。

② 填充到最大时值：当变量或表达式达到此值时，图形对象的填充形状达到最大。

③ 填充到最小时值：当变量或表达式达到此值时，图形对象的填充形状达到最小。

④ 最大填充(%)：图形对象的填充形状达到最大时填充高度与原始高度的百分比，输入范围为 0～100。

⑤ 最小填充(%)：图形对象的填充形状达到最小时填充高度与原始高度的百分比，输入范围为 0～100。

⑥ 背景色：此项用于设定图形对象在运行时显示的背景颜色。单击颜色框内区域出现调色板窗口，选择一种颜色作为背景色。在运行时，填充过程采用图形对象原始颜色覆盖背景色的方式进行。

⑦ 参考点：对于垂直填充连接，参考点决定填充进行的方向。如果参考点为下面，参数或表达式值由小变大时，填充区域由下至上增大；如果参考点为上面，参数或表达式值由小变大时，填充区域由上至下增大。

6. 水平填充

水平填充连接的建立方法与垂直填充连接的建立方法类似，只是填充区域是在水平方向上变化，其动画连接对话框如图 5-20 所示。

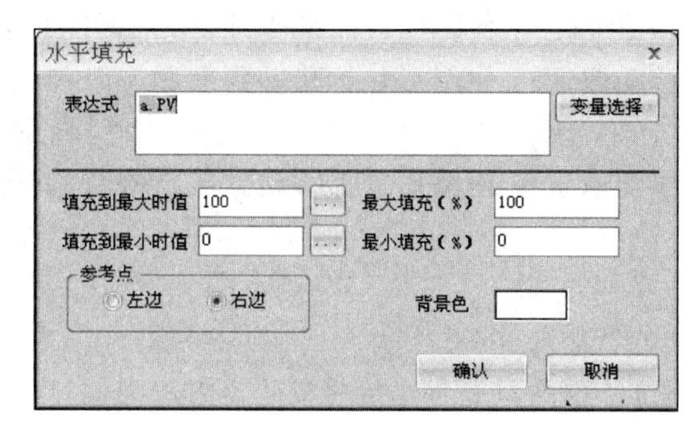

图 5-20 “水平填充”对话框

5.5 尺寸动画

此类动作可以把变量值与图形对象的水平、垂直方向运动或自身旋转运动连接起来，以形象地表现客观世界物体运动的状态；也可以把变量与图形对象的尺寸大小连接，让变量反映对象外观的变化。此类动作包括垂直移动、水平移动、旋转、高度变化和宽度变化 5 大类。

1. 垂直移动

垂直移动是指图形的垂直位置随着变量或表达式的值的变化而变化。

首先要确定移动对象在垂直方向上移动的距离(用像素数表示)。画一条参考垂直线，垂直线的两个端点对应拖动目标移动的上下边界，记下线段的长度。

其次创建垂直移动图形对象，使对象与参考线段的下端对齐，删除参考线段。

最后选中图形对象，在“属性设置”导航栏中，单击按钮切换到动画页，然后单击尺寸动画功能下“垂直移动”后面的下拉框，选择“编辑垂直移动”，弹出“水平/垂直移动”对话框，如图 5-21 所示。

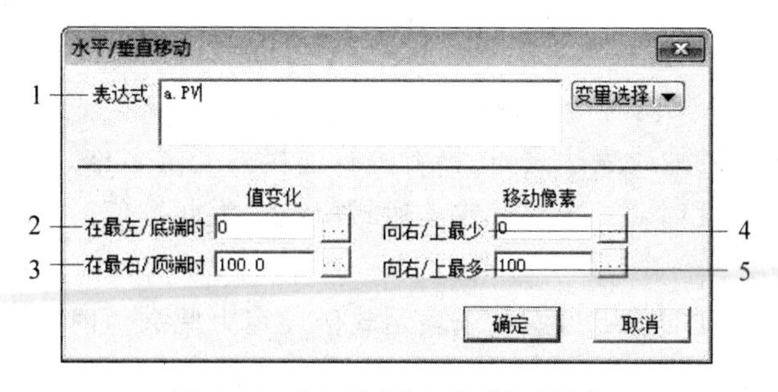

图 5-21 “水平/垂直移动”对话框

下面就对话框中各项内容予以说明。

① 表达式/变量选择：变量名称或表达式，选择要进行连接的变量名称。

② 在最左/底端时(值变化)：使图形目标移动到最底端时变量需要设定的低限值。

③ 在最右/顶端时(值变化)：使图形目标移动到最顶端时变量需要设定的高限值。

④ 向右/上最少(移动像素)：使图形目标移动到最底端时，其位置在垂直方向上偏离原始位置的像素数。

⑤ 向右/上最多(移动像素)：使图形目标移动到最顶端时，其位置在垂直方向上偏离原始位置的像素数。

2. 水平移动

水平移动连接的建立方法与垂直移动连接的建立方法类似。

3. 旋转

旋转连接能使图形对象的方位随着一个变量或表达式的值的变化而变化。

首先创建旋转图形对象。

其次选中图形对象，在"属性设置"导航栏中，单击按钮切换到动画页，然后单击尺寸动画功能下"旋转"后面的下拉框，选择"编辑旋转"，弹出"目标旋转"对话框，如图 5-22 所示。

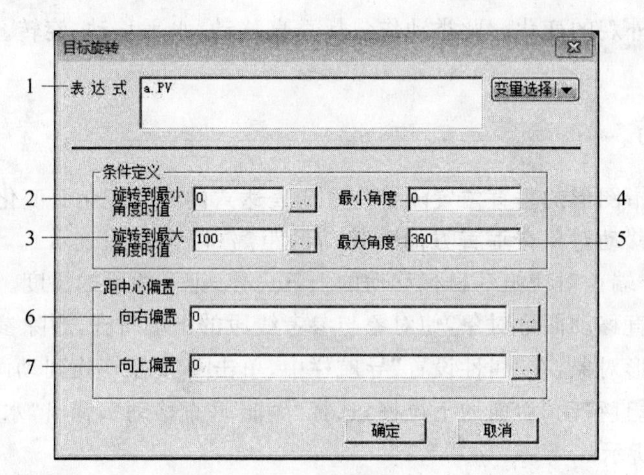

图 5-22 "目标旋转"对话框

下面就对话框中各项内容予以说明。

① 表达式：变量名称或表达式，选择要进行连接的变量名称。

② 旋转到最小角度时值：当变量或表达式值设定为此数值时，图形对象偏离原始位置的角度为最小角度。

③ 旋转到最大角度时值：当变量或表达式值设定为此数值时，图形对象偏离原始位置的角度为最大角度。

④ 最小角度：图形对象在旋转时偏离原始位置的最小角度。

⑤ 最大角度：图形对象在旋转时偏离原始位置的最大角度。

⑥ 向右偏置：旋转轴心从图形对象的几何中心在水平方向向右的偏移量(以像素为单位)。如果此值设定为 0，表示图形对象的旋转轴心处于图形对象几何中心的水平方

向上。

⑦ 向上偏置：旋转轴心从图形对象的几何中心在垂直方向向上的偏移量(以像素为单位)。如果此值设定为 0，表示图形对象的旋转轴心处于图形对象几何中心的垂直方向上。

角度采用的单位为度，不是弧度。另外，在默认情况下，旋转连接的旋转轴心为图形对象的几何中心，若要将其他位置作为旋转中心，需要设置偏置量。例如，对于一个长方形，如果要以其右上角为旋转轴心，需要将“向右偏置”项设为此长方形长度的一半，而将“向上偏置”项设为此长方形高度的一半；如果要以其右下角为旋转轴心，需要将“向右偏置”项设为此长方形长度的一半，而将“向上偏置”项设为此长方形高度的一半的负值。还要注意，进行旋转连接的图形对象不能带有立体风格。

4. 高度变化

高度变化连接是指图形对象的高度随着变量或表达式的值的变化而变化。

首先创建高度变化图形对象。

其次选中图形对象，在属性设置导航栏中，单击按钮切换到动画页，然后单击尺寸动画功能下“高度变化”后面的下拉框，选择“编辑高度变化”，弹出“高度变化”对话框，如图 5-23 所示。

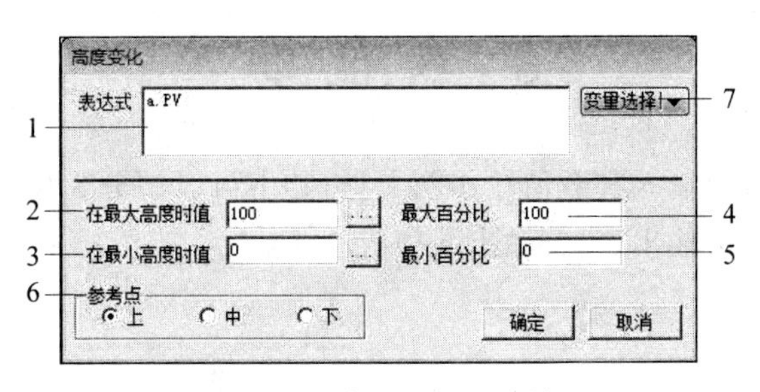

图 5-23 “高度变化”对话框

下面就对话框中各项内容予以说明。

① 表达式：变量名称或表达式。

② 在最大高度时值：当变量或表达式达到此值时，图形对象尺寸达到最大高度。

③ 在最小高度时值：当变量或表达式达到此值时，图形对象尺寸达到最小高度。

④ 最大高度(%)：图形对象尺寸达到最大高度时与原始高度尺寸的百分比。

⑤ 最小高度(%)：图形对象尺寸达到最小高度时与原始高度尺寸的百分比。

⑥ 参考点：对象发生高度变化时的参考点。参考点可以是对象的上边、中心或下边。

⑦ 变量选择：选择此按钮，弹出“变量选择”对话框，可在对话框中直接选择要进行连接的变量名称。

5. 宽度变化

宽度变化连接的建立方法与高度变化的建立方法类似，“宽度变化”对话框如图 5-24

所示。

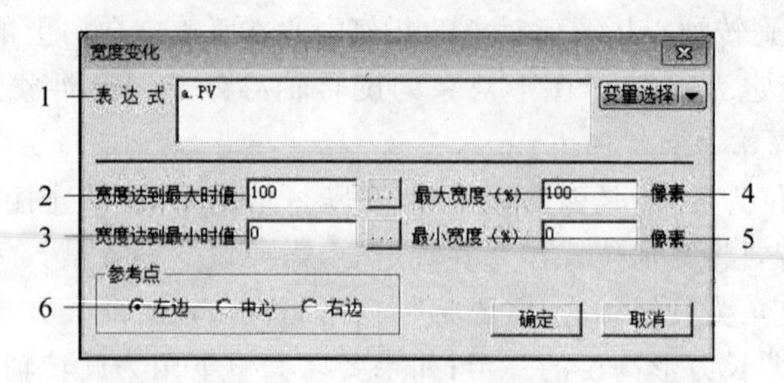

图 5-24 “宽度变化”对话框

下面就对话框中各项内容予以说明。

① 表达式：变量名称或表达式，选择要进行连接的变量名称。

② 宽度达到最大时值：当变量或表达式达到此值时，图形对象尺寸达到最大宽度。

③ 宽度达到最小时值：当变量或表达式达到此值时，图形对象尺寸达到最小宽度。

④ 最大宽度(%)：图形对象尺寸达到最大宽度时与原始宽度尺寸的百分比。

⑤ 最小宽度(%)：图形对象尺寸达到最小宽度时与原始宽度尺寸的百分比。

⑥ 参考点：对象发生宽度变化时的参考点，参考点可以是对象的左边、中心或右边。

5.6 数值动画

此类动作包括数值输入和数值输出两大类，其中可以细分为模拟输入、开关输入、字符输入、模拟输出、开关输出、字符输出 6 项。

1. 模拟输入

模拟输入连接可使图形对象变为触敏状态。在运行期间，单击该对象或直接按下设定的热键后，系统出现输入框，提示输入数据。输入数据后用回车确认，与图形对象连接的变量值被设定为输入值。模拟输入连接中与对象连接的变量为模拟量。

首先创建模拟输入连接图形对象。

其次选中图形对象，在“属性设置”导航栏中，单击按钮切换到动画页，然后单击数值动画功能下“模拟输入”后面的下拉框，选择“模拟输入”，弹出“数值输入”对话框，如图 5-25 所示。

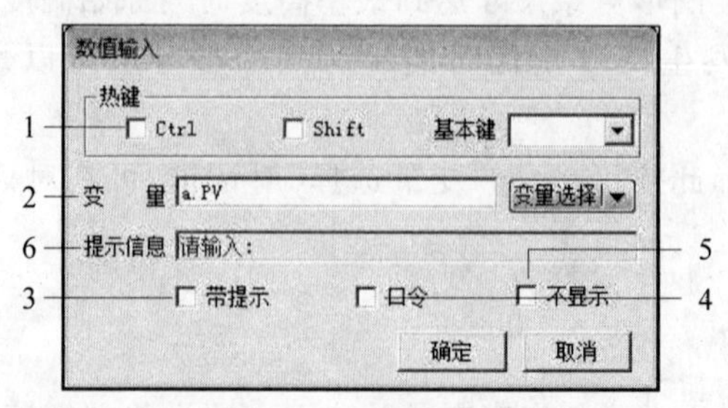

图 5-25 “数值输入”对话框

下面就对话框中各项予以说明。

① 热键：用键盘上某个键或组合键来触发数值输入动作。在基本键中选择 F1～F12、A～Z、Space、Page Up、Page Down、End、Home、Print、Up、Down 等基本键，可选择 Ctrl、Shift 键作为组合键。

② 变量：变量选择中涉及的变量的数据类型必须为实型、整型或开关型。

③ 带提示：选择此选项，输入框变为带有提示信息和软键盘的形式。

④ 口令：选择此选项，在输入框中输入的字符不在屏幕上显示，如图 5-26 所示。

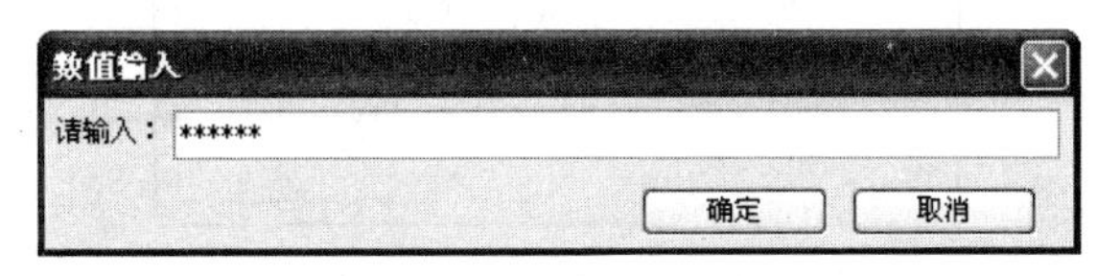

图 5-26 “数值输入”对话框

⑤ 不显示：选择此选项，在运行时不显示变量的值。

⑥ 提示信息：在输入框内显示的提示信息。

2. 字符输入

字符串输入连接中的连接变量为字符串变量。

字符串输入连接的创建方法与模拟输入连接的创建方法类似。唯一的区别是连接的变量的数据类型是字符型变量。

不显示：选中该选择框后，在运行时只显示在开发系统 Draw 中输入的文本串，而不显示变量的值。另外，当选择了“带提示”选项后，在运行时出现的软键盘为带有全部字母和数字的形式，如图 5-27 所示。

图 5-27 “键盘”对话框

3. 开关输入

开关输入连接中连接变量为开关量。

首先创建开关输入连接图形对象。

其次选中图形对象，在“属性设置”导航栏中，单击按钮切换到动画页，然后单击数值动画功能下“开关输入”后面的下拉框，选择“编辑开关输入”，弹出“离散型输入”对话框，如图 5-28 所示。

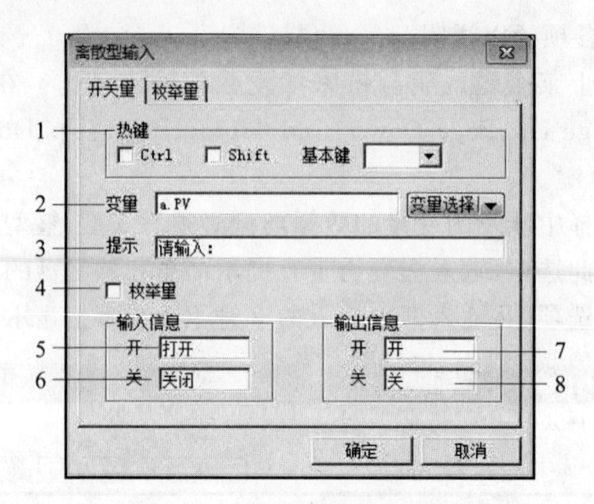

图 5-28 “离散型输入”对话框

下面就对话框中各项予以说明。

① 热键：用键盘上的某个键或键组合来激发对象的动作。在基本键中选择 F1～F12、A～ Z、Space、Page Up、Page Down、End、Home、Print、Right 、 Left、Up、Down 等基本键，可选择 Ctrl、Shift 键作为组合键。

② 变量：变量名涉及的变量必须为整型变量或开关型变量。

③ 提示：提示信息。

④ 枚举量：选此选项，则为枚举量输入，否则为开关量输入。

⑤ 输入信息/开：输入变量值为“开”时的提示信息，该信息显示在输入提示框中。

⑥ 输入信息/关：输入变量值为“关”时的提示信息，该信息显示在输入提示框中。

⑦ 输出信息/开：输入变量值为“开”时的输出信息。

⑧ 输出信息/关：输入变量值为“关”时的输出信息。

若为枚举型输入，选择“枚举量”标签，将出现如图 5-29 所示属性页。

在该属性页中显示了输入的枚举量为不同值时对应的输出信息。

例如，输入变量为 a1. pv 带有提示信息，运行时输入提示框形式如图 5-30 所示。

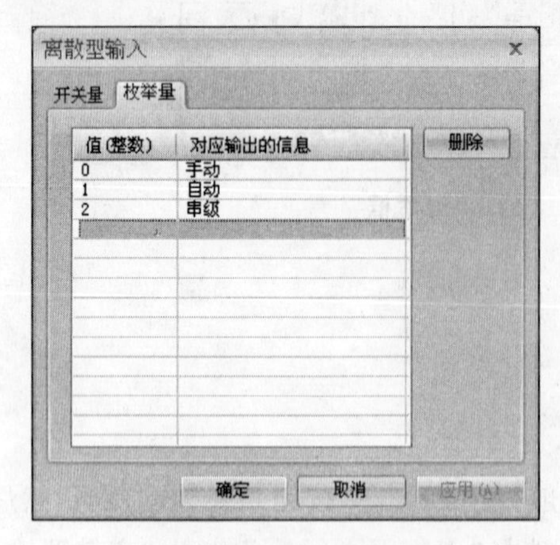

图 5-29 “枚举量”标签

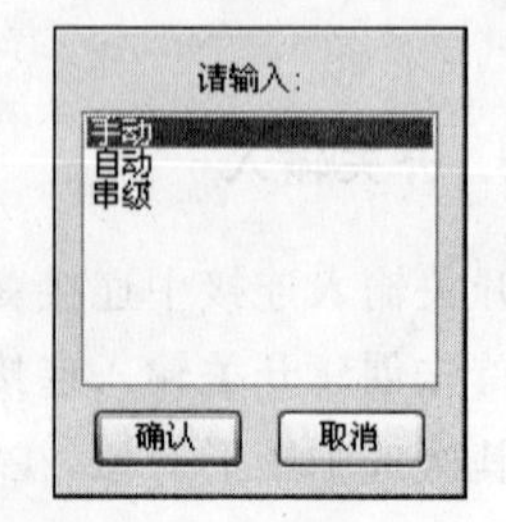

图 5-30 输入提示框形式

输入完以上各项后，单击“确认”按钮将返回动作菜单，可以继续选择其他按钮定义另外的动作，或者按“取消”按钮返回到组态状态。

4. 模拟输出

模拟输出连接能使文本对象（包括按钮）动态显示变量或表达式的值。模拟输出连接中与对象连接的变量为模拟量。

首先创建模拟输出连接图形对象。图形对象必须为文本或按钮，并且文本或按钮中的文字表明了输出格式。注意，文字中左边起第一个小数点“.”前面的字符为整数部分，后面的字符个数为小数位数。若没有小数点“.”则表示不显示小数部分。

然后选中图形对象，在“属性设置”导航栏中，单击按钮切换到动画页，然后单击数值动画功能下“模拟输出”后面的下拉框，选择“编辑模拟输出”，弹出“模拟值输出”对话框，如图5-31所示。

图5-31 “模拟值输出”对话框

其中单击“变量选择”按钮，弹出“变量选择”对话框，可在对话框中直接选择要进行连接的变量名称。

5. 开关输出

开关输出连接中对象连接变量为离散型变量。

首先建立图形对象，需要注意的是图形对象必须为文本或按钮，并且文本或按钮中的文字表明了输出格式。文本宽度即为输出文本的宽度。

然后选中图形对象，在“属性设置”导航栏中，单击按钮切换到动画页，然后单击数值动画功能下“开关输出”后面的下拉框，选择“编辑开关输出”，弹出“离散型输出”对话框，如图5-32所示。

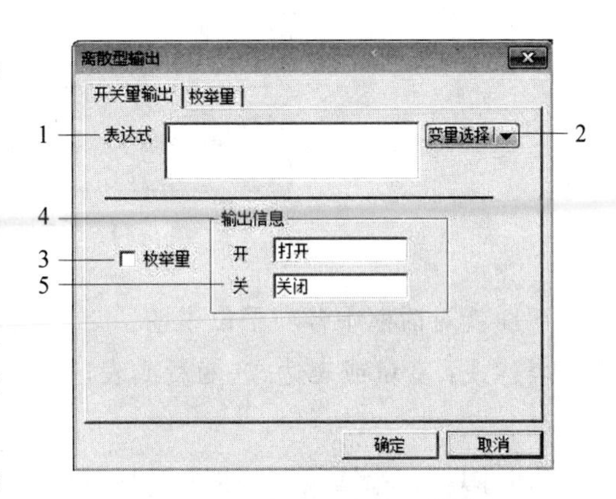

图5-32 “离散型输出”对话框

下面就对话框中各项予以说明。

① 表达式：输入一个数字型变量的名称，变量数据类型必须为整型或开关型。

② 变量选择：选择此按钮，弹出“变量选择”对话框，可在对话框中直接选择要进行连接的变量名称。

③ 枚举量：选中此选择框，则为枚举形式输出，否则为开关量输出。

④ 输出信息/开：输入变量值为“开”时的输出信息。

⑤ 输出信息/关：输入变量值为“关”时的输出信息。

6. 字符输出

字符串输出连接的建立方法与模拟输出连接的建立方法类似，只是表达式输入框应填写字符型变量或字符型表达式。需要注意的是图形对象必须为文本或按钮，并且文本或按钮中的文字表明了输出格式。“字符输出”对话框如图5-33所示。

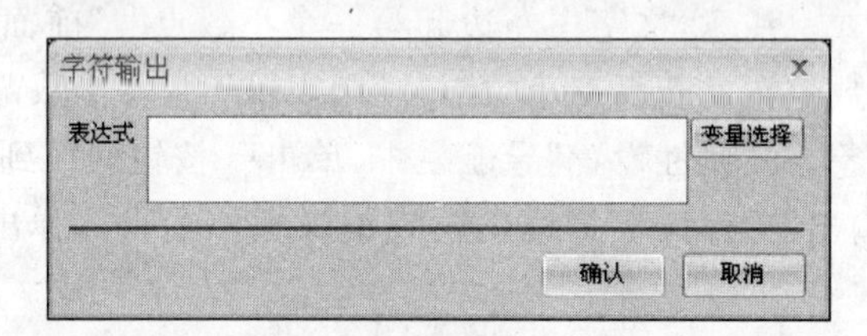

图5-33 “字符输出”对话框

7. 杂项

在杂项中还有一些动画连接，其中包括一般性动作、隐藏、禁止、流动属性。

(1) 一般性动作

关于对话框中的功能按钮以及脚本语法请参看本书第6章内容。

(2) 隐藏

显示/隐藏动作可以控制图形的显现或隐藏效果。

首先建立要进行显示/隐藏连接的图形对象。

其次选中图形对象，在“属性设置”导航栏中，单击按钮切换到动画页，然后单击杂项动画功能下“隐藏”后面的下拉框，选择“编辑隐藏”，弹出“可见性定义”对话框，如图5-34所示。

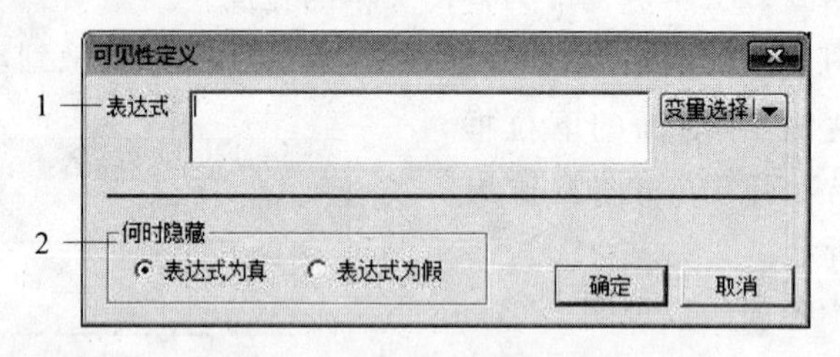

图5-34 “可见性定义”对话框

下面就对话框中各项予以说明。

表达式：变量或表达式，变量或表达式中涉及的变量的数据类型必须为实型、整型或开关型。

何时隐藏：若选择“表达式为真”，则当表达式成立时隐藏图形；若选择“表达式为假”，则当表达式不成立时隐藏图形。

(3) 禁止

允许/禁止动作可以控制图形的允许和禁止操作。

首先建立要进行允许/禁止连接的图形对象。

其次选中图形对象，在“属性设置”中，单击按钮切换到动画页，然后单击杂项动画功能下“禁止”后面的下拉框，选择“编辑禁止”，弹出“允许/禁止定义”对话框，如图5-35所示。

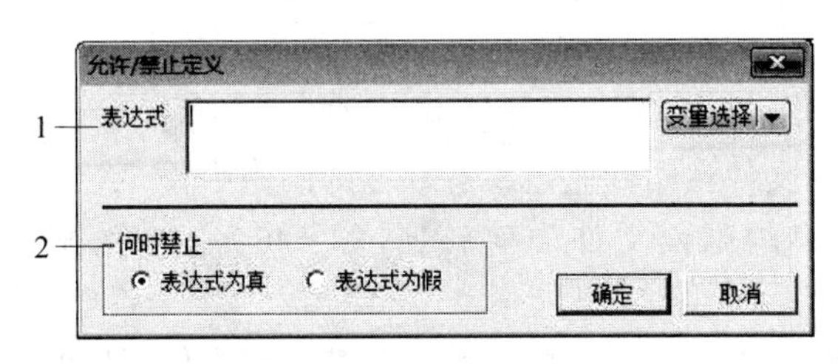

图5-35 “允许/禁止定义”对话框

下面就对话框中各项予以说明。

表达式：变量或表达式，变量或表达式中涉及的变量的数据类型必须为实型、整型或开关型。

何时禁止：若选择“表达式为真”，则当表达式成立时，禁止操作该图形对象；若选择“表达式为假”，则当表达式不成立时，禁止操作该图形对象。

(4) 流动属性

该动作可以形成流体流动的效果。

首先创建要进行流动属性连接的图形对象，双击鼠标进入“动画连接”对话框。

选择“流动属性”，弹出“流动属性”对话框，如图5-36所示。

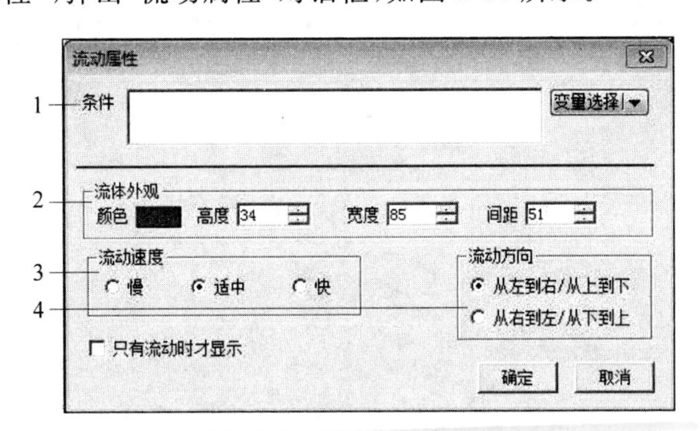

图5-36 “流动属性”对话框

下面就对话框中各项予以说明。

① 条件：用于设定流动启动的条件判断语句，其值为真时才流动。

② 流体外观：可以设定流体颜色、高度、宽度和流体间距。

③ 流体速度：有慢、适中和快三种选择。

④ 流动方向：可以选择从左到右/从上到下或从右到左/从下到上。

⑤ 只有流动时才显示：只有流动条件成立时才显示该对象。

思考与练习

5.1 监控组态软件中位图透明的方法是什么？

5.2 为什么有时候画的图素在填充时没有改变颜色？

5.3 为什么画多边形出现的是折线？

5.4 开发系统中，图素颜色和背景色发生混乱怎么办？

5.5 怎样将图形文件粘贴到监控组态软件的画面中？

5.6 不同分辨率的画面文件如何转换，如 640×480 的画面怎样转化成 800×600 的？

5.7 监控组态软件里画面属性中覆盖式与替换式有何区别？

5.8 画面中的数字、文本显示等如何根据值的不同用不同的颜色显示？

5.9 如何利用多个摄像头在监控组态软件上显示多幅画面？

5.10 画直线时，怎样保证其水平和垂直？

5.11 如何给按钮添加注释？

5.12 如何复制运行画面？

5.13 如何将别的工程的画面加载进来？

5.14 监控组态软件的画面为何运行得很慢？

5.15 如何将 gif 动画用在监控组态软件画面中？

5.16 工程被破坏后如何恢复画面？

第6章 chapter 6

脚本系统

动作脚本语言是力控开发系统Draw提供的一种自行约定的内嵌式程序语言。它只生存在VIEW的程序中，通过它便可以作用于实时数据库Db，数据是以消息方式通知Db程序的，本章介绍该语言的语法及用法。

6.1 脚本系统简介

为了给用户提供最大的灵活性和能力，力控提供了动作脚本编译系统，这使力控具有自己的编程语言，语法采用类BASIC的结构。这些程序设计语言，允许在力控的基本功能的基础上，扩展自定义的功能来满足用户的要求。力控的动作脚本语言功能很强大，可以访问和控制所有组件，如实时数据、历史数据、报警、报表、趋势和安全等；同时，用户通过这类脚本语言，可以实现从简单的数字计算到用于高级控制的算法的功能。

力控中动作脚本是一种基于对象和事件的编程语言，可以说，每一段脚本都是与某一个对象或触发事件紧密关联的，利用开发系统编译完的动作脚本，可以在运行系统中执行。运行系统通过脚本对变量、函数操作，便可以完成对现场数据的处理和控制，进行图形化监控。

脚本的英文是Script。它是一种解释性的编程语言，是从主流开发编程语言演变而来的，例如C、BASIC、PASCAL等，脚本通常是它们的子集。脚本不能单独运行，力控软件的脚本要靠VIEW程序解释执行，脚本可以扩充和增强VIEW程序的功能，使系统更加灵活，根据特殊需要可进行特殊定制，使二次开发更加灵活方便。

1. 动作脚本的类型

动作脚本可以增强对应用程序控制的灵活性。例如，用户可以在按下某一个按钮、打开某个窗口或某一个变量的值变化时，用脚本触发一系列的逻辑控制、连锁控制，以改变变量的值，图形对象的颜色、大小，控制图形对象的运动等。

所有动作脚本都是事件驱动的。事件可以是数据改变、条件变化、鼠标或键盘动作、计时器动作等。处理顺序由应用程序指定，不同类型的动作脚本决定以何种方式加入控制。

动作脚本往往是与监控画面相关的一些控制，主要有以下类型。

（1）窗口脚本：可以在窗口打开、关闭时执行或者在窗口存在时周期执行。

（2）应用程序脚本：可以在整个工程启动、关闭时执行或者在运行期间周期执行。

（3）数据改变脚本：当指定数据发生变化时执行。

（4）键脚本：当按下键盘上某一个按键时执行。

（5）条件脚本：当指定的条件发生时执行。

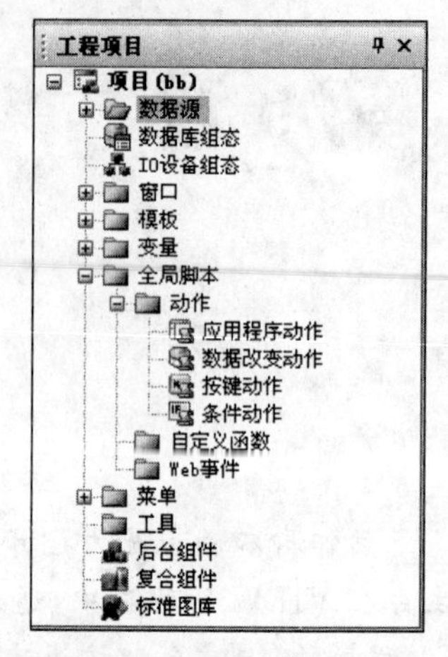

图 6-1 “工程项目”导航栏

2. 动作脚本的创建方式

动作脚本的创建方式有以下几种。

（1）“工程项目”导航栏中动作树下可以创建应用程序动作、数据改变动作、按键动作、条件动作，如图 6-1 所示。

（2）选择菜单命令“功能”→“动作”或者选择工程项目的树形菜单中的“动作”子节点都可以创建各种动作脚本。

3. 脚本编辑器的使用

创建动作脚本时，会直接弹出“脚本编辑器”窗口，如图 6-2 所示。

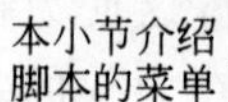

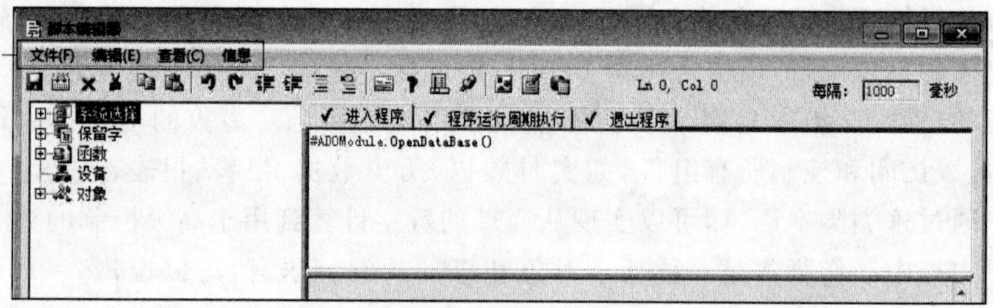

图 6-2 “脚本编辑器”窗口

1）菜单

（1）“文件”菜单

“文件”菜单包括“保存到文件”、“从文件读入”、“脚本编译”和“导出对象操作”4 项功能，具体功能描述如图 6-3 所示。

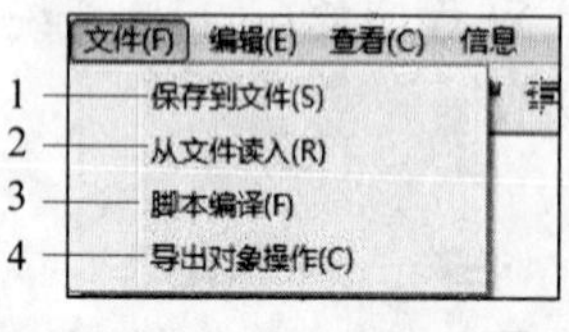

图 6-3 文件菜单

① 保存到文件

将在脚本编辑器中所写的脚本保存成.txt 格式的文本文件，方便保存、修改和编辑。

② 从文件读入

将编辑好的脚本文件(.txt 文本文件)导入到脚本编辑器中。

③ 脚本编译

将编写好的脚本语言进行全部编译，自动检查脚本语法是否正确，同时编译到系统中。

④ 导出对象操作

选择一个要编辑的对象名称后，选择“导出对象操作”，可以将该对象的方法、属性和它们对应的使用说明保存为.csv 格式的文件，如图 6-4 所示是用 Excel 打开的导出文件，使用此项功能，可以方便地查看所操作的对象的属性、方法等。

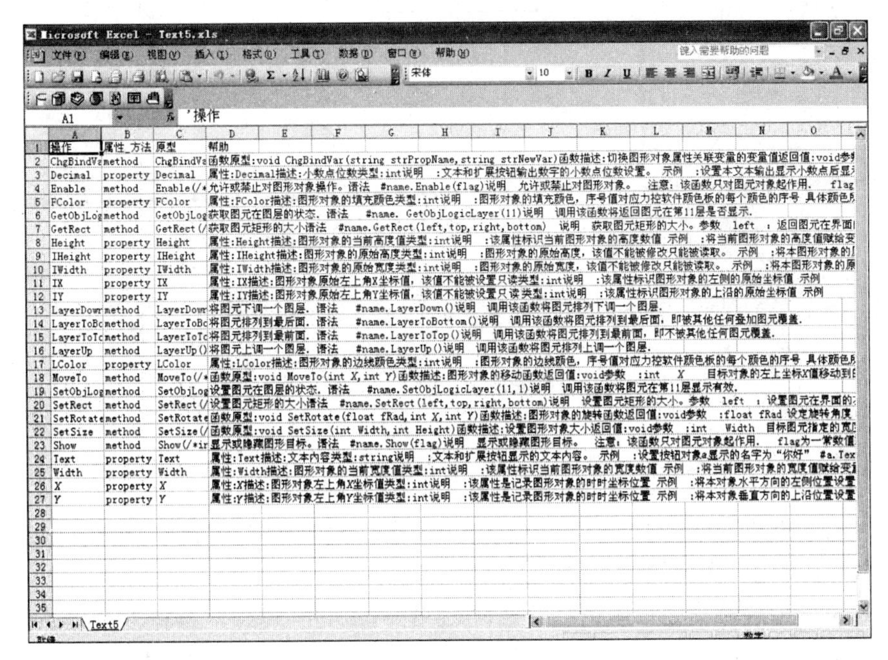

操作	属性_方法	原型	帮助
ChgBindVa	method	ChgBindVa	函数原型:void ChgBindVar(string strPropName,string strNewVar)函数描述:切换图形对象属性关联变量的变量值返回值:void参
Decimal	property	Decimal	属性:Decimal描述:小数点位数类型:int说明 :文本和扩展按钮输出数字的小数点位数设置。 示例 :设置本文本输出显示小数点后显
Enable	method	Enable(/*	允许或禁止对图形对象操作。语法 #name.Enable(flag)说明 允许或禁止对图形对象。 注意：该函数只对图元对象起作用. flag
FColor	property	FColor	属性:FColor描述:图形对象的填充颜色类型:int说明 :图形对象的填充颜色，序号值对应力控软件颜色板的每个颜色的序号 具体颜色
GetObjLog	method	GetObjLog	获取图元在图层的状态. 语法 #name. GetObjLogicLayer(11)说明 调用该函数将返回图元在第11层是否显示.
GetRect	method	GetRect(/	获取图元矩形的大小语法 #name.GetRect(left,top,right,bottom) 说明 获取图元矩形的大小。参数 left ：返回图元在界面
Height	property	Height	属性:Height描述:图形对象的当前高度值类型:int说明 :该属性标识当前图形对象的高度数值 示例 :将当前图形对象的高度值赋给变
IHeight	property	IHeight	属性:IHeight描述:图形对象的原始高度类型:int说明 :图形对象的原始高度，该值不能被修改只能被读取。 示例 :将本图形对象的
IWidth	property	IWidth	属性:IWidth描述:图形对象的原始宽度类型:int说明 :图形对象的原始宽度，该值不能被修改只能被读取。 示例 :将本图形对象的原
IX	property	IX	属性:IX描述:图形对象原始左上角X坐标值，该值不能被设置只读类型:int说明 :该属性标识图形对象的左侧的原始坐标值 示例
IY	property	IY	属性:IY描述:图形对象原始左上角Y坐标值，该值不能被设置只读类型:int说明 :该属性标识图形对象的上沿的原始坐标值 示例
LayerDowr	method	LayerDowr	将图元下调一个图层. 语法 #name.LayerDown()说明 调用该函数将图元排列下调一个图层.
LayerToBc	method	LayerToBc	将图元排列到最后面. 语法 #name.LayerToBottom()说明 调用该函数将图元排列到最后面，即被其他任何叠加图元覆盖.
LayerToTc	method	LayerToTc	将图元排列到最前面. 语法 #name.LayerToTop()说明 调用该函数将图元排列到最前面，即不被其他任何图元覆盖.
LayerUp	method	LayerUp()	将图元上调一个图层. 语法 #name.LayerUp()说明 调用该函数将图元排列上调一个图层.
LColor	property	LColor	属性:LColor描述:图形对象的边线颜色类型:int说明 :图形对象的边线颜色，序号值对应力控软件颜色板的每个颜色的序号 具体颜色
MoveTo	method	MoveTo(/*	函数原型:void MoveTo(int X,int Y)函数描述:图形对象的移动函数返回值:void参数 :int X 目标对象的左上坐标X值移动到
SetObjLog	method	SetObjLog	设置图元在图层的状态. 语法 #name.SetObjLogicLayer(11,1)说明 调用该函数将图元在第11层显示有效.
SetRect	method	SetRect(/	设置图元矩形的大小语法 #name.SetRect(left,top,right,bottom)说明 设置图元矩形的大小。参数 left ：设置图元在界面的
SetRotate	method	SetRotate	函数原型:void SetRotate(float fRad,int X,int Y)函数描述:图形对象的旋转函数返回值:void参数 :float fRad 设定旋转角度
SetSize	method	SetSize(/	函数原型:void SetSize(int Width,int Height)函数描述:设置图形对象大小返回值:void参数 :int Width 目标图元指定的宽
Show	method	Show(/*ir	显示或隐藏图形目标。语法 #name.Show(flag)说明 显示或隐藏图形目标。 注意：该函数只对图元对象起作用. flag为一常数值
Text	property	Text	属性:Text描述:文本内容类型:string说明 :文本和扩展按钮显示的文本内容。 示例 :设置按钮对象a显示的名字为“你好” #a.Tex
Width	property	Width	属性:Width描述:图形对象的当前宽度值类型:int说明 :该属性标识当前图形对象的宽度数值 示例 :将当前图形对象的宽度值赋给变
X	property	X	属性:X描述:图形对象左上角X坐标值类型:int说明 :该属性是记录图形对象的时时坐标位置 示例 :将本对象水平方向的左侧位置设置
Y	property	Y	属性:Y描述:图形对象左上角Y坐标值类型:int说明 :该属性是记录图形对象的时时坐标位置 示例 :将本对象垂直方向的上沿位置设置

图 6-4 导出文件

(2)“编辑”菜单

“编辑”菜单中的命令主要是针对所编辑的脚本进行撤销、剪切、复制、粘贴、删除、全部选择等操作。所有操作和 Windows 的其他文本编辑器一致。

(3)“查看”菜单

在“查看”菜单中主要提供了一些使用脚本动作进行二次开发时的快捷方式，主要有如图 6-5 所示的几种。

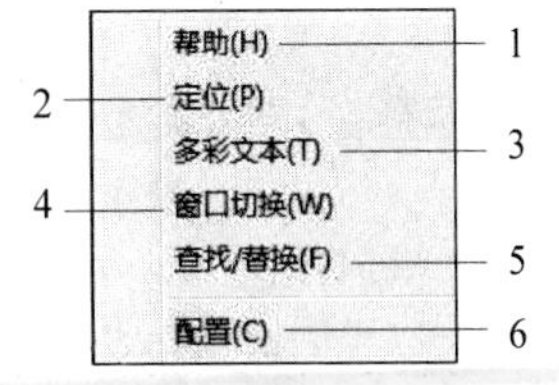

图 6-5 查看菜单

① 帮助：在编辑器中将光标定位在需要查看帮助的脚本上，按 F1 键可以在帮助提示框内显示在线帮助。

② 定位：在“脚本编辑器”中的右边的脚本编辑框中，选中要定位的函数、属性、方法、对象名等，按 F2 键，就能定位到脚本编辑框左边树形菜单的相应的位置，如图 6-6 所示。

③ 多彩文本：在脚本编辑框中，对于函数、属性、方法、对象等，可以采用不同的颜色来标识，方便识别，主要有以下几种：蓝色表示方法、绿色表示注释、棕红色表示属性、红色表示数值、灰色表示对象名。执行此菜单命令或者按 F6 键可以重新配置整个编辑器中的文字显示。

④ 窗口切换：执行此菜单命令或者按 F7 键后，可以在左边树形菜单窗口与右边脚本编辑窗口之间快速切换输入焦点。

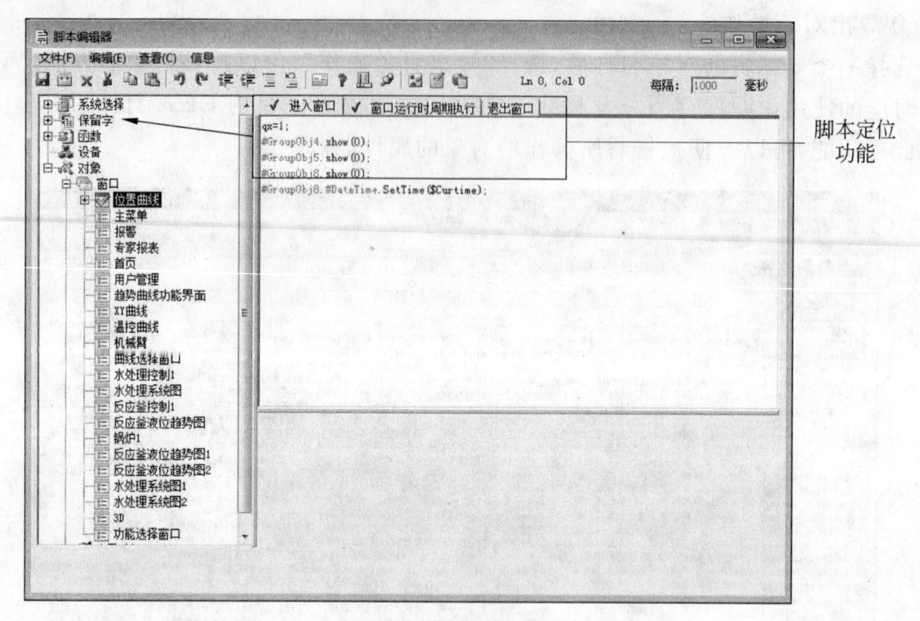

图 6-6　脚本编辑框

⑤ 查找/替换：执行此菜单命令或者按 Ctrl＋F 键，弹出“替换”对话框（如图 6-7 所示），可以在脚本编辑中查找或者替换指定的文字。

⑥ 配置：配置脚本编辑器的默认属性，如图 6-8 所示，可以配置脚本编辑器中是否自动提示脚本输入和是否使用多彩文本显示文字，当使用的力控机器配置较低而脚本量较大，造成脚本编辑效率较低时，可以选择不使用自动提示和多彩文本，以提高编辑效率。

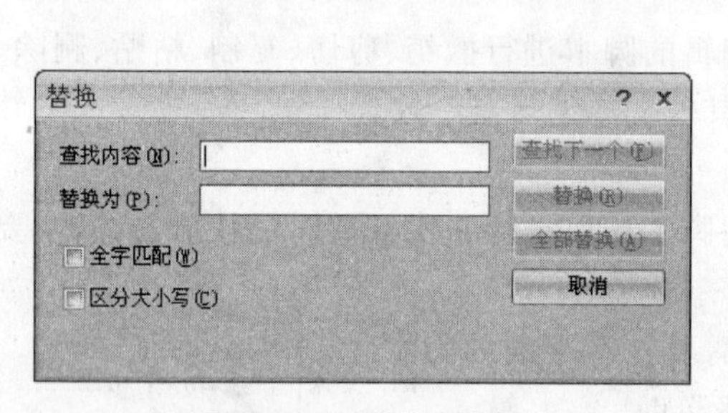

图 6-7　“替换”对话框

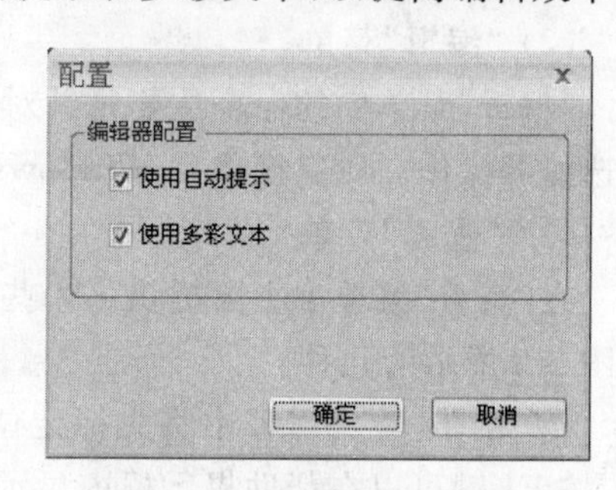

图 6-8　配置脚本编辑器

(4) “信息”菜单

增加了运行时的调试功能。在项目安装实施阶段或工程出现问题时往往无法了解程序执行逻辑，会造成工程不稳定等一些不定因素。ForceControl 通过脚本调试功能，可跟踪程序执行的每一个步骤及程序执行的过程并对过程中数据的变化进行监视，能够大大地提高定位问题的速度，如图 6-9 所示。

① 断点

将光标定位在脚本中的一行，选择“断点”或者按 F9 键，则这一行的脚本呈粉红色，如图 6-10 所示。

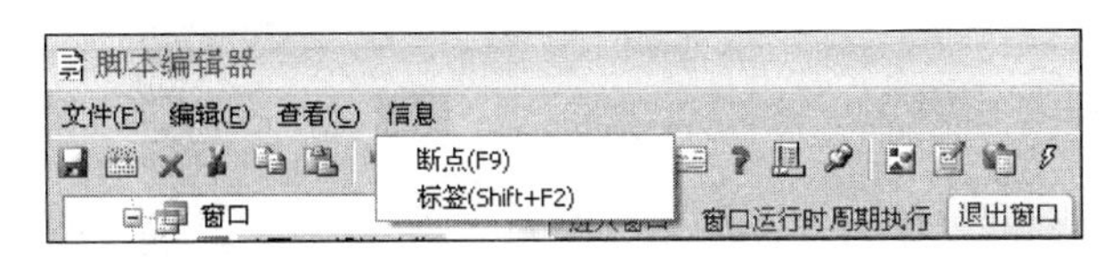

图 6-9 “脚本编辑器”对话框

✓ 按下鼠标 鼠标按着周期执行 鼠标双击 释放鼠标

```
SWITCH (#ComboBox.ListGetSelection())
CASE 0:
#SuperCurve.AddCurve("tag1.PV");
CASE 1:
#SuperCurve.AddCurve("tag2.PV");
CASE 2:
#SuperCurve.AddCurve("tag3.PV");
CASE 3:
#SuperCurve.AddCurve("tag4.PV")
DEFAULT:

ENDSWITCH
```

图 6-10 “按下鼠标”页

勾选“系统配置”导航栏→“系统配置”→“运行系统参数”里的“调试方式运行”，如图 6-11 所示。

系统参数设置
参数设置 系统设置
菜单/窗口设置
带有菜单 带有标题条
带有滚动条 运行自适应分辨率
禁止菜单（文件/打开） 窗口位于最前面
禁止菜单（文件/关闭） 右键菜单（禁止操作）
禁止退出 重新初始化
右键菜单（进入组态） 提示信息字体
系统设置
禁止 Alt及右键 本系统没有系统键盘
禁止 Ctrl^Alt^Del
禁止 Ctrl^Esc Alt^Tab 允许备份站操作
调试方式运行
可以设置调试运行方式进行脚本调试
确定 取消

图 6-11 “系统参数设置”对话框

运行后，弹出如图 6-12 所示画面，按钮 RUN 表示执行下面的所有语句，并且当前窗口不关闭。按钮 STEP 表示一步步执行下面的语句。OK 按钮表示执行下面的所有语句后退出当前窗口。Watch 按钮显示或者隐藏下面的 Watch 窗口。

在 Watch 窗口中，双击“名称”下的空白行，增加一个变量，如 tag1，相应行的“数据”就会显示这个变量的当前数据，起到监控数据的作用。即当程序执行到断点的时候不继续执行，这个时候可以监视数据的变化。

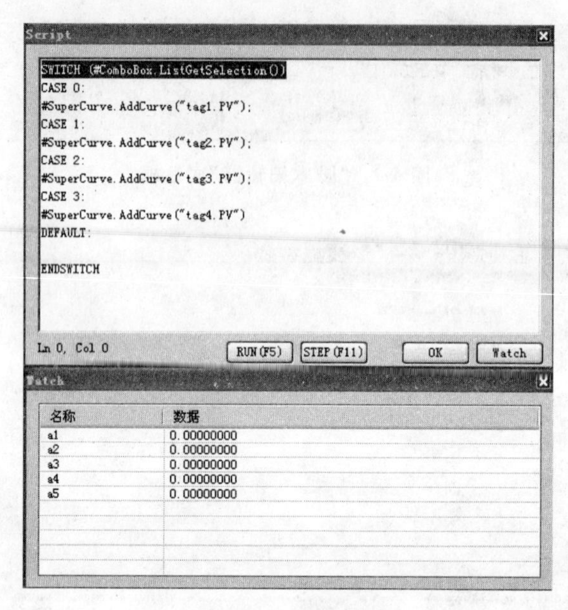

图 6-12 监控数据

② 标签

标签的功能(图 6-13)是在编辑脚本时,可对脚本做快速定位,快捷键为 Shift+F2。

图 6-13 标签功能

2）工具栏

工具栏如图 6-14 所示,每个工具按钮下面都有中文注释。

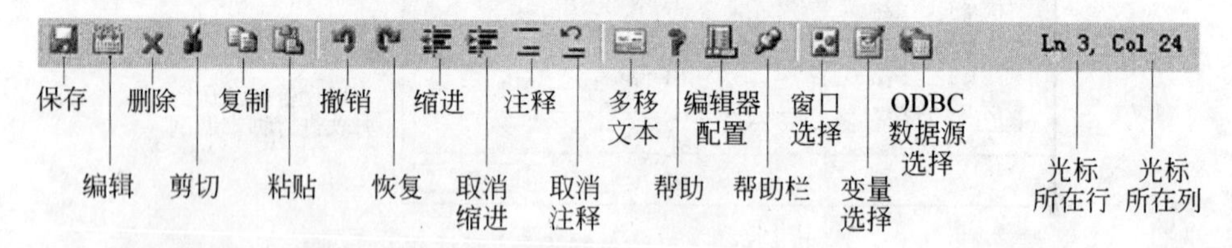

图 6-14 工具栏

3）树形菜单栏

在"脚本编辑器"对话框中左侧的为树形菜单栏,如图 6-15 所示。

(1) 系统选择

包括 ODBC 数据源配置、变量选择、窗口选择。

(2) 保留字

① 操作符：主要是加、减、乘、除、与、或、非等操作符。

② 控制语句：包括 IF、FOR、SWICTH 等控制循环语句。

(3) 函数

包括系统函数、数学函数、字符串操作、设备操作、自定义函数。

(4) 设备

包括 I/O 设备组态中所创建的设备名称，如图 6-16 所示。

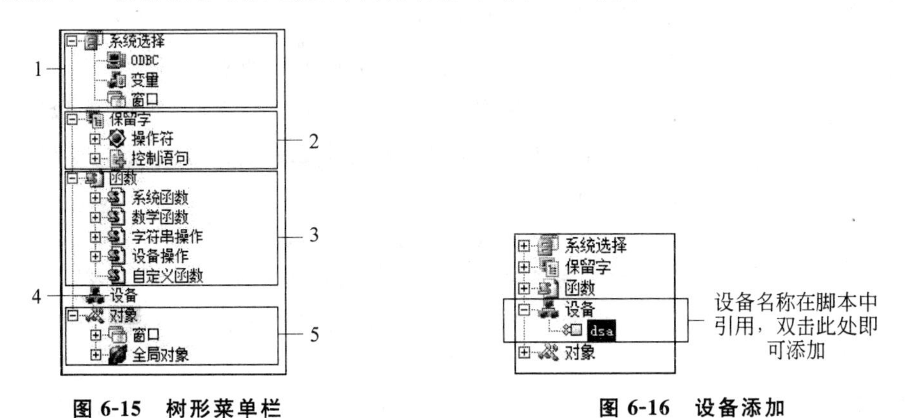

图 6-15　树形菜单栏　　　　图 6-16　设备添加

(5) 对象

① 窗口：在窗口画面中所有的对象都可以列在树下面，同时包括对象的属性和方法。

例：由一个按钮的左键动作进入"脚本编辑器"，如图 6-17 所示。

图 6-17　"脚本编辑器"对话框

在"报警模板 1"窗口中，找到报警组件 eFCAlarm，展开这个组件，下一层列出了这个组件的所有属性以及方法。双击 AckAlarmCount，在右边的脚本框里就自动生成了脚本。

② 全局对象:列出了所有后台组件,以及它们的属性和方法。

例:进入“脚本编辑器”,展开全局对象,如图 6-18 所示,找到后台组件 AlarmCenter 并展开,可以看到它所拥有的属性和方法。

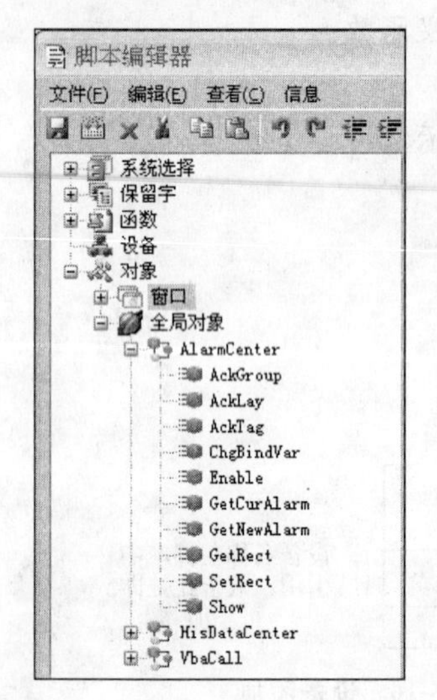

图 6-18 “脚本编辑器”对话框

4) 编写脚本时常用的一般操作

(1) 缩进/取消缩进脚本中的文本

将光标放到要缩进行的开始位置,然后按 Tab 键或单击工具栏上的按钮;要取消缩进,单击工具栏上的按钮。

(2) 从脚本程序中删除脚本

在脚本编辑框中,选择要删除的文本,然后选择菜单“编辑”→“删除”或单击工具栏上的按钮,此时该脚本会从程序中完全删除。

(3) 撤销上一个操作

选择菜单“编辑”→“撤销”或单击工具栏上的按钮,此时上次进行的编辑操作(如粘贴)会被撤销。

(4) 选择整个脚本

选择菜单“编辑”→“全部选定” 或使用快捷键 Ctrl+A,此时会选定整个脚本,便可以复制、剪切或删除整个脚本。

(5) 从脚本中剪切选定的文本

选择要删除的文本,然后选择菜单“编辑”→“剪切”或单击工具栏上的按钮,此时剪切的文本会从脚本中删除并被复制到 Windows 剪贴板,既可以将剪切下来的文本粘贴到脚本编辑器中的另一个位置,也可以将它粘贴到另一个脚本编辑器中。

(6) 从脚本中复制选定的文本

选择要复制的文本,然后选择菜单“编辑”→“复制”或单击工具栏上的按钮,此时所复制的文本将被写入 Windows 剪切板,既可以将所复制的文本粘贴到脚本编辑器中的另一个位置,也可以将它粘贴到另一个脚本编辑中。

(7) 将文本粘贴到脚本中

选择菜单“编辑”→“粘贴”或单击工具栏上的按钮,此时 Windows 剪贴板中的内容被粘贴到脚本中的光标位置处。

(8) 将函数插入脚本

在脚本编辑器的左侧树形菜单下,找到函数项,按函数的类型选择所要使用的函数,双击此函数即可将其插入到右侧的脚本编辑框的光标位置处。

(9) 将变量插入脚本

要将变量、实时数据库中的点插入到脚本中,单击工具栏上的按钮,此时会弹出“变量选择”对话框,可以选择所需要的变量、点,如图 6-19 所示。

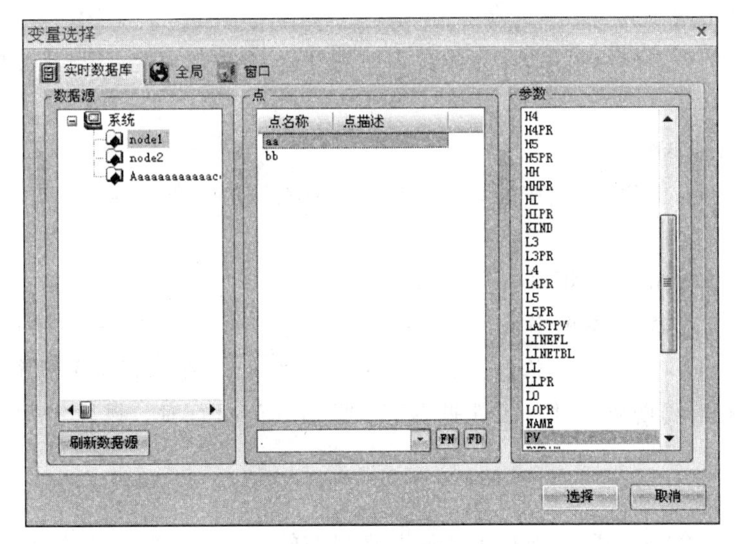

图 6-19 “变量选择”对话框

(10) 查找或替换脚本中的标记名

选择菜单“查看”→“查找”→“替换”,出现如图 6-20 所示的“替换”对话框。

在“查找内容”对话框中,输入要查找(或替换)的标记名,然后单击“查找下一个”按钮。在“替换为”框中,输入用于替换旧名称的新名称,然后单击“替换”或“全部替换”按钮即可完成替换。

(11) 将窗口名插入脚本

单击工具栏中的按钮,弹出“界面浏览”对话框,如图 6-21 所示。

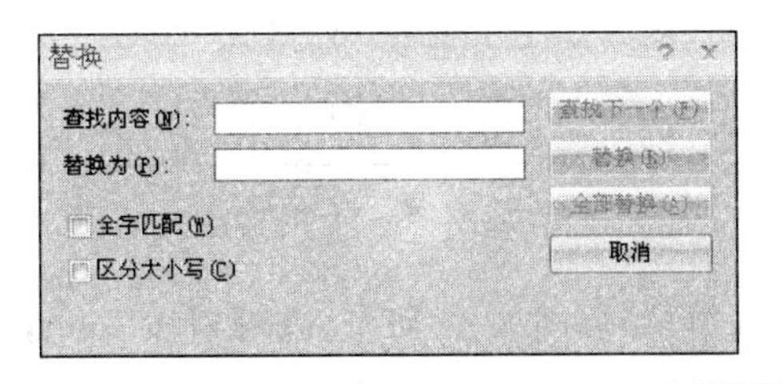

图 6-20 “替换”对话框

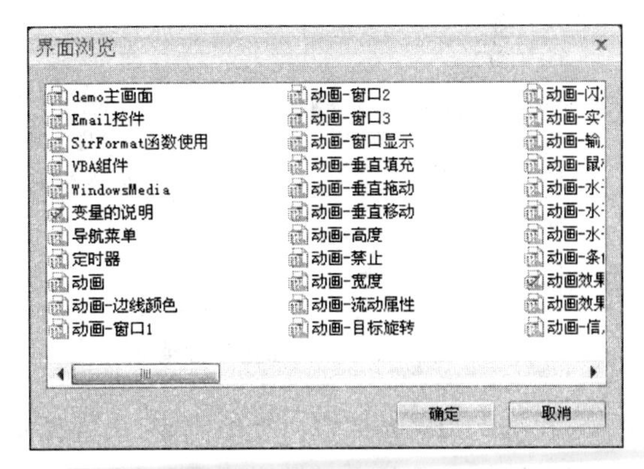

图 6-21 “界面浏览”对话框

在“界面浏览”对话框内显示的是所有窗口画面的名称,双击要使用的窗口名,此时会关闭“界面浏览”对话框,窗口名会自动插入到脚本中的光标位置处。

(12) 验证脚本

编写脚本时,可随时单击工具栏中的按钮,来检查脚本语法是否正确。如果系统在验证脚本时遇到错误,则会将光标定位到脚本编辑框中的错误处。

(13) 保存脚本

如果编写的脚本内容很多，在完成其中一部分后，单击工具栏中的按钮，会执行保存功能。

(14) 退出脚本编辑器

单击对话框右上角的按钮时，系统会自动验证脚本的正确性，同时退出脚本编辑器。

(15) 指定脚本的执行频率

在 每隔：1000 毫秒 文本框中输入脚本执行前需等待的毫秒数。在以下情况下必须指定它们的执行频率(以毫秒为单位)，包括"应用程序动作"在运行期间执行时、"窗口动作"在窗口运行时周期执行时、"条件脚本"为真/假期间执行时、"键脚本"和"左键动作"周期执行时。

(16) 打印脚本

选择菜单命令"文件"→"保存到文件"，将当前的脚本文本保存成为.txt 文件。用文本编辑器打开保存的.txt 文件，在文本编辑器内进行设置及打印。

4. 脚本编辑器的自动提示功能

脚本编辑器提供了"自动提示"功能，用户可以较方便地进行脚本对象、属性、方法等的输入。

在"脚本编辑器"里，选择"编辑"→"配置"菜单命令或者单击配置快捷菜单，如图 6-22 所示，单击"配置"后弹出如图 6-23 所示的对话框，选择"使用自动提示"。

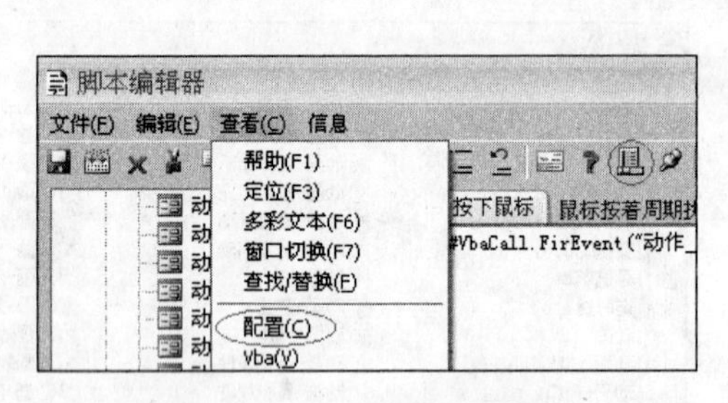

图 6-22　使用配置下拉菜单

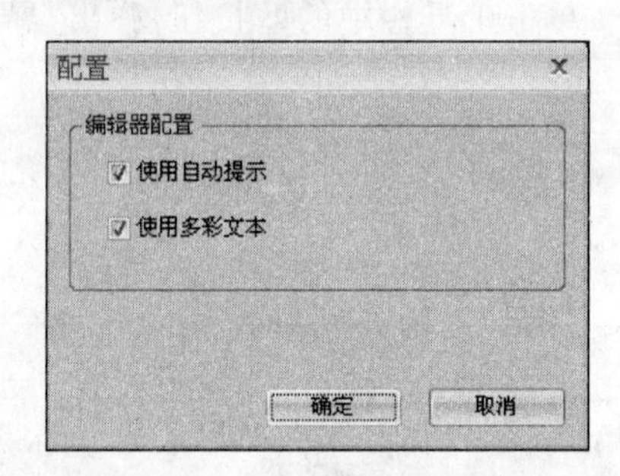

图 6-23　"配置"对话框

在脚本编辑器的空白处输入#，出现提示选择菜单，如图 6-24 所示，选择对象 Rect，按回车键或按小数点键，可以选择对象的属性(图标)和方法(图标)，按回车键会自动将选择的属性或方法名输入到脚本编辑器中。如果要输入方法，在脚本编辑器中输入左括号时，自动在黄色小窗口中提示方法的函数原型，并且用粗体显示当前正在输入的参数，如图 6-25 所示。

5. 脚本编辑器的语法格式

脚本编辑器里的基本语法格式如下。

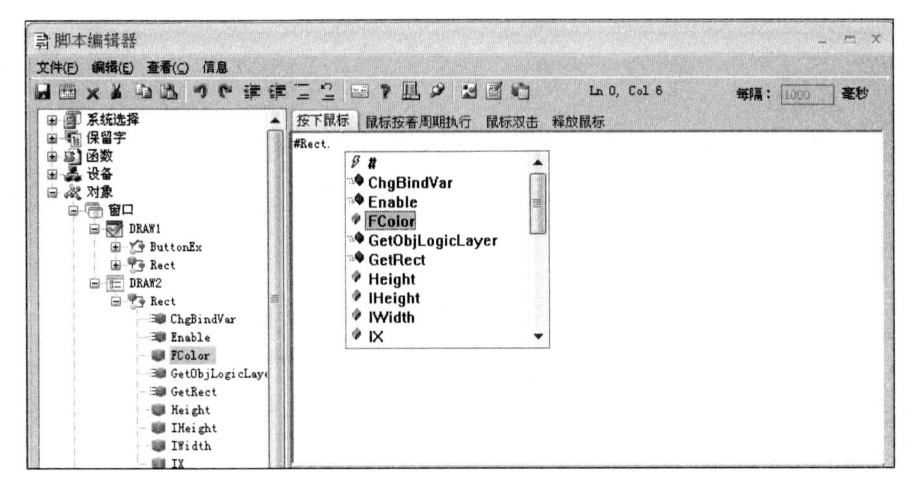

图 6-24 提示选择菜单

图 6-25 “输入参数”对话框

(1) 引用本界面的属性和方法的格式是：

#[对象名].[属性/方法]

(2) 跨界面访问的格式是(这个不经常使用)：

#[窗口名].#[对象名].[属性/方法]

以两个窗口 DRAW1 和 DRAW2 为例，在窗口 DRAW1 里可以直接引用 DRAW2 里的对象的属性和方法，如图 6-26 所示，在 DRAW1 里进行脚本编辑，可以选择 DRAW2 里的对象 Rect2。

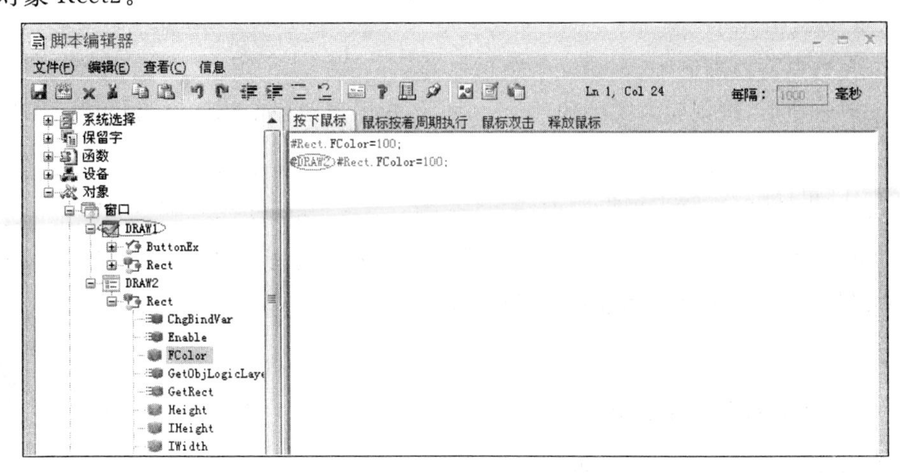

图 6-26 DRAW1 脚本编辑

6. 说明

(1) 对象函数

对于在脚本编辑器中要操作的对象的函数,请详见《函数手册》部分帮助章节。

(2) 事件响应

脚本编辑器的事件的响应类别,详见本书其他章节。

6.2 动作脚本分类介绍

动作脚本分为图形对象动作、应用程序动作、窗口动作、数据改变动作、键动作、条件动作等脚本。

6.2.1 图形对象动作脚本

图形对象的触敏性动作脚本可用于完成界面与用户之间的交互式操作,从简单图形(如线、矩形等)到标准图形(如趋势、报警记录等)都可以视为图形对象。图形对象拥有每一种对象都有的共同属性和一些专有属性。例如,所有的图形对象都有位置坐标属性;而填充类型的图形对象还有边线颜色或填充颜色等属性。

1. 创建方式

选中要创建动作脚本的图形对象,创建方式有两种。

(1) 在"属性设置"工具栏中,切换到事件页,选择"鼠标动画"下的左键动作、右键动作或鼠标动作,弹出"脚本编辑器"。

(2) 双击图形对象,进入"动画连接"对话框,选择"触敏动作"→"左键动作",或者选择"触敏动作"→"右键动作",或者选择"触敏动作"→"鼠标动作",或者选择"杂项"→"一般性动作",弹出"脚本编辑器"。

2. 举例

(1) 在当前窗口画面中,创建一个矩形对象。

(2) 双击矩形,按创建方式中的任何一种,创建图形对象动作脚本,弹出"动作脚本编辑器"。

(3) 在"鼠标进入"脚本编辑器中,填写如下脚本。

```
this.FColor=224;             //设置填充颜色为黑色(224为黑色)
```

在"鼠标悬停"编辑器中,填写如下脚本。

```
tag1=tag1+5;
```

在"鼠标离开"编辑器中,填写如下脚本。

```
this.FColor=0;               //设置填充颜色为红色(0为红色)
```

(4) 单击“保存”按钮(如要求定义变量 tag1 ,定义变量 tag1 为中间变量)。

(5) 在画面上建立一个变量显示对象,显示变量 tag1 的值。

(6) 在开发系统中将画面“保存”,然后单击“运行”,进入运行系统 VIEW,观看动作效果。

此时,单击该矩形(矩形填充颜色变为黑色),按住鼠标一段时间,可见 tag1 值的变化,释放鼠标,看到矩形颜色变为红色。

6.2.2 应用程序动作脚本

应用程序动作脚本是与整个应用程序的链接,它的作用范围为整个应用程序,作用时间从开始运行到运行结束。

1. 应用程序动作脚本的创建方法

(1) 选择“功能”→“动作”→“应用程序”菜单命令。

(2) 在工程项目树形节点中选择“动作”→“应用程序动作”。

2. 触发条件类别

(1) 进入程序:在应用程序启动时执行一次。

(2) 程序运行周期执行:在应用程序运行期间周期性地执行,周期可以指定。

(3) 退出程序:在应用程序退出时执行一次。

3. 举例

(1) 定义中间变量 tag2。

(2) 选择开发系统菜单“功能”→“动作”→“应用程序”,打开“脚本编辑器”,如图 6-27 所示。

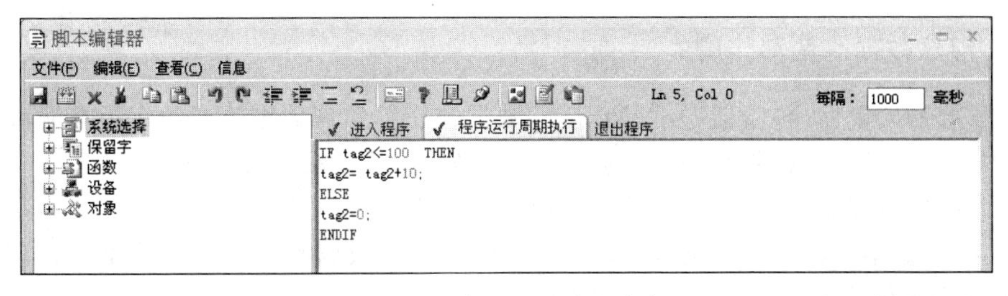

图 6-27 应用程序动作脚本

(3) 在“进入程序”脚本区域,输入脚本:tag2=0;。

(4) 在“程序运行周期执行”脚本区域,输入脚本。

```
IF tag2<=100 THEN
tag2=tag2+10;
ELSE
tag2=0;
```

```
ENDIF
```

(5) 单击“保存”后，关闭“脚本编辑器”。

(6) 建立一个变量显示文本对象，在运行系统下可以显示变量 tag2 的值。

(7) 在开发系统中单击“运行”按钮，进入 View 运行系统，在刚才的画面窗口中观察 tag2 变量的变化。该变量将从 0,10,20,…，直到 110，然后返回又从 0 开始。

6.2.3 窗口动作脚本

窗口动作脚本，只与运行窗口动作脚本的窗口有关。它的作用范围为该窗口，当窗口画面关闭时，该窗口里的动作脚本就不执行了。

1. 创建窗口动作脚本

(1) 选择菜单命令“功能”→“动作”→“窗口动作”菜单项。

(2) 在工程项目树形节点中的窗口，选择准备创建窗口动作的窗口名，单击鼠标右键选择窗口动作。

2. 执行条件窗口动作脚本的三种执行条件

(1) 进入窗口：开始显示窗口时执行一次。

(2) 窗口运行时周期执行：在窗口显示过程中以指定周期执行。

(3) 退出窗口：窗口关闭时执行一次。

使用方法同上例。

6.2.4 数据改变动作脚本

数据改变动作脚本与变量链接，以变量的数值改变作为触发事件。每当变量名里所指变量的数值发生变化时，对应的脚本就执行。

1. 创建数据改变动作脚本

(1) 选择菜单命令“功能”→“动作”→“数据改变”，出现数据改变动作脚本编辑器。

(2) 选择工程项目树形节点中的“动作”→“数据改变动作”。

① 变量名：在此项中输入变量名或变量名字段。

② 已定义动作：这个下拉框中列出了已经定义了数据改变动作的动作列表，可以选择其中一个动作修改脚本，如图 6-28 所示。

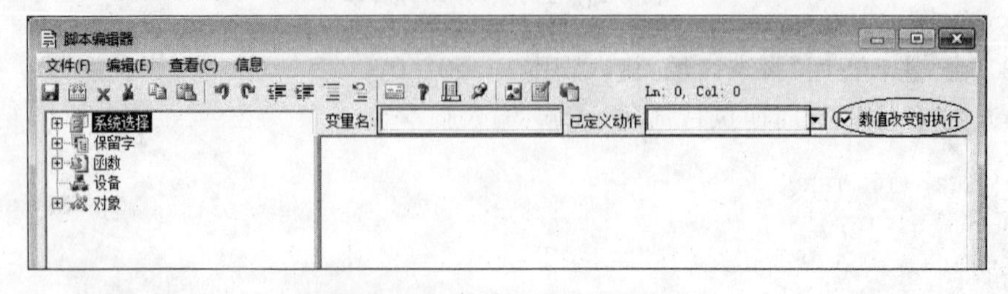

图 6-28 数据改变动作脚本

③ 数据改变时执行：选中此项，数据发生变化的时候才执行此动作。

2. 举例

(1) 首先定义整型变量 *c*，在窗口上画一个圆，将圆形图形对象命名为 round。

(2) 然后，选择 Draw 的菜单“功能”→“动作”→“数据改变”，定义一个和变量 *c* 对应的数据改变动作，脚本如下：

```
#round.FColor=#round.FColor+5;
```

上述脚本含义为只要变量 *c* 发生变化，就执行上述语句一次。也就是说，对象 round 的填充颜色值有上述变化。

(3) 单击“保存”，将变量 *c* 对应的数据改变动作保存。

(4) 在开发系统中，单击“运行”，进入 VIEW 运行状态。可以看到，名叫 round 的圆形的填充颜色，随着 *c* 值的改变而改变。

6.2.5 键动作脚本

键动作脚本是将脚本程序关联到键盘上特定的按键或组合键上，以键盘按键的动作作为触发动作的事件。

1. 创建键动作脚本

(1) 选择菜单命令“功能”→“动作”→“按键动作”菜单项，出现键动作脚本编辑器。

(2) 选择工程项目树形节点中的“动作”→“按键动作”。

2. 键动作脚本类型

(1) 键按下：在键按下瞬间执行一次。

(2) 按键期间周期执行：在键按下期间循环执行，执行周期在系统参数里设定。

(3) 键释放：在键释放瞬间执行一次。

6.2.6 条件动作脚本

条件动作脚本既可以与变量链接，也可以与一个等于真或假的表达式链接，以变量或控件的属性或逻辑表示式的条件值作为触发事件。当条件值为真时、为真期间、为假时和为假期间执行条件动作脚本。

(1) 选择菜单命令“功能”→“动作”→“条件动作”菜单项，出现条件动作脚本编辑器，如图 6-29 所示。

(2) 选择工程项目树形节点中的“动作”→“条件动作”。

① 名称：此项用于指定条件动作脚本的名称。单击后面的[...]按钮，会自动列出已定义的条件动作脚本的名称。

② 条件执行的时间有 4 种：当条件为真时、为真期间、为假时和为假期间执行脚本。对于为真期间和为假期间执行的脚本，需要指定执行的时间周期。

③ 说明：此项用于指定对条件动作脚本的说明，可以不指定。

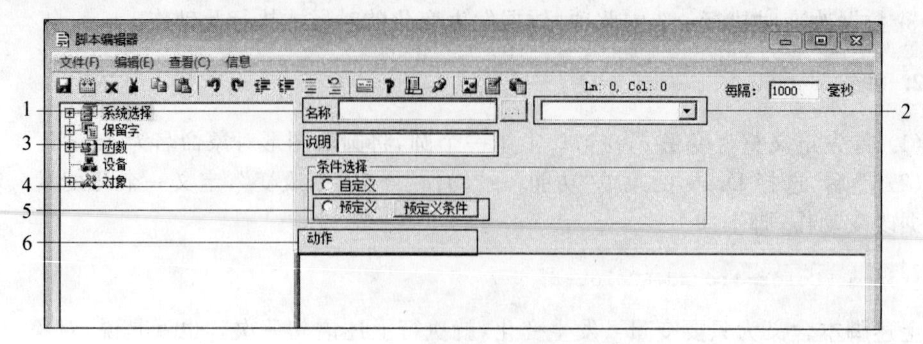

图 6-29 条件动作脚本编辑器

④ 自定义条件：选择自定义条件，需要在“条件”对话框内输入条件表达式。

⑤ 预定义条件：如果要使用预定义条件，选择“预定义”按钮，这时自定义条件的条件表达式输入框自动消失，同时显示出“预定义条件”选择按钮，单击此按钮，出现如图 6-30 所示的对话框。

预定义条件目前提供了“过程报警”、“设备故障”和“数据源故障”几种类型。

⑥ 设备故障：当工程在运行时，如图 6-31 所示，当对应的设备出现故障时，会触发动作中的脚本动作。

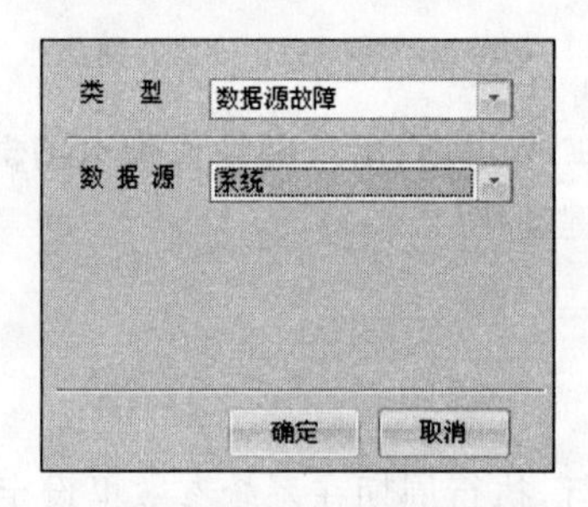

图 6-30 “预定义条件”对话框

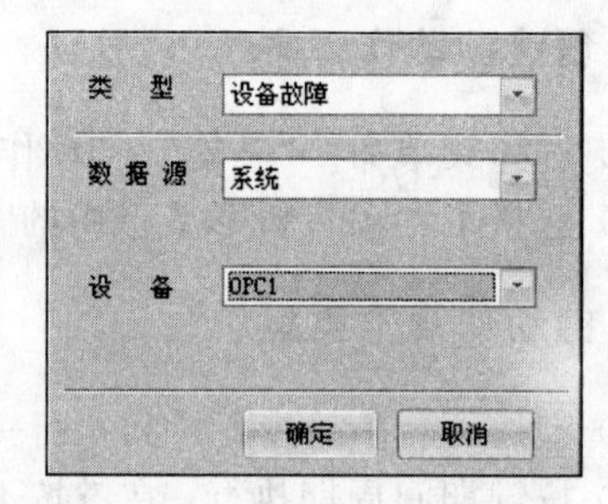

图 6-31 “设备故障”对话框

⑦ 动作：在条件成立时执行“自定义”对话框内输入的动作脚本，如图 6-32 所示，输入“tag3＝1；”。

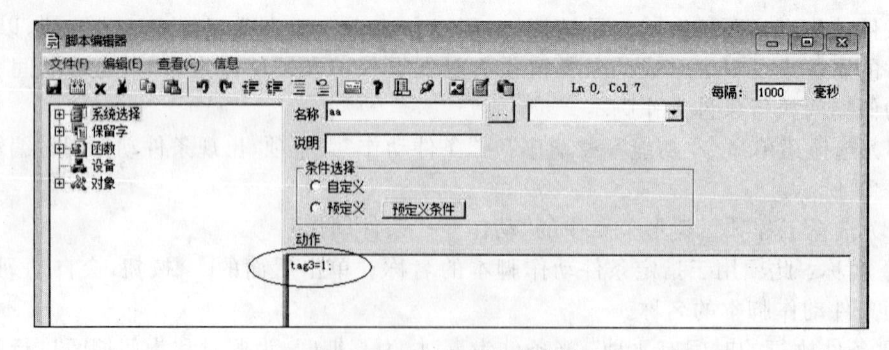

图 6-32 “自定义”对话框

思考与习题

6.1 请用脚本语言实现球的滚动。

6.2 请用脚本语言实现文字的滚动。

6.3 请用脚本语言实现罐中液体的上下升降。

6.4 请用脚本语言实现数字自动加1。

6.5 请用脚本语言实现表格中的数据更新。

第7章 chapter 7

分析曲线

力控现场采集到的数据经过处理后依照实时数据和历史数据进行存储和显示。在力控监控组态软件中，除了在窗口画面和报表中显示数据外，还提供了功能强大的各种曲线组件对数据进行分析显示。

这些曲线包含趋势曲线、*X-Y* 曲线、温控曲线、ADO 关系数据库曲线等。通过这些工具，可以对当前的实时数据和已经存储了的历史数据进行分析比较，可以捕获一瞬间发生的工艺状态；并可以放大曲线，细致地对工艺情况进行分析，也可比较两个过程量之间的函数关系。

力控分析曲线支持分布式数据记录系统，允许在任意一个网络节点下分析显示其他网络节点的各种实时和历史数据。

分析曲线提供了丰富的属性方法以及便捷的用户操作界面，一般用户可以使用曲线提供的各种配置界面来操作曲线，高级用户可以利用分析曲线提供的属性方法灵活地控制分析曲线，以满足更加复杂、灵活的用户应用。

本章介绍几种基本类型的分析曲线：实时趋势、历史趋势、*X-Y* 曲线、温控曲线、关系数据库趋势曲线、关系数据库 *XY* 曲线，同时力控的内部控件还包含其他类型的分析曲线供用户选择使用(如圆形记录仪等)，在此不再一一介绍，详细内容请参照第 7 章。

7.1 趋势曲线

力控监控组态软件中提供的趋势曲线具有两种功能：实时趋势和历史趋势。

7.1.1 创建趋势曲线

创建趋势曲线的方式有三种。

(1) 选择菜单命令“工具”→“复合组件”→“曲线”。

(2) 选择“工程项目”导航栏中的“复合组件”→“曲线”。

(3) 单击工具条上的按钮→“曲线”。

选择“复合组件”弹出对话框，如图 7-1 所示。

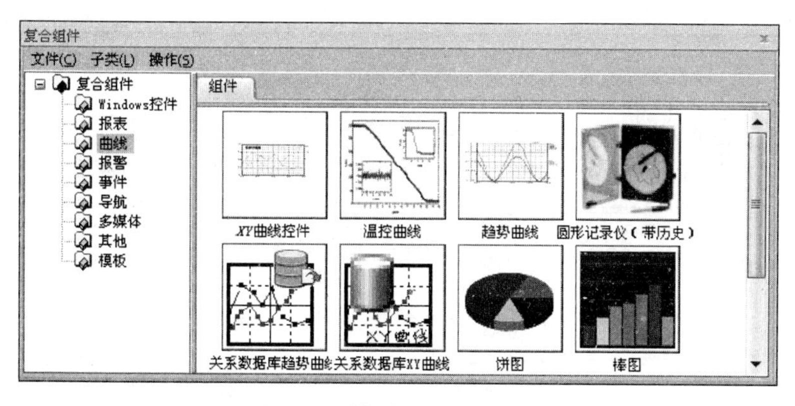

图 7-1 “复合组件”对话框

在“复合组件”对话框中选择“曲线”类中的“趋势曲线”，在窗口中单击并拖曳到合适大小后释放鼠标，如图 7-2 所示。

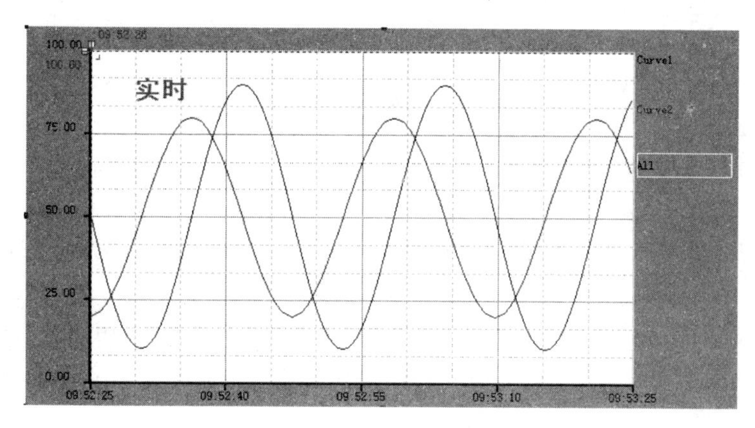

图 7-2 趋势曲线

7.1.2 显示设置

在曲线上单击右键选择对象“属性”或者双击曲线，弹出曲线“属性”对话框，如图 7-3 所示。

在“属性”对话框中有两个标签页：“曲线”设置和“显示”设置。

“显示”设置分 6 部分：坐标轴分度、坐标轴显示、颜色演示、其他、鼠标放缩设置和安全区。

1. 坐标轴分度

在坐标轴分度框中，可以设置 X、Y 轴的主分度数目。

(1) X 主分度数是显示 X 时间轴的主分度，也就是 X 轴标记时间的刻度数，用实线连接表示。

(2) X 次分度数是显示 X 时间轴上的主分度数之间的刻度数，用虚线连接表示。

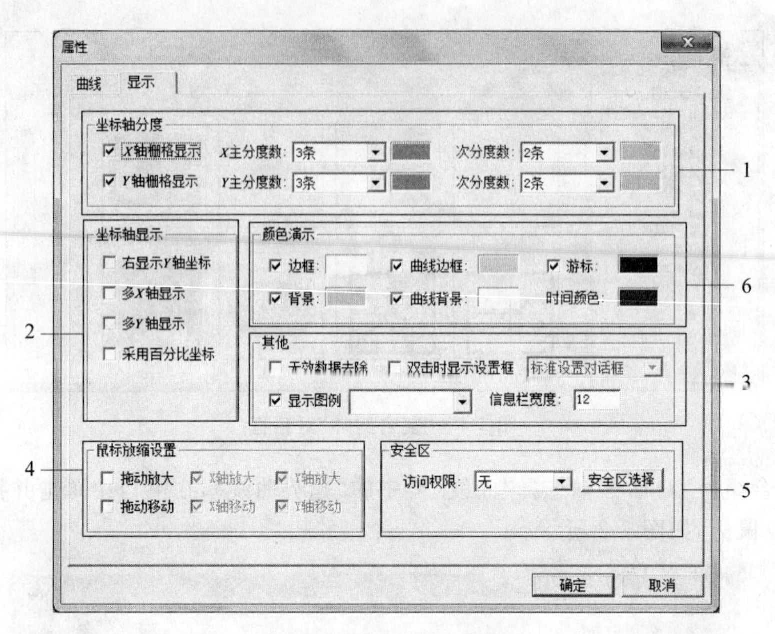

图 7-3 曲线"属性"对话框

(3) X 轴栅格显示,复选框上选择此项后,在曲线上用栅格方式显示 X 轴分度数,否则不显示。

(4) Y 主分度数是显示 Y 轴的主分度,也就是 Y 轴标记数值的刻度数,用实线连接表示。

(5) Y 次分度是显示 Y 轴上的主分度数之间的刻度数的分度,用虚线连接表示。

(6) Y 轴栅格显示,复选框上选择此项后,在曲线上用栅格方式显示 Y 轴分度数,否则不显示。

2. 坐标轴显示设置

(1) 右显示 Y 轴坐标:是否勾选"右显示 Y 轴坐标",决定 Y 轴坐标在曲线的左边还是右边,不勾选默认是在左边,否则在曲线的右边。

(2) 多 X 轴显示:是否勾选"多 X 轴显示",决定 X 轴是采用单轴还是多轴。如果选择此选项,则表示 X 轴采用多轴显示,也就是说每一条曲线有一个相对应的 X 轴。

(3) 多 Y 轴显示:是否勾选"多 Y 轴显示",决定 Y 轴是采用单轴还是多轴。如果选择此选项,则表示 Y 轴采用多轴显示,也就是说每一条曲线有一个相对应的 Y 轴。

(4) 采用百分比坐标:选择采用绝对值坐标还是采用百分比坐标。选择此项后,在 Y 轴上,以低限值对应 0%、高限值对应 100%的百分比样式显示标尺,否则 Y 轴采用绝对值坐标来显示。

3. 其他设置

在此设置曲线的图例、信息栏等,关键名词解释如下。

(1) 无效数据去除:在系统运行过程中,由于设备故障等原因会造成采集上来的数据是无效数据，是否勾选“无效数据去除”，决定当存在无效数据时，曲线是否显示无效数据点。

（2）双击时显示设置框：是否勾选“双击时显示设置框”，决定在运行状态下，在曲线上双击时是否有“曲线设置”对话框弹出。选择此项，双击曲线时会有“设置”对话框弹出，方便对曲线属性的操作，否则没有对话框弹出。

（3）显示图例：是否勾选“显示图例”，决定在曲线的边上是否显示图例，图例是在曲线的左边或者右边（取决于“右显示 Y 轴坐标”属性）显示曲线的变量以及说明和名称，单击下拉列表框显示图例的样式，可按照需求选择。如果显示曲线过多，则自动减少图例的条数，但是运行状态下把鼠标放到图例上方将会自动显示完整的图例，如图 7-4 所示。

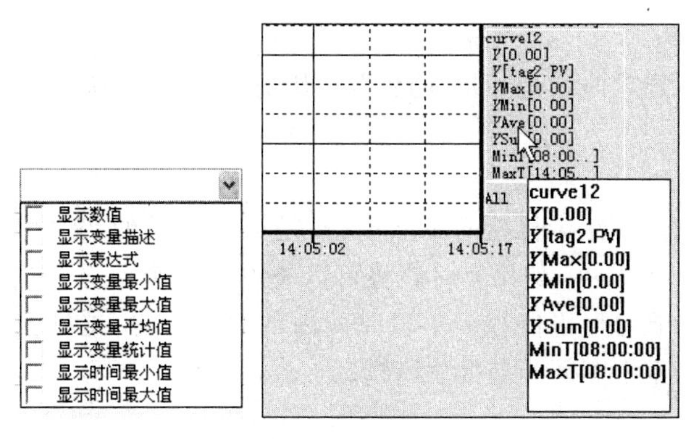

图 7-4　参数设置

全部选择的运行效果如图 7-5 所示。

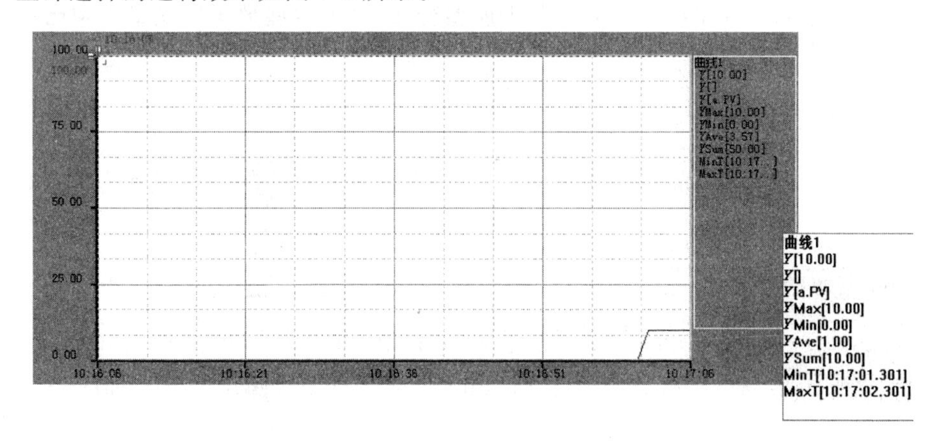

图 7-5　运行效果图

4. 鼠标放缩设置

设置在曲线运行时，拖动鼠标时，所进行的拖动移动和放大功能。

（1）鼠标拖动放大

曲线在运行状态，拖动鼠标可以放大 X 轴或 Y 轴。

（2）鼠标拖动移动

曲线在运行状态，拖动鼠标可以移动 X 轴或 Y 轴。

5. 安全区

用来设置曲线的安全区管理，能够管理曲线所有的操作权限。

6. 颜色演示

用来设置曲线的边框、时间、背景和游标的颜色。

7.1.3 曲线设置

趋势曲线类型，选择曲线是“实时趋势”或“历史趋势”。

1. 实时趋势

实时趋势是动态的，在运行期间不断更新，是根据变量的实时值随时间的变化而绘出的变量-时间关系曲线图。使用实时趋势可以查看某一个数据库点或中间点当前时刻的状态，而且实时趋势也可以保存一小段时间内的数据趋势，这样使用它就可以了解当前设备的运行状况、整个车间当前的生产情况。

2. 历史趋势

历史趋势是根据保存在实时数据库中的历史数据随历史时间的变化而绘出的二维曲线图。历史趋势引用的变量必须是数据库型变量，并且这些数据库变量必须已经指定保存历史数据。

3. 访问远程数据库

力控不仅能够读取本地计算机中的数据库，而且也能够访问远程网络节点上的力控数据库，并通过本地计算机的曲线观察远程计算机上的实时、历史数据。

4. 数据源的配置

曲线访问远程数据库时，需要配置数据源，主要用来配置当前趋势曲线的数据源，可以是本机数据源，即系统数据源，也可以是远程节点机的数据源，数据源的配置如图 7-6 所示。

5. 曲线列表

增加曲线以后，曲线列表中会显示一条记录，该记录的内容包括曲线名称、Y 轴变量名、Y 轴范围、开始时间、时间范围。可对曲线列表中的曲线进行增加、修改、删除操作。

6. 属性设置

（1）画笔设置

单击 ? ，弹出“变量选择”对话框，如图 7-7 所示。

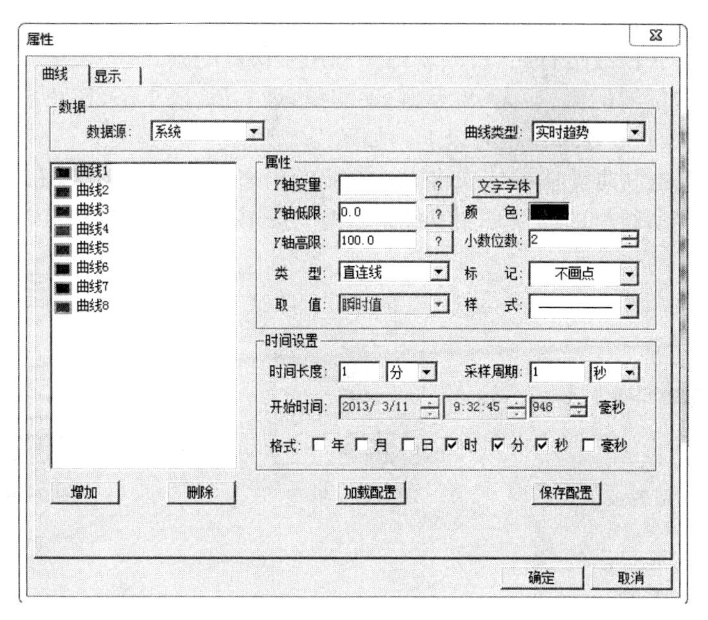

图 7-6 数据源的配置

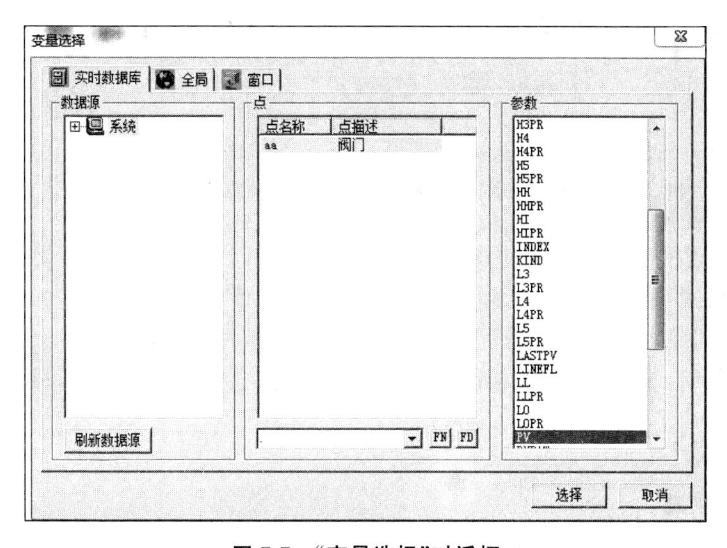

图 7-7 “变量选择”对话框

① Y 轴变量：单击[?]，弹出“变量选择”对话框，选择要绘制曲线的数据库变量。

② Y 轴低限：可以用数值直接设置低限，也可以单击[?]弹出“变量选择”对话框，用数据库变量来控制低限值。

③ Y 轴高限：可以用数值直接设置高限，也可以单击[?]弹出“变量选择”对话框，用数据库变量来控制高限值。

④ 小数位数：Y 轴变量显示的小数位数的设置。

⑤ 类型。

• 直连线：在曲线运行时，用直线连接的方式绘制曲线。

• 阶梯图：在曲线运行时，所绘制的曲线用阶梯图的方式显示。

⑥ 取值：包括瞬时值、最大/最小值、平均值、最大值、最小值（历史趋势有效，而且对时间长度有要求，一般要求一小时以上），如图 7-8 所示。

⑦ 标记：在绘制曲线时，将所采集的点也描绘出来，标记类型有如图 7-9 所示的几种。

⑧ 样式：当所绘制的曲线采用直线连接时，连线的类型有如图 7-10 所示的几种。

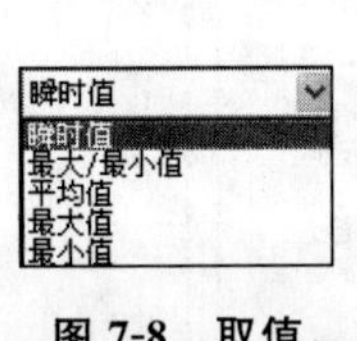

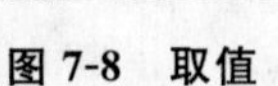

图 7-8　取值

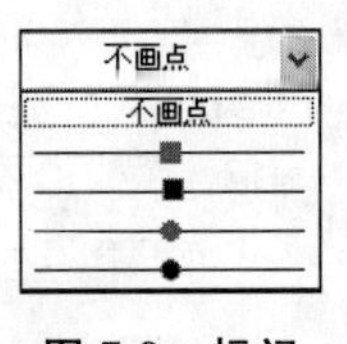

图 7-9　标记

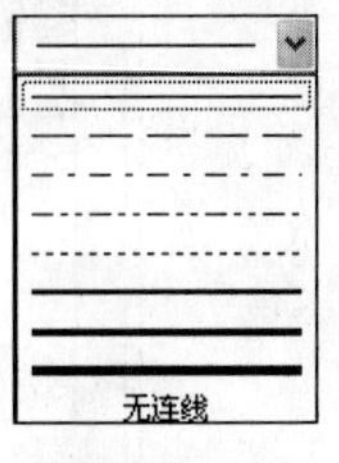

图 7-10　样式

⑨ 颜色：曲线显示的颜色。

（2）时间设置

“时间设置”对话框如图 7-11 所示。

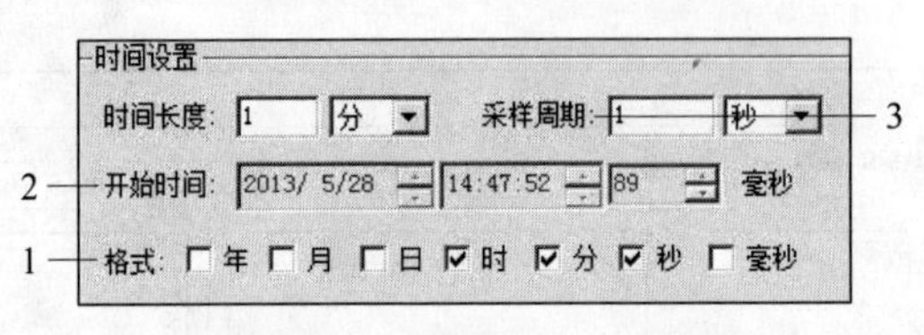

图 7-11　“时间设置”对话框

“时间设置”用于设置历史曲线的开始时间、时间长度、采样间隔以及时间显示格式。

① 显示格式可以勾选是否显示年、月、日、时、分、秒、毫秒。

② 在“时间设置”框里可以设置曲线的开始时间和时间长度。

③ 采样周期：读取数据库中的点来绘制曲线，点与点之间的时间间隔。

7. 曲线操作

（1）添加曲线

添加一条新的曲线，主要是在“曲线”里进行设置，“曲线”可以设置曲线的名称、最大采样、取值（历史趋势）、样式、标记、类型、曲线颜色、设置画笔属性、变量及其高低限和小数位数。

（2）删除曲线

在曲线的列表中选中要删除的曲线，单击“删除”按钮，将选中的曲线删除。

7.2　曲线模板

曲线模板是利用趋势曲线及其他图形对象，通过打成智能单元的方式形成的，具有现场工程常用的曲线功能，例如添加、删除曲线等功能，在力控中提供了一种曲线模板，用户可以根据自己的需求更改曲线模板，并生成自己独特的曲线模板保存到模板库中，方便以后的应用。

1. 创建趋势曲线模板

单击“复合组件”→“模板”，下面介绍曲线模板的应用。

2. 趋势曲线模板

“趋势曲线”模板如图 7-12 所示。

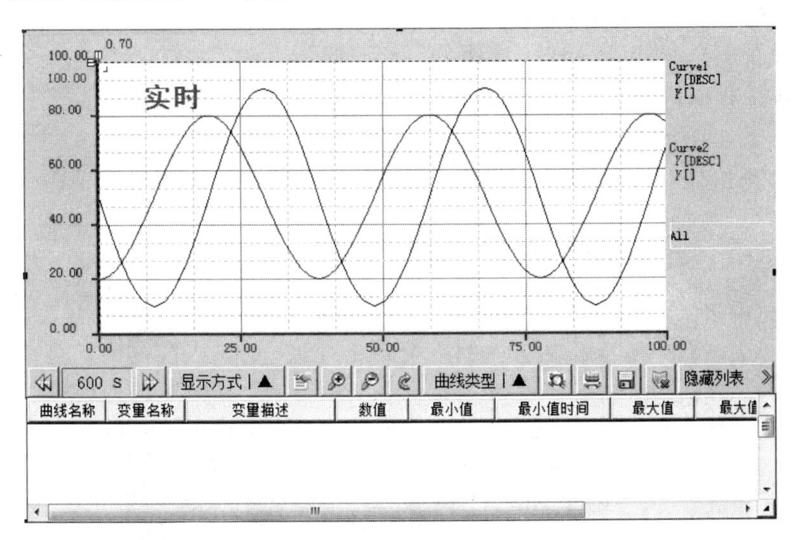

图 7-12 “趋势曲线”模板

(1) 曲线移动

单击图标 600 s 可以设置曲线移动的距离，中间的数值可以进行手动修改(在实时趋势状态下无法修改)。

(2) 显示方式

单击 显示方式 ▲ 可以设置曲线的显示方式(绝对值显示或百分比显示)。

单击 弹出“曲线设置”框体，用来添加曲线和设置曲线。

(3) 曲线缩放功能

单击 ，十号可以放大曲线，负号缩小曲线，箭头表示撤销放大/缩小功能。

(4) 曲线类型选择

单击 曲线类型 ▲ 可以设置曲线类型为实时曲线或历史曲线。

(5) 曲线其他功能

单击 可以进行历史数据的查询。

单击 可以进行打印预览设置。

单击 可以进行曲线保存设置。

单击 可以删除指定的曲线。

7.3 X-Y 曲线

X-Y 曲线是根据 Y 变量的数据随 X 变量的数据的变化而绘出的关系曲线图，其横坐标为 X 变量，纵坐标为 Y 变量。

7.3.1 X-Y 曲线的创建

创建趋势曲线的方式有三种。

1. 选择菜单命令"工具"→"复合组件"→"曲线"。
2. 选择工程项目导航栏中的"复合组件"→"曲线"。
3. 单击工具条上的按钮→"曲线"。

选择"复合组件"弹出对话框，如图 7-13 所示。

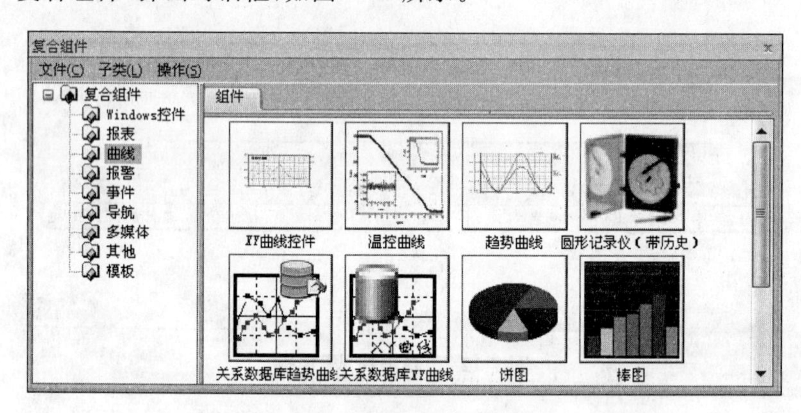

图 7-13 "复合组件"对话框

在窗口中单击并拖曳到合适大小后释放鼠标，结果如图 7-14 所示。

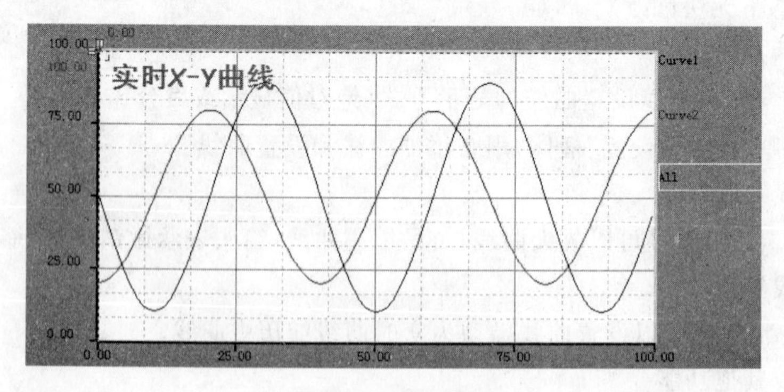

图 7-14 X-Y 曲线

7.3.2 显示设置

在曲线上单击右键选择对象"属性"或者双击曲线，弹出"曲线属性设置"对话框如

图 7-15 所示。

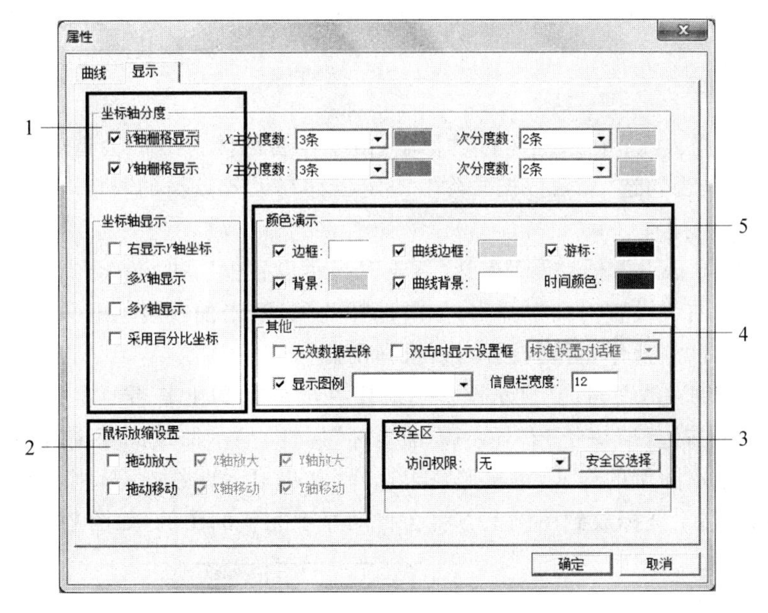

图 7-15　曲线“属性”设置对话框

通用设置分 5 部分：坐标轴、其他设置、颜色设置、鼠标缩放设置和安全区。

1. 坐标轴分度

在坐标轴框中，可以设置 X、Y 轴的主分度数目。

(1) X 主分度数是显示 X 时间轴的主分度，也就是 X 轴标记时间的刻度数，用实线连接表示。

(2) X 次分度数是显示 X 时间轴上的主分度数之间的刻度数，用虚线连接表示。

(3) X 轴栅格显示，复选框上选择此项后，在曲线上用栅格方式显示 X 轴分度数，否则不显示。

(4) Y 主分度数是显示 Y 轴的主分度，也就是 Y 轴标记数值的刻度数，用实线连接表示。

(5) Y 次分度是显示 Y 轴上的主分度数之间的刻度数的分度，用虚连线表示。

(6) Y 轴栅格显示，复选框上选择此项后，在曲线上用栅格方式显示 Y 轴分度数，否则不显示。

(7) 采用百分比坐标：选择采用绝对值坐标还是采用百分比坐标，如果选择此项后，在 Y 轴上，低限值对应 0%，高限值对应 100%的百分比样式显示标尺，否则 Y 轴采用绝对值坐标来显示。

(8) 右显示 Y 轴坐标：是否勾选“右显示 Y 轴坐标”，决定 Y 轴坐标在曲线的左边还是右边，不勾选默认是在左边，否则在曲线的右边。

(9) 多 X 轴显示：是否勾选“多 X 轴显示”，决定 X 轴是采用单轴还是多轴，如果选择此选项，则表示 X 轴采用多轴来显示，也就是说每一条曲线有一个相对应的 X 轴。

(10) 多 Y 轴显示：是否勾选“多 Y 轴显示”，决定 Y 轴是采用单轴还是多轴，如果选择此选项，则表示 Y 轴采用多轴来显示，也就是说每一条曲线有一个相对应的 Y 轴。

2. 其他设置

(1) 无效数据去除：在系统运行过程中，由于设备故障等原因会造成采集上来的数据是无效数据，是否勾选“无效数据去除”，决定当存在无效数据的时候，曲线进行显示无效数据点还是不显示。

(2) 双击时显示设置框：是否勾选“双击时显示设置框”，决定在运行状态下，在曲线上双击时是否有曲线设置对话框弹出，如果选择此项，双击曲线时会有设置对话框弹出，方便对曲线的属性的操作，否则没有对话框弹出。

(3) 显示图例：是否勾选“显示图例”，决定在曲线的边上是否显示图例。图例是在曲线的左边或者右边(取决于“右显示 Y 轴坐标”属性)显示曲线的变量、说明和名称，单击下拉列表框显示图例的样式，可按照需求选择，如果显示曲线过多，则自动减少图例的条数，在运行状态下鼠标放到图例上方将会自动显示完整的图例，如图 7-16 所示。

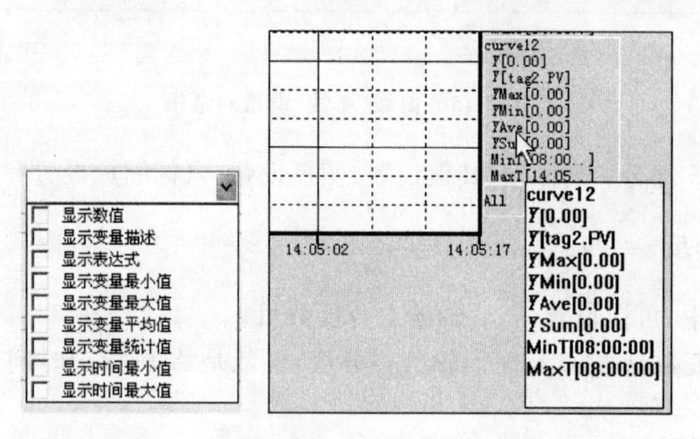

图 7-16 显示图例

全部选择的运行效果如图 7-17 所示。

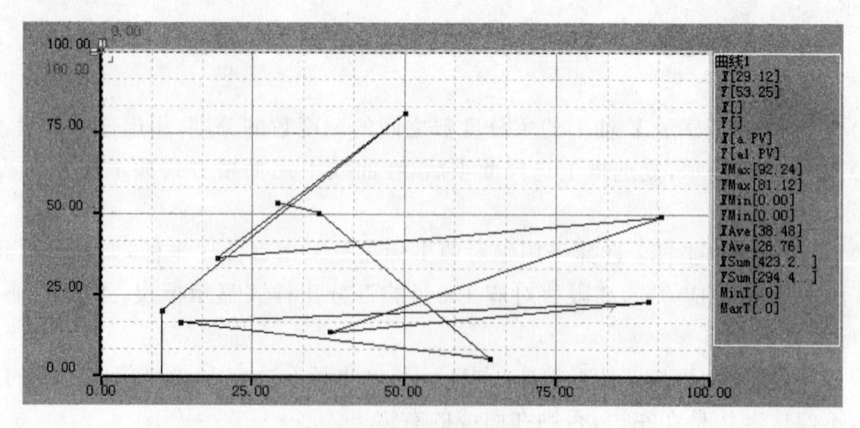

图 7-17 运行效果

3. 缩放设置

设置在曲线运行时，拖动鼠标时，可进行的拖动移动和放大功能。

(1) 鼠标拖动放大

曲线在运行状态，拖动鼠标可以放大 X 轴或 Y 轴。

(2) 鼠标拖动移动

曲线在运行状态，拖动鼠标可以移动 X 轴或 Y 轴。

4. 安全区

用来设置曲线的安全区管理，能够管理曲线所有的操作权限。

5. 颜色演示

用来设置曲线的边框、颜色、背景和游标。

7.4 温控曲线

在生产过程中，往往需要控制温度随着时间的推移而不断进行调整、变化。如在陶瓷、食品等行业中，在不同的时间段，需要对温度进行控制。每个阶段要求的时间长度和温度值不同，这就需要一个方便快速的调整控件。力控的温控曲线正是为满足这样的需求量身定做的一个组件。

力控监控组态软件的温控曲线组件中，每一条控制曲线对应一条采集曲线，可以自动按照设定的曲线去控制设定变量的值，同时可以参照采集曲线的值对比控制调节的效果。控制过程分很多个时间段，可以设置每一段的时间长度、目标温度值、拐点触发动作，控制的方式有手动控制和自动控制，使控制过程更加灵活、方便。

1. 创建温控曲线

在“复合组件”→“曲线”目录下，选择“温控曲线”控件，如图 7-18 所示。

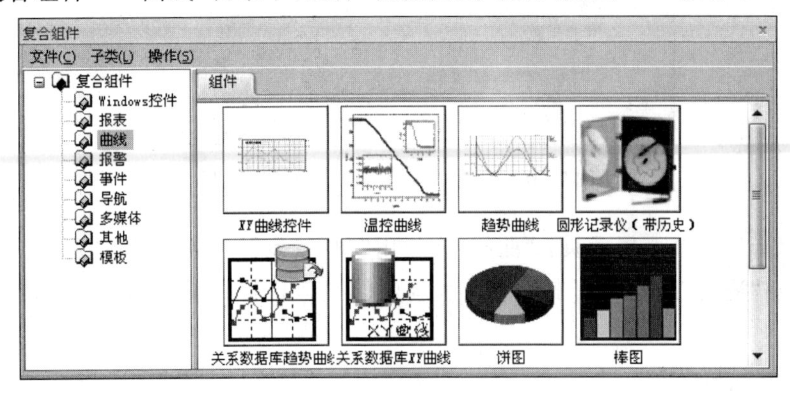

图 7-18 温控曲线控件

双击该控件，就可以在窗口上添加一个"温控曲线"控件，如图 7-19 所示。

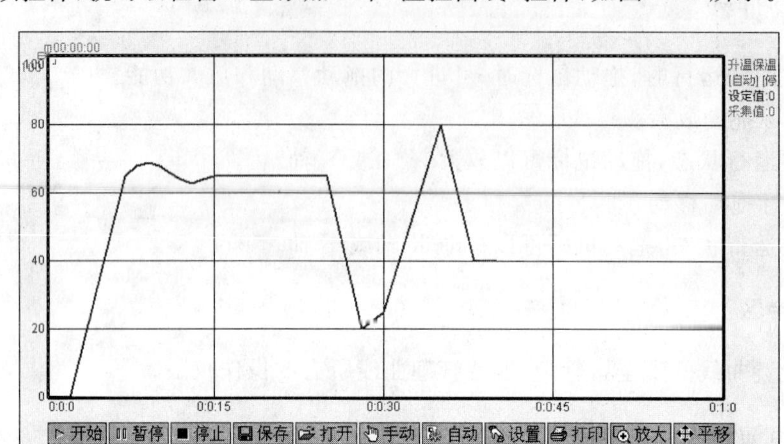

图 7-19　添加"温控曲线"控件

2. 设置温控曲线

双击窗口上的"温控曲线"控件就会弹出温控曲线的"属性"设置对话框，如图 7-20 所示。

图 7-20　温控曲线的"属性"设置对话框

设置对话框有三个属性页："曲线"、"通用"和"其他"。"曲线"属性页用来添加、修改和删除曲线；"通用"属性页用来设置曲线画面的一些特性；"其他"属性页用来配置曲线的按钮。

(1) "曲线"属性页

"曲线"属性页如图 7-21 所示，可用来设置曲线如下属性。

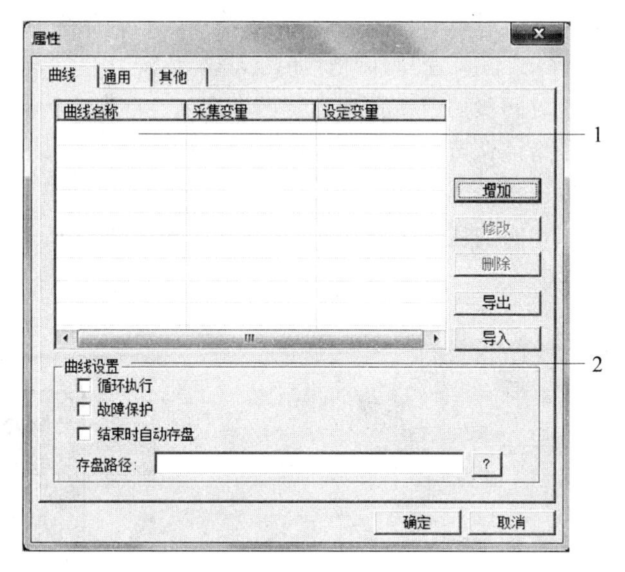

图 7-21 “曲线”属性页

① 曲线页用来添加、修改和删除曲线。

在“曲线”属性页上单击“增加”按钮就会弹出“曲线属性”设置对话框，如图 7-22 所示。

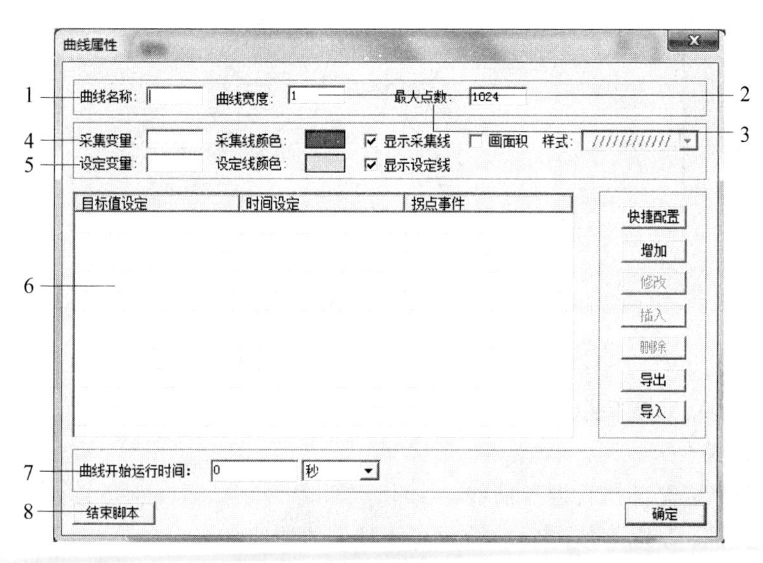

图 7-22 “曲线属性”设置对话框

- 曲线名称：用来标识曲线。
- 曲线宽度：用来设置采集曲线和设定曲线的宽度，最大值为 20。
- 最大点数：设置显示曲线的点数，如果超过这个值曲线会擦除最早的数据。
- 采集变量：设置采集的变量。
- 设定变量：设置设定的变量。

• 曲线段和拐点列表：可以对列表进行增加、修改、插入、删除、导入和导出操作。单击“增加”按钮，弹出“段设置”对话框，如图 7-23 所示。

• 目标值：是指该时间段调节所预期达到的温度值。

• 时间设定值：是指该调节段的时间跨度。

• 时间单位：可以选择秒、分钟和小时。

• 触发事件：可以在时间段结束时执行一些动作，如图 7-24 所示。

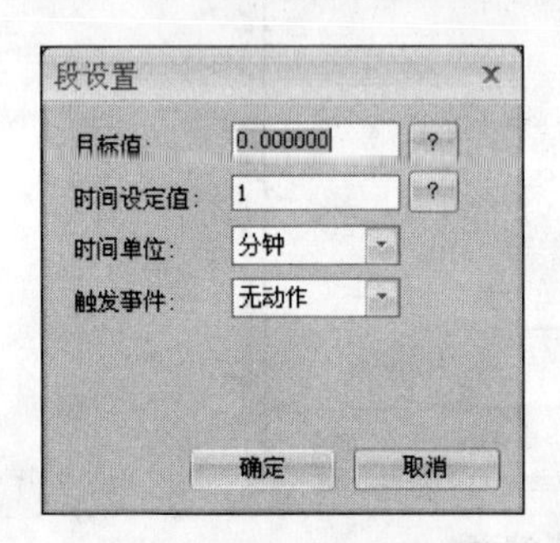

图 7-23 “段设置”对话框

图 7-24 触发事件功能

添加多个时间段就形成了一条温度控制曲线，如图 7-25 所示。

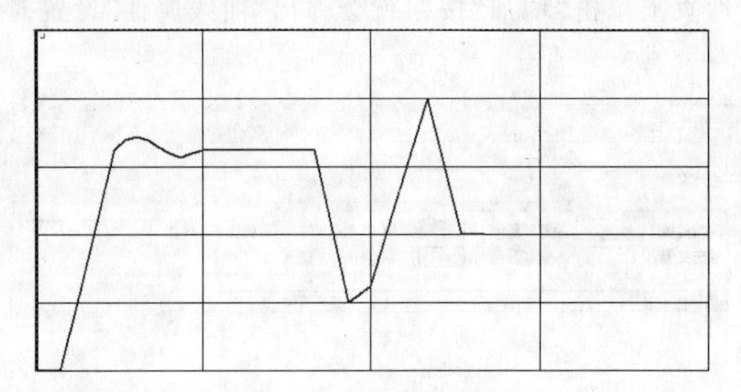

图 7-25 温度控制曲线

• 曲线开始运行时间：曲线从整个温控曲线的哪个时间开始执行。

• 结束脚本：曲线结束时执行的脚本。

② 曲线设置

• 循环执行：循环执行温控曲线。

• 故障保护：断电等故障后继续执行故障前的曲线。

• 结束时自动存盘：结束时自动保存.dat 文件。

• 存盘路径：自动存盘路径。

(2)“通用”属性页

在“通用”属性页可以设置曲线的显示特性，如图 7-26 所示。

① 背景参数：可以设置游标的颜色、背景的颜色以及是否绘制背景。

② 纵轴和横轴：可以设置坐标轴的刻度数及其颜色、标签间隔及其颜色、上下限和

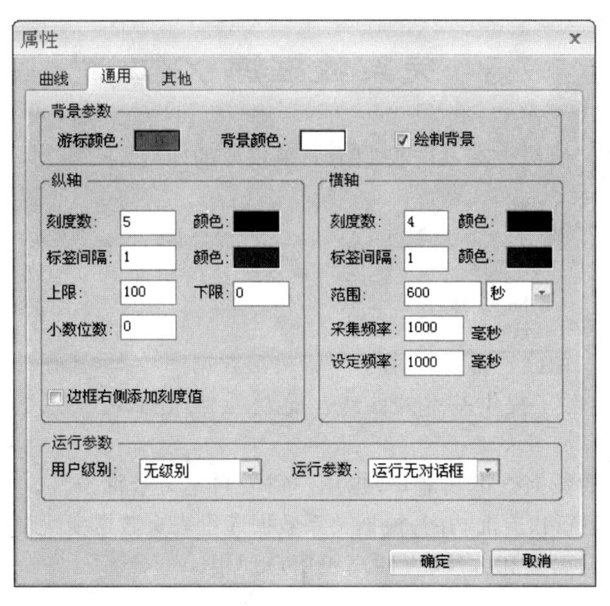

图 7-26 “通用”属性页

小数位数。选中标签右边添加刻度值可以使刻度值在左右两边的垂直轴上同时显示，采集频率和设定频率分别对应采集变量和设定变量的数据更新频率。

③ 运行参数：可以设置用户级别和运行时是否可以双击弹出“属性”对话框。

(3)“其他”属性页

“其他”属性页可以设置运行时预定义按钮功能，选中则运行时按钮出现在曲线下方的工具条中，如图 7-27 所示。

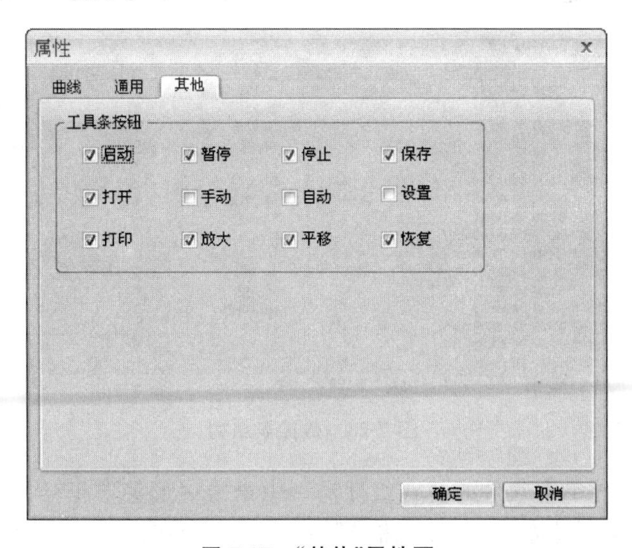

图 7-27 “其他”属性页

7.5 关系数据库 XY 曲线

关系数据库 *XY* 曲线也是系统控制中的很重要的曲线，下面具体介绍。

7.5.1 概述

1. 关系数据库 XY 曲线介绍

关系数据库 *XY* 曲线控件主要用于浏览关系数据库数据，其在外观界面和使用上与 *X-Y* 曲线比较相似，除了提供基本的曲线浏览功能外，还具有关系数据库 *XY* 曲线本身的一些特点。

(1) 提供强大的数据查询功能，根据用户需要自定义查询条件。

(2) 提供数据更新和追加功能，根据关系数据库里表页数据变化情况，实时更新曲线。

(3) 提供大量的属性和方法，方便高级用户使用。

2. 名词解释

画笔：在关系数据库 *XY* 曲线控件里面，画笔是画曲线的基本单位，关系数据库里面的数据需要以曲线的形式显示出来，就必须先将字段关联到曲线控件的一个画笔上。

7.5.2 快速入门

通过本节一个简单的例子，用户可以快速地掌握关系数据库 *XY* 曲线控件的使用方法。在此例中连接的是微软 Access 数据库，数据表结构如图 7-28 所示。

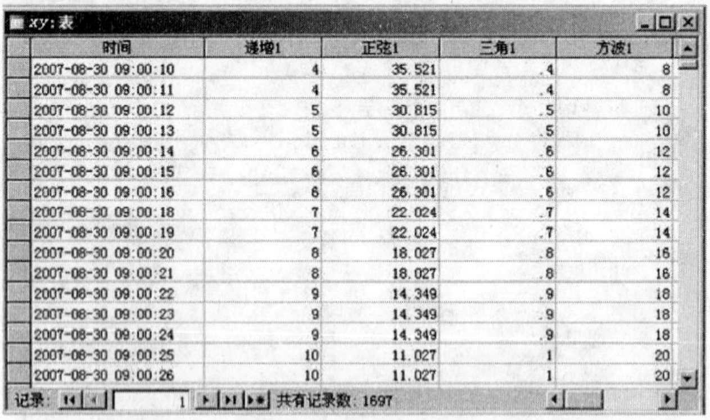

xy：表

时间	递增1	正弦1	三角1	方波1
2007-08-30 09:00:10	4	35.521	.4	8
2007-08-30 09:00:11	4	35.521	.4	8
2007-08-30 09:00:12	5	30.815	.5	10
2007-08-30 09:00:13	5	30.815	.5	10
2007-08-30 09:00:14	6	26.301	.6	12
2007-08-30 09:00:15	6	26.301	.6	12
2007-08-30 09:00:16	6	26.301	.6	12
2007-08-30 09:00:18	7	22.024	.7	14
2007-08-30 09:00:19	7	22.024	.7	14
2007-08-30 09:00:20	8	18.027	.8	16
2007-08-30 09:00:21	8	18.027	.8	16
2007-08-30 09:00:22	9	14.349	.9	18
2007-08-30 09:00:23	9	14.349	.9	18
2007-08-30 09:00:24	9	14.349	.9	18
2007-08-30 09:00:25	10	11.027	1	20
2007-08-30 09:00:26	10	11.027	1	20

记录：1 共有记录数：1697

图 7-28 数据表结构

(1) 在力控监控组态软件的复合组件窗口中单击树形菜单里面的“曲线”类，在右边显示窗口里面双击“关系数据库 *XY* 曲线”控件，此时会在窗口画面上添加一个控件，关闭“复合组件”窗口，如图 7-29 所示。

① 双击“曲线”控件，弹出“属性设置”对话框，如图 7-30 所示，在画笔属性页中可以增加、删除、修改画笔的数量。在此例中画笔属性页保持默认值。

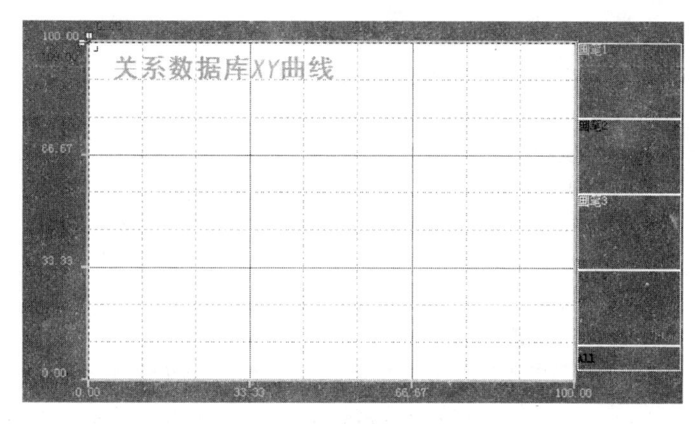

图 7-29 “关系数据库 *XY* 曲线”

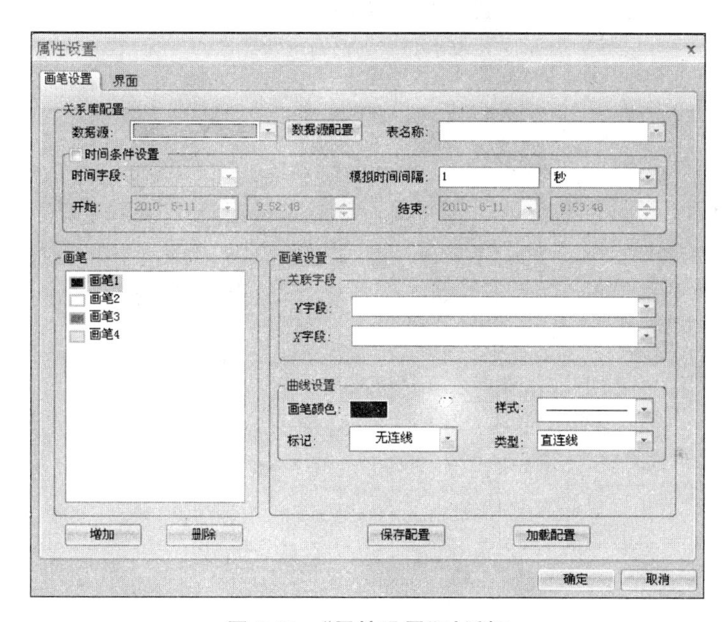

图 7-30 “属性设置”对话框

② 单击图 7-30 中的“数据源配置”按钮，在弹出的如图 7-31 所示的对话框中单击“添加”按钮。

图 7-31 “关系数据源配置”对话框

③ 命名图 7-32 中的数据源名称，单击图中的…按钮，在弹出的“数据链接属性”对话框中配置链接驱动，如图 7-33 所示。在此选择 Microsoft Jet 4.0 OLE DB Provider，单击“下一步”按钮。

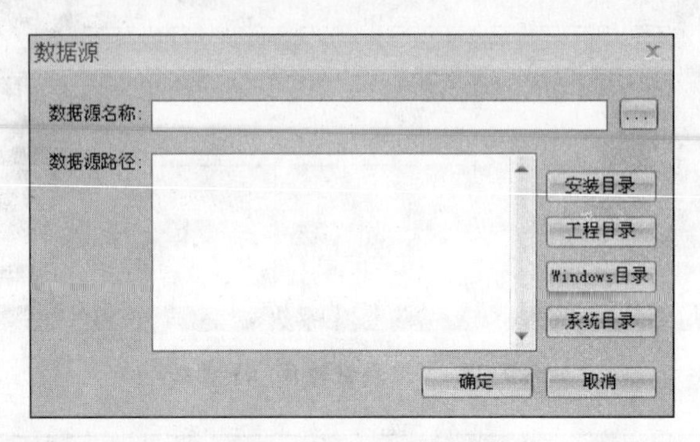

图 7-32 添加数据源

④ 在“连接”页中，如图 7-34 所示，选择需要关联的 Access 数据库，单击“测试连接”按钮测试是否已经正确连接。

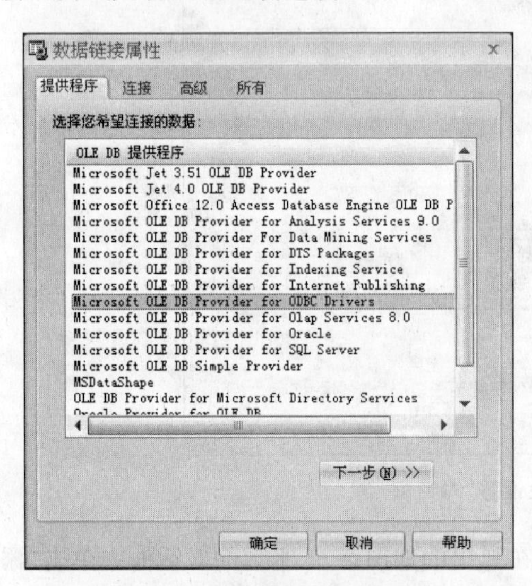

图 7-33 “数据链接属性”对话框

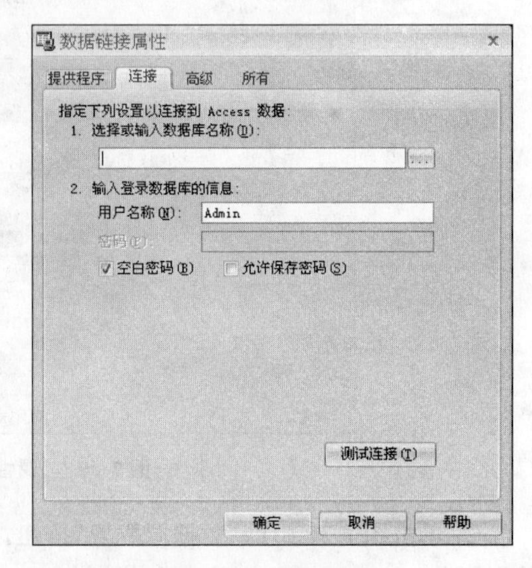

图 7-34 “连接”页

⑤ 最后配置好的数据源如图 7-35 所示，单击“确定”按钮退出数据源的配置。

⑥ 从关系数据源配置窗口，如图 7-36 所示中可以看出窗口里面已经添加了刚才配置的数据源，如果要修改数据源的配置直接双击数据源名称即可。在此例中单击“确定”按钮。

⑦ 单击“数据源”下拉列表，从中选择刚才添加的数据源，单击“表名称”下拉列表选择需要的数据库表，如图 7-37 所示。

(2) 单击图 7-30 中的“界面”属性页，出现如图 7-38 所示页面，单击“显示图例”下拉列表框，从中选择显示字段，其他保持默认值。单击“确定”完成曲线的配置。

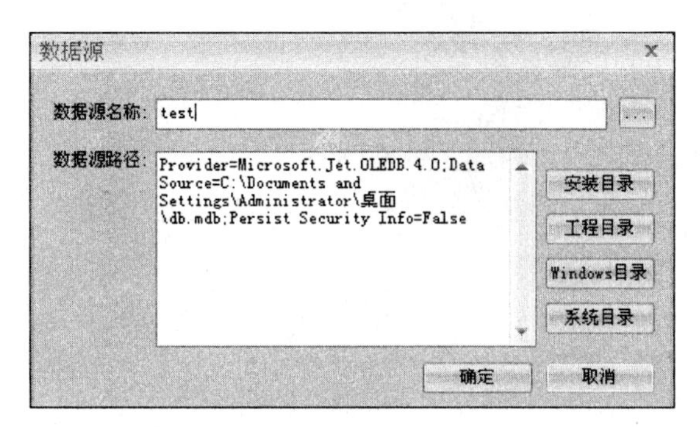

图 7-35 数据源的配置

图 7-36 “关系数据源配置”对话框

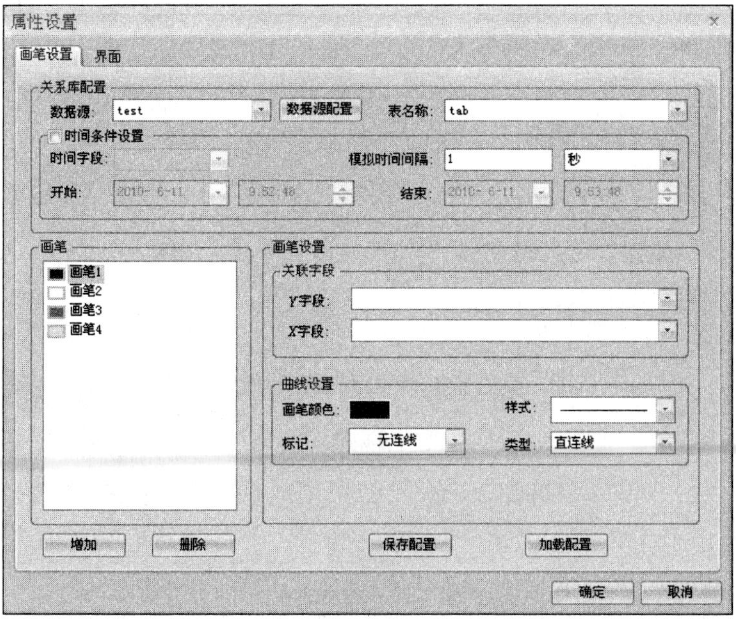

图 7-37 “画笔设置”页

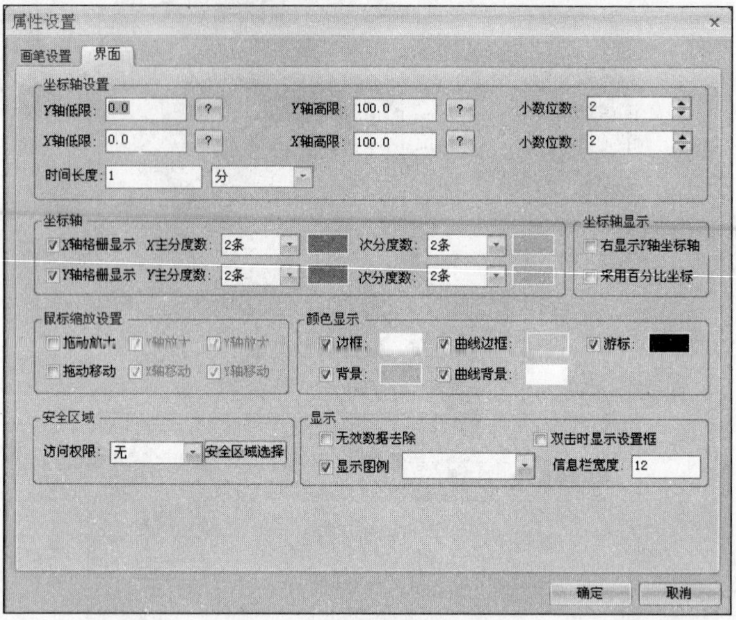

图 7-38 “界面”属性页

(3) 在窗口中增加一个按钮，在“左键动作”中输入脚本，如图 7-39 所示。

```
#AdoXYCurve.Query(1, 1270087870, 1270087930);
```

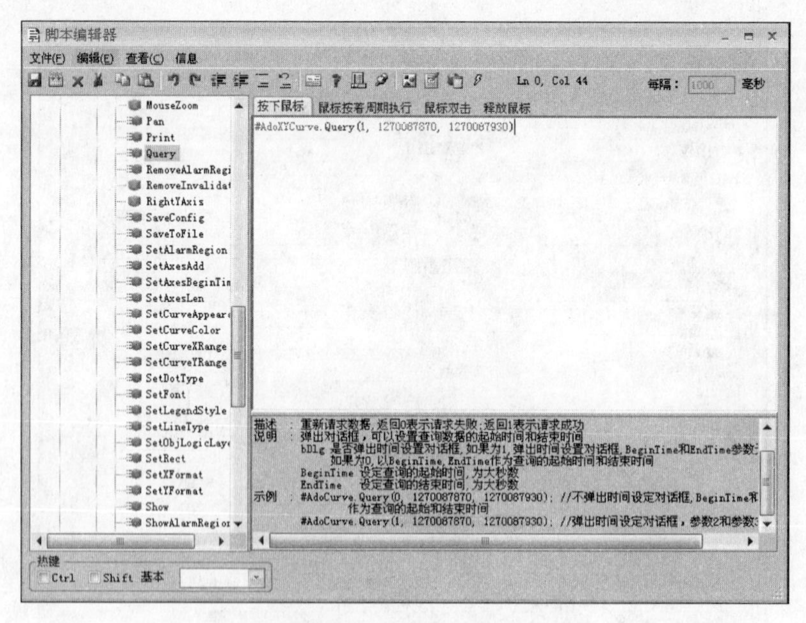

图 7-39 左键动作

(4) 经过以上步骤，一个基本的曲线配置工作就完成了，如图 7-40 所示。

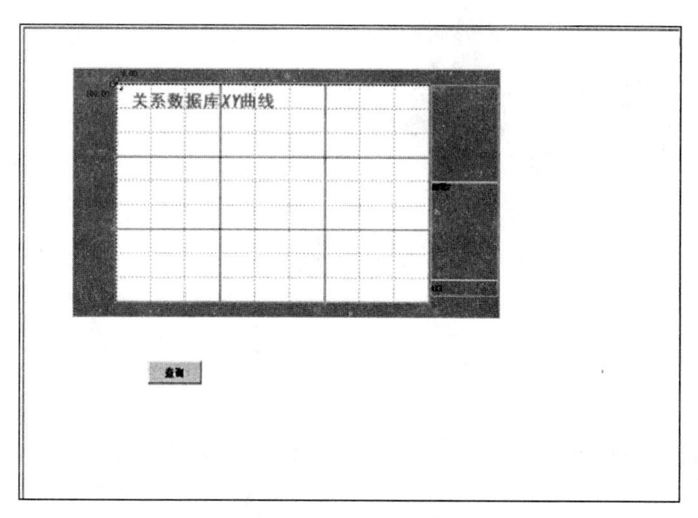

图 7-40 曲线配置结果

思考与习题

7.1 怎样创建实时趋势曲线?

7.2 怎样创建历史趋势曲线?

7.3 请创建一个 sin$X$ 曲线图,X 范围 0～200,Y 范围 −1～1,背景色为黑色,线为红色。

7.4 请创建一个 cos$X$ 曲线图,X 范围 0～200,Y 范围 −1～1,背景色为白色,线为黑色。

第8章 chapter 8

报表系统

数据报表是工业生产中不可缺少的统计工具，它能将生产过程中的各类信息，如生产数据、统计数据以直观的表格形式反映，为生产管理人员提供有效的分析工具。力控软件提供了历史报表和专家报表，使用历史报表可根据生产数据形成典型的班报、日报、月报、季报、年报；专家报表提供类似Excel的电子表格功能，可以形成更为复杂的报表系统。

8.1 专家报表

专家报表是北京三维力控科技有限公司在长期开发实践的基础上推出的功能强大、技术成熟的报表组态工具。它主要适用于工业自动化领域，是解决实际开发过程中的图表、报表显示、输入、打印输出等问题的理想解决方案。采用专家报表可以极大地减少报表开发工作量，改善报表的人机界面，提高组态效率。非专业人员采用专家报表组件可以开发出专业的报表；而专业的开发人员采用专家报表组件，可以更快地进行报表编辑。

8.1.1 基本概述

专家报表提供类似Excel的电子表格功能，可实现形式更为复杂的报表功能，它的目的是提供一个方便、灵活、高效的报表系统。

1. 报表介绍

力控专家报表具有如下典型功能。

(1) 专业的报表向导

通过多年来总结用户的使用习惯和使用频率，开发报表向导功能，无论是制作本地数据库报表还是关系数据库报表，都可在最短的时间内完成。

(2) 丰富的单元格式与设计

通过专家报表组件，用户可以将数据转化为具有高度交互性的内容，报表的单元格多种多样，如按钮、下拉框、单选钮、复选框、滚动条，丰富了报表的功能。

(3) 强大的图表功能

只要指定图表数据在表上的位置，一个精致的图表就完成了。

(4) 支持多种格式导入导出

在专家报表中支持 CSV、XLS、PDF、HTML、TXT 等文件格式的导出，以及支持 CSV、XLS、TXT 等文件格式的导入，提高了组件数据的共享能力。

(5) 与 Excel、Word 表格数据兼容的复制和粘贴

专家报表支持剪切、复制和粘贴，其基本格式与 Excel、Word 表格相同，采用这个功能用户可以用 Excel、Word 表格和专家报表交换数据。

(6) 别具一格的选择界面

专家报表采用特有的颜色算法，能够清晰地区分选择区域。

(7) 强大的打印及打印预览

专家报表对打印的支持非常丰富，提供了设置页眉、页脚、页边距，打印预览无级缩放，多页显示，逐行打印等功能。

(8) 高效处理数据的机制

在创建专家报表的时候会自动创建后台历史数据中心，通过历史数据中心将数据库里的数据缓存到本地，减少了实时数据库的压力，减少网络延时，增加了效率，使报表能快速准确地获取到数据。

2. 名词解释

(1) 表页

专家报表中的每一张表格称为表页，是存储和处理数据最重要的部分，其中包含排列成行和列的单元格。使用表页可以对数据进行组织和分析，可以同时在多张工作表上输入并编辑数据，并且可以对来自不同工作表的数据进行汇总计算。创建图表后，既可以将其置于源数据所在的工作表上，也可以放置在单独的图表工作表上，如图 8-1 所示。

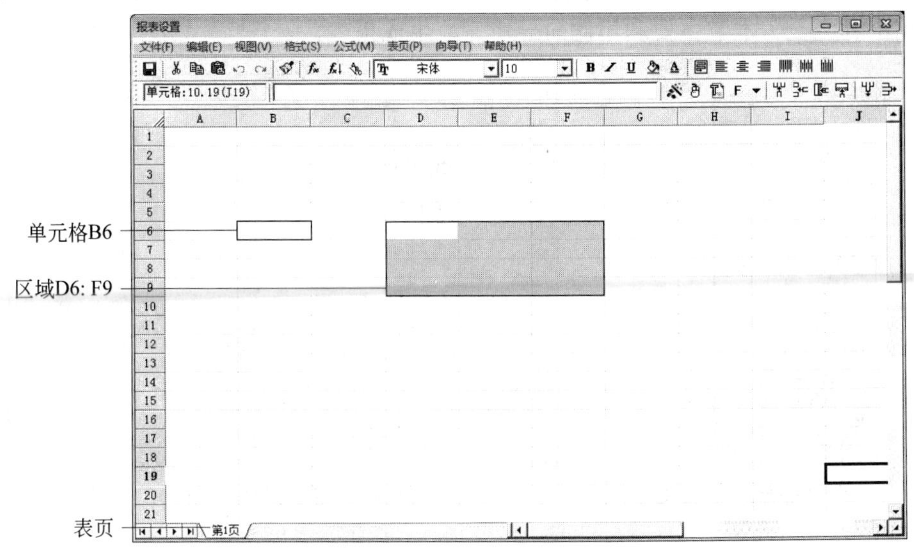

图 8-1 “报表设置”窗口

（2）单元格

单元格是指表页中的一个格子，行以阿拉伯数字编号、列以英文字母编号，如第一行第一列为 A1。

（3）区域

区域是指表页中选定的矩形块，可以对它进行各种各样的编辑，如复制、移动、删除等。引用一个区域可用它左上角单元格和右下角编号来表示，中间用冒号作分隔符，如 D1：G5。

（4）模板

专家报表中的模板分两种：普通模板和替换模板。

① 普通模板指的是将整个制作完的报表保存成一个模型，可以在不同工程中的报表里进行加载。

② 替换模板主要用于报表里的变量替换，它又分运行模板和组态模板。运行模板是在运行环境下通过函数调用此模板来达到替换表页中变量的目的，这样只要制作一个表页就可以显示不同的变量；组态模板主要用于报表编辑环境下对表页中的变量进行替换，如果报表中有多个分布于不同区域的变量需要替换成其他变量，通过此模板可以达到快速编辑报表的目的。

8.1.2 快速入门

通过本节两个简单的例子，使用户可以快速地了解力控专家报表的使用。

首先在力控软件的“工具箱”中的“常用组件”里选择“专家报表”，如图 8-2 所示。此时光标变为十字，拖动光标会在窗口上出现一个专家报表组件，或者在“工程项目”导航栏→“复合组件”→“报表”中双击“专家报表”。

在生成报表时后台会自动添加后台组件历史数据中心，双击“报表”组件或右键选择“对象属性”打开报表编辑环境，在打开的报表编辑环境中会弹出“报表向导组态”对话框，如图 8-3 所示，本节主要利用此向导快速地生成报表。

图 8-2 选择“专家报表”选项

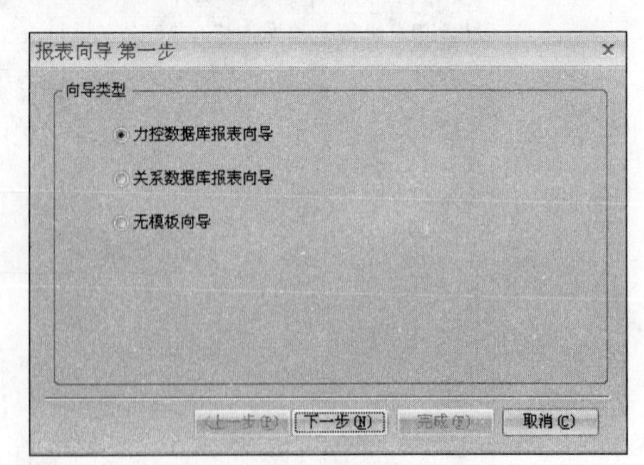

图 8-3 “报表向导”对话框

1. 创建本地数据库报表

（1）进入报表编辑环境，打开“报表向导”对话框，选择“力控数据库报表向导”，单击“下一步”按钮。

（2）对行列数以及单元格大小进行设置，在此例中采用默认值，单击“下一步”按钮。

（3）选择要创建的报表类型，在此例中选择“自定义报表”，单击“下一步”按钮。步骤如图8-4所示。

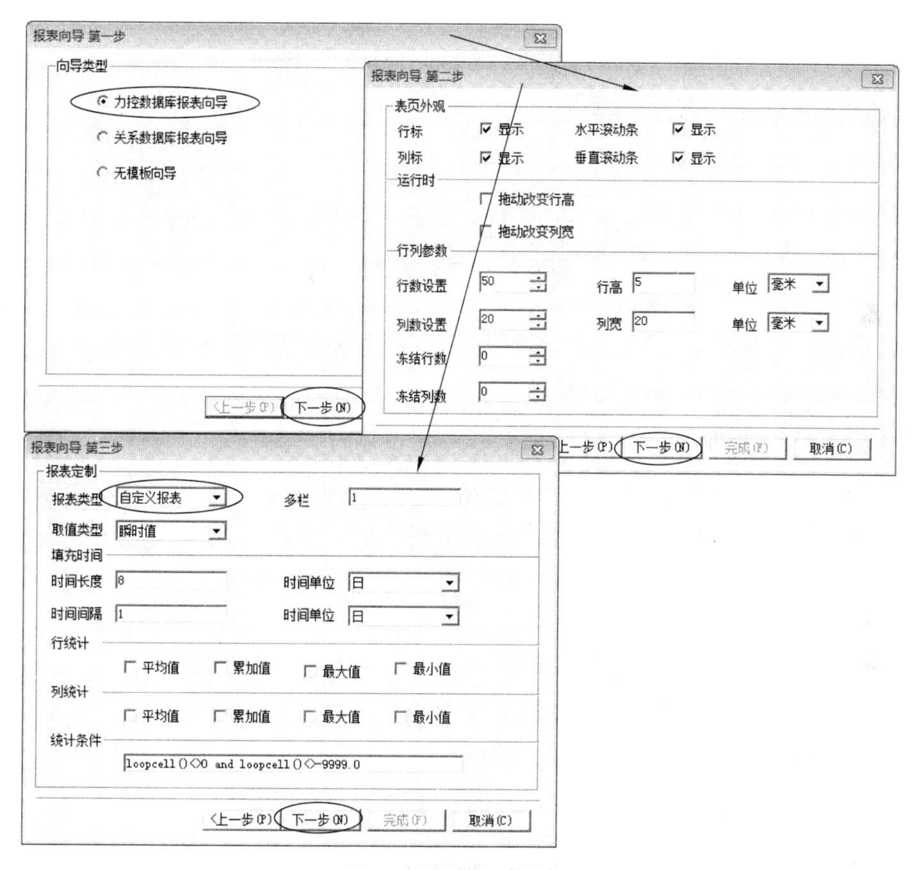

图8-4 报表创建步骤

（4）设置报表的时间格式和基准行列，在此例中采用默认值，单击“下一步”按钮。

（5）选择要显示的数据库点添加到右边列表框中，单击“完成”按钮，如图8-5所示。

（6）保存并退出报表编辑环境。

（7）运行后查询数据的效果如图8-6所示。

2. 创建关系数据库报表

（1）进入报表编辑环境，打开“报表向导”对话框，选择“关系数据库报表向导”，单击“下一步”按钮。

（2）对单元格大小及其他参数进行设置，在此例中采用默认值，单击“下一步”按钮。

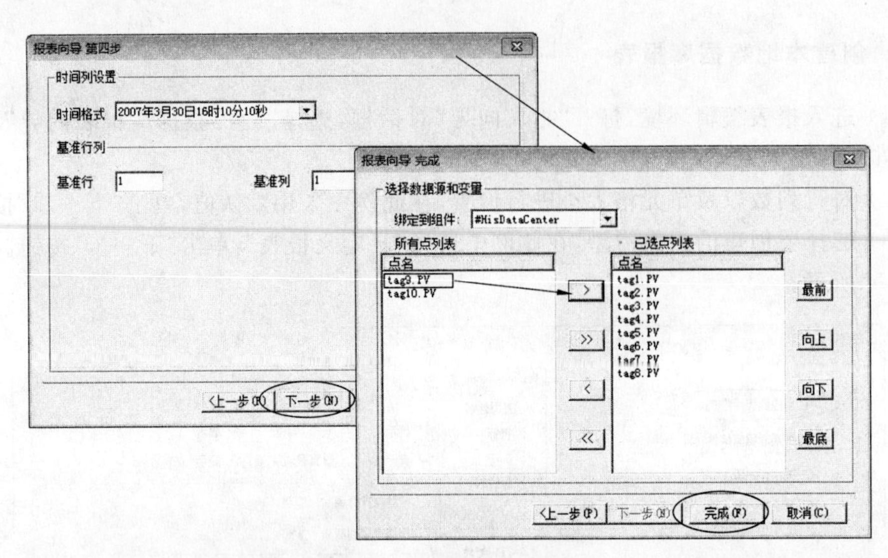

图 8-5　报表创建步骤

	A	B	C	D	E	F	G	H
1	2010年01月18日14时04分11秒	76.11	3.31	30.21	27.50	46.99	51.20	10
2	2010年01月18日14时04分12秒	14.20	95.10	55.24	51.28	47.13	49.32	13
3	2010年01月18日14时04分13秒	20.30	80.16	46.29	70.19	88.14	22.23	5
4	2010年01月18日14时04分14秒	46.30	85.25	20.15	94.32	38.24	73.14	56
5	2010年01月18日14时04分15秒	67.16	45.25	14.18	29.42	0.24	37.21	69
6	2010年01月18日14时04分16秒	25.25	49.47	63.28	77.27	37.29	73.33	91
7	2010年01月18日14时04分17秒	23.51	69.24	85.31	32.22	79.32	23.18	37
8	2010年01月18日14时04分18秒	96.21	78.18	21.20	38.27	27.31	30.19	83
9	2010年01月18日14时04分19秒	90.11	79.25	76.86	53.32	87.21	74.20	61
10	2010年01月18日14时04分20秒	7.32	25.23	33.17	49.39	51.16	65.17	23
11	2010年01月18日14时04分21秒	91.24	7.17	39.14	63.32	88.22	3.41	72
12	2010年01月18日14时04分22秒	47.18	23.31	86.98	10.35	35.28	26.15	2
13	2010年01月18日14时04分23秒	18.18	91.16	59.22	69.69	32.14	42.77	57
14	2010年01月18日14时04分24秒	54.25	83.26	76.10	38.17	37.23	41.15	3
15	2010年01月18日14时04分25秒	8.15	14.16	34.14	65.71	57.18	44.15	54
16	2010年01月18日14时04分26秒	98.18	81.28	19.29	77.49	52.31	86.20	97
17	2010年01月18日14时04分27秒	2.21	2.22	84.14	46.33	50.99	19.16	61
18	2010年01月18日14时04分28秒	46.27	4.21	33.17	19.18	20.11	15.10	60
19	2010年01月18日14时04分29秒	12.31	7.84	48.31	30.16	15.16	7.20	57
20	2010年01月18日14时04分30秒	95.13	42.32	11.20	10.25	92.31	98.59	62

第1页

图 8-6　查询数据效果

(3) 设置需要连接的关系数据库，选中“显示字段名”，如图 8-7 所示。

单击“数据源配置”按钮，弹出“关系数据源配置”对话框，单击“添加”按钮添加数据源，如图 8-8 所示。

添加数据源名称，单击“数据源名称”右侧的按钮 ... 选择 Microsoft Jet 4.0 OLE DB Provider，单击“下一步”按钮。选择需要连接的 ACCESS 数据库，单击“确定”按钮，如图 8-9 所示。

(4) 从数据表下拉框中选择需要查询的数据表，在字段名中选择需要查询的字段，单击“下一步”按钮。

(5) 设置查询条件，这里单击“全选”按钮，单击“下一步”按钮。

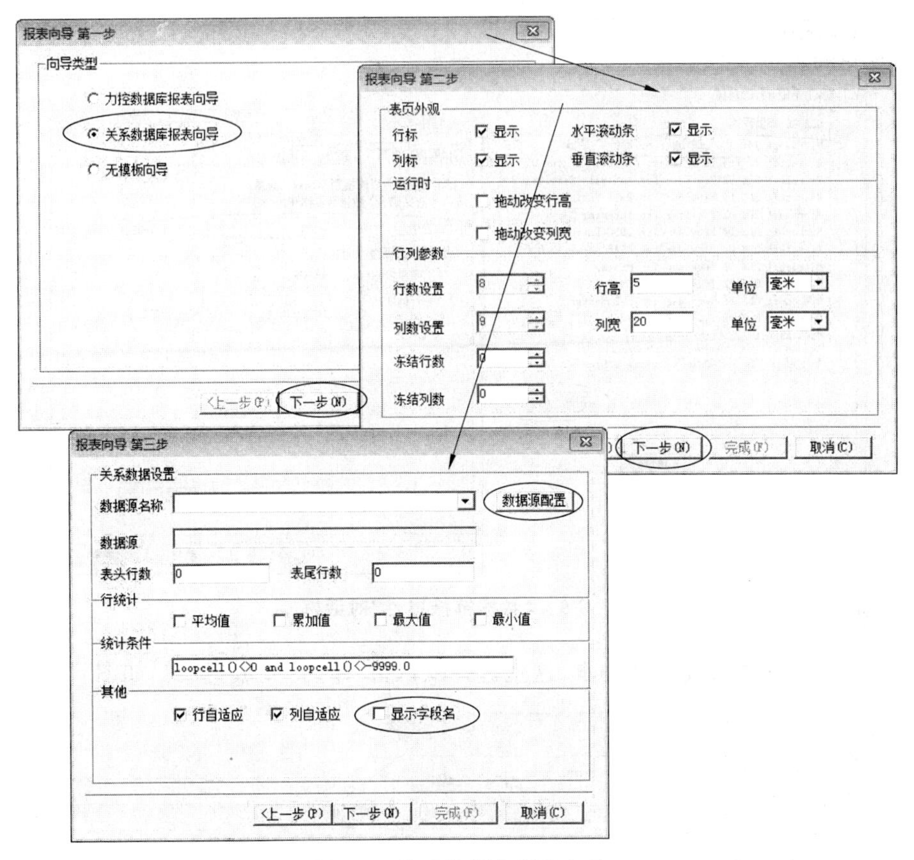

图 8-7 关系数据库报表向导

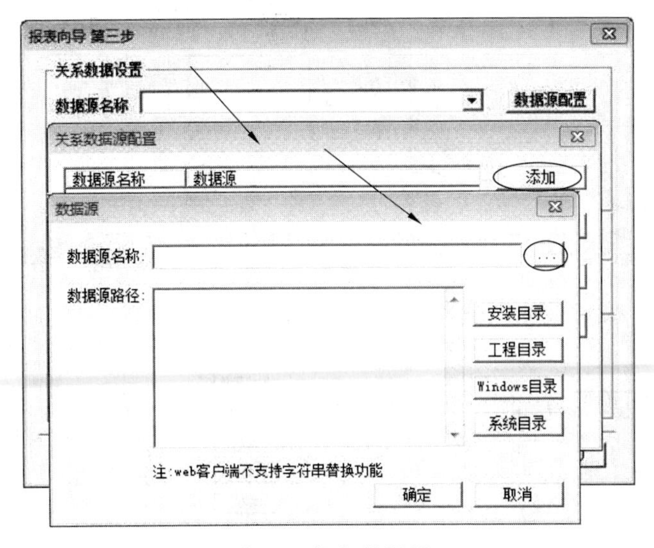

图 8-8 添加数据源

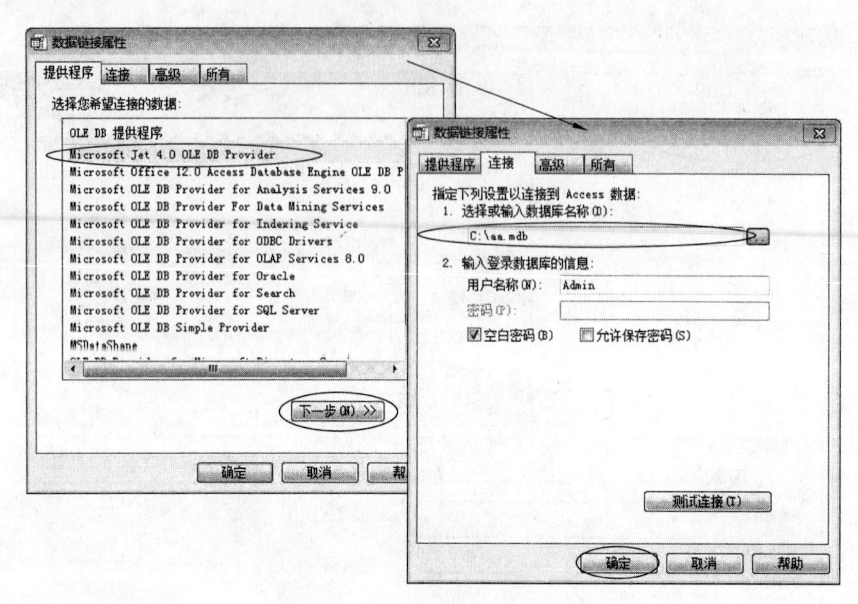

图 8-9 “数据链接属性”对话框

(6) 可以查看并修改查询脚本，这里选择默认值，单击“完成”按钮，如图 8-10 所示。

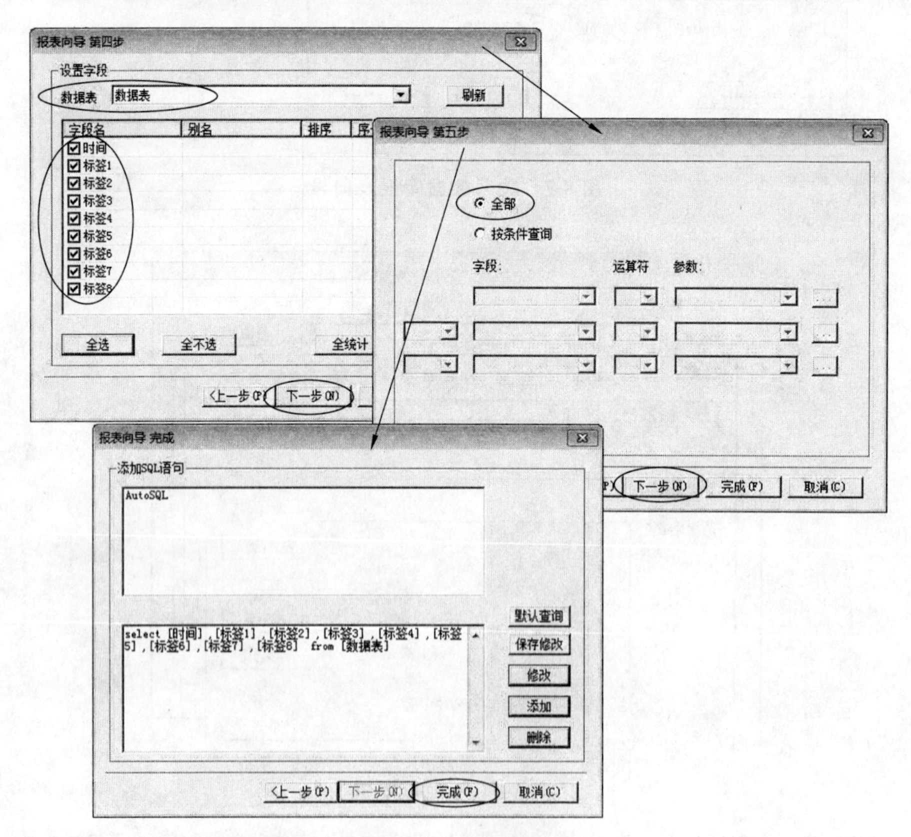

图 8-10 查询过程

(7) 查询后的效果如图 8-11 所示。

	A	B	C	D	E	F	G	H	I
1	时间	标签1	标签2	标签3	标签4	标签5	标签6	标签7	标签8
2	2010-1-18 1	0.55	38.30	42.17	21.31	15.11	30.17	44.31	59.46
3	2010-1-18 1	74.15	93.14	11.61	9.15	81.33	70.25	37.30	16.31
4	2010-1-18 1	84.98	94.15	45.12	22.29	21.27	85.14	33.26	54.15
5	2010-1-18 1	42.26	12.20	66.82	77.81	50.99	12.29	48.20	63.20
6	2010-1-18 1	57.16	96.57	1.19	90.31	60.11	73.25	10.12	43.65
7	2010-1-18 1	75.30	83.26	5.22	12.89	81.12	14.24	30.30	67.29
8	2010-1-18 1	1.37	11.26	95.29	81.27	78.30	59.15	52.19	80.26
9	2010-1-18 1	53.91	63.17	47.23	46.25	80.60	91.22	40.19	79.11
10	2010-1-18 1	89.19	19.88	1.17	74.46	25.13	98.17	85.47	9.22
11	2010-1-18 1	24.10	14.45	33.28	36.19	19.12	35.28	21.13	13.25
12	2010-1-18 1	83.34	59.54	21.22	3.32	87.28	90.19	16.12	82.59
13	2010-1-18 1	0.23	14.18	65.11	17.74	99.20	61.15	28.26	15.16
14	2010-1-18 1	91.69	16.80	68.28	21.50	28.11	48.10	94.23	72.41
15	2010-1-18 1	9.17	74.20	81.17	99.43	3.29	35.29	85.10	97.24
16	2010-1-18 1	16.10	30.94	13.70	6.27	86.33	79.20	6.31	77.32
17	2010-1-18 1	18.15	55.82	54.13	89.27	54.17	58.18	0.17	86.11
18	2010-1-18 1	5.21	10.32	64.18	23.92	7.31	87.13	38.19	36.22
19	2010-1-18 1	24.32	94.31	4.20	57.22	71.15	37.21	60.90	19.35
20	2010-1-18 1	99.28	43.79	67.11	97.25	48.46	30.79	73.22	70.31
21	2010-1-18 1	64.38	77.94	10.21	99.25	36.16	6.32	18.33	47.11
22	2010-1-18 1	88.23	52.21	55.85	39.94	8.29	16.28	63.74	76.10
23	2010-1-18 1	45.11	25.21	43.54	10.11	60.15	65.32	32.24	92.20
24	2010-1-18 1	82.16	18.44	5.29	43.22	40.15	72.11	72.15	89.30

第1页

图 8-11 查询效果

8.1.3 使用指南

双击窗口上的“专家报表”组件，进入“报表设置”窗口，如图 8-12 所示。

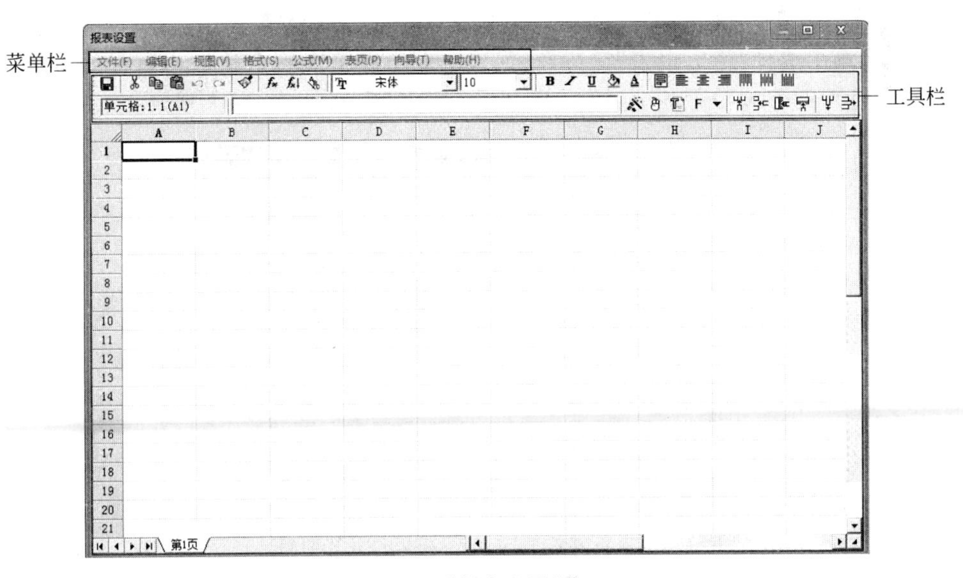

图 8-12 “报表设置”窗口

图 8-12 中的菜单栏和工具栏都有中文解释，每一个下拉菜单也是中文标题，都可试着使用，下面简单加以介绍。

1. 菜单栏使用

报表向导的菜单栏如图 8-13 所示。

文件(F) 编辑(E) 视图(V) 格式(S) 公式(M) 表页(P) 向导(T) 帮助(H)

图 8-13 菜单栏

2. 工具栏使用

报表向导的工具栏如图 8-14 所示。

图 8-14 工具栏

所有工具栏的工具按钮在菜单栏中都有解释，按提示使用即可。

8.2 历史报表

历史报表是一种浏览、打印历史数据和统计数据的工具。对历史报表可进行手动或自动打印。历史报表从数据库中按照一定的采样方式获取一个或多个点的历史数据，以表格的形式显示出来。

1. 创建历史报表

在工具箱中选择“历史报表”按钮，在窗口中单击并拖曳到合适大小后释放鼠标或者在“复合组件”→“报表”→“历史报表”中，双击“历史报表”，如图 8-15 所示。

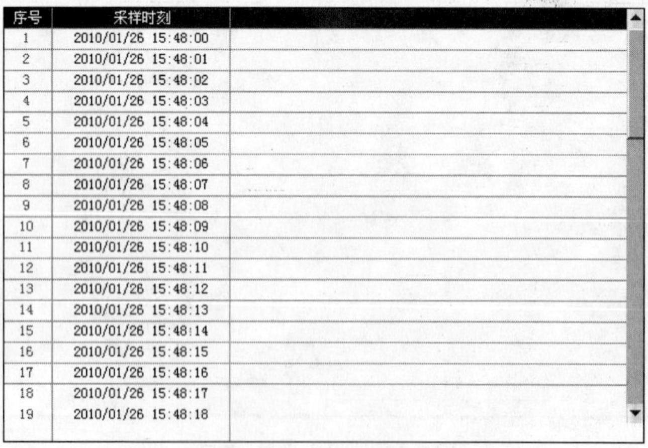

序号	采样时刻	
1	2010/01/26 15:48:00	
2	2010/01/26 15:48:01	
3	2010/01/26 15:48:02	
4	2010/01/26 15:48:03	
5	2010/01/26 15:48:04	
6	2010/01/26 15:48:05	
7	2010/01/26 15:48:06	
8	2010/01/26 15:48:07	
9	2010/01/26 15:48:08	
10	2010/01/26 15:48:09	
11	2010/01/26 15:48:10	
12	2010/01/26 15:48:11	
13	2010/01/26 15:48:12	
14	2010/01/26 15:48:13	
15	2010/01/26 15:48:14	
16	2010/01/26 15:48:15	
17	2010/01/26 15:48:16	
18	2010/01/26 15:48:17	
19	2010/01/26 15:48:18	

图 8-15 历史报表

2. 历史报表组态

双击历史报表对象，弹出“属性”对话框，如图 8-16 所示。

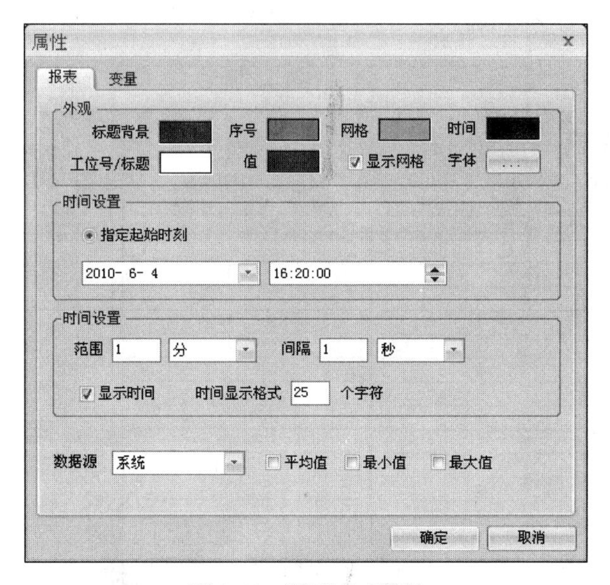

图 8-16 “属性”对话框

(1) 报表。

- 外观：主要是对报表外观的设置，包括颜色、网格、字体的设置。
- 指定起始时间：报表将获取从指定时间开始的一段历史数据。
- 范围和间隔：获取指定范围和指定时间间隔的历史数据。
- 显示时间：是否显示时间，时间列的长度设置。
- 数据源：选择连接实时数据库的数据源，可为本地或远程的力控数据库。
- 统计：是否统计每列的平均值、最大值和最小值。

(2) 变量

单击变量，进入“变量设置”对话框。在点名栏指定实时数据库的点参数，双击空白处可以弹出“变量选择”对话框，选中你要选的点，单击“选择”按钮，点添加成功。具体操作如图 8-17 所示。

- 格式：指定数值的字符显示宽度，如 8.2 表示字符显示宽度为 8，其中小数点后位数为 2。
- 标题：运行后每一个点所对应的标题，共有三种标题类型可以设置。
- 自定义：自定义标题的名称，可以任意填写。
- 点名：把点名作为标题的名称。
- 点描述：把点描述作为标题的名称。

(3) 设置好后运行，用查询函数查询历史结果，如图 8-18 所示。

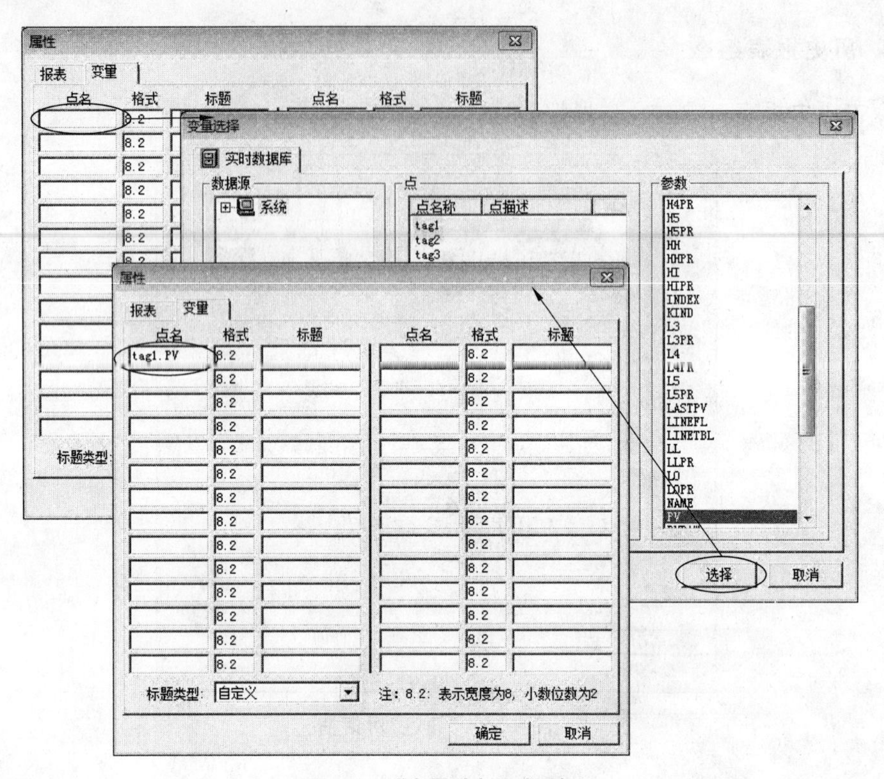

图 8-17 "变量选择"对话框

序号	采样时刻	区域1\report\tag2	区域1\report\tag3	区域1\report\tag4	区域1\report\tag4	区域1\report\tag5
29	2010/01/27 11:21:28	72.01	81.15	47.82	47.82	36.25
30	2010/01/27 11:21:29	3.35	68.81	96.47	96.47	10.35
31	2010/01/27 11:21:30	2.92	79.73	59.39	59.39	43.53
32	2010/01/27 11:21:31	61.34	79.30	91.85	91.85	2.18
33	2010/01/27 11:21:32	98.04	11.66	44.15	44.15	65.23
34	2010/01/27 11:21:33	77.79	92.82	5.29	5.29	41.31
35	2010/01/27 11:21:34	22.09	43.91	18.69	18.69	77.27
36	2010/01/27 11:21:35	77.98	32.74	96.82	96.82	90.51
37	2010/01/27 11:21:36	98.69	55.74	85.67	85.67	4.38
38	2010/01/27 11:21:37	60.75	92.94	82.23	82.23	86.92
39	2010/01/27 11:21:38	70.45	2.95	81.18	81.18	29.30
40	2010/01/27 11:21:39	27.67	17.75	79.34	79.34	55.97
41	2010/01/27 11:21:40	0.02	2.24	4.76	4.76	5.30
42	2010/01/27 11:21:41	19.51	67.89	82.71	82.71	98.44
43	2010/01/27 11:21:42	84.33	1.71	41.93	41.93	13.70
44	2010/01/27 11:21:43	47.78	73.55	67.10	67.10	11.91
45	2010/01/27 11:21:44	41.07	76.94	38.19	38.19	60.42
46	2010/01/27 11:21:45	63.44	2.76	10.47	10.47	34.69
47	2010/01/27 11:21:46	91.18	11.32	72.12	72.12	58.61
48	2010/01/27 11:21:47	15.36	54.13	46.69	46.69	51.60
49	2010/01/27 11:21:48	61.38	81.42	84.94	84.94	96.60
50	2010/01/27 11:21:49	93.53	54.12	67.80	67.80	61.21
51	2010/01/27 11:21:50	50.34	36.41	66.25	66.25	21.17
52	2010/01/27 11:21:51	25.09	97.58	16.34	16.34	38.78
53	2010/01/27 11:21:52	63.41	42.59	85.85	85.85	33.86
54	2010/01/27 11:21:53	44.37	11.96	54.54	54.54	96.93
55	2010/01/27 11:21:54	84.26	27.52	74.31	74.31	73.67
56	2010/01/27 11:21:55	86.25	67.82	71.58	71.58	85.87
57	2010/01/27 11:21:56	9.95	25.59	67.07	67.07	57.37
58	2010/01/27 11:21:57	39.12	19.24	91.14	91.14	87.84

图 8-18 查询历史结果

3. 历史报表函数

报表函数如表 8-1 所示，具体用法请参考《函数手册》。

表 8-1 报表函数

函 数	说 明	函 数	说 明
AddPVName	增加点名	PrePrint	打印报表预览
GetPVName	获取点名	Print	打印报表
ModifPVName	修改点名	SaveCSV	保存报表到 CSV 文件
NowTime	设置报表结束时间为当前时间	SetTime	设置报表开始时间
OffDay	设置报表开始时间	SetTimeEx	设置报表开始时间
OffHour	设置报表开始时间	SetTimeSpan	设置报表时间范围,间隔
OffMinute	设置报表开始时间		

思考与习题

8.1 怎样创建历史报表?

8.2 怎样创建专家报表?

8.3 试创建一个历史报表,并能查看第 2 章中存储罐液位历史改变情况。

8.4 试创建一个专家报表,并能实时浏览第 2 章中存储罐液位改变情况。

第9章 chapter 9

报警和事件

监控设备发生异常的时候，通过报警来通知操作人员控制过程和系统的情况，力控能及时将控制过程和系统的运行情况通知操作人员，同时要求操作人员做出响应。

事件能记录系统各种状态的变化和操作人员的活动情况，而不要求操作人员做出响应。当产生一个特定系统状态时，例如某操作人员登录到力控时，事件即被触发。

力控支持过程报警、系统报警和事件记录的显示、记录和打印。

过程报警是指过程情况的警告，例如数据超过规定的报警限值、数据发生异常时，系统会自动提示和记录，根据需要还可以产生声音报警等。

系统报警包括系统运行错误报警、I/O设备通信错误报警、故障报警等。

事件记录则是系统对各种系统状态以及用户操作等信息的记录。

日志系统可以做特殊记录，对操作过程进行记录，用户可以通过记录对系统进行维护。

9.1 报警功能介绍

力控报警机制是指数据库中的点数据，即PV参数的值发生异常时，系统以不同方式进行通知的机制，通常在过程值超过用户定义的极限时触发。过程报警是过程情况的警告，例如数据超过规定的报警限值，系统会自动提示和记录。用户根据需要还可以设置是否产生声音报警、是否发送短信以及是否发送E-mail等。

报警组件是报警的一种界面显示工具，它以列表的形式显示发生的报警及对报警的处理。使用报警组件时首先要绑定一个后台组件（报警中心），所有报警相关信息都从这个后台组件获得。

1. 报警类型和优先级

数据库里点的属性中有“报警参数”属性页用来定义点的报警。报警参数同时也是力控留给用户的设置接口，用户可以通过设置数据库变量的相关参数来进行报警设置。在这里以表格的形式把所有报警的相关参数列举出来，如表9-1和表9-2所示。

表 9-1 模拟量报警参数

模拟量报警		
低 5 报报警	低 5 报限参数 L5	低 5 报限报警优先级 L5PR
低 4 报报警	低 4 报限参数 L4	低 4 报限报警优先级 L4PR
低 3 报报警	低 3 报限参数 L3	低 3 报限报警优先级 L3PR
低低限报警	低低限参数 LL	低低限报警优先级 LLPR
低限报警	低限参数 L0	低限报警优先级 L0PR
高限报警	高限参数 HI	高限报警优先级 HIPR
高高限报警	高高限参数 HH	高高限报警优先级 HHPR
高 3 报报警	高 3 报限参数 H3	高 3 报限报警优先级 H3PR
高 4 报报警	高 4 报限参数 H4	高 4 报限报警优先级 H4PR
高 5 报报警	高 5 报限参数 H5	高 5 报限报警优先级 H5PR
变化率报警	限值 RATE 和周期 RATECYC	变化率报警优先级 RATEPR
偏差报警	偏差限值 DEV 和设定值 SP	偏差报警优先级 DEVPR
报警死区	死区限值 DEADBAND	
延时报警	延时时间 ALARMDELAY	

表 9-2 开关量报警参数

开关量报警		
开关量状态报警	报警逻辑 NORMALVAL	异常报警优先级 ALARMPR

(1) 报警类型

模拟量主要是指整型变量和实型变量。模拟量的报警类型主要有三种：越限报警、偏差报警和变化率报警。对于越限报警和偏差报警可以定义报警延时和报警死区，下面一一介绍。

① 限值报警

限值报警包括低 5 报限报警、低 4 报限报警、低 3 报限报警、低低限报警、低限报警、高限报警、高高限报警、高 3 报限报警、高 4 报限报警、高 5 报限报警，当过程测量值超出了这 10 类报警设定的限值时，相应的报警产生。

② 偏差报警

当过程测量值(PV)与设定值(SP)的偏差超出了偏差限值 DEV 时，报警产生。

③ 变化率报警

变化率报警：模拟量的值在固定时间内的变化超过一定量时产生的报警，即变量变化太快时产生的报警。当模拟量的值发生变化时，就计算其变化率以决定是否报警。变化率的时间单位是秒。

变化率报警利用式(9-1)计算：

$$（测量值的当前值-测量值上一次的值）/（这一次产生测量值的时间-上一次产生测量值的时间） \quad (9\text{-}1)$$

取其整数部分的绝对值作为结果，若计算结果大于变化率(RATE)/变化率周期(RATECYC)的值，则产生报警。

④ 死区

死区设定值DEADBAND防止了由于过程测量值在限值上下变化，不断地跨越报警限值造成的反复报警。

⑤ 延时报警

延时报警保证只有当超过延时时间ALARMDELAY后，PV值仍超出限值时，才产生限值报警。

⑥ 开关量状态报警

只要当前值与预先组态的报警逻辑(NORMALVAL)不同，就会产生报警。例如，某一点的报警逻辑(NORMALVAL)设为0→1，0为正常状态，不产生报警；当它的过程值(PV值)从0变成1时即产生报警。

⑦ 雪崩过滤点状态报警

确定雪崩过滤点是否处理报警的总开关，报警逻辑是规定的、不可编辑的，为0→1，0为正常状态，表示不满足雪崩条件，不产生报警；当雪崩为1时条件满足，即产生报警。

(2) 报警优先级

报警优先级的不同取值分别代表各类不同级别，优先级范围是1～9999，其中9999表示最严重。在报警控件中可以将不同的优先级用不同的颜色显示，更加直观。

在实时报警显示和系统报警窗口显示中，首先显示高优先级的报警。

以上涉及的是报警优先级参数，必须在数据库点组态中正确组态，其详细信息请参考数据库组态的内容。

报警优先级是处理和显示各类报警先后顺序的依据。它标志着报警的严重程度，可以用后台报警中心的方法获得报警的优先级，然后根据优先级进行其他处理。

2. 报警组和标签

每个报警点都会有报警组和标签 。报警组和标签都是按照实际意义对不同的报警点进行分类，以便轻松地进行跟踪和管理，在报警组件中还可以将已定义的报警组号或标签内容进行过滤查询。

报警组是以数字表示，可取0～99。标签可以自定义不同的文字，一个点最多支持9个标签。例如，按照设备来分类报警，可以把所有连接到一个设备plc的报警点的某个标签，如标签1都定义为相同的内容。如plc1，查询时以标签1=plc1为条件就可以查询到此设备的所有报警。一个报警点可以定义多个标签，从而属于不同的类别。

3. 报警状态

(1) 当数据处于报警状态时，用户可选择的提示方式有以下几种。

① 声音报警。

② 播放音乐或语音(语音自己录制,由 Playsound 函数播放)。

③ 发送 E-mail 或短信。

④ 本地报警控件进行实时和历史显示。

(2) 一个数据库点确定是否处于报警状态的方式有以下几种。

① 可以使用报警中心,详见报警中心的属性方法。

② 使用点参数. AlmStat 表示,详见点参数。

③ 使用数据库变量表示,详见参数报警。

9.2 报警组态

报警数据在实时数据库中处理和保存。各种报警参数是数据库点的基本参数,用户可在进行点组态的同时设置点的报警参数。

复合报警是用来显示和确认报警数据的窗口。由开发系统 Draw 在工程画面中创建,而由界面运行系统 View 运行显示。复合报警是利用访问实时数据库的报警信息来进行查询的,不但可以访问本地的历史报警数据,还可以访问远程数据库的实时历史报警数据,构成分布式的、网络化的报警系统。

力控过程报警的初始配置是在数据库组态界面中配置完成的,如图 9-1 所示为"报警参数"的基本配置界面,在此界面中可以配置报警限值、报警优先级、报警死区、报警延时时间、偏差报警和变化率报警、报警组、标签等。

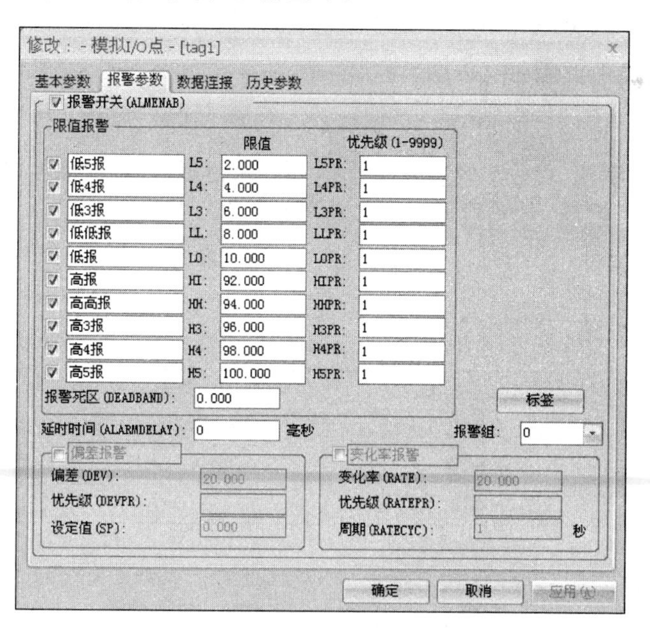

图 9-1 "报警参数"基本配置对话框

9.3 报警中心

1. 概述

后台报警中心组件类似一个报警存储中心,它和 Db 产生的报警同步,即当报警产生时,后台组件会首先获得报警,然后再传给报警组件,如复合报警组件。

2. 配置方式

创建新工程后,力控开发系统会自动生成一个报警中心组件。如用户有需要可另外再创建新的报警中心组件。创建方法如下,在力控的开发系统下,选择"工程导航栏"→"后台组件",弹出如图 9-2 所示的对话框。

选择并双击"报警中心"组件,弹出如图 9-3 所示的对话框。

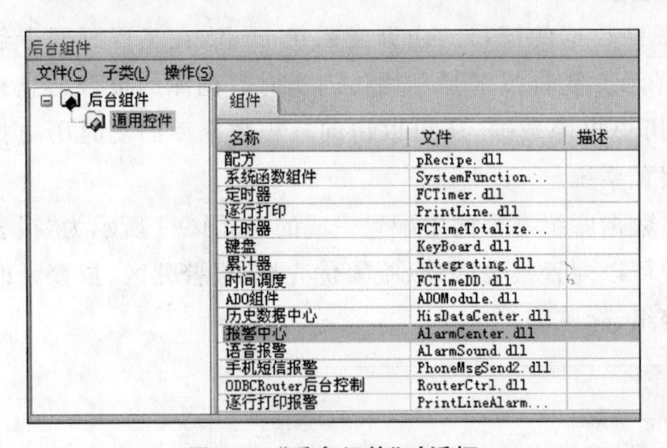

图 9-2 "后台组件"对话框

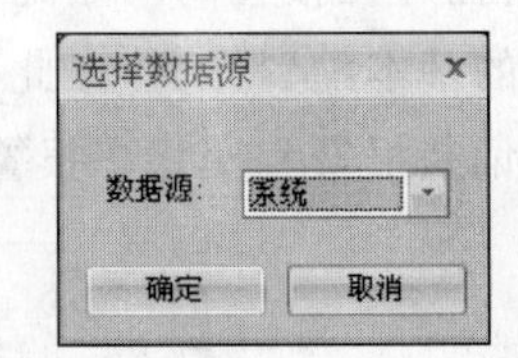

图 9-3 "选择数据源"对话框

选择对应的数据源,单击"确定"按钮后就会创建报警中心,存储在后台组件管理中。

3. 报警中心的属性、方法

与报警中心的属性、方法相关的函数如表 9-3 所示,具体用法请参考函数手册。

表 9-3 函数

属性/方法	说明	属性/方法	说明
AckGroup	确认数据库报警组	GetNewAlarm	获取最新的报警信息
AckLay	确认层报警	GetCurAlarm	获取最新的报警信息
AckTag	确认数据库点报警		

9.4 复合报警

复合报警使用两种预定义的类型:实时报警和历史报警。实时报警只反映当前未确认、确认和恢复的报警。如果经过处理后一个报警返回到正常状态,则这个变量的报警状态变为“恢复”状态，它前面产生的报警状态从显示中消失。历史报警反映了所有发生过的报警。历史报警记录可显示出报警发生的时间、确认的时间和报警状态返回到正常状态时的时间。

1. 概述

复合报警是报警显示的主要组件，当有报警产生时窗口上有报警点的显示，并可显示是否已经被确认，不同状态以不同的颜色表示。

力控允许配置报警记录，包括显示字体、确认未确认项的显示颜色等。

报警记录由以下字段组成：“日期＋时间＋位号＋数值＋限值＋类型＋级别＋报警组＋确认＋操作员”。各个字段在运行时是否显示是可选择的，如果报警设有标签的话可以加上标签。

(1) 日期：报警发生的日期，格式为年/月/日。

(2) 时间：报警发生的时间，格式为时：分：秒.毫秒

(3) 位号：当前报警的点的名称。

(4) 数值：产生报警时的过程值。

(5) 限值：当前报警点在实时数据库中设置的报警限值。

(6) 类型：发生报警的类型，模拟量报警包括低5报、低4报、低3报、低低报、低报、高报、高高报、高3报、高4报、高5报、偏差报警、变化率报警等；开关量报警实际上就是异常值报警，共有三种报警逻辑，当开关点符合报警逻辑时就产生报警。

(7) 级别：发生报警的优先级别。

(8) 报警组：产生报警的点属于哪个报警组，总共可设99个报警组。

(9) 确认：报警处于确认、未确认、恢复、未恢复中的哪种状态。

(10) 操作员：报警确认的操作员级别。

2. 创建复合报警记录

在开发环境下，顺序单击“工具”→“复合组件”，打开“复合组件”对话框，还可从“工程”→“工程导航栏”→“复合组件”中打开。在复合组件窗口的“报警”子目录下，可找到“复合报警”控件，如图9-4所示。

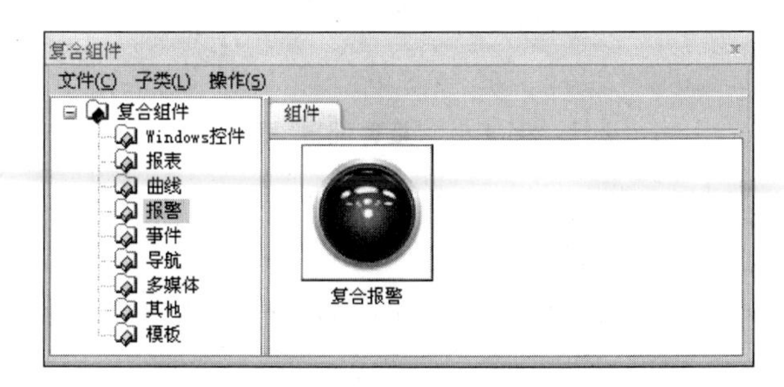

图9-4　“复合组件”对话框

选择“复合报警”控件，即可将一个本地报警控件添加到当前活动文本框中，如图9-5所示。

日期	时间	位号	数值	限值	类型	级别	报警组	确认	操作员

图 9-5 活动文本框

3. 配置复合报警

双击图 9-4 中的“复合报警”控件，可以对报警属性进行设置，包括“报警配置”、“报警过滤”、“记录格式”和“外观设置”。

（1）报警配置

报警配置是产生报警时是否发出报警声音、是否蜂鸣报警，报警确认后是否停止播放的配置，以及发出报警时的报警优先级、报警文字、确认文字和恢复文字等一些属性的添加设置，如图 9-6 所示。

图 9-6 “报警配置”页

① 报警声音：选择是否发出报警声音，模式为蜂鸣报警或声音报警，以及是否确认后停止播放报警。

② 属性：对不同优先级报警的报警文字、确认文字、恢复文字和报警声音等一些属性的设置。

- 报警优先级：选择不同的报警优先级，如果是全部的话就写 ALL。
- 报警文字：生成报警时文字颜色的设置。
- 报警背景：生成报警时背景颜色的设置。

• 确认文字：确认报警后文字颜色的设置。
• 确认背景：确认报警后背景颜色的设置。
• 恢复文字：过程值恢复到不报警状态时文字的颜色。
• 恢复背景：过程值恢复到不报警状态时背景的颜色。
• 报警声音：选择对应的声音文件，格式为.wav。

(2) 报警过滤

可以设置不同的过滤条件从报警中心查询符合条件的报警记录，界面如图 9-7 所示。

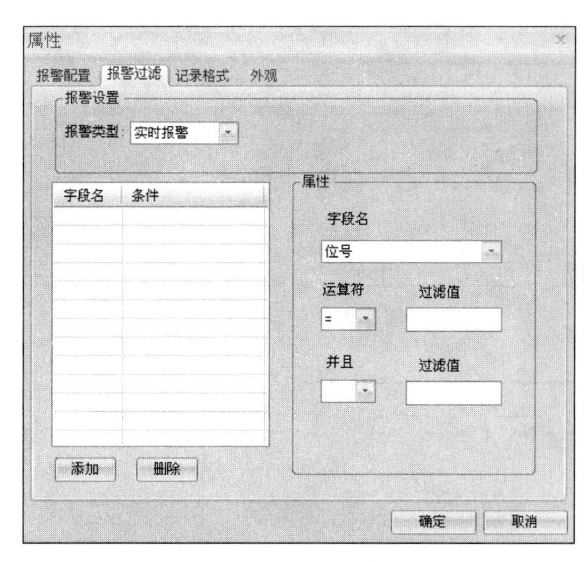

图 9-7 “报警过滤”页

① 报警类型：报警类型分实时报警和历史报警。
② 属性：设置报警过滤条件，对报警过滤条件进行添加和删除。

(3) 记录格式

记录格式用来配置记录的显示内容，即记录的字段名，还可以对字段名进行不同方式的排序。已选列中所列出的字段名将会是系统运行时复合报警组件所显示的字段，配置界面如图 9-8 所示。

(4) 外观

外观选项卡可设置该控件在运行状态下的显示样式，配置界面如图 9-9 所示。

① 颜色：设置表头背景颜色、表头文字颜色和窗口背景颜色。
② 风格：设置报警组件的风格样式以及报警字体。

• 操作栏：可以在运行状态下显示报警的操作按钮，便于操作显示。
• 状态栏：用于显示报警信息的状态。
• 水平线/垂直线：可以在运行状态下显示报警表格的水平/垂直线。
• 报警字体与表头字体：用于设置报警不同位置的报警字体。
• 自适应行高：设定报警内容区所显示报警的行高。
• 显示上下文相关菜单：用于显示报警内容区右键菜单操作方式，如图 9-10 所示。

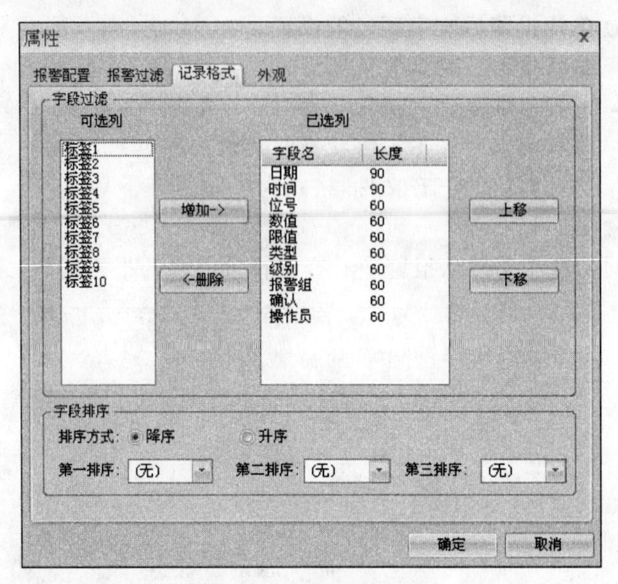

图 9-8 “记录格式”页

图 9-9 “外观”页

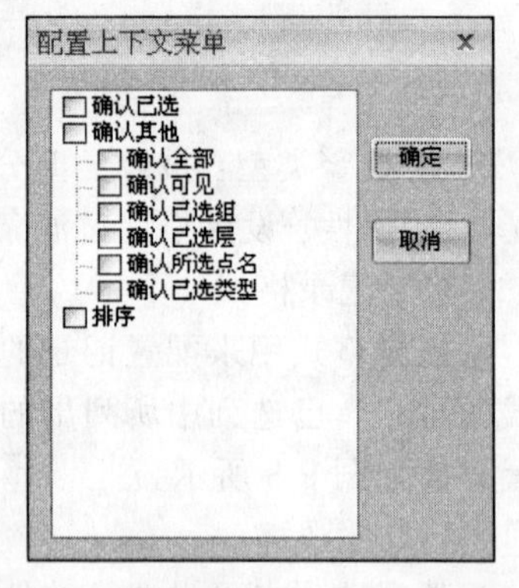

图 9-10 “配置上下文菜单”对话框

确认已选：表示确认已选中的报警信息。

确认全部：表示确认全部的报警信息。

确认可见：表示确认内容区可见报警信息。

确认已选组：表示确认所选组内的报警信息。

确认已选层：表示确认所选层内的报警信息。

确认所选点名：表示确认选中点名的报警信息。

确认已选类型：表示确认选中类型的报警信息。

排序：表示对报警的排序设置。

③ 报警：设置产生报警时是否有其他动作产生，例如闪烁和渐变等、前景色背景色方式的设置、起始报警和结束报警时颜色的设置。

④ 绑定组件：选择绑定后台报警组件和是否绑定数据源树。

4. 复合报警的属性、方法

与复合报警的属性、方法相关的函数如表 9-4 所示，具体用法请参考《函数手册》。

表 9-4 函数

属性	说明
AckAlarmCount	获取确认报警个数
AckAllAlarm	确认全部报警信息
AckSingleAlarm	确认选中报警信息
AlarmPrint	打印报警信息
AllAlarmCount	获取所有报警个数
GetHisAlarmBeginTime	获取历史查询起始时间
GetHisAlarmEndTime	获取历史查询结束时间
NoAckAlarmCount	获取未确认报警个数
PlaySound	播放指定 MAV 文件的报警或蜂鸣，指定 MAV 文件的大小不超过 100KB
QueryHisAlarmByCond	查询历史报警
QueryHisAlarmByTime	使用当前过滤条件查询历史报警，查询历史报警的时间间隔不能超过 30 天
QueryRealAlarmByCond	查询实时报警
RestoreAlarmCount	获取恢复报警个数
SelectAlarmType	选择报警类型
SetAlarmConfig	根据当前报警类型设置过滤条件
SetMuffle	设置为消音模式
ShowStatus	是否显示状态栏
ShowTableHorLine	是否显示表格水平线
ShowTableVerLine	是否显示表格垂直线
ShowTitle	是否显示操作栏
StopSound	停止播放指定 MAV 文件的报警或蜂鸣

5. 运行环境

运行力控后“复合报警”控件显示如图 9-11 所示。

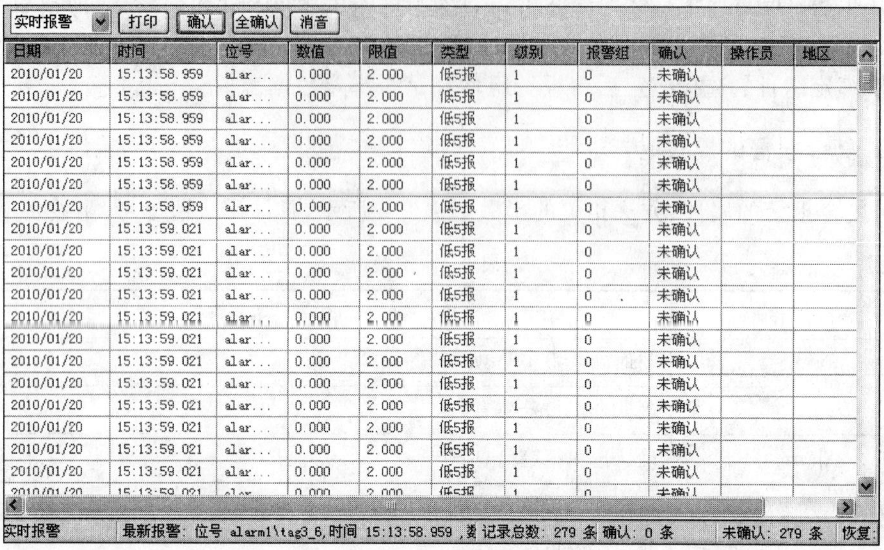

实时报警 ▾ | 打印 | 确认 | 全确认 | 消音

日期	时间	位号	数值	限值	类型	级别	报警组	确认	操作员	地区
2010/01/20	15:13:58.959	alar...	0.000	2.000	低5报	1	0	未确认		
2010/01/20	15:13:58.959	alar...	0.000	2.000	低5报	1	0	未确认		
2010/01/20	15:13:58.959	alar...	0.000	2.000	低5报	1	0	未确认		
2010/01/20	15:13:58.959	alar...	0.000	2.000	低5报	1	0	未确认		
2010/01/20	15:13:58.959	alar...	0.000	2.000	低5报	1	0	未确认		
2010/01/20	15:13:58.959	alar...	0.000	2.000	低5报	1	0	未确认		
2010/01/20	15:13:58.959	alar...	0.000	2.000	低5报	1	0	未确认		
2010/01/20	15:13:59.021	alar...	0.000	2.000	低5报	1	0	未确认		
2010/01/20	15:13:59.021	alar...	0.000	2.000	低5报	1	0	未确认		
2010/01/20	15:13:59.021	alar...	0.000	2.000	低5报	1	0	未确认		
2010/01/20	15:13:59.021	alar...	0.000	2.000	低5报	1	0	未确认		
2010/01/20	15:13:59.021	alar...	0.000	2.000	低5报	1	0	未确认		
2010/01/20	15:13:59.021	alar...	0.000	2.000	低5报	1	0	未确认		
2010/01/20	15:13:59.021	alar...	0.000	2.000	低5报	1	0	未确认		
2010/01/20	15:13:59.021	alar...	0.000	2.000	低5报	1	0	未确认		
2010/01/20	15:13:59.021	alar...	0.000	2.000	低5报	1	0	未确认		
2010/01/20	15:13:59.021	alar...	0.000	2.000	低5报	1	0	未确认		
2010/01/20	15:13:59.021	alar...	0.000	2.000	低5报	1	0	未确认		
2010/01/20	15:13:59.021	alar...	0.000	2.000	低5报	1	0	未确认		

实时报警 | 最新报警：位号 alarm1\tag3_6,时间 15:13:58.959 ,数 记录总数：279 条 确认：0 条 | 未确认：279 条 | 恢复:

图 9-11 “复合报警”控件显示

报警显示包括实时报警以及历史报警，实时报警是实时显示报警的类型、级别等，历史报警显示力控运行后所产生的所有报警的历史记录，通过相关按钮可以进行查询，如图 9-11 所示。

(1) 确认报警

对于实时报警可以选择“确认”和“全确认”按钮，对当前产生的报警信息进行确认处理。

(2) 历史报警的查询

在左侧的下拉框中选择“历史报警”后，可以通过设置起始时间和结束时间进行历史报警的简单查询，如图 9-12 所示。

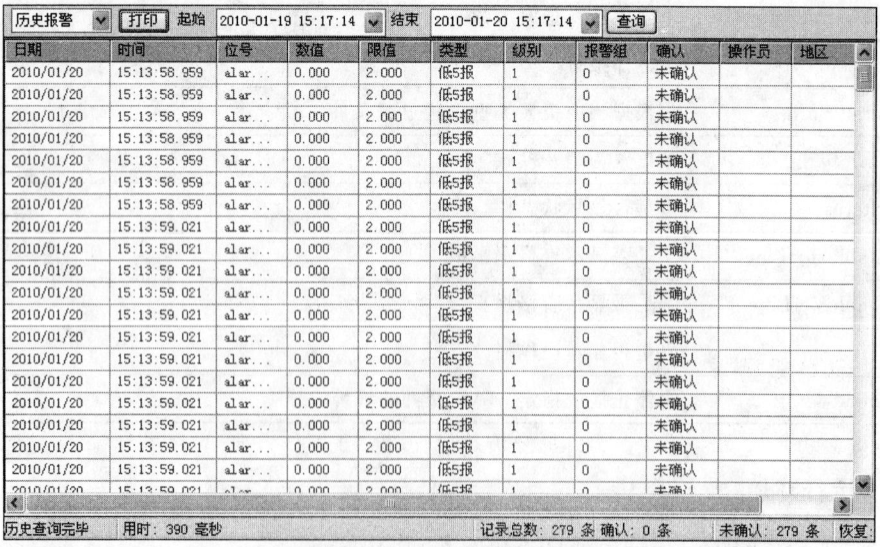

历史报警 ▾ | 打印 | 起始 2010-01-19 15:17:14 ▾ | 结束 2010-01-20 15:17:14 ▾ | 查询

日期	时间	位号	数值	限值	类型	级别	报警组	确认	操作员	地区
2010/01/20	15:13:58.959	alar...	0.000	2.000	低5报	1	0	未确认		
2010/01/20	15:13:58.959	alar...	0.000	2.000	低5报	1	0	未确认		
2010/01/20	15:13:58.959	alar...	0.000	2.000	低5报	1	0	未确认		
2010/01/20	15:13:58.959	alar...	0.000	2.000	低5报	1	0	未确认		
2010/01/20	15:13:58.959	alar...	0.000	2.000	低5报	1	0	未确认		
2010/01/20	15:13:58.959	alar...	0.000	2.000	低5报	1	0	未确认		
2010/01/20	15:13:58.959	alar...	0.000	2.000	低5报	1	0	未确认		
2010/01/20	15:13:59.021	alar...	0.000	2.000	低5报	1	0	未确认		
2010/01/20	15:13:59.021	alar...	0.000	2.000	低5报	1	0	未确认		
2010/01/20	15:13:59.021	alar...	0.000	2.000	低5报	1	0	未确认		
2010/01/20	15:13:59.021	alar...	0.000	2.000	低5报	1	0	未确认		
2010/01/20	15:13:59.021	alar...	0.000	2.000	低5报	1	0	未确认		
2010/01/20	15:13:59.021	alar...	0.000	2.000	低5报	1	0	未确认		
2010/01/20	15:13:59.021	alar...	0.000	2.000	低5报	1	0	未确认		
2010/01/20	15:13:59.021	alar...	0.000	2.000	低5报	1	0	未确认		
2010/01/20	15:13:59.021	alar...	0.000	2.000	低5报	1	0	未确认		
2010/01/20	15:13:59.021	alar...	0.000	2.000	低5报	1	0	未确认		
2010/01/20	15:13:59.021	alar...	0.000	2.000	低5报	1	0	未确认		
2010/01/20	15:13:59.021	alar...	0.000	2.000	低5报	1	0	未确认		

历史查询完毕 | 用时：390 毫秒 | 记录总数：279 条 确认：0 条 | 未确认：279 条 | 恢复:

图 9-12 “历史报警”的查询

(3) 打印

选择“打印”按钮,可以打印当前对话框中的内容。

(4) 消音

选择“消音”按钮,当有报警产生时报警声音会消除。

9.5 参数报警

1. 过程报警

用数据库变量表示某数据库区域中是否有报警产生,如果有报警产生,则此变量为1;如果报警都已恢复,那么此变量变为0,操作如下。

单击开发系统的“工程”导航栏→“变量”→“数据库变量”,添加一个新的数据库变量,选择“数据库状态”页,如图9-13所示。

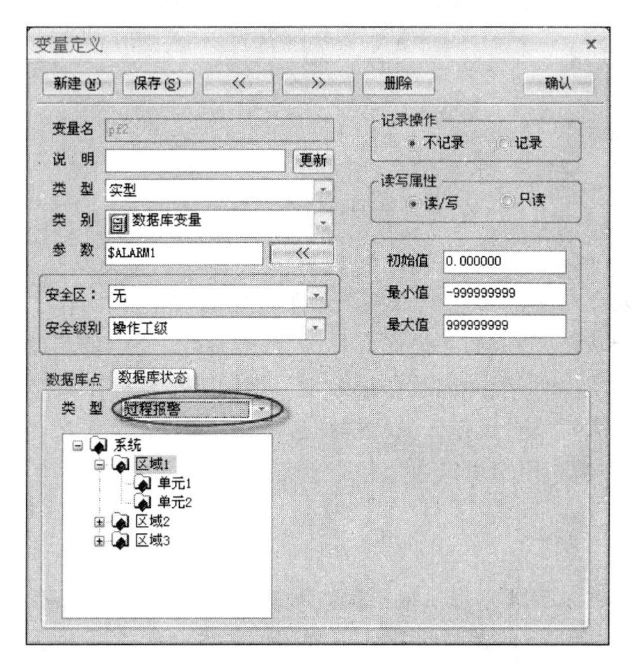

图9-13 过程报警

将pf2这个变量连到画面上,实时监测系统是否有报警产生。

2. I/O报警

用数据库变量表示某I/O设备是否通信正常,0代表正常,1代表异常,操作如图9-14所示。

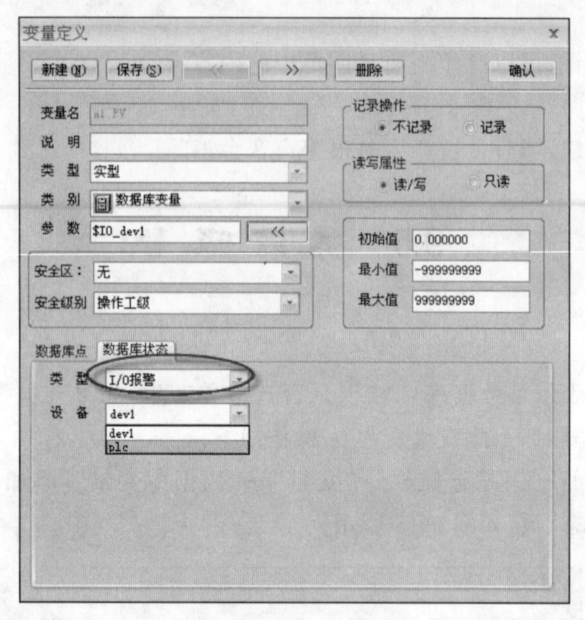

图 9-14　I/O 报警

9.6 事件记录

力控的事件处理功能模块能记录系统各种状态的变化和操作人员的活动情况。当产生某一特定系统状态时，例如某操作人员的登录、注销，站点的启动、退出，用户修改了某个变量值等事件发生时，事件记录即被触发。事件不需要操作人员应答。

力控的日志程序可以对操作人员的操作过程进行记录，并可记录力控相关程序的启动、退出及异常的详情。用户可以通过记录查看系统运行的信息。

1. 事件记录的内容

用户可以在开发系统和日志系统中配置事件记录，事件记录共有以下几项内容。

(1) 将操作员的登录、注销详情记入指定的关系数据库或日志系统。

(2) 将力控组件的启动、停止详情记入日志系统。

(3) 将力控工程运行过程中产生的消息、报警、错误等记入日志系统。

(4) 对于某些用户指定的变量，事件记录系统可以将用户对变量的操作详情记入指定的关系数据库或日志系统。

2. 变量产生的事件记录的配置

力控事件记录系统可以记录用户对变量的操作详情。如果用户想记录操作员对变量的操作详情，首先需要确定此变量在窗口上有数值输入连接，然后在开发系统的“工程”→“导航栏”→“变量”中，找到需要设置事件记录的变量（如数据库变量 A1），点选记录即可。设置界面如图 9-15 所示。

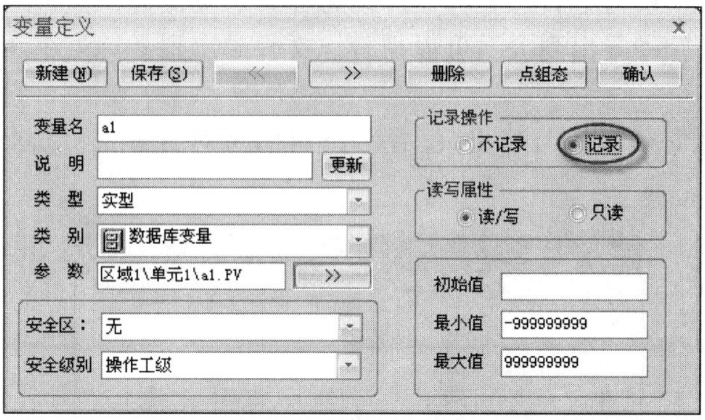

图 9-15　事件记录

对于中间变量和间接变量，用户也可直接在建立变量的同时设置是否记录操作。

9.7　事件记录的显示

1. 日志系统

日志系统包括两部分：系统日志和操作日志。日志系统将力控的各种组件的状态信息和相关通信信息统一起来管理，用户可以通过日志来了解软件的运行情况。

(1) 系统日志记录了力控的运行状态，包括运行系统 View、数据库系统 Db、I/O 监控器的运行状态，如图 9-16 所示。

图 9-16　系统日志记录

(2) 当用户在定义中间变量时选择了记录操作，变量变化时，变化内容就可以在操作日志中显示。

（3）选择"文件"→"打开日志文件"，可以选择之前存储的文件。

（4）选择"文件"→"另存日志文件"，可以另存日志文件。

（5）选择"文件"→"导出列表"，可以把日志文件导出到 csv 文件，可以直接用表格方式打开查看。

（6）选择"文件"→"设置"，弹出"设置"对话框，可对日志文件进行大小及属性的设置，如图 9-17 所示。

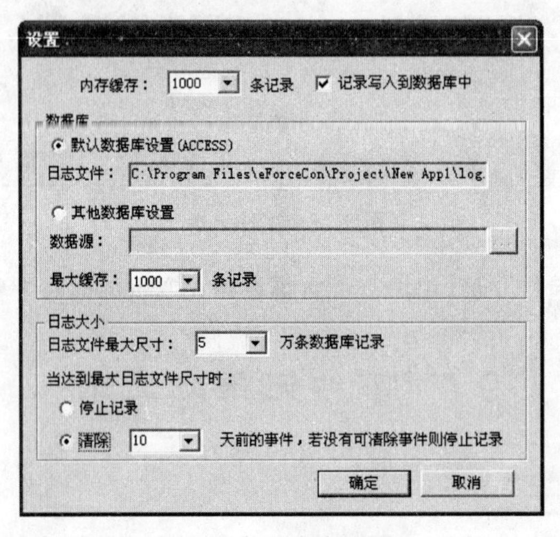

图 9-17 "设置"对话框

（7）可以选择日志文件的最大容量，当日志文件达到最大容量的时候，可以覆盖原文件，也可以另存为别的文件。这些都是用户可以自行设置选择的，为用户提供了很大的方便。

2. 本地事件记录的显示

使用本地事件组件显示当前运行的系统中所有的系统日志和操作日志的内容。

（1）本地事件的创建方法

① 在开发系统中，单击"工程"→"工程导航栏"→"复合组件"，选择"事件"下的"本地事件"，如图 9-18 所示。

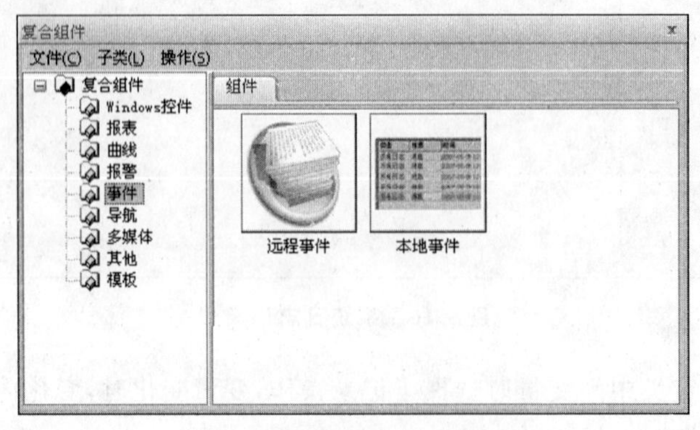

图 9-18 选择"本地事件"

② 双击“本地事件”，在窗口中显示本地事件的组件界面，如图 9-19 所示。

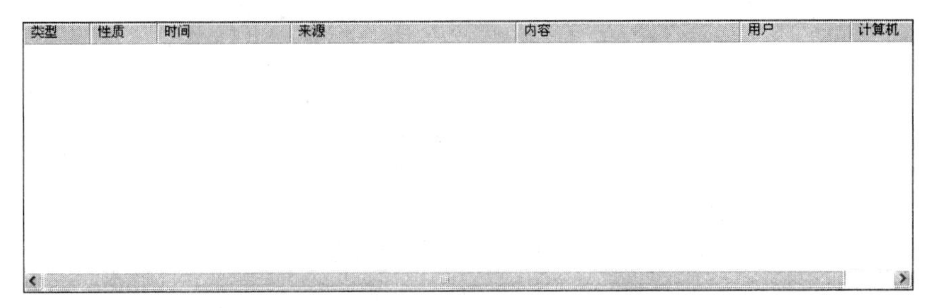

图 9-19 事件组件界面

③ 双击“本地事件”组件，弹出“属性”对话框，如图 9-20 所示。

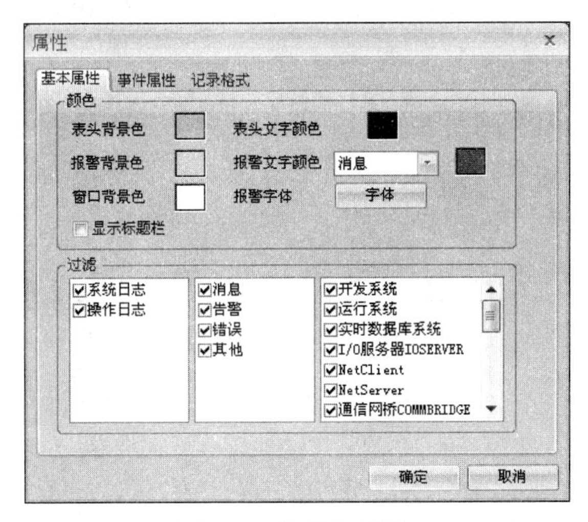

图 9-20 “属性”对话框

(2) 属性设置与运行系统

① 基本属性

“基本属性”页包括颜色和过滤两部分属性的设置，过滤主要是对在本地事件组中显示的内容进行设置，在复选框中选中的显示，反之不显示。

② 事件属性

“事件属性”页用来配置事件类型和连接的关系数据库，如图 9-21 所示。

- 实时事件：设置实时事件属性，“本地事件”组件中实时更新显示系统运行中的系统日志及操作日志。
- 事件查询：选择事件查询，可根据用户设置的日期、时间等查询出历史事件记录。
- 默认数据库(ACCESS)：此时本地事件查询的是力控的日志文件，其路径为当前工程路径\log.mdb。
- 其他数据库：使用此选项可以通过本地事件查询力控其他工程中的 log.mdb 日志文件，包括本地的其他工程和远程操作站上所运行的力控的工程。

③ 记录格式

“记录格式”页用来配置本地事件组件所显示的字段名，如图 9-22 所示。

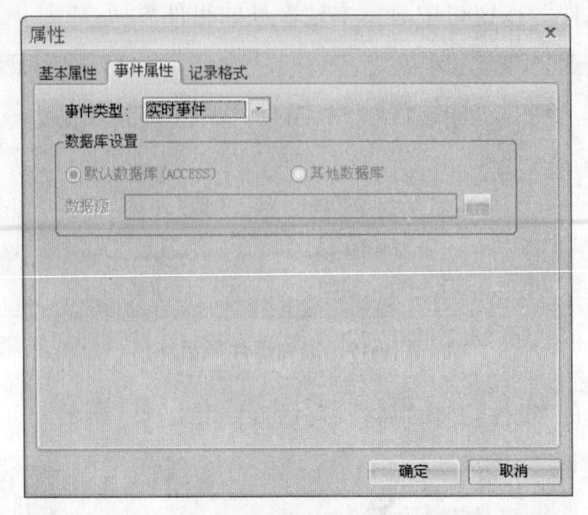

图 9-21 “事件属性”页

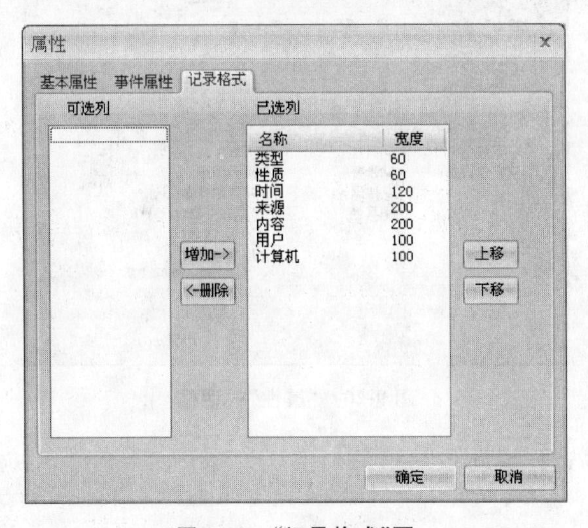

图 9-22 “记录格式”页

④ 运行界面

运行界面如图 9-23 所示。

类型	性质	时间	来源	内容	用户	计算机
系统...	消息	2010-01-21 09:...	I/O监控器	I/O组件Standard_Umodbus未授...		
系统...	消息	2010-01-21 09:...	I/O监控器	I/O组件PLC_AB_Com未授权，演...		
系统...	消息	2010-01-21 09:...	运行系统	View（演示方式，剩余时间：60...		
系统...	消息	2010-01-21 09:...	组件管理服务器COMMDLL	运行系统 startup		
系统...	消息	2010-01-21 09:...	组件管理服务器COMMDLL	IOO startup		
系统...	消息	2010-01-21 09:...	I/O服务器IOSERVER	dev1：设备点数为0		
系统...	消息	2010-01-21 09:...	I/O服务器IOSERVER	plc：设备点数为0		
系统...	消息	2010-01-21 09:...	I/O服务器IOSERVER	COM1：打开COM 1 成功		

图 9-23 运行界面

3. 分布式事件记录的显示

力控的运行系统产生的系统事件和操作事件，不仅能存入日志中，同时也可以存入关系数据库中(如SQL Server、Oracle)，并可以使用远程事件组件显示在异地系统窗口画面上。

(1) 事件记录配置

① 创建方式

在力控的开发系统中，顺序找到“配置”→“事件配置”→“事件记录”并双击，弹出“事件记录输出指定”对话框，如图9-24所示。

图9-24 事件记录配置

② 输出到数据库配置

将事件记录输出到数据库，需要配置数据源和数据表名称，对于数据源描述的详细配置方式如下。

在图9-24所示的对话框中，勾选“数据库”复选框，单击“数据源描述”后面按钮 ...，在文件数据源中，新建DSN名称，如图9-25所示。

在数据库中单击“选择”按钮，在对应的路径下选择数据库，单击“确定”按钮，如图9-26所示。

选择新建的数据源后单击“确定”按钮，返回到图9-25中的“选择数据源”对话框，单击“确认”按钮后，结果如图9-27所示。

数据表名称可以随意取，单击“确认”按钮后连接数据库就完成。运行的时候事件记录会自动输出到连接的数据库中。

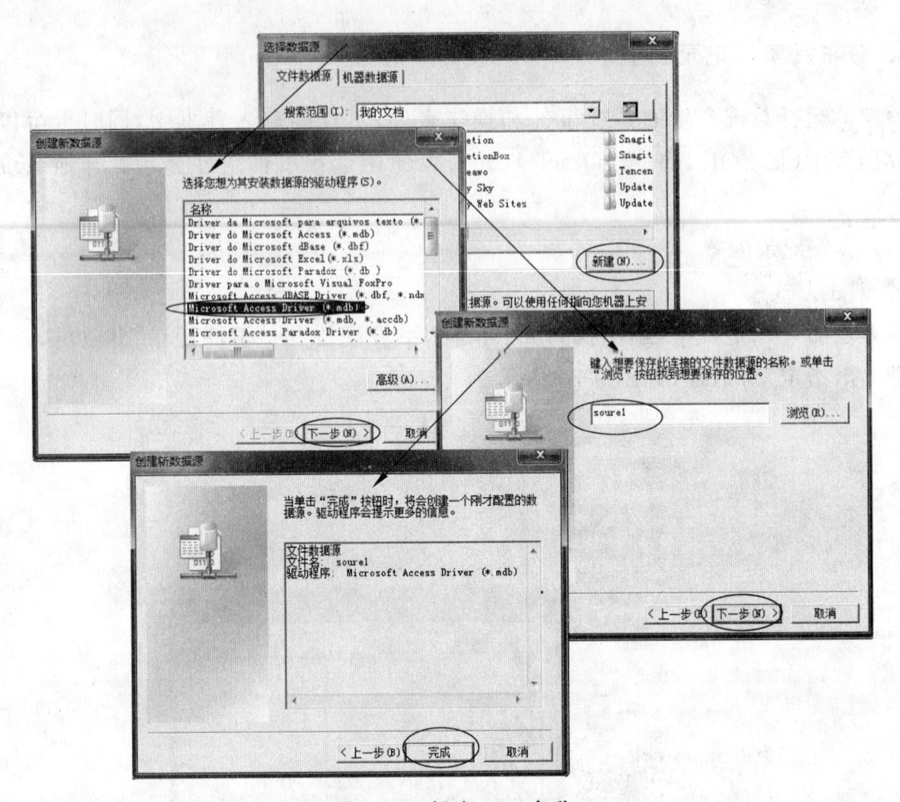

图 9-25　新建 DSN 名称

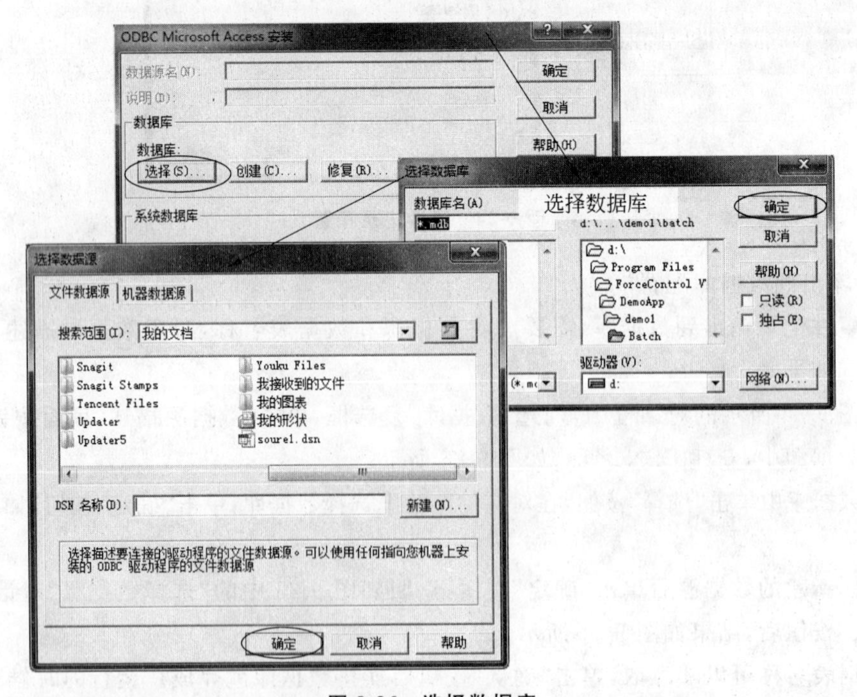

图 9-26　选择数据库

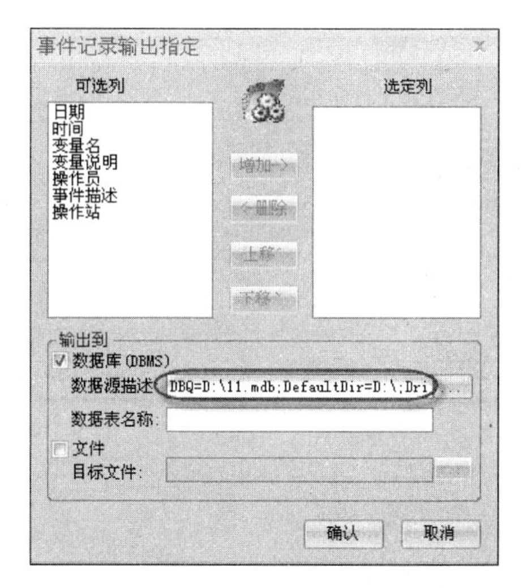

图 9-27 选择新建的数据源

事件记录也可以输出到 txt 文件中，选择“输出到文件”，选择对应的目标文件，运行的时候事件记录会自动输出到目标文件中。

(2) 运行系统

保存后进入运行系统，打开对应路径下的数据库中的数据表，即为事件导出到关系数据库中的记录，如图 9-28 所示。

Microsoft Access

event01 : 表

日期	时间	变量名	变量说明	事件描述	操作站
2007/05/17	16:33:02.962	a1.PV		由 0变为 12	XUE
2007/05/17	16:34:29.096	a1.PV		由 0.24702变为	XUE
2007/05/17	16:34:32.100	a1.PV		由 13变为 15	XUE
2007/05/17	16:34:34.233	a1.PV		由 15变为 78	XUE
2007/05/17	16:34:36.897	a1.PV		由 78变为 77	XUE
2007/05/17	16:34:48.824	a1.PV		由 77变为 66	XUE
2007/05/17	16:34:50.927	a1.PV		由 66变为 43	XUE
2007/05/17	16:34:53.140	a1.PV		由 43变为 23	XUE
2007/05/17	16:34:56.835	a1.PV		由 23变为 42	XUE
2007/05/17	16:34:58.969	a1.PV		由 42变为 99	XUE
2007/05/17	16:35:01.352	a1.PV		由 99变为 22	XUE
2007/05/17	16:35:03.665	a1.PV		由 22变为 51	XUE
2007/05/17	16:35:06.299	a1.PV		由 51变为 18	XUE
2007/05/17	16:35:08.502	a1.PV		由 18变为 19	XUE
2007/05/17	16:35:11.156	a1.PV		由 19变为 19	XUE

图 9-28 运行系统

4. 远程事件组件

(1) 创建远程事件组件

依次打开“工程”→“复合组件”→“事件”→“远程事件”，双击“远程事件”，弹出远程事件的显示界面，如图 9-29 所示。

双击此远程事件，弹出“事件记录查询属性设置”，如图 9-30 所示。

(2) 数据源的配置

对于数据源描述的详细配置方式见上面章节的详细介绍，配置完的画面如图 9-31 所示。

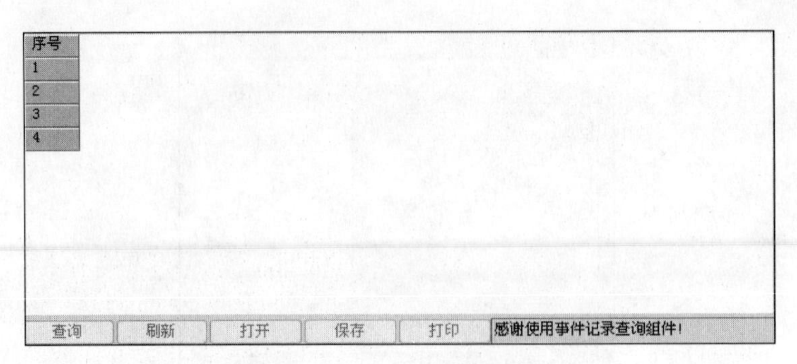

图9-29 创建远程事件组件

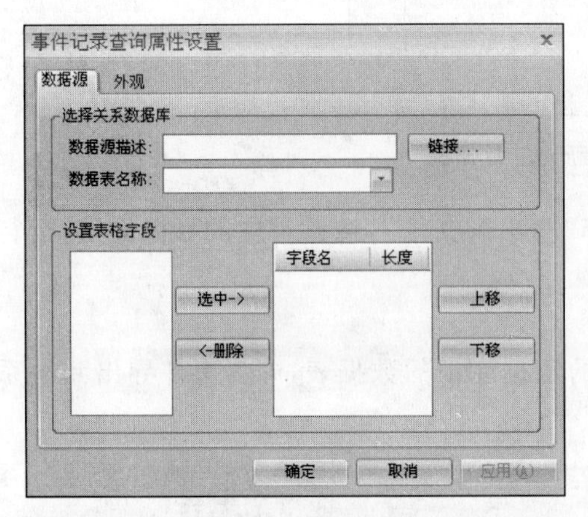

图9-30 “事件记录查询属性设置”对话框

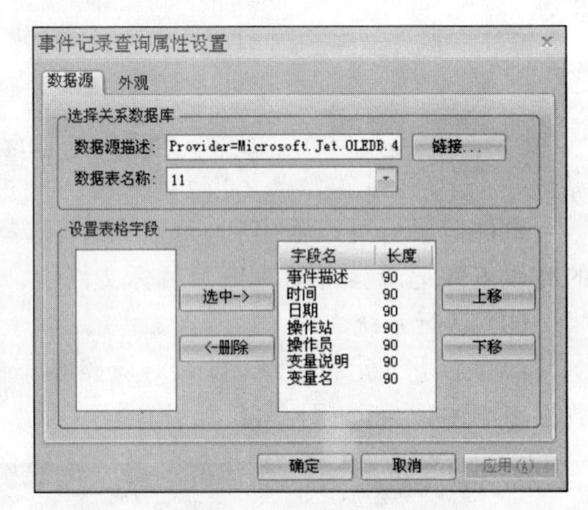

图9-31 “数据源”的配置

（3）运行系统

保存后进入运行系统，单击“查询”按钮，根据实际情况配置查询条件，以根据变量名查询为例，配置结果如图9-32所示。

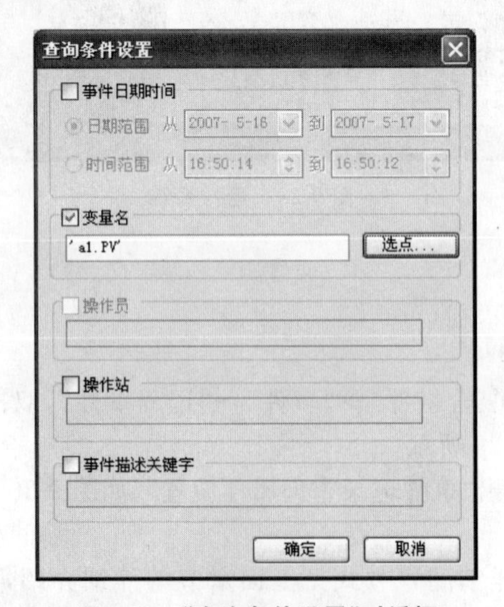

图9-32 “查询条件设置”对话框

单击“确定”按钮，运行的结果如图 9-33 所示。

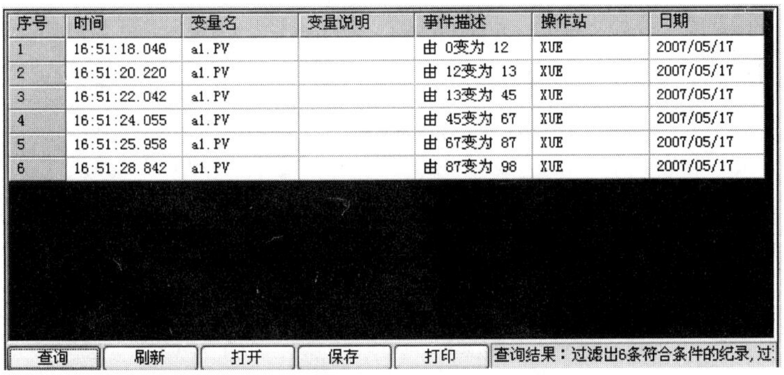

序号	时间	变量名	变量说明	事件描述	操作站	日期
1	16:51:18.046	a1.PV		由 0变为 12	XUE	2007/05/17
2	16:51:20.220	a1.PV		由 12变为 13	XUE	2007/05/17
3	16:51:22.042	a1.PV		由 13变为 45	XUE	2007/05/17
4	16:51:24.055	a1.PV		由 45变为 67	XUE	2007/05/17
5	16:51:25.958	a1.PV		由 67变为 87	XUE	2007/05/17
6	16:51:28.842	a1.PV		由 87变为 98	XUE	2007/05/17

查询 刷新 打开 保存 打印 查询结果：过滤出6条符合条件的纪录，过

图 9-33 运行结果

思考与习题

9.1 怎样用脚本方式实现按时查询历史报警记录？

9.2 试述创建一个报警事件的方法。

9.3 试述建立一个报警事件历史记录的方法。

9.4 试创建第 2 章存储罐中液体没有了而进液阀又不能开启进液时的报警。

9.5 试创建第 2 章存储罐中液体溢出了而排液阀又不能开启排液时的报警。

第10章 chapter 10

后台组件

后台组件是力控监控组态软件提供的一组工具，它们能够实现 modem 语音拨号、语音报警、逐行打印等功能，随运行系统一起加载运行，它们只有属性设置界面，没有运行界面，后台组件由此得名。使用时，可以把组件的属性链接到数据库变量或中间变量，在动作脚本中实现相应的功能。

力控提供的后台组件有截屏组件，E-mail 组件，语音拨号，批次，配方，系统函数组件，定时器，逐行打印，计时器，键盘，累计器，时间调度，ADO 组件，历史数据中心，报警中心，语音报警，手机短信报警，ODBCRouter 后台控制，逐行打印报警等。

添加后台组件的方法：在导航栏工程树形菜单中双击“后台组件”，会弹出“后台组件”列表对话框，如图 10-1 所示。

在后台组件树形菜单中双击需要的组件选项，会弹出相应组件的“属性”对话框，设置完“属性”对话框后单击“确定”按钮，即完成后台组件的添加。添加成功的后台组件会在右侧的停靠工具栏中显示，如图 10-2 所示。

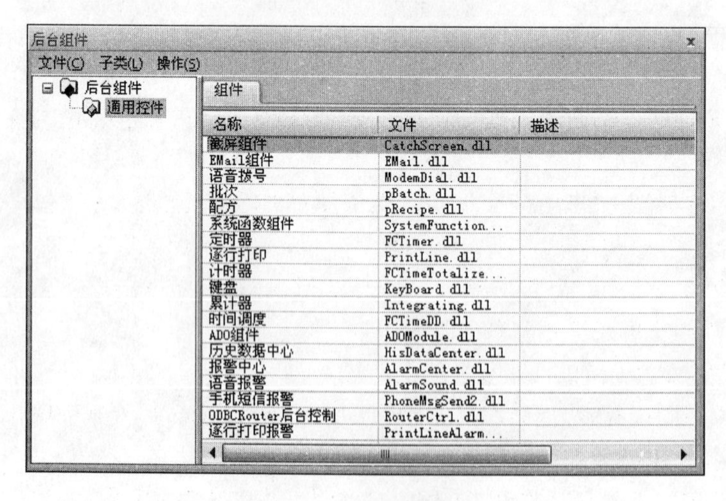

图 10-1 添加后台组件

图 10-2 “后台组件管理”对话框

10.1 截图组件

1. 功能

用户可设定手动、定时截取全屏或指定区域的画面，按照定义好的文件名生成扩展名是jpg的图片文件，存储到指定目录下。

2. 参数设置

打开力控监控组态软件的开发环境，在“工程”导航栏中选择“后台组件”，双击打开“后台组件”组态对话框，在右侧选择“截屏组件”，双击弹出组件“属性”设置对话框，如图10-3所示。

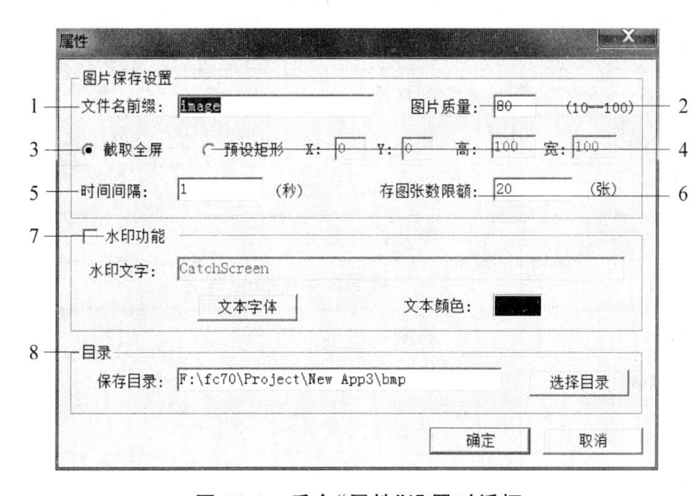

图10-3 后台“属性”设置对话框

(1) 文件名前缀：在定时、手动截取屏幕时，用此前缀和时间组成保存图片的文件名。

(2) 图片质量：保存图片时图片的图像质量，质量低的图片占用空间也会小一些。

(3) 截取全屏：截取当前屏幕的显示内容。

(4) 预设矩形：使用 X、Y 坐标和高、宽长度设定一个矩形框，坐标是以屏幕左上角为原点、以像素为单位的，高和宽的长度也以像素为单位。

(5) 时间间隔：定时截取的时间间隔，以秒为单位。

(6) 存取张数限额：选择定时存取，组件将截取的图片存储到指定文件夹，达到限额后，会将最先存储的图片删除，用新的图片替代，实现图片更新。

(7) 水印功能：可将设定的文字自动加到生成的图片上面，可以设置文字内容、字体颜色。

(8) 目录：指定图片存储的目录，如果指定的文件夹不存在，截图组件会自动生成文件夹。

3. 方法及属性

截图组件提供了多种属性和方法用来控制组件的各种功能,包括启动、停止等。表10-1是方法及属性的功能列表,具体用法请参考《函数手册》。

表10-1 函数

方法及属性	说明
bCatchFScreen	是否截取全屏(截图分为全屏截取和预设矩形截取)
bDrawWaterText	是否显示水印文字
bStartCatch	是否开始截图
CatchCurScreen	截取当前屏幕
CatchTime	定时保存时间周期
FileName	文件名前缀
PicQuality	图片质量
PrintCurScreen	截取当前屏幕
PrintSet	设置打印配置
SavePath	图片保存路径
SetCatchRect	设置截屏矩形的位置与大小
StartCatch	启动定时截屏
StartManualCatch	开始手动截屏
StopCatch	停止定时截屏
WaterText	图片上的说明文字

10.2 E-mail控件

1. 功能

由属性设置中触发属性控制发送,将预先设定好的邮件信息发送到指定的用户邮箱内。用户可以用此控件,在工程运行时将用户所关注的信息,如报警消息等及时发送给设定用户。

2. 参数设置

E-mail控件的属性设置窗口如图10-4所示,需要设置的参数包括邮件服务器地址、收件人地址、发件人地址、是否发送信息到操作日志、是否校验、用户名称、密码、信件标题、信件正文、附件等。

(1) SMTP服务器地址:发件人邮箱的SMTP服务器地址。如smtp.sina.com。

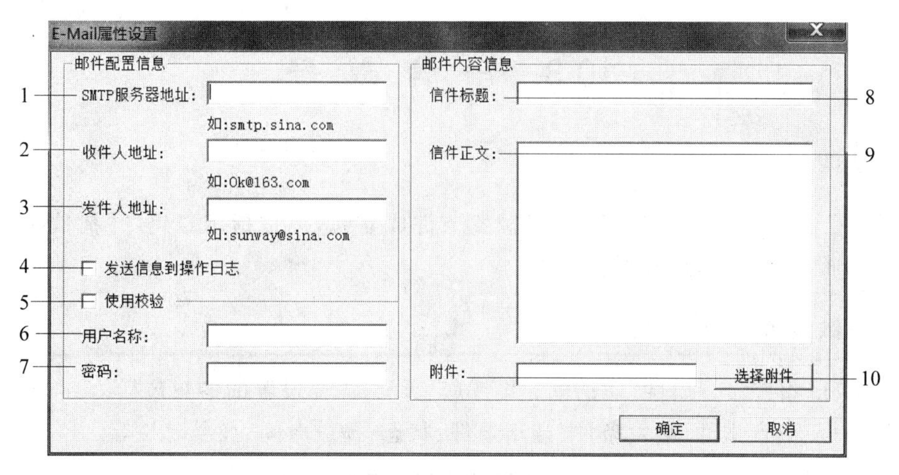

图 10-4 "E-mail 控件属性设置"对话框

(2) 收件人地址：收件人的邮箱地址，如 OK@163.com。

(3) 发件人地址：发件人的邮箱地址。

(4) 发送信息到操作日志：如果选中，在操作日志中可以看到邮件发送是否成功等信息。

(5) 使用校验：在发送邮件时，是否到发件人邮箱的邮件服务器中，校验发件人的用户名、密码。

(6) 用户名称：发件人登录邮箱所在邮件服务器时使用的用户名。

(7) 密码：发件人登录邮箱所在邮件服务器时使用的密码。

(8) 邮件标题：要发送邮件的标题。

(9) 信件正文：要发送的邮件的正文。

(10) 附件：可添加和邮件一起发送的附加文件，只能附加单个文件。如果要附多个，可使用压缩工具。

3. 方法及属性

表 10-2 是属性方法的功能列表，具体用法请参考《函数手册》。

表 10-2 函数

方法及属性	说　　明	方法及属性	说　　明
Content	发送信件的正文	State	邮件发送状态
FromAddress	发件人邮件地址	Title	信件标题
Part	发送信件的附件	ToAddress	收件人地址
Password	用户密码	UserName	用户名称
SendEmail	发送邮件	UsingCheck	发送邮件是否使用检验
SmtpAddress	发送邮件 SMTP 服务器地址		

10.3 语音拨号

1. 功能

使用带有语音功能的 Modem,在触发条件成立时,拨打指定号码,并播放指定的语音文件,如报警产生时,拨号报警。

2. 参数设置

“Modem 报警设置属性”对话框如图 10-5 所示,需要设置的参数包括语音 Modem 线路、电话号码、声音文件、触发条件、挂断条件、状态、播放时间、拨号时长等。

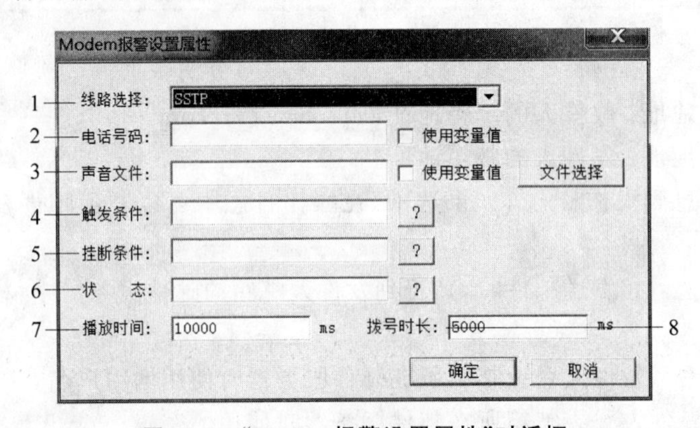

图 10-5 “Modem 报警设置属性”对话框

(1) 线路选择:选择要使用的语音 Modem 设备。

(2) 电话号码:输入的电话号码要真实有效,如果在分机内要拨打别的分机,则直接输入分机号;如果是拨打外线或者总机转分机的情况,则中间输入逗号进行分隔,如 0,821345611 或 821345611,811。可以直接手动写入字符,也可以选中使用变量,链接到力控字符型变量或数据库点的 DESC 属性。

(3) 声音文件:当发生报警时所要播放的声音文件,音频文件格式为 PCM、8000Hz、16 位、单声道。可以查看声音文件的属性,来判断是否是要求的格式,如果不是,可以使用系统提供的“录音机”工具(“开始”菜单→“程序”→“附件”→“娱乐”)改变 WAVE 文件的属性(按照 PCM、8000Hz、16 位、单声道的格式重新保存文件)。可直接手动输入文件路径、单击“浏览”按钮查找声音文件或者选择使用变量,连接到力控字符型变量或数据库点的 DESC 属性。

(4) 触发条件:设定开始拨号的条件,可手动输入表达式或链接到变量。触发条件为 1 时,开始拨号,开始后触发条件的值被置为 0。

(5) 挂断条件:条件成立时自动挂断不再拨号,可手动输入条件或链接到力控变量。

(6) 状态:在拨打过程中其值为 0,拨打成功其值为 1,若占线或无人接听其值返回 255,可链接到力控变量。

(7) 播放时间：声音文件播放的时间长度。

(8) 拨号时长：拨号开始后，等待多长时间，开始播放声音文件。

10.4 配　方

1. 功能

配方组件是针对工业中要求有不同的生产方案而提出的一种控制工具，对同一个生产过程可以通过改变其配方来生产同一产品的不同配料方案。使用配方组件可以使控制过程的自动化程度加深。

2. 参数设置

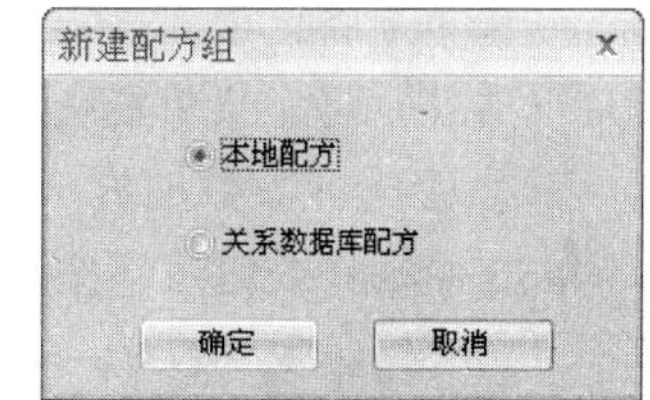

图 10-6 “新建配方组”对话框

“新建配方组”对话框如图 10-6 所示，需要设置配方的种类。

本地配方：将实时数据库中的变量作为配方原料下置表达式来建立配方。

关系数据库配方：调用关系数据库中的数据设置原料及表达式来建立配方。

(1) 本地配方组件的“配方管理”窗口如图 10-7 所示。

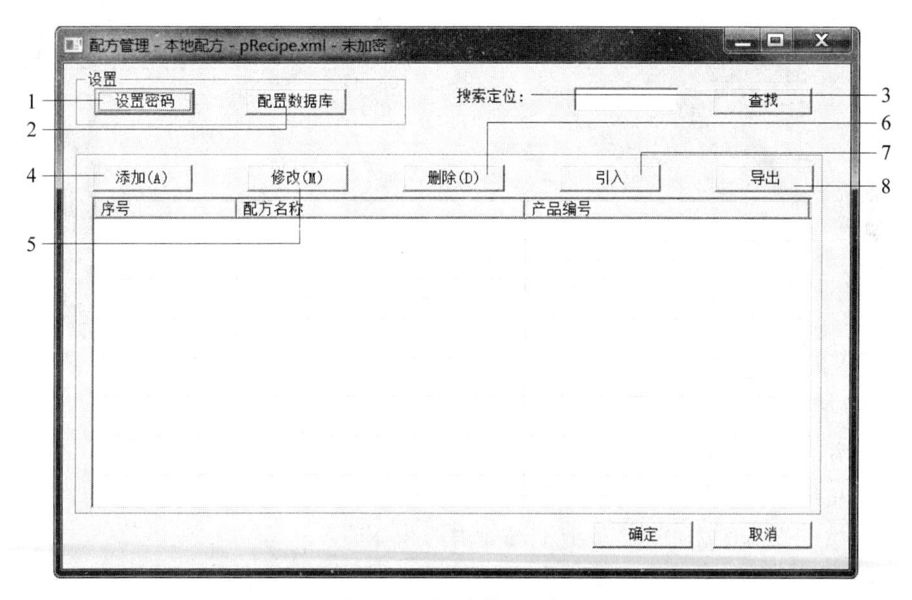

图 10-7 “配方管理”窗口

① 配方管理窗口参数包括以下几种。

- 设置密码：设置密码后，再次进入开发环境的配方管理界面前要对密码进行确认，确认后才能进入配方管理属性界面。
- 配置数据库：通过配置数据库可以将执行过的配方中对应的数据下置到设置好

的数据库的数据表中，方便以后的查看。若不输入“下置记录表”，则程序执行后将以配方组的名称建表存数据。

- 搜索定位：通过输入“配方名称”或“产品编号”，单击“查找”按钮可以定位其在本页的位置。
- 添加：单击“添加”按钮，弹出“设置配方”对话框添加新的配方。
- 修改：选中预先定义好的配方，单击“修改”按钮，可进入选中配方的设置界面对其进行修改。
- 删除：删除选中的配方。
- 引入：将已经配置好的 xml 或 rcp 文件中的配方引入配方组中。
- 导出：将定义好的配方组保存成 xml 文件。

② 设置配方参数的方法如下。

单击“添加”按钮或在空白表格中双击，弹出“设置配方”对话框，如图 10-8 所示。

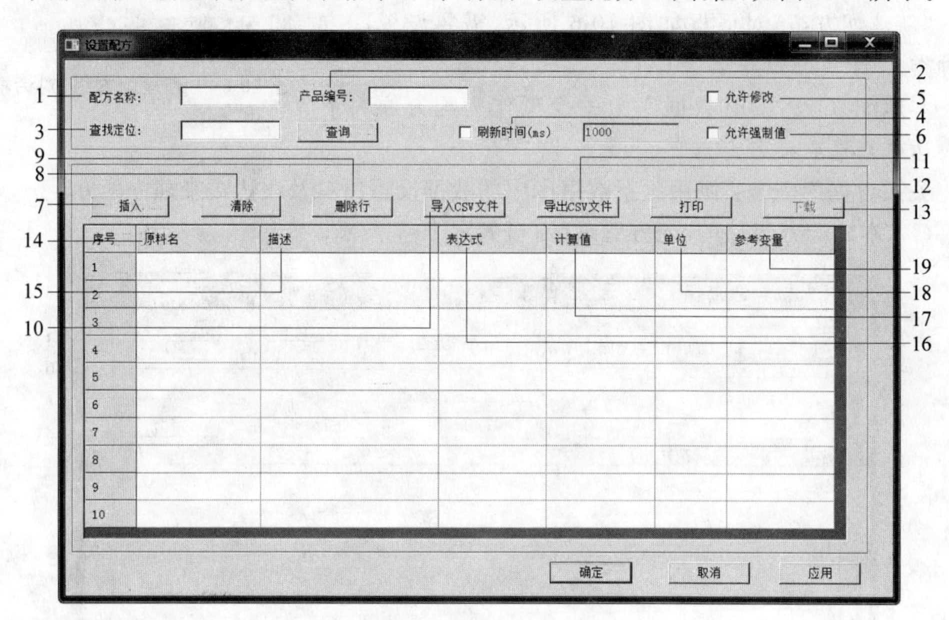

图 10-8 “设置配方”对话框

- 配方名称：要建立的配方的名称。
- 产品编号：按本配方生产所得产品的编号。
- 查找定位：根据关键字查询本页面内的相关项。
- 刷新时间：针对参考变量而言，刷新此时的参考变量的值。
- 允许修改：运行状态下是否允许修改名称、表达式、单位、参考变量的值。
- 允许强制值：若选中，则在必要时可对原料变量强行置位为一个常数。
- 插入：插入一行。
- 清除：清除选中单元格的内容。
- 删除行：删除选中的行。
- 导入 CSV 文件：将指定的 CSV 文件导入到配方中。

- 导出 CSV 文件：将本配方中的数据以 CSV 格式导出。
- 打印：打印当前的表格内容。
- 下载：将配方数据下载到现场并记录到记录表中。
- 原料名：构成此方案的变量，此变量为数据库变量（建立配方的原料项时原料名是必填项）。
- 描述：对原料的说明。
- 表达式：通过表达式可计算原料变量的值，执行下载时将表达式的计算值赋给原料变量（建立配方的原料项时表达式是必填项）。
- 计算值：表达式的计算结果。
- 单位：原料变量的单位。
- 参考变量：通过查看参考变量，可知原料变量下载到现场的结果，可作为原料下载前的一个参考。

(2) 若选择关系数据库配方。

① 配方管理界面参数。

配置“配方数据来源数据库”是必须的，如图 10-9 所示。

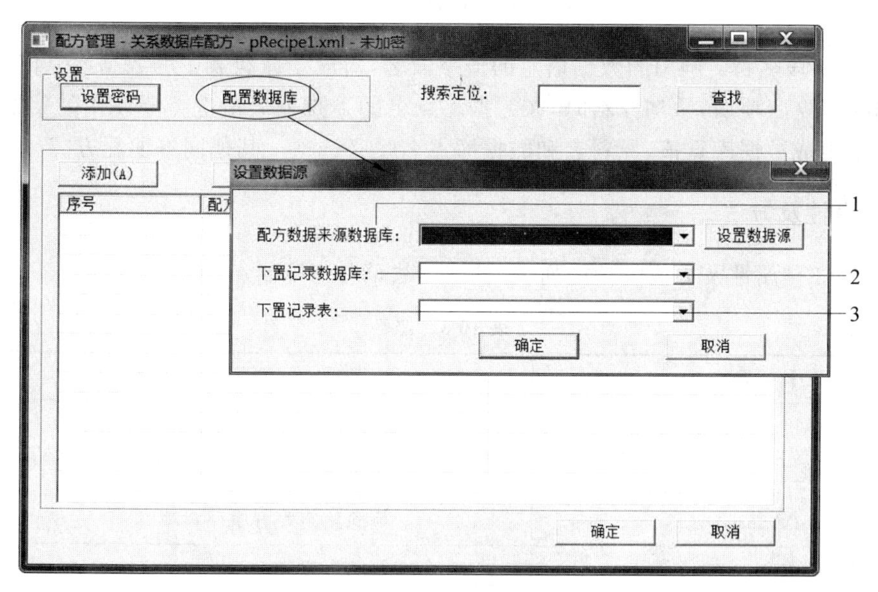

图 10-9　配置“配方数据来源数据库”

- 配方数据来源数据库：配方的原料数据点的值通过调用数据库字段获得。
- 下置记录数据库：将配方数据下载到记录数据库中。
- 下置记录表：将配方数据下载到记录数据表中。

② 设置配方参数：单击“添加”按钮，打开“设置配方”对话框，如图 10-10 所示。

- 数据表名称：要调用的数据信息所在的数据表名。
- 变量字段名称：要调用的数据信息所在字段名，对应于原料表中的数据库点名，需使用字符型字段。

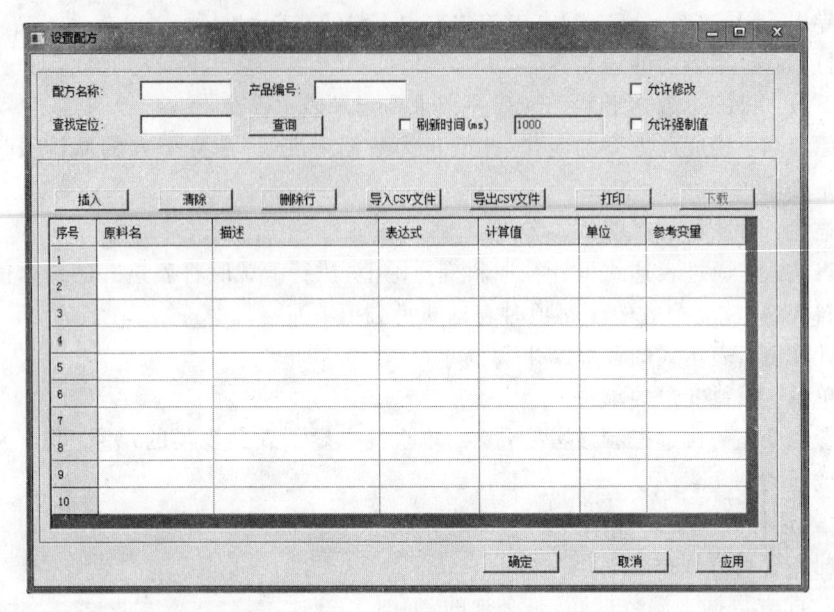

图 10-10 “设置配方”对话框

- 值字段名称：调用的数据信息的值字段名，对应于原料表中的数据库点值。

选择好这三项后，添加原料时，在数据库点名的下拉列表里选择要使用的字段值，之后会自动生成数据库点值，原料名和数据库点名是必选项。其他同本地配方。

3. 属性及方法

表 10-3 是属性及方法的功能列表，具体用法请参考《函数手册》。

表 10-3 函数

属性及方法	说　明
AddMaterial	在给定配方中添加配方原料项
AddRecipe	添加配方
DeleteMaterial	删除给定配方中原料项
DeleteRecipe	删除配方
ExcuteRecipeByIndex	将配方的值下载到现场中去
GetForceValeState	获得配方使用强制值的状态
GetMaterialCount	获得配方 RecipeName 的原料数
GetMaterialDescription	获得配方中某一原料的描述信息
GetMaterialExpression	获得配方中某一原料的表达式
GetMaterialForceValue	获得配方中某一原料的强制值
GetMaterialName	获得配方中某个序号的原料名称

续表

属性及方法	说　明
GetMaterialReferVar	获得配方中某一原料的参考变量
GetMaterialUnit	获得配方中某一原料的单位
GetMaterialValue	获得给定配方某一原料的值
GetProductNO	获得配方对应的产品编号
GetRcpCount	获得该配方组中包含的配方数
GetRcpNameByIndex	通过索引号获得配方的名字
LoadFile	将配方组装载到系统中
PopManageDlg	弹出配方管理界面
PopSetRecipeDlg	弹出配方设置界面
RcpEncryptstate	配方组加密状态
RcpType	配方组配方类型
RenameMaterial	修改原料名称
SaveFile	存储配方组到文件
SetForceValueState	设置配方强制值执行状态
SetMaterialDescription	设置配方中某一原料的描述信息
SetMaterialExpression	设置配方中某一原料的表达式
SetMaterialForceValue	设置配方中某一原料的强制值
SetMaterialReferVar	设置配方中某一原料的参考变量
SetMaterialUnit	设置配方中某一原料的单位
SetProductNO	设置配方对应的产品编号

10.5 批　　次

1. 功能

批次组件是针对工业中要求不同的生产方案有规律地轮流执行的工艺，继配方之后提出的一种组件，与配方结合应用，可完成繁琐的控制工程，使控制过程简单容易。

2. 参数设置

双击后台组件中的“批次”即可弹出“批次设置”界面，单击“确定”按钮后在“后台组件管理”中就添加了一个批次组件。

(1)“批次设置”对话框参数。

双击此批次组件即可弹出“批次设置”对话框，如图 10-11 所示。

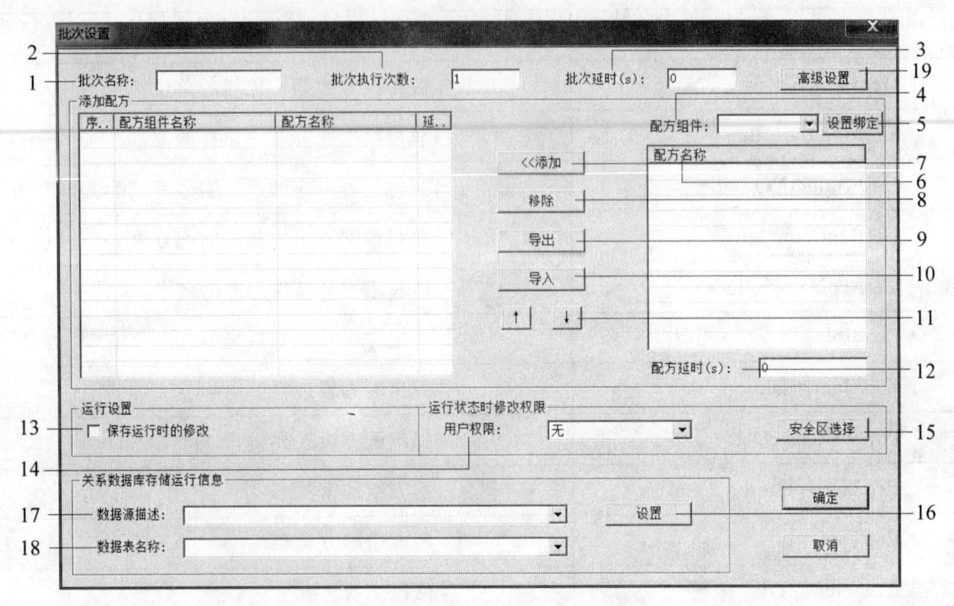

图 10-11 “批次设置”对话框

- 批次名称：所要建立的生产批次的名称。
- 批次执行次数：批次开始执行后，按照顺序执行批次中配方方案的次数。
- 批次延时：每次开始执行批次时，先执行批次延时指定的时间再执行配方方案。
- 配方组件：在配方组件的下拉列表中会列出已建好的配方组，选中一个配方组，即会在下方配方名称列表中列出配方组中所有的配方。
- 设置绑定：把工程中已建立的配方与批次绑定，绑定的配方会出现在配方组件的下拉列表中。
- 配方名称：在配方组件下拉列表中选中的配方组里包含的所有配方名称。
- 添加：选中需要的配方组中的配方，单击“添加”按钮即可将配方添加到左侧“添加配方列表”中，配方组中的配方可重复添加，可拖动鼠标同时添加多个配方。
- 移除：选中左侧添加配方列表中的配方，单击“移除”按钮即可将批次中的指定配方从左侧列表中删除。
- 导出：单击“导出”按钮可将左侧“添加配方”列表中的项以 xml 配置文件的格式导出，导出的只是批次中配方的配置信息，如批次名称、执行次数、延时、初始脚本、退出脚本、各配方启动条件及结束条件。
- 导入：把配置好的批次 xml 文件导入到系统中，xml 文件格式与导出文件的格式相同才能导入。
- ↑ ↓：使左侧配方列表中选中的配方向上向下移动，改变配方的执行顺序。
- 配方延时：每次开始执行配方前先执行配方延时指定的时间再执行配方方案。
- 保存运行时的修改：选中后，在运行时对批次的修改即被保存下来。

- 用户权限：运行状态下只有拥有此用户权限的人才能对批次进行修改。
- 安全区选择：运行状态下只有在安全区内的用户才能对批次进行修改。
- 关系数据库存储运行信息：通过“设置”按钮可以链接数据源。
- 数据源描述：选择要链接的数据源。
- 数据表名称：在此名称的数据表中将记录批次的执行信息。
- 高级设置：可弹出“批次高级设置”对话框。

(2) 高级设置参数。

在批次设置对话框中单击“高级设置”即可弹出“批次高级设置”对话框，如图 10-12 所示。

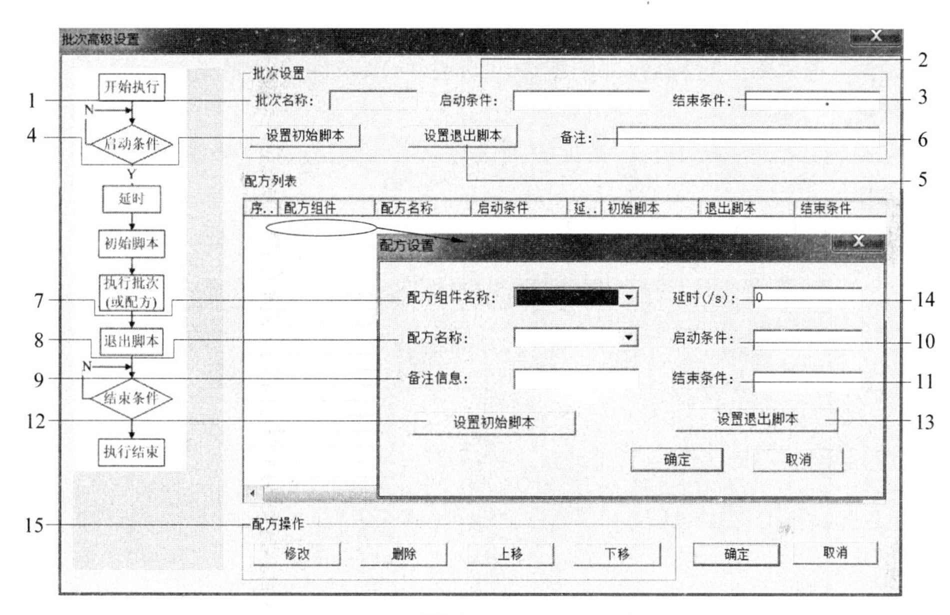

图 10-12 “批次高级设置”对话框

- 批次名称：给出所建批次的名称。
- 启动条件：设置批次启动的条件，只有满足启动条件，才执行批次中的配方。
- 结束条件：在批次执行过程中，只有条件满足才结束本次执行，自动进入下次执行或结束，否则将处于等待状态，直到条件满足。
- 设置初始脚本：进入批次运行后，批次的启动条件满足时，先执行批次的初始脚本，执行完后执行批次。
- 设置退出脚本：批次执行完后执行退出脚本，退出脚本执行完后判断批次的结束条件。
- 备注：记录批次的说明信息。

配方列表中给出已经组态好的配方的信息，如需改动可在对应的单元格中单击“添加信息”，添加配方列表中的信息。

- 配方组件名称：在配方组件名称的下拉列表中会列出已建好的配方组，选中一个配方组，即会在下方配方名称列表中列出配方组中的所有配方。

- 配方名称：已建好的配方组中的配方。
- 备注信息：可输入配方的备注信息。
- 启动条件：在批次启动执行后，进入配方的执行，只有启动条件满足后才开始执行配方方案，否则等待启动条件满足后继续执行配方。
- 结束条件：配方执行完毕后，判断是否满足结束条件，若不满足则等待结束条件满足，配方执行结束，进入下一个配方的执行。
- 设置初始脚本：进入配方运行后，配方的启动条件满足时，先执行配方的初始脚本，执行完后执行配方。
- 设置退出脚本：配方执行完后执行退出脚本，退出脚本执行完后判断配方的结束条件。
- 延时：进入配方运行后，判断配方启动条件，如条件满足则先执行配方延时再执行配方方案。
- 修改、删除、上移、下移：对配方列表中选中的配方进行修改、删除、上移、下移操作。

(3) 在批次运行时，可通过 PopManager 函数弹出批次管理界面，如图 10-13 所示。

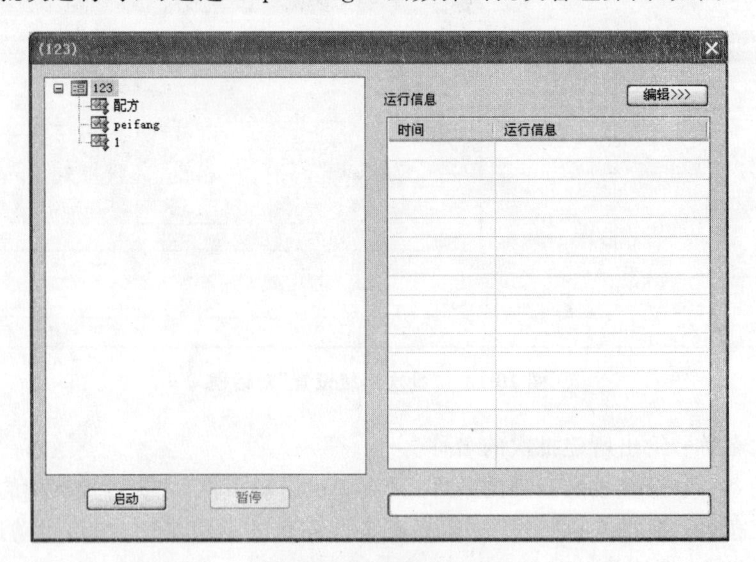

图 10-13 批次管理界面

① 左侧给出批次的配置信息，双击批次名称可弹出“批次高级设置”界面；双击配方名称，可弹出“配方设置”界面，可对配方的延时、启动条件、结束条件、备注信息进行修改，如图 10-14 所示。

② 在运行信息框里列出了批次的执行信息，单击鼠标右键，可进行清空和导出操作。

- 清空：清空批次的执行信息。
- 导出：将批次的执行信息以 xml 文件的格式导出。

③ 单击“编辑”按钮，可显示“批次编辑”设置，如图 10-15 所示。

- 修改：可对选定配方的延时、启动条件、结束条件、备注信息进行修改，若选中批

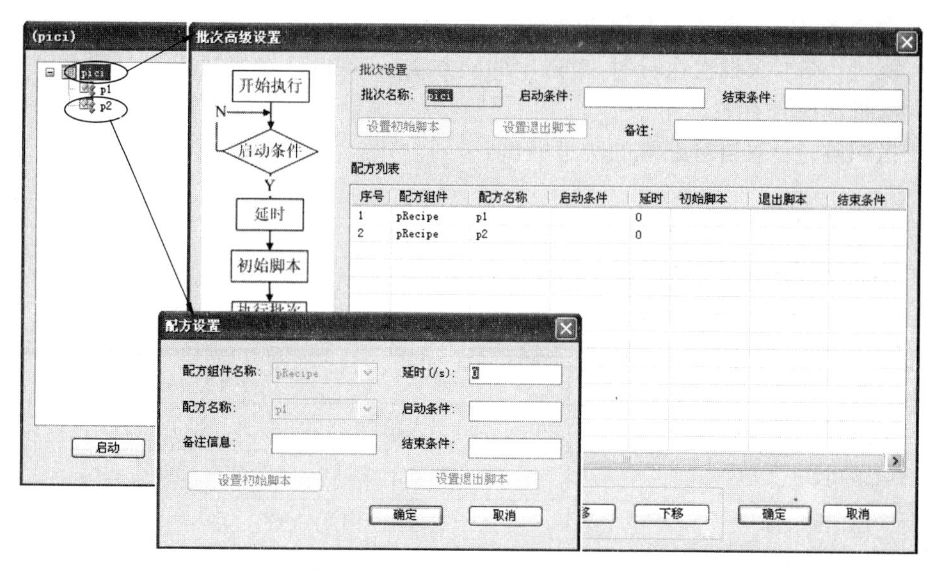

图 10-14 “批次高级设置”对话框

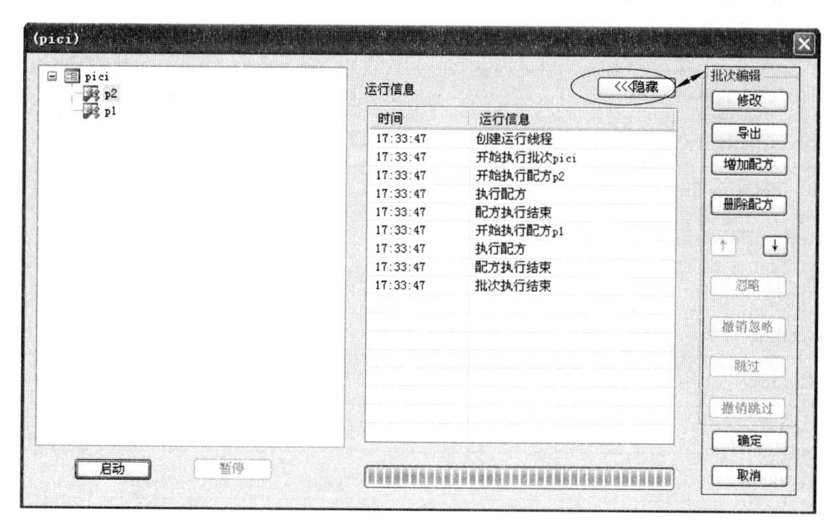

图 10-15 “批次编辑”设置

次名称单击“修改”按钮，可弹出批次的“高级设置”界面，对批次及配方的各参数进行修改。

- 导出：将批次的执行信息以 xml 文件的格式导出。
- 增加配方：弹出“配方设置”对话框，可选定配方组中的配方进行添加，同时对选定配方的延时、启动条件、结束条件、备注信息进行编辑。
- 删除配方：删除选定配方。
- ↑ ↓ ：对选定配方进行上移下移操作。
- 忽略：对选中配方进行忽略操作时，在批次执行期间不执行此配方，直接执行下一个配方，此操作在批次运行期间有效。

- 撤销忽略：取消对配方的忽略操作。
- 跳过：在本次批次执行时，对选中的配方跳过不执行，直接执行下一配方，只在本次批次执行有效。
- 撤销跳过：取消对配方的跳过操作。

3. 方法及属性

表 10-4 是方法及属性的功能列表，具体用法请参考《函数手册》。

表 10-4 函数功能

方法及属性	说明
AddRecipe	引入配方
DeleteRecipe	删除配方
GetBatchCycle	获取批次执行次数
GetBatchDelayTime	获取批次延时
GetBatchFinishCondition	获取批次结束条件
GetBatchName	获取批次名称
GetBatchStartCondition	获取批次启动条件
GetRcpComName	获取配方组件名称
GetRecipeDelayTime	获取配方延时
GetRecipeFinishCondition	获取配方结束条件
GetRecipeName	获取配方名称
GetRecipeStart	获取配方启动条件
GetRunSave	获取是否保存运行时的修改
GetUserLevel	获取运行时的修改权限
InsertRecipe	插入配方
IsRun	批次中是否在执行
ModifyBatchCycle	修改批次执行次数
ModifyBatchDelayTime	修改批次延时
ModifyBatchVar	修改批次参数
ModifyRecipeDelayTime	修改配方延时
ModifyRecipeVar	修改配方参数
Pause	暂停批次的执行
PopManager	运行时弹出管理界面
RcpComCount	批次所连接的配方组件的个数

续表

方法及属性	说　　明
RecipeCount	批次中所加载的配方的个数
ReplaceRecipe	更换配方
Resume	继续批次的执行
Start	启动批次的执行
Stop	停止批次的执行
SwapRecipe	交换配方列表中的两个配方的位置

10.6 系统函数组件

1. 功能

封装了一些系统通用函数。

2. 参数设置

在组态环境，选择工程属性页，打开“后台组件”管理器，选择“系统函数扩展”组件，双击打开系统函数“属性”页，如图10-16所示。

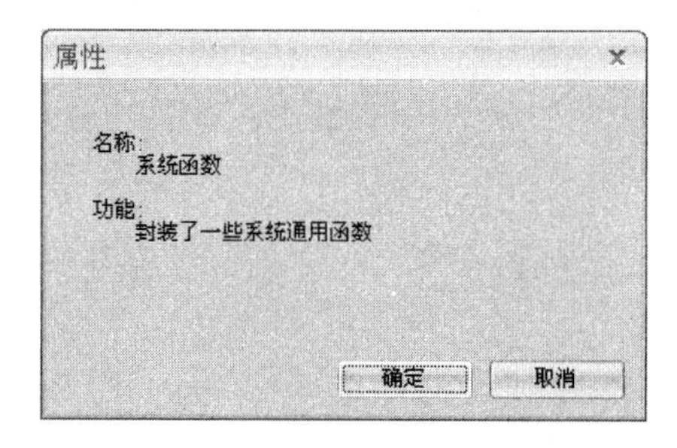

图10-16　系统函数“属性”页

单击“确定”按钮，完成组件添加。

3. 控件方法

表10-5是属性及方法的功能列表，具体用法请参考《函数手册》。

表10-5　函数功能

属性及方法	说　　明
CreatePath	创建文件夹路径
GetDiskSpace	获取指定磁盘的信息，包括该磁盘上的空闲空间大小、总大小、可用大小
GetIP	获取对应适配器的IP地址

续表

属性及方法	说　明
GetNetGate	获取对应适配器的网关
GetNetMask	获取对应适配器的子网掩码
IsAppActive	判断一个应用程序的活动状态
MsgBox	弹出提示对话框
PathFileExist	判断一个文件或者路径是否存在
Select	选择文件
Color	选择颜色
SelectFileName	选择文件
SelectFilePath	选择文件的路径
SelectFolderPath	选择文件夹的路径
SetIP	设置对应适配器的 IP 地址、子网掩码、网关
SetSystemTime	设置系统时间

10.7 定 时 器

1. 功能

按照设定时间开始倒计时，设定时间到后，停止计时并触发。

2. 参数设置

定时器控件的“属性”设置对话框如图 10-17 所示，需要设置的参数是定时器的定时时间。

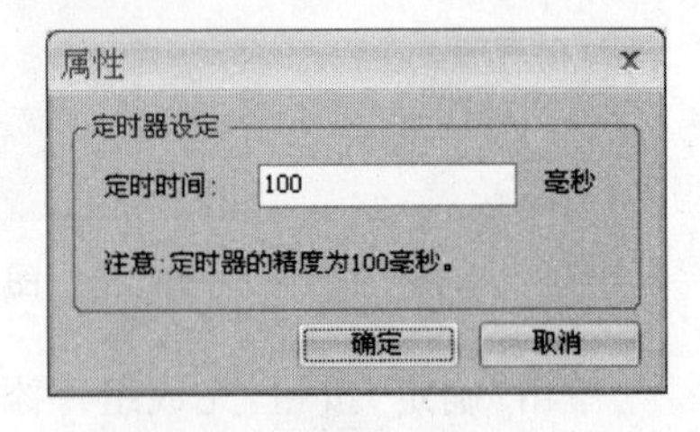

图 10-17　定时器控件的“属性”设置对话框

3. 属性及方法

表 10-6 是属性及方法的功能列表，具体用法请参考《函数手册》。

表 10-6　函数功能

属性及方法	说　明	属性及方法	说　明
GetTime	获得定时器设定的定时时间	Start	定时器开始定时
RunTime	定时器的运行时间	Status	定时器的状态
SetTime	设置定时器的定时时间	Stop	中止正在运行的定时器

10.8 逐行打印

1. 功能

使用针式打印机，并把打印机连接到并口 1 上面，在条件成立时，将链接的变量值用一行打印出来。

2. 参数设置

逐行打印控件的“属性”设置对话框，如图 10-18 所示，其中需要设置的参数包括控制点、链接变量等。

图 10-18 逐行打印控件的“属性”设置对话框

(1) 控制点：可手动写条件语句，也可以链接到力控变量，当条件为 1 时，执行打印。

(2) 链接变量：逐行打印的内容。

单击“增加”按钮，可以增加变量的链接，链接到字符型变量或数据库点的 DESC。可增加多个变量，打印时将变量组合起来，单行打印。“修改”、“插入”、“删除”按钮可以调整链接的变量。

10.9 计时器

1. 功能

记录组件从开始运行到当前所经过的时间。

2. 参数设置

计时器组件的属性需要在动作脚本中设定和调用，如图 10-19 所示。

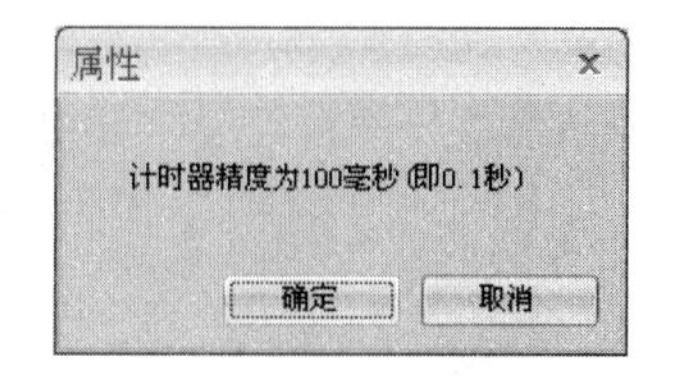

图 10-19 计时器组件的“属性”对话框

3. 属性及方法

表10-7是属性及方法的功能列表，具体用法请参考《函数手册》。

表10-7 函数功能

属性及方法	说　明	属性及方法	说　明
Pause	计时器暂停计时	start	启动计时器计时
Resume	计时器恢复计时	Status	计时器的状态
RunTime	计时器的运行时间	stop	停止计时器计时

10.10 键　盘

1. 功能

作为屏幕键盘使用。

2. 参数设置

键盘控件的"属性"设置对话框如图10-20所示，需要设置的参数包括键盘类型以及是否初始显示。

图10-20 键盘控件的"属性"设置对话框

(1) 键盘类型：可设置三种不同风格的键盘：系统、自定义、数字。

(2) 初始显示：进入运行状态时是否立即显示键盘控件。

在动作脚本可使用ShowEx显示或隐藏，值为0时键盘被隐藏，否则显示。如图10-21所示。

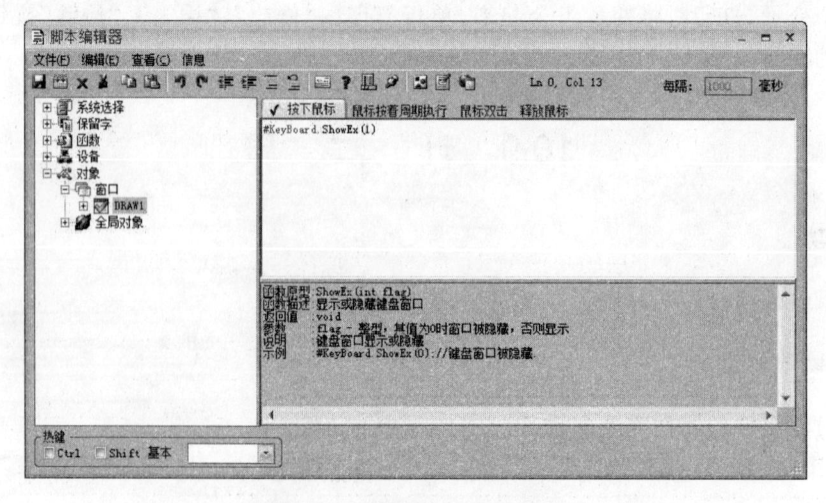

图10-21 键盘的显示或隐藏

10.11 累 计 器

1. 功能

实现累计功能。

2. 参数设置

累计器控件的“属性”设置对话框如图 10-22 所示，其中需要设置的参数包括触发条件、增量、保存方式等。

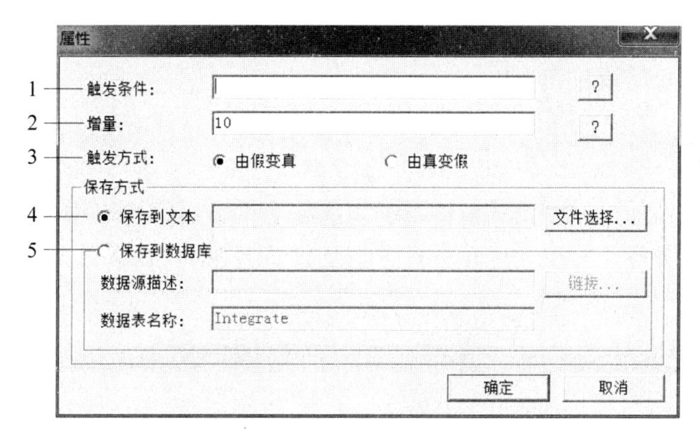

图 10-22 累计器控件的“属性”设置对话框

(1) 触发条件：条件表达式，当条件成立时，触发累计器开始运行，可手动填写或链接到力控变量。

(2) 增量：累计器的每次增量值，可手动填写或链接到力控变量。

(3) 触发方式：可选择两种触发方式，触发条件由假变真或由真变假。

(4) 保存到文本：以 txt 格式保存成文本文件，运行系统退出时保存到文件中，工程运行时取出上一次退出时保存的数据。

(5) 保存到数据库：自定义链接于数据表名，若数据库表不存在，则先创建指定名称的表，运行系统退出时保存到数据库中，运行系统启动时取出最后一条记录的数据。

3. 属性及方法

表 10-8 是属性及方法的功能列表，具体用法请参考《函数手册》。

表 10-8 函数功能

属性及方法	说　明	属性及方法	说明
Accord	累计器的触发方式	Increment	增量
CurrentRunTime	当前运行时间	ModifyCurrentTime	修改当前运行时间
Gross	累计总量	ModifyGross	修改总量

续表

属性及方法	说　明	属性及方法	说明
ModifyStartupTimes	修改累计运行次数	TotalRunTime	累计运行时间
ModifyTotalTime	修改累计运行时间	Trigger	触发条件
StartupTimes	累计运行次数		

10.12 时间调度

1. 功能

按照设定的时间执行预先定义好的脚本动作。

2. 参数设置

时间调度控件的“属性”设置对话框如图10-23所示，其中需要设置的参数包括任务信息以及添加任务等。力控允许每个任务信息设置多组时间，所以在时间设定处可增加多个任务。

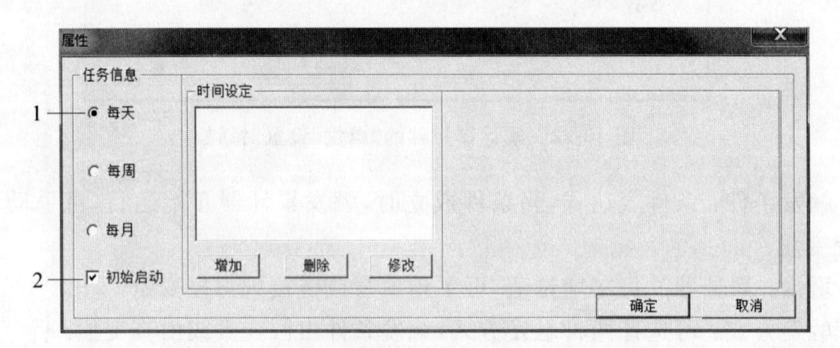

图10-23　时间调度控件的“属性”设置对话框

(1) 任务信息：选择“每天”，调度脚本会按照时间设定属性每天执行；选择“每周”，调度脚本会在每周的星期几执行，需要选中星期几；选择“每月”，调度脚本会在每月的几号执行，需要选中日期；如果选中“最后一天”则在每个月的最末一天执行动作。如图10-24所示。

(2) 初始启动：若选中此项，则系统一进入运行环境就按照预先设定的任务执行脚本动作。

3. 属性及方法

表10-9是属性及方法的功能列表，具体用法请参考《函数手册》。

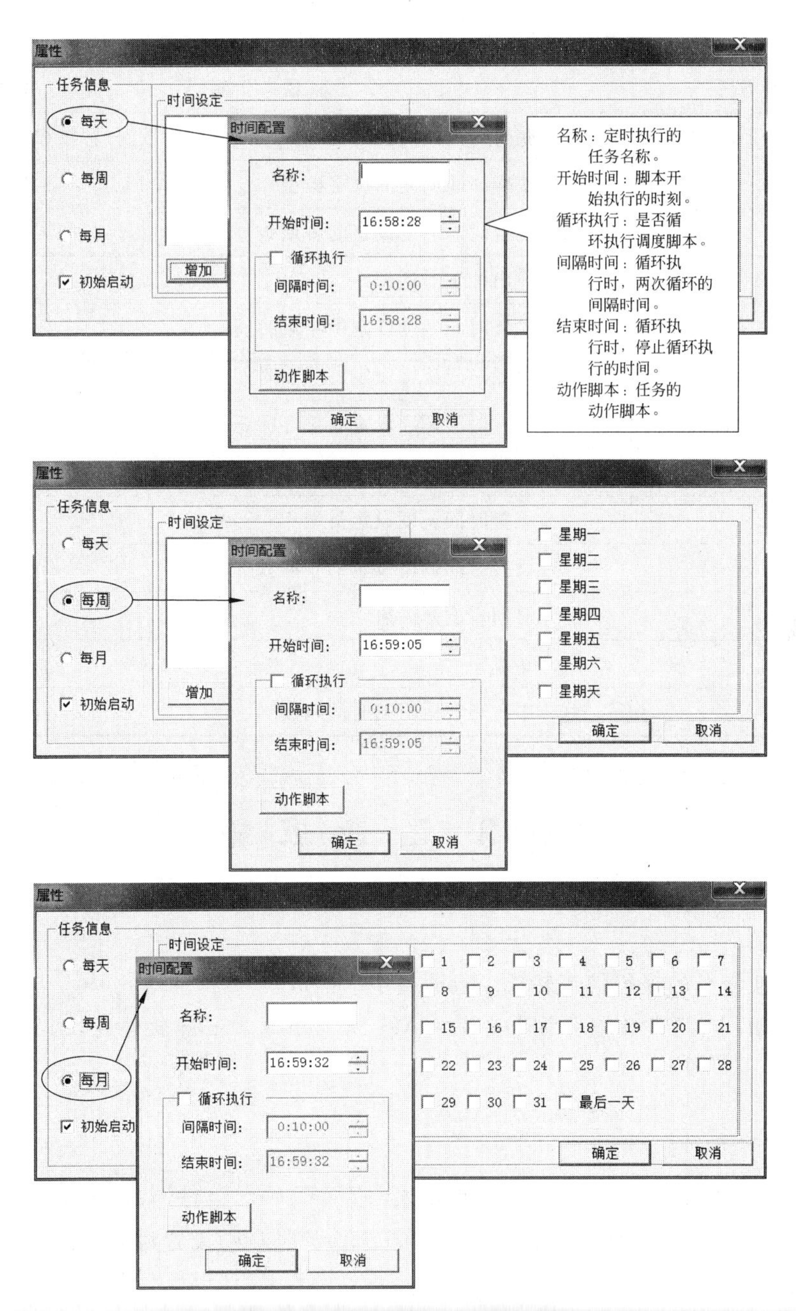

图 10-24 任务信息的多组时间

表 10-9 函数功能

属性及方法	说　明
GetEndTime	获得时间调度设定的结束时间的小时数，分钟数和秒数
GetITime	获得时间调度设定的间隔时间
GetLoopFlag	获得时间调度设定的循环标记

续表

属性及方法	说　　明
GetStartTime	获得时间调度设定的开始时间的小时数、分钟数和秒数
GetType	获得时间调度的设定类型
GetVal	获得时间调度设定的日期数据
PopDlg	弹出配置对话框
SetEndTime	设置时间调度设定的结束时间
SetITime	设置时间调度设定的间隔时间
SetLoopFlag	设置时间调度设定的循环标记
SetStartTime	设置时间调度设定的开始时间
SetType	设置时间调度设定类型
SetVal	设置时间调度设定的日期数据
Start	时间调度开始启动
Status	状态
Stop	中止正在运行的时间调度

10.13 语音报警

1. 功能

将被关注变量的报警信息转成语音通过声卡播放。

注意事项：使用语音报警首先要安装 MS Speech 5.1.msi 软件包，这样才能播放出报警声。

2. 参数设置

在力控开发系统的导航栏中依次单击“工程”→“后台组件”，打开后台组件列表，在组件列表中双击“语音报警”，弹出“语音报警”组件的“属性”设置对话框。

(1) 语音格式参数

进入“属性”对话框的“语音格式”页，如图 10-25 所示。

① 增加报警：增加组件的关注变量，以及在变量发生报警时的读音格式、读音次数等。

② 修改报警：修改已经添加的关注变量的语音格式设置。

③ 删除报警：删除已添加的关注变量。

④ 导入：导入已有的语音报警组件的 xml 格式配置文件。

⑤ 导出：将当前的语音报警组件的配置导出到 xml 格式配置文件中。

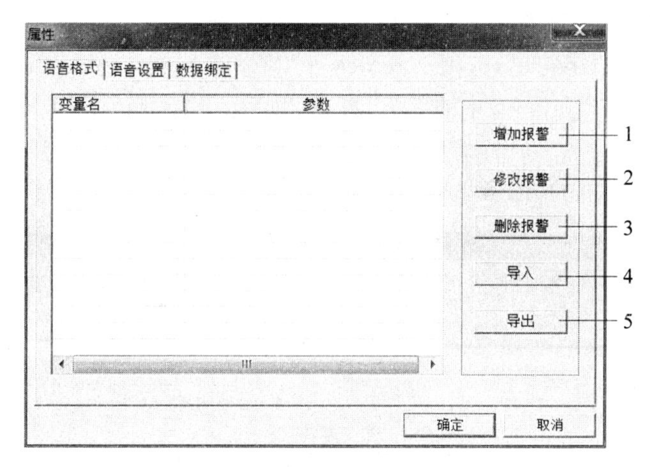

图 10-25 “语音格式”页

单击“增加报警”按钮，弹出“报警参数设置”对话框，如图 10-26 所示。

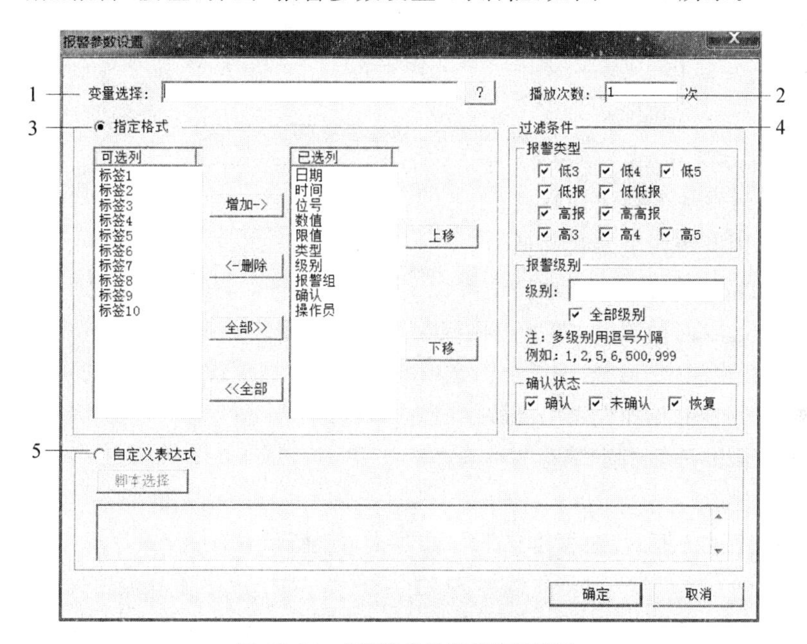

图 10-26 “报警参数设置”对话框

参数含义如下。

① 变量选择：填写、选取要关注的发生报警的变量。

② 播放次数：变量发生报警时，播放与此变量相关的语音次数，若设定值为−1，语音会反复播放，可设范围为 1～10。

③ 指定格式：可选取预先定义好的项目，并可调整项目的先后顺序，排在上方的项目会先读。

④ 过滤条件：可选取关注变量产生报警时，需要关注的报警类型，如果不选取，此种报警类型发生时，组件会忽略报警，不会读取语音。报警级别、确认状态同样。

⑤ 自定义表达式：可使用力控的脚本编辑器编辑，语音读取时，会读取脚本表达式的返回值，如果要读取字符串，可用 Var. desc+"字符串"，其中 Var. desc 是字符型，字符串中只能是英文 A～Z 和 a～z 中的字母、数字、汉字。

(2) 语音设置

进入"属性"对话框的"语音设置"页，如图 10-27 所示。

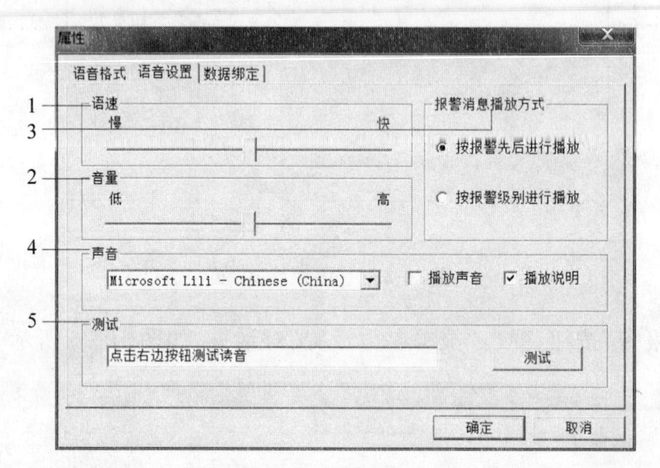

图 10-27 "语音设置"页

① 语速：用滑块调整语速快慢。

② 音量：用滑块调整音量高低。

③ 报警消息播放方式：选取多个关注变量同时报警时，按照选定的顺序播放语音。

④ 声音：选取何种声音，如果使用汉字，推荐使用 Microsoft Simplified Chinese，否则会不能正常读出汉字。如勾选播放声音项则报警时会播放声音；如勾选播放说明项则播放时会播放字段说明，例如没选中播放说明时为"**，**。"；选中后为"时间，**，位号，**。"。

⑤ 测试：测试读取指定字符的读音是否正常。

(3) 数据绑定

进入"属性"对话框的"数据绑定"页，如图 10-28 所示。

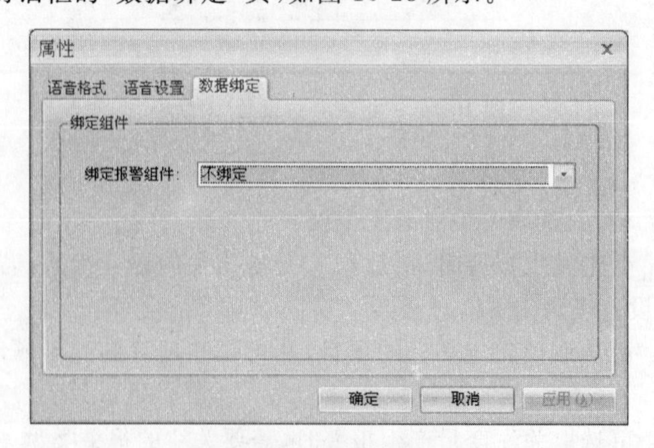

图 10-28 "数据绑定"页

绑定报警组件：设置需要绑定的报警中心。

3. 方法及属性

表10-10是方法及属性的功能列表，具体用法请参考《函数手册》。

表10-10 函数功能

方法及属性	说明
CancelCurPlay	取消当前正在播放的报警，播放下一个报警
CancelPlayList	清除正在播放的报警语音队列，等待播放新的报警语音
nRate	设置语速
Read	读取指定字符串
SetVoice	设置是否播放报警语音
Skip	跳过当前正在播放的语音
nVolume	设置音量

10.14 手机短信报警

1. 功能

手机短信控件配合短信模块（西门子，华荣汇）给手机发送短消息。

2. 参数设置

（1）“短消息发送设置”对话框参数

在“后台组件”管理中双击手机短信控件，会弹出“短消息发送设置”对话框，如图10-29所示。

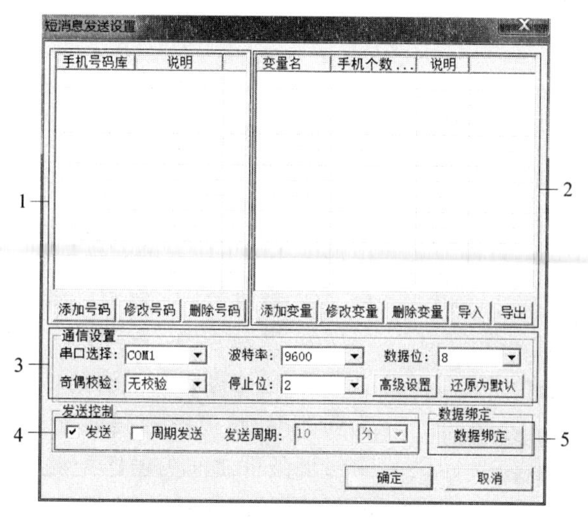

图10-29 “短消息发送设置”对话框

① 手机号码库：可编辑一个手机号码及说明的列表，此列表的成员可以是为变量报警列表成员中手机号码设置的快捷输入。

② 变量名：可自由增加、修改或删除需要监测的变量，双击变量名列表或单击“添加变量”按钮可弹出“变量报警短消息设置”对话框。

③ 通信设置：设置通信端口及协议初始化设置。

④ 发送方式：包括一次发送和周期发送两种方式。

⑤ 数据绑定：可绑定其他报警组件。

(2) “变量报警短消息设置”对话框参数

双击变量名列表，可进入“变量报警短消息设置”对话框进行参数设置，如图 10-30 所示。

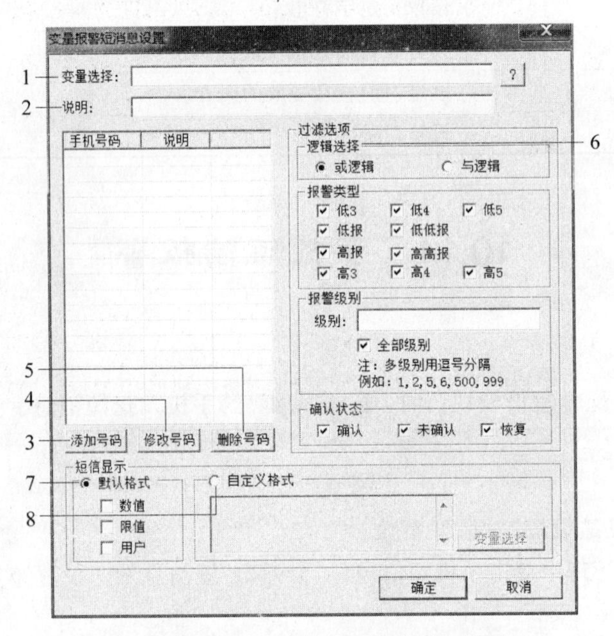

图 10-30 “变量报警短消息设置”对话框

① 变量选择：单击?处时弹出“变量选择”对话框，选择变量。注意，变量名不能与变量列表中已存在的项重复，若说明为空，则变量名作为短信头。

② 说明：变量点的说明信息，作为短信头发送出去。

③ 添加号码：添加变量报警时，需要通知的手机用户。双击“手机号码”列表框，出现如图 10-31 所示的对话框。

图 10-31 “请选择需要报警的手机号”对话框

④ 修改号码：修改已添加的手机用户。

⑤ 删除号码：删除已添加的手机用户。

⑥ 过滤逻辑与过滤条件：有两种逻辑，或逻辑为弱匹配，与逻辑为强匹配。选择“或逻辑”后，各个过滤条件之间为弱匹配关系。例如，选择低低报和低级后，只要产生的报警满足其中任一条件，这

个报警就会发送。例如，产生一个高报和低级的警告，由于符合低级条件，就会发送。选择“与逻辑”后，各个过滤条件之间为强匹配关系。例如，选择低低报和低级后，产生的报警只有完全满足这两个条件，报警才会发送。而确认状态未选，则不参与运算，对报警结果不影响。过滤条件包括报警类型和报警级别。

⑦ 短信显示：默认选择“默认格式”。也可以定义自定义格式。选择默认格式，短信内容默认含有报警类型、报警级别和确认状态，数值、限值和用户可以自定义，格式为“××报警：报警类型，报警级别，确认状态，数值，限值，用户”。

⑧ 自定义格式：需要用户自行填写脚本，显示格式为“××报警：脚本运行结果”。

例如，如果 a1. DESC＝ABC，填“a1. DESC”，则脚本执行结果是“ABC”，短信内容显示为“××报警：ABC”。

3. 属性及方法

表 10-11 是属性及方法的功能列表，具体用法请参考《函数手册》。

表 10-11　函数功能

属性及方法	说　　明	属性及方法	说　　明
Cycle	是否处于循环发送状态	SendSuccess	最近一条短信发送的成功与否
Msg	最近一条短信的发送信息内容	ShouldSend	有报警时是否发送短信
PropDlg	弹出属性配置界面	State	最近一条短信的发送状态
SendMsg	添加短信报警	TelNum	最近一条短信的发送手机号码

思考与习题

10.1　如何创建一个配方？配方函数有何作用？

10.2　内置函数表有何作用？怎样创建一个内置函数表？

10.3　表格控件有何作用？如何定义表格控件？

第11章 chapter 11

运行系统及安全管理

力控监控组态软件的运行系统由多个组件组成，包括 VIEW、DB、I/O 等组件，所有运行系统的组件统一由力控监控组态软件进程管理器管理，进行启动、停止、监视等操作。

运行系统 View 是用来运行由开发系统 Draw 创建的画面工程，主要完成 HMI 部分的画面监控；区域实时数据库 DB 是数据处理的核心，是网络节点的数据服务器，运行时完成数据处理、历史数据存储及报警的产生等功能；I/O 程序是负责和控制设备通信的服务程序，支持多种通信方式的网络，包括串口、以太网、无线通信等。

力控监控组态软件提供了一系列的安全保护功能以保证生产过程的安全可靠，在运行系统 View 中，通过设置安全管理功能，可以防止意外地、非法地进入开发系统修改参数及关闭系统等操作，同时避免对未授权数据的误操作。

11.1 运行系统

本节主要介绍力控监控组态软件的运行系统 View。在工程运行之前首先在界面开发系统中设计画面工程，然后再进入运行环境中运行工程。

11.1.1 进入运行系统

进入运行系统的方式有以下三种。

(1) 选择工程管理器工具栏的按钮；

(2) 单击开发环境中工具栏中的按钮进入运行系统；

(3) 选择菜单命令“文件”→“进入运行”。

11.1.2 运行系统的管理

运行系统主要是使用菜单进行管理，菜单是用户与应用程序进行交互的重要手段，默认情况下 VIEW 提供了一些标准菜单。另外，力控监控组态软件提供了自定义菜单功能，用户可以根据需要自行设计运行系统 View 运行时顶层菜单及弹出菜单，在下面的章节中将进行详细介绍。

1. **标准菜单**

在默认情况下,View 提供了如图 11-1 所示的标准菜单。

运行系统 (演示方式, 剩余时间: 60 分钟)
文件(F) 特殊功能(S) 帮助(H)

图 11-1 标准菜单

(1) "文件"菜单

"文件"菜单中各项功能如表 11-1 所示。

表 11-1 文件菜单功能

下拉菜单	功能	说明
文件(F) 打开(O) 关闭(C) 全部关闭(A) 快照(S) 快照浏览 打印(P) 进入组态状态(M) 退出(E)	打开	弹出"选择窗口"对话框,单击要打开的窗口名称,选中后背景色变蓝,单击"确认"按钮,选择的窗口为当前运行的窗口
	关闭	关闭当前运行的画面
	全部关闭	关闭当前所有运行的画面
	快照	运行系统 View 提供的快照功能可以记录某一时刻的画面内容
	快照浏览	浏览以前形成的画面快照内容。浏览完毕,可以返回 View 运行窗口
	打印	将当前运行画面的内容在系统默认打印机上打印
	进入组态状态	系统自动进入到开发系统 Draw,并打开运行系统 View 中的窗口画面
	退出	运行系统 View 程序关闭

例如,当操作人员在画面上观察到某一时刻的生产情况需要记录时,可以使用快照功能将这一时刻的画面内容完全记录下来,对当前运行的画面进行快照操作时,步骤如下。

① 用鼠标单击画面,使其成为当前活动画面。

② 选择菜单命令"文件"→"快照",弹出如图 11-2 所示的对话框,输入快照名称。

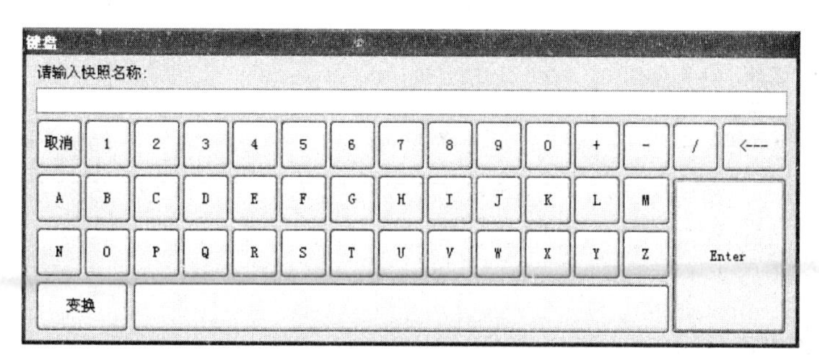

图 11-2 "键盘"对话框

③ 输入快照名称后,按下回车键,如果输入的快照名称已经存在,系统提示是否覆盖旧的快照,如图 11-3 所示,选择"是"按钮后进行覆盖;选择"否" 按钮后重新输入快照名称。

④ 以上操作完成后，画面这一时刻的内容即被记录，并保存成文件。

若要查看，选择菜单命令“文件”→“快照浏览”，如图 11-4 所示，在“快照选择”中，选择所要浏览的快照名称，所选的快照浏览内容即在快照显示窗口中显示出来。

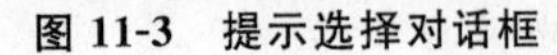
图 11-3　提示选择对话框

图 11-4　“快照浏览”对话框

（2）“特殊功能”菜单

“特殊功能”菜单中各项功能如表 11-2 所示。

表 11-2　特殊功能菜单功能

下拉菜单	功　能	说　明
特殊功能(S) 通信初始化 事件记录显示 登录(I) 注销(O) 禁止用户操作 漫游图	通信初始化	初始化通信
	事件记录显示	显示“力控监控组态软件日志系统”窗口
	登录	可以进行用户登录
	注销	注销当前登录的用户
	禁止用户操作	当以某一用户身份登录后，可以选择菜单命令“特殊功能”→“禁止用户操作”，禁止或允许对所有数据的下置操作
	漫游图	漫游图可以预览运行系统 View 中打开的画面，可以选择不同大小的预览画面。在预览时有部分控件不能在漫游图中显示

（3）“帮助”菜单

“帮助”菜单中各项功能如表 11-3 所示。

表 11-3　帮助菜单功能

下拉菜单	功　能	说　明
帮助(H) 关于View	关于 View	提供 View 版本号

2. 自定义菜单

（1）相关概念

① 顶层菜单：是位于窗口标题下面的菜单，运行时一直存在，也称作主菜单。顶层菜单中可以包括多级下拉式菜单。

② 弹出菜单：是右键单击窗口中对象时出现的菜单，当选取完菜单命令后，立即消失。

③ 分隔线：菜单按功能分类的标志，是一条直线，它使菜单列表更加清晰。

④ 快捷键：快捷键是与菜单功能相同的键盘按键或按键组合，例如 F1 键，Ctrl + C。

(2) 创建自定义菜单

自定义菜单分为两种，一种为主菜单，另一种为右键菜单，其中主菜单是显示在运行系统标题下的菜单；右键菜单是针对某一图形对象，单击右键时弹出的菜单。

① 在开发系统“工程”导航栏中选择“菜单”→“主菜单”，或者在导航栏中选择“菜单”→“右键菜单”，双击显示“菜单定义”对话框，如图 11-5 所示。

- “使用默认菜单”系统将不会使用自定义菜单，而是使用标准菜单。
- “增加/插入”按钮，或者选中一菜单项后单击 “修改”按钮，弹出“菜单项定义”对话框，如图 11-6 所示。

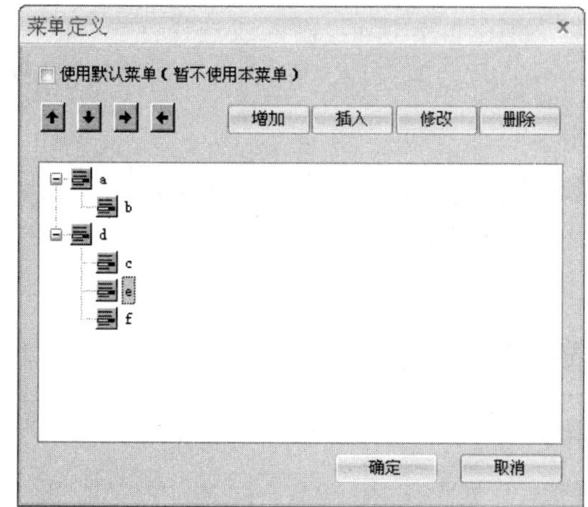
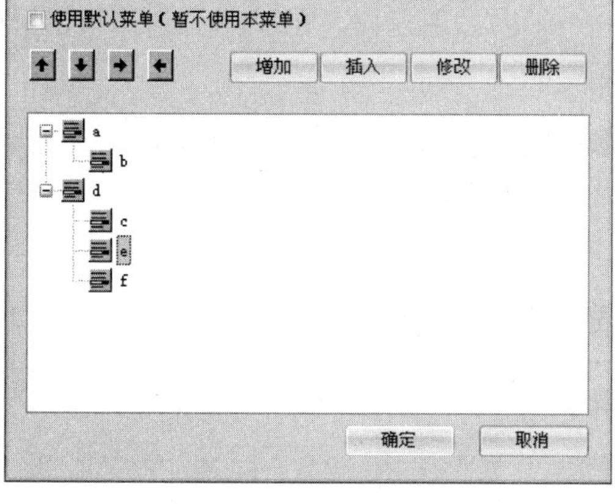

图 11-5 “菜单定义”对话框

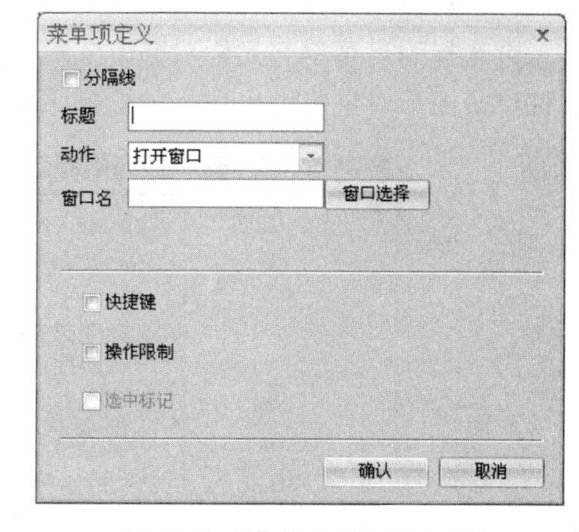

图 11-6 “菜单项定义”对话框

- 选中一菜单项后单击“删除”按钮，可以删除选择的菜单项。
- 通过↑ ↓ → ←按钮可以调整菜单项的位置。

② “菜单项定义”对话框，如图 11-6 所示。

- “分隔线”：表示此菜单项与上一菜单项之间采用分隔线进行分隔。
- 标题：在菜单中所见到的菜单项文本。
- 动作：选择运行时菜单项执行的动作，有些动作需要额外的参数，例如选择打开窗口将提示输入窗口名称。
- 快捷键：选中快捷键后，鼠标移到右面输入框中，然后直接按下要选用的键盘按键或键组合，例如 Ctrl+shift+X。
- 操作限制：选中操作限制后，右面将出现“条件定义”按钮，单击该按钮，在如图 11-7 所示的对话框中输入限制条件的表达式。
- 选中标记：勾选选中标记后，在运行系统中，被选择的右键菜单命令前会出现选中标记。

③ 删除右键菜单。

在“工程”导航栏中“菜单”下，选中要删除的菜单，单击右键，在右键菜单中选取“删除”，将删除选中的右键弹出菜单。

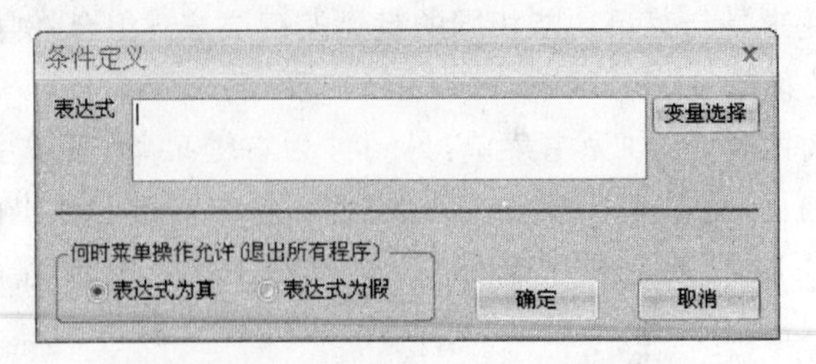

图 11-7 “条件定义”对话框

④ 使用右键菜单。

先定义右键菜单，然后在窗口中选择某一对象，双击后出现“动画连接”对话框，单击“右键菜单”按钮，出现“右键菜单指定”对话框，如图 11-8 所示，输入或选择弹出“菜单名称”，再选择弹出菜单与光标对齐方式后，单击“确定”按钮返回。在 View 运行时，用鼠标右键单击图形对象将弹出选择的右键菜单名。

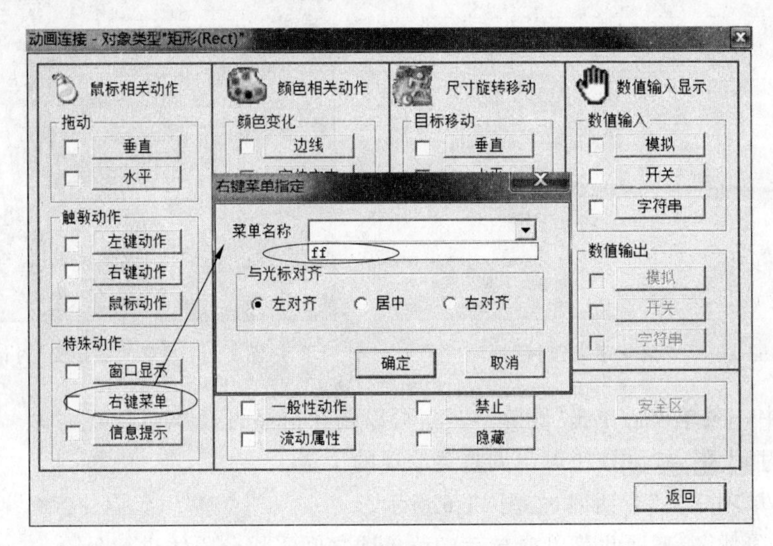

图 11-8 “右键菜单指定”对话框

11.1.3 运行系统参数设置

运行系统 View 在运行时，涉及许多系统参数，这些参数主要包括运行系统参数、打印参数等，它们会对 View 的运行性能产生很大影响。

在系统进入运行前，根据现场的实际情况，需要对运行系统的参数进行设置，设置的方法如下：

在开发系统 Draw 中，选择配置导航栏中的“系统配置”→“运行系统参数”，如图 11-9 所示。

1. 参数设置

如图 11-10 所示是“系统参数设置”对话框的“参数设置”页。

图 11-9 选择"运行系统参数"项

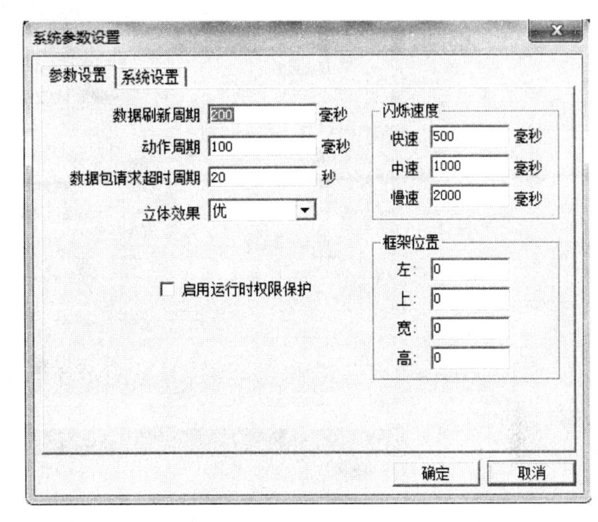

图 11-10 "参数设置"页

(1) 数据刷新周期：运行系统 View 对数据库 Db 实时数据的访问周期，默认为 200 毫秒，建议使用默认值。

(2) 动作周期：运行系统 View 执行脚本动作的基本周期，默认为 100 毫秒，建议使用默认值。

(3) 数据包请求超时周期：在运行系统中，与数据源的请求接收数据包的超时时间超过设定值即为超时，默认为 20 秒，建议使用默认值。

(4) 立体效果：设置运行时立体图形对象的立体效果，包括优、良、中、低和差五个级别，立体效果越好对计算机资源的使用越多。

(5) 闪烁速度：组态环境中动画连接的闪烁速度可选择快、适中和慢三种。而每一种对应的运行时速度是在这里设定的，默认值分别为 500、1000、2000 毫秒。

(6) 启动运行时权限保护：选中此项设置后，进入运行系统时，需要输入在用户管理中设置的用户名和密码。选择了某种用户级别后，只有该级别以上的用户才可以进入运行系统。

2. 系统设置

如图 11-11 所示的是"系统参数设置"对话框的"系统设置"页。

(1) 菜单/窗口设置

"菜单/窗口设置"如图 11-12 所示。

① 带有菜单：进入运行系统 View 后显示菜单栏。

② 带有标题条：进入运行系统 View 后显示标题条。

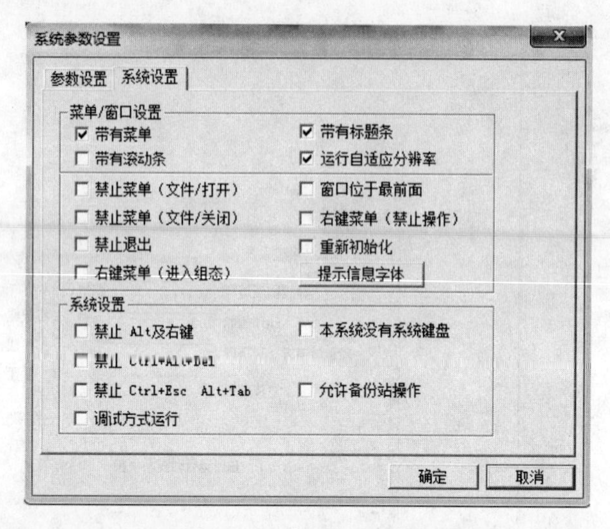

图 11-11 “系统设置”页

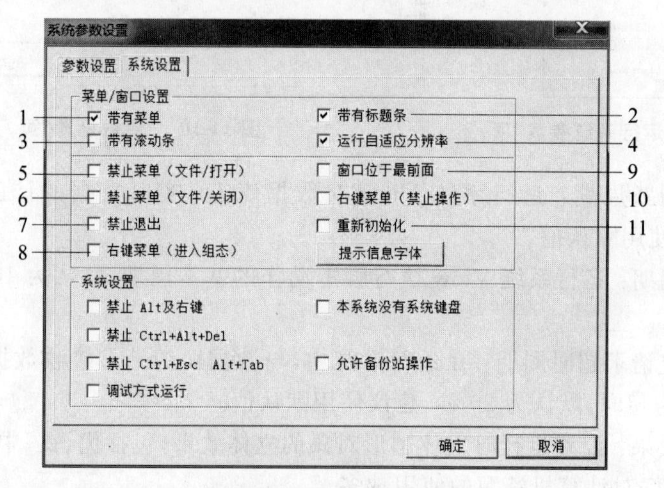

图 11-12 菜单/窗口设置

③ 带有滚动条：进入运行系统 View 后，如果画面内容超出当前 View 窗口显示范围，则显示滚动条，可以滚动画面。

④ 运行自适应分辨率：运行系统 View 自动将窗口的分辨率调节为 PC 桌面的分辨率。

⑤ 禁止菜单(文件/打开)：进入运行系统 View 时，菜单“文件”→“打开”项隐藏，以防止随意打开窗口。

⑥ 禁止菜单(文件/关闭)：进入运行系统 View 时，菜单“文件”→“关闭”项隐藏，以防止随意关闭窗口。

⑦ 禁止退出：在进入运行系统 View 时，禁止退出运行系统。

⑧ 右键菜单(进入组态)：在运行情况下可以通过右键菜单进入开发系统 Draw。

⑨ 窗口位于最前面：进入运行系统 View 后，View 应用程序窗口始终处于顶层窗

口。其他应用程序即使被激活，也不能覆盖 View 应用程序窗口。

⑩ 右键菜单(禁止操作)：在运行情况下右键菜单出现“禁止/允许用户操作”。

⑪ 重新初始化：一些情况下 Db 重启后，View 会重新连接 Db，使界面上数据连续刷新。此功能为特殊应用，需配合相关组件使用。

(2) 系统设置

“系统设置”如图 11-13 所示。

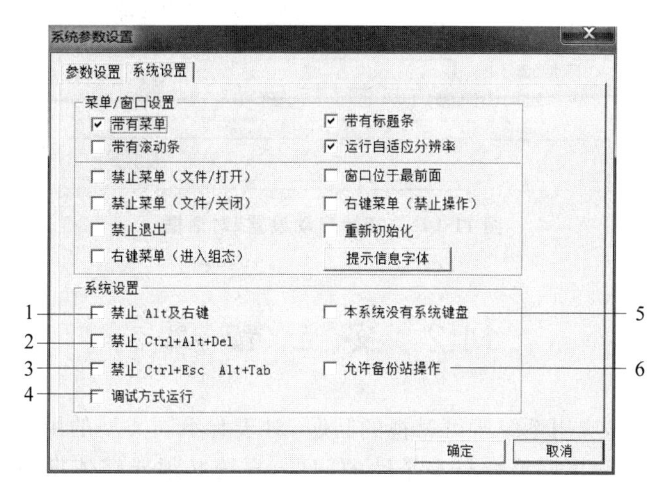

图 11-13 系统设置

① 禁止 Alt 及右键：进入运行系统 View 后，系统功能热键 Alt + F4、右键失效；运行系统 View 的系统窗口控制菜单中的“关闭”命令、系统窗口控制的“关闭”按钮失效。

② 禁止 Ctrl+Alt+Del：进入运行系统 View 后，操作系统不响应热键 Alt+Ctrl+Del，可以防止力控监控组态软件运行系统被强制关闭。

③ 禁止 Ctrl+Esc Alt+Tab：进入运行系统 View 后，不响应系统热键 Ctrl+Esc 和 Alt+Tab。

④ 调试方式运行：可以设置调试方式进行脚本调试。

⑤ 本系统没有系统键盘：在进入运行系统 View 后，对所有输入框进行输入操作时，系统自动出现软键盘提示，仅用鼠标单击就可以完成所有字母和数字的输入，此参数项适用于不提供键盘的计算机。

⑥ 允许备份站操作：用于双机冗余系统中，选择后，从站也可以操作。

11.1.4 开机自动运行

在生产现场运行的系统，很多情况下要求启动计算机后就自动运行力控监控组态软件的程序，在力控监控组态软件中要实现这个功能，配置的方法如下：在开发系统中，“配置”导航栏→“系统配置”→“初始启动程序”下双击，弹出“初始启动设置”对话框，如图 11-14 所示，将“开机自动运行”功能选中，默认延时运行时间是 1000 毫秒。

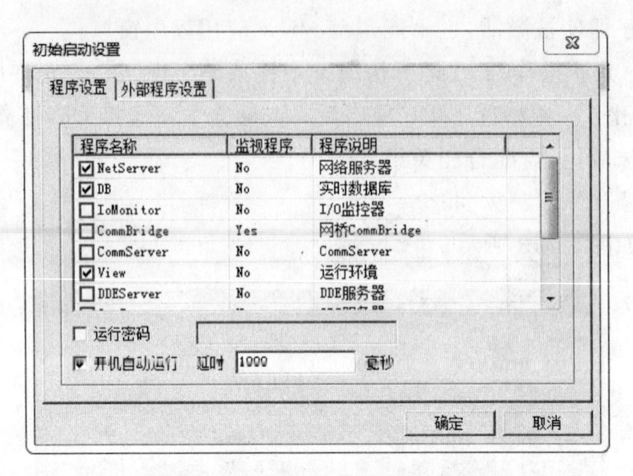

图 11-14 “初始启动设置”对话框

11.2 安全管理

安全保护是现场应用系统不可忽视的问题，对于有不同类型的用户共同使用的大型复杂应用工程，必须解决好授权与安全性的问题，系统必须能够依据用户的使用权限允许或禁止其对系统进行操作。力控监控组态软件提供的安全管理主要包括用户访问管理、系统权限管理、系统安全管理及工程加密管理。

11.2.1 用户访问对象管理

对开发系统 Draw 上的图元、控件、变量等对象设置访问权限，同时给用户分配访问优先级和安全区，运行时当操作者的优先级小于对象的访问优先级或不在对象的访问安全区内时，该对象不可访问。即要访问一个有权限设置的对象，要求用户具有访问优先级，而且操作者的操作安全区须在对象的安全区内，方能访问。访问过程如图 11-15 所示。

(1) 用户级别

在力控监控组态软件中可以创建 4 个级别的用户：操作工级、班长级、工程师级和系统管理员级。其中操作工的级别最低而系统管理员的级别最高，高级别的用户可以修改低级别用户的属性。

对于不同的行业，用户对于用户级别的称号也不一样。为了满足各种行业的需求用户可以修改用户权限的名称，可选择开发系统 Draw 菜单命令“特殊功能”→“用户管理”或“配置”导航栏中“用户配置”→“用户管理”，弹出“用户管理”对话框如图 11-16 所示。级别名称可在“级别名称修改”页修改，在“级别名称”中填写修改的级别名称，长度限制在 32 个字节之内。级别名称填写完后，单击“修改”按钮。单击“保存”按钮，保存修改后的级别名称并退出“用户管理”对话框。

用户管理界面为树形结构，第一级为用户级别名称，下一级为用户名称。如果没有

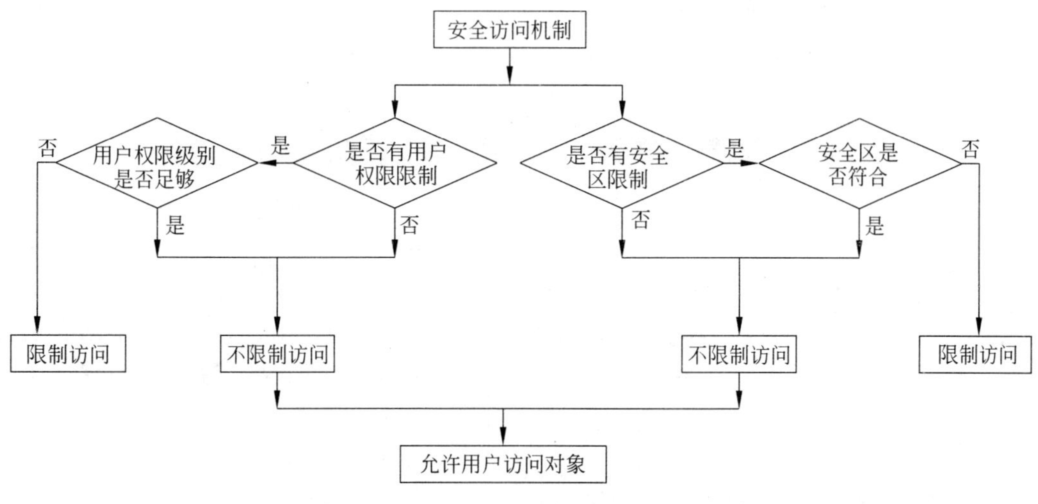

图 11-15 访问过程

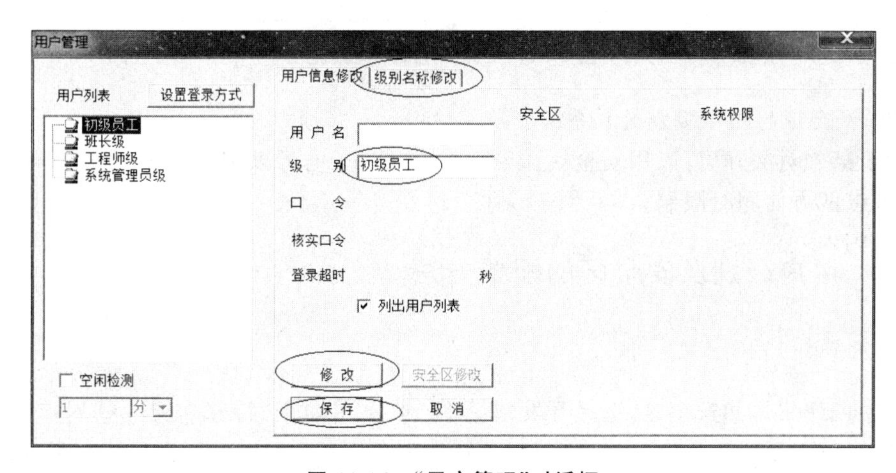

图 11-16 "用户管理"对话框

创建任何用户，或在进入运行系统时没有一个已创建用户登录，系统默认提供的访问权限为操作工权限。

(2) 安全区

在控制系统中一般包含多个控制过程，同时也有多个用户操作该控制系统。为了保护控制对象不接受未授权的写操作，提供了安全区的功能。给需要授权的控制过程的对象设置安全区，同时给操作这些对象的用户分别设置安全区。每一个用户名可以对应多个安全区，每个安全区也可以对应多个用户名，一个对象也可以对应多个安全区。可以将安全区看作是一组带有同样安全级别的数据库块，有特定的安全区操作权限的操作员可以对这个安全区的任何数据进行写操作。

力控监控组态软件中最多可以设置 256 个安全区，其中前 26 个默认为 A～Z，但所有的安全区的命名都是可以更改的，安全区支持中文名称，但其名称不能超过 32 个字符的长度(汉字为 16 个)。

在“用户管理”对话框中，如图11-17所示，单击 安全区修改 按钮。在“安全区修改”列表框中，选中要改名的安全区单击 改名 按钮，输入新安全区名，单击 确定 按钮，退出“安全区修改”对话框，返回到“用户管理”对话框。

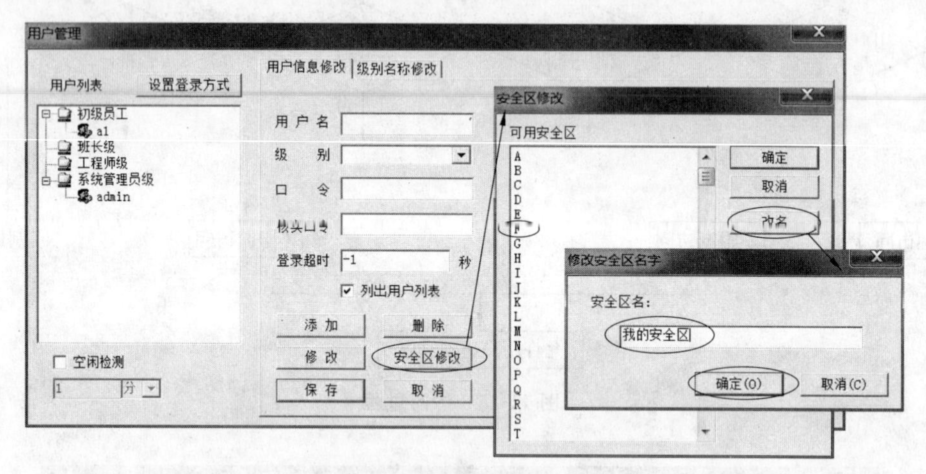

图11-17 “用户管理”对话框

(3) 安全区与用户级别的关系

对于某个对象，既可以用安全区限制对它的操作，也可以用用户级别限制对它的操作，也可以两方面同时限制。

11.2.2 用户级别及安全区的配置方法

1. 创建用户和安全区

若要创建用户和安全区，选择开发系统Draw菜单命令“特殊功能”→“用户管理”或配置导航栏中“用户配置”→“用户管理”，弹出“用户管理”对话框，如图11-18所示。

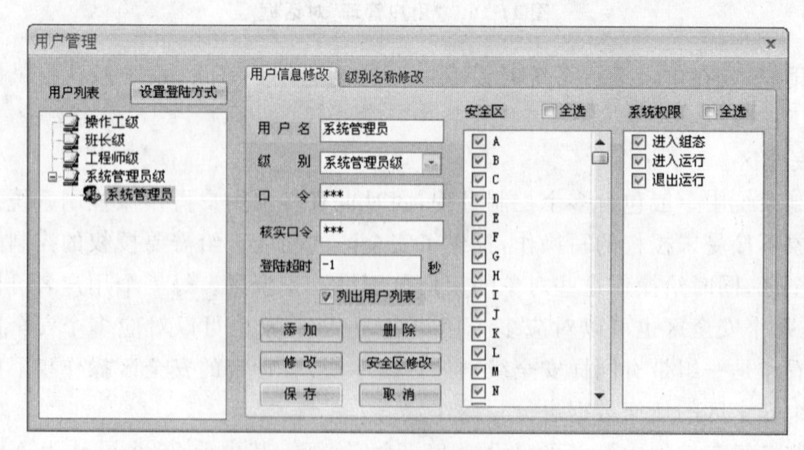

图11-18 “用户管理”对话框

2. 用户管理配置

“用户管理”配置对话框如图 11-19 所示。

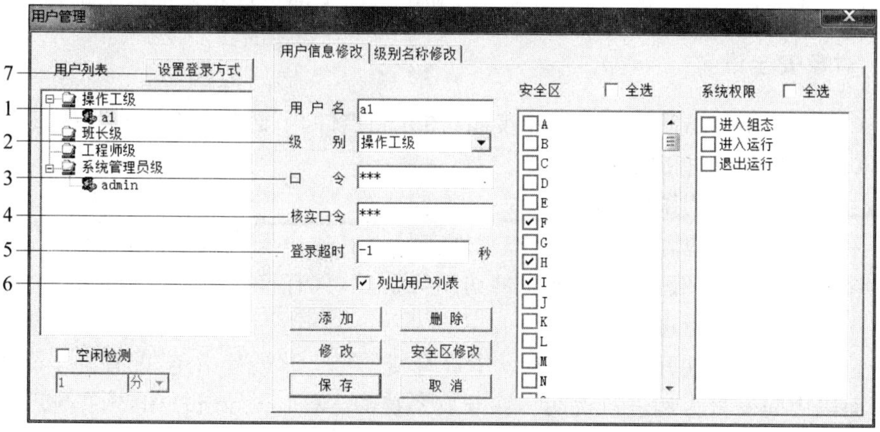

图 11-19 “用户管理”配置对话框

(1) 用户信息

① 用户名：所创建的用户的名称。

② 级别：选择所建用户的级别。

③ 口令：所创建的用户对应的密码。

④ 核实口令：对口令进行进一步的确认。

⑤ 登录超时：设定每个用户可以在登录以后，在指定的时间后自动超时注销，默认为－1，表示不会注销登录的客户。

⑥ 列出用户列表：运行系统时，在登录窗口用户下拉菜单框中出现。

⑦ 设置登录方式：与 IE(IIS)发布相关，详细内容请查看 IE 发布相关章节。

(2) 添加用户

将用户信息填写完成后，单击 添加 按钮后，会在左侧对应用户级别的树下面出现所建的用户名，然后再单击 保存 按钮，退出用户管理配置。

(3) 修改用户

在左侧的树中选中要修改的用户，此时可以对用户的信息进行修改，修改完成后，单击 修改 按钮，然后再单击 保存 按钮，退出用户管理配置。

(4) 删除用户

在左侧的树中选中要删除的用户，单击 删除 按钮，将会在左侧树中删除该用户。

(5) 安全区的设置

在安全区的列表框中，选择用户对应的安全区，选中后，安全区的名称复选框中是选中的状态，如图 11-19 所示。

(6) 说明

左侧用户列表采用树形结构描述用户级别，选中某个用户后右侧列出用户的各种设定，包括安全区和系统权限设定，修改后单击“修改”按钮修改用户的设定情况。新增加的登录超时功能可以设定用户登录多长时间后自动注销登录。为了兼容以前的操作方式默认设置为－1，－1表示用户登录以后永不超时。用户的安全区和系统权限可以逐个制定。选中则表示有此权限，其上面的全选功能可以全部选择和全部取消选择。

3. 对象安全设置

用户在系统中可访问的对象包括变量、图元和控件，下面分别介绍它们的安全设置。

(1) 变量安全级别和安全区设置

① 变量的安全级别的配置

与用户级别相对应，力控监控组态软件变量也有4个安全级别：操作工级、班长级、工程师级、系统管理员级，设置了变量的访问级别后，只有符合此安全级别或高于此安全级别的用户才能对变量进行操作。

变量的访问级别在开发系统Draw中进行变量定义时进行指定，配置的步骤如下。

下面以中间变量为例进行说明。在开发系统Draw工程导航栏中，选择“变量”→“中间变量”，“新建”中间变量，在安全级别处选择“工程师级”，如图11-20所示。

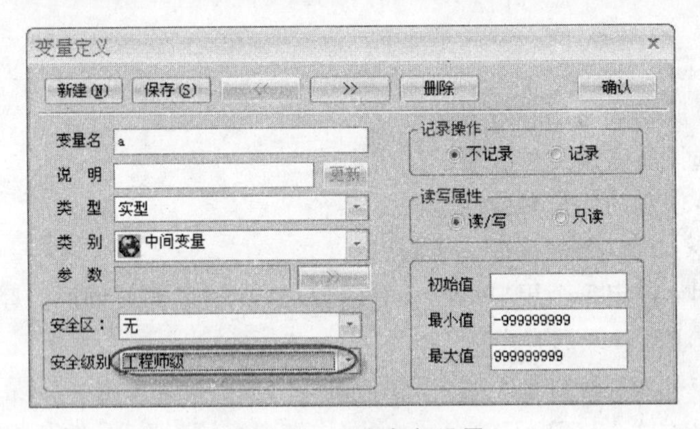

图11-20 工程师级设置

② 变量的访问安全区的配置

每个变量可以指定属于一个安全区，也可以不指定安全区，指定安全区后只有具有此安全区操作权限的用户登录以后才可以修改此变量的数值，如图11-21所示。

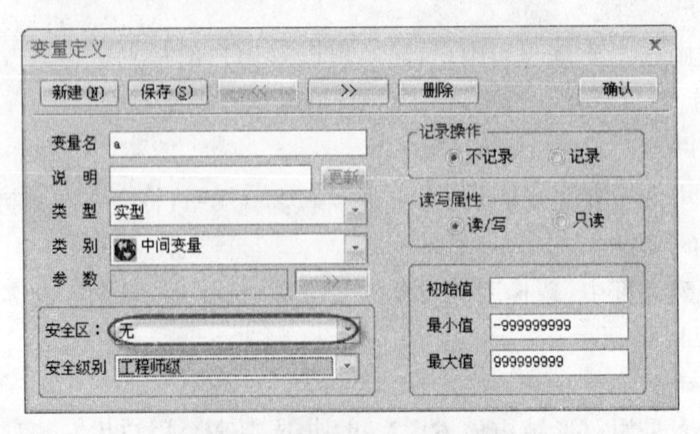

图11-21 变量访问安全区的配置

运行系统 View 在初始启动后，若没有任何用户登录，此时 View 对变量数据的访问级别最低，即“操作工级”级别，也就是说，只有具备“操作工级”级别的变量可以被修改。对于设定了更高级别的变量，当要被越权修改时，运行系统 View 会出现如下提示，如图 11-22 所示。

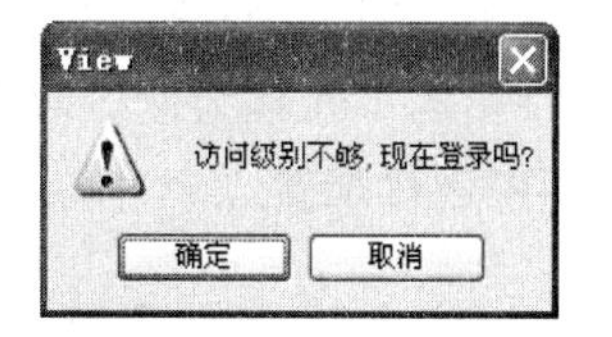

图 11-22　“确认”对话框

单击“确定”按钮，这时出现如图 11-23 所示的“登录”窗口。

若要进行用户登录，也可以选择运行 View 菜单命令“特殊功能”→“登录(T)”或用鼠标右键单击 View 工作窗口后，在弹出的右键菜单中选择“登录”，这时出现上图所示的“登录”窗口。

在对话框中分别输入“用户名”和用户“口令”(用户名和用户口令标识不区分大小写)，然后单击“确定”按钮。如果用户“口令”不正确，系统出现提示，如图 11-24 所示。

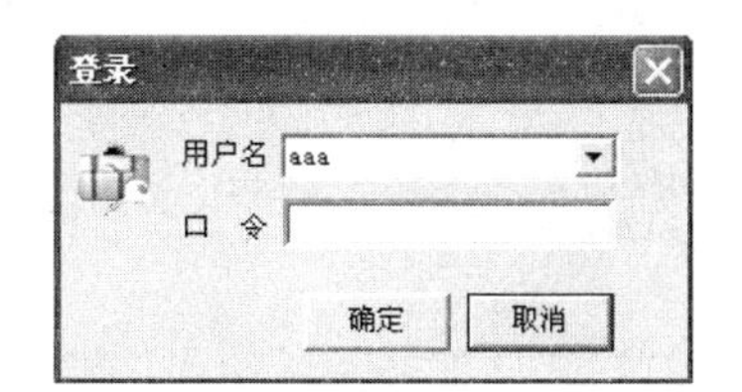

图 11-23　“登录”窗口

图 11-24　系统出现提示对话框

在运行系统中，若要修改设置了访问级别的变量时，首先需要具有相应级别(或更高级别)的用户登录时，才能进行修改。

(2) 图元对象动画连接安全区的管理

针对具体的对象，如果对它进行动画连接，那么对该动画所有的写操作，都要受安全区的限制，一种动画连接可以对应多个安全区。

用户可以组态图元动画连接中的用户安全区，只有用户指定了操作动作的图元才可以指定安全区。每一个图元可以指定多个安全区，运行中只要用户有其中一个安全区的操作权限就可以操作此图元。如果任何安全区都不设置表示没有该图元安全区的保护限制。

设置方法如图 11-25 所示，打开对象的“动画连接”对话框、“安全区选择”对话框。

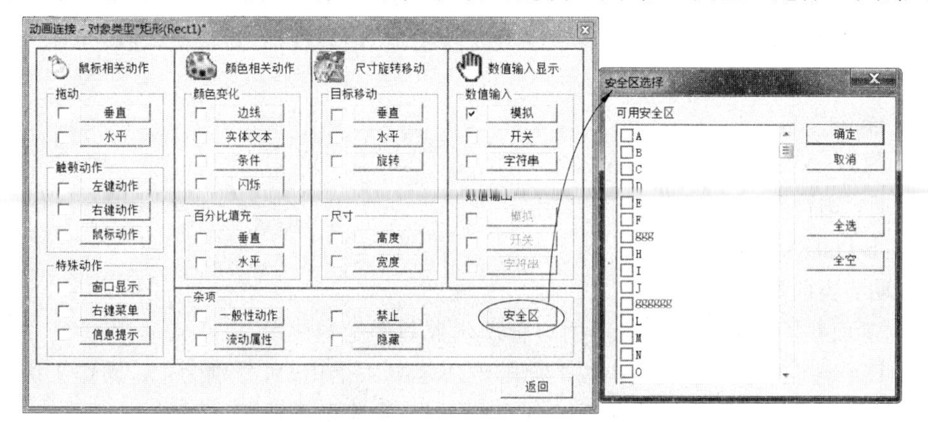

图 11-25　“动画连接”对话框

(3) 控件安全级别和安全区设置

力控对部分控件也集成了权限管理，可设置访问权限和安全区。下面以 Windows 控件中的下拉框为例。双击“下拉框控件”进入“属性”对话框，如图 11-26 所示，在“权限框”中进行配置。

图 11-26 “属性”对话框

4. 用户管理和安全区的脚本函数

(1) 用户管理的脚本函数

力控监控组态软件提供相关的函数和变量以实现更为灵活的用户管理。这里仅提供简要说明，具体用法请参考《函数手册》。

① 函数。

• UserPass

说明：修改用户口令，调用该函数时将出现“用户口令修改”对话框，在该对话框中，用户可以改变当前已登录用户的口令。

• UserMan

说明：增加或删除用户。调用该函数时将出现“用户管理”对话框，在该对话框中，用户可以添加新的用户或删除已有用户。

② 系统变量。

• $UserLevel

说明：当前登录的用户的用户级别。

• $UserName

说明：当前用户名。

③ 下面我们结合实例来说明用户管理函数和变量的使用。

在 Draw 中的用户管理器中按上面的方法建立 4 个用户，分别为：a，操作工级，口令 aaa；b，班长级，口令 bbb；c，工程师级，口令 ccc；d，系统管理员级，口令 ddd。

在 Draw 的窗口中创建两个文本显示内容分别是“当前用户名称”和“当前用户级

别”，以及两个变量显示文本框＃＃＃＃＃＃＃＃，分别显示系统变量＄Username 和＄Userlevel，如图 11-27 所示。

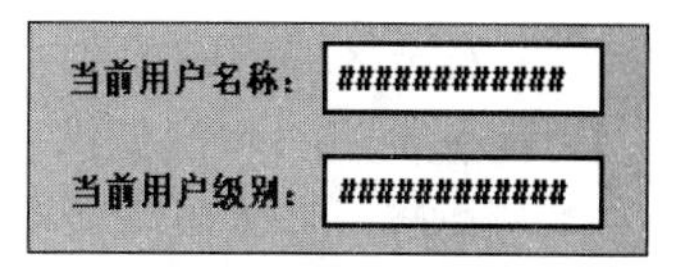

图 11-27 Draw 窗口

创建两个按钮“修改当前用户密码”、“添加/删除用户”。

在“修改当前用户口令”按钮创建动画连接“左键动作”，在动作编辑器里，输入如下内容：Userpass()；在“添加/删除用户”按钮创建动画连接“左键动作”，在动作编辑器里，输入如下内容：Userman()。

进入运行后，以用户 c 登录，则画面显示如图 11-28 所示。

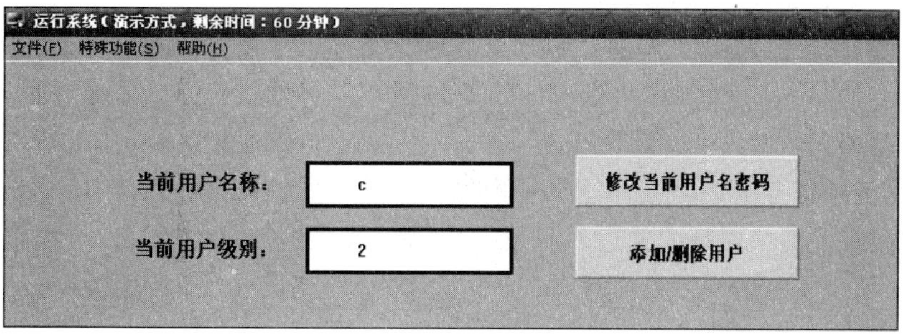

图 11-28 “登录”界面

当前用户名为 c，用户级别为 2，表示级别为工程师级。单击“修改当前用户密码”按钮，在如下的对话框中，将原密码修改为 123，单击“确定”按钮，在登录时，用户 c 的口令变为 123。

单击“添加/删除用户”按钮，出现如图 11-29 所示对话框，可以添加、修改用户。但要注意的是，因为我们是以用户 c 登录的，用户 c 的级别为工程师级，因此只能对低于工程师级的用户进行“添加/删除/修改”操作。

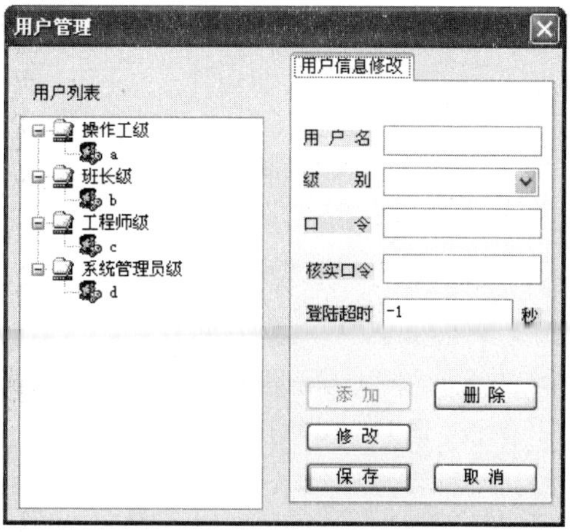

图 11-29 “用户管理”对话框

（2）安全区的脚本函数

力控监控组态软件提供了对安全区操作的函数来对安全区进行更灵活的操作，函数如表 11-4 所示，具体用法请参考《函数手册》。

表 11-4　函数功能

函　　数	功　　能
GetVarSecurityArea	得到指定变量对应的安全区名
CheckSecurityArea	检查指定的安全区在当前是否可以操作

11.2.3　用户系统权限配置

在很多情况下，用户工程应用中的组态数据和运行数据都涉及安全性问题。例如，需要禁止普通人员进入组态环境查看或修改组态参数；在系统运行时，某些重要运行参数（如重要的控制参数）不允许普通人员修改等。

系统权限配置主要是配置进入开发系统的权限、进入运行系统的权限、退出运行系统的权限。

1. 进入开发系统权限的设置

如果设置了进入开发系统权限，当进入开发系统时，只有具有此权限的用户才能进入开发系统，对工程应用进行修改和配置，具体配置步骤如下。

在创建用户时，在“用户管理”对话框中最右侧的对话框中，选择“进入组态”，如图 11-30 所示。

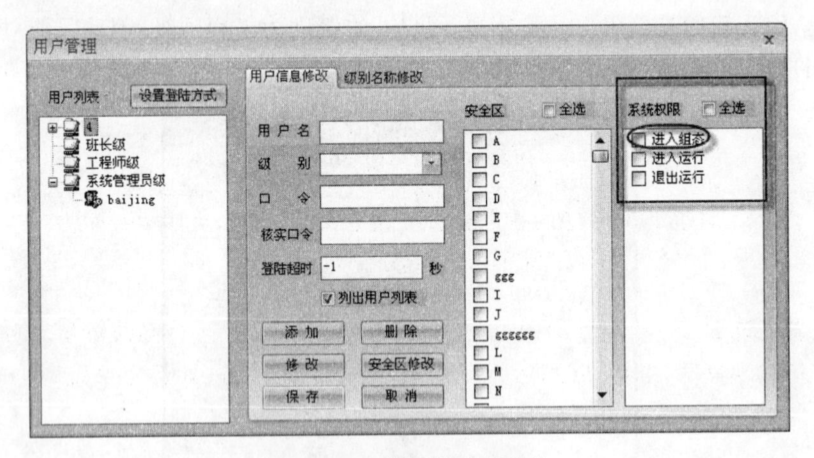

图 11-30　选择“进入组态”

选择“配置导航栏”→“系统配置”→“开发系统参数”，如图 11-31 所示，将“启用组态时的权限保护”选中，则在进入开发环境时会根据用户管理中的系统权限对进入组态的用户进行控制。

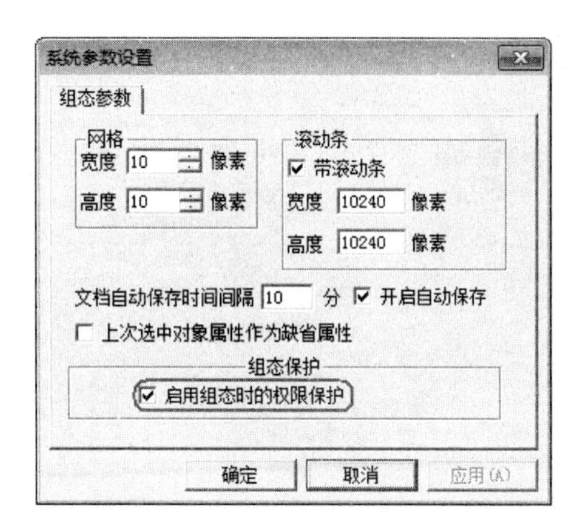

图 11-31　选中"启用组态时的权限保护"

2. 进入运行系统权限的设置

如果设置了进入运行系统权限，当进入运行系统时，只有具有此权限的用户才能进入运行系统，具体配置步骤如下。

创建用户时，在"用户管理"对话框中最右侧的对话框中，选择"进入运行"，如图 11-32 所示。

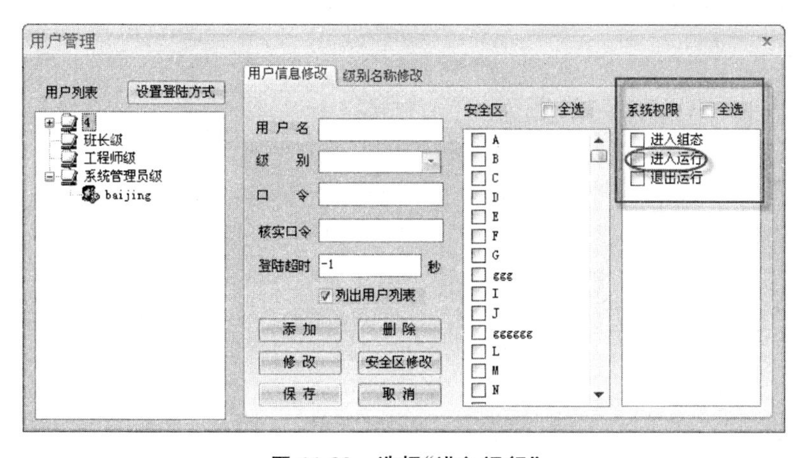

图 11-32　选择"进入运行"

在开发系统 Draw 的配置导航栏中选择"系统配置"→"运行系统参数"，如图 11-33 所示，在"参数设置"页中将"启用运行时权限保护"选中，则进入运行系统时会根据在用户管理中的配置对进入运行系统的用户进行权限控制。

3. 退出运行系统权限的设置

如果设置了退出运行系统权限，当退出运行系统时，只有具有此权限的用户才能退出运行系统，具体配置步骤如下。创建用户时，在"用户管理"对话框中最右侧的对话框中，选择"退出运行"，如图 11-34 所示。

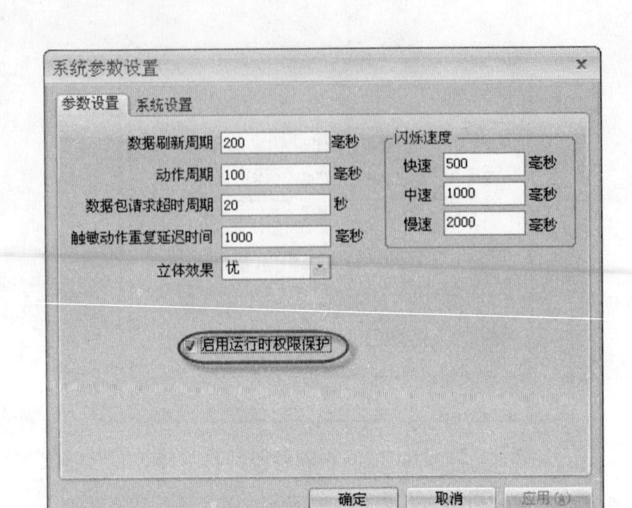

图 11-33　选中“启用运行时权限保护”

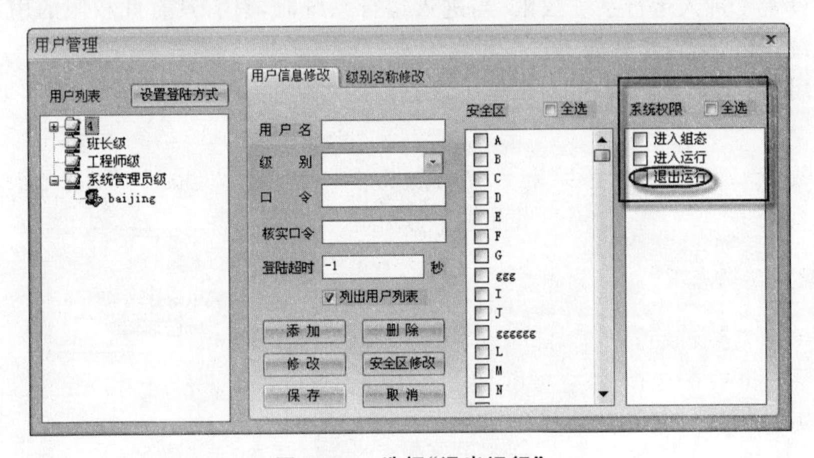

图 11-34　选择“退出运行”

11.2.4　系统安全管理

系统安全管理包括屏蔽菜单和键盘功能键，操作步骤如下。

(1) 在开发系统中的“配置”导航栏中，选择“系统配置→运行系统参数”，弹出“系统参数设置”对话框，如图 11-35 所示。

(2) 当在开发系统 Draw 的系统参数中设置了“禁止退出”、“禁止 Alt 及右键”和“禁止 Ctrl + Alt + Del”选项时，运行系统 View 在运行时将提供以下系统安全性。

① 屏蔽菜单

禁止菜单命令“文件”→“进入组态状态”和“文件”→“退出”。

② 屏蔽键盘功能键

系统功能热键 Alt + F4、Alt + Tab、View 的系统窗口控制菜单中的关闭命令以及系统窗口控制按钮的关闭按钮失效。

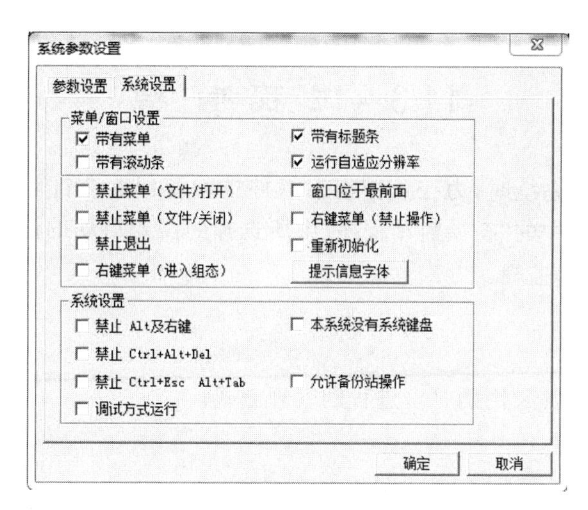

图 11-35 “系统参数设置”对话框

系统热启动组合键 Ctrl + Alt + Del 失效。

11.2.5 工程加密

为了更好地进行安全管理，力控监控组态软件提供了工程加密，在开发系统里设置了工程加密后，再进入开发系统时，提示输入密码对话框，只有密码正确，才能进入开发系统进行组态。

1. 设置工程加密

单击菜单命令“特殊功能”→“工程加密”选项或在配置导航栏中选择“系统配置”→“工程加密”，弹出如图 11-36 所示的“工程加密”对话框。

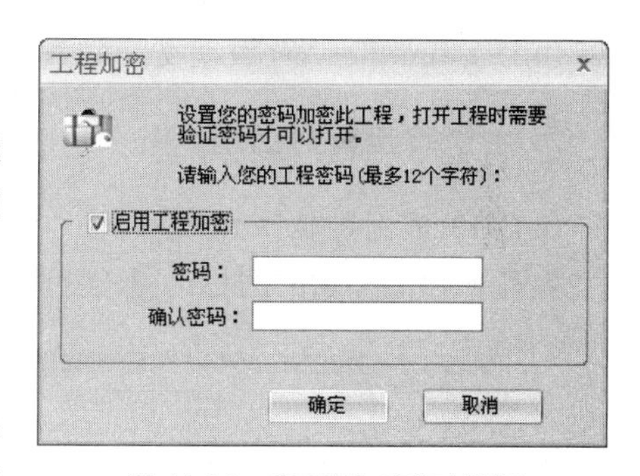

图 11-36 “工程加密”对话框

2. 无加密锁运行

由于工程加密是配合加密锁使用的，如果没有加密锁，设置工程加密“确定”时会出现如图 11-37 所示的提示。

3. 加密运行

加密成功后，在进入组态的时候会出现“输入口令”对话框，如图 11-38 所示。

图 11-37 无加密锁提示对话框

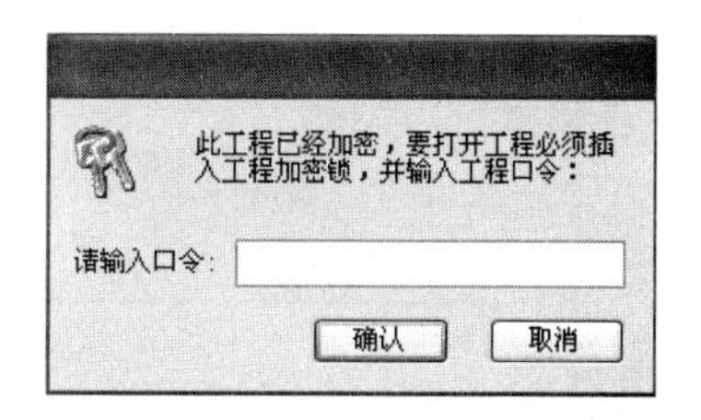

图 11-38 “输入口令”对话框

11.3 进程管理

当系统进入运行系统时,力控监控组态软件进程管理器会自动启动,可以监控在开发系统的“系统配置”中的“初始启动程序”中所选择的需要启动的进程程序,同时对这些程序进行启动、停止和监视。

1. 管理方式

力控监控组态软件采用的是多进程的管理方式。

主要的进程有:

(1) DB(实时数据库)

(2) IoMonitor(I/O 监控器)

(3) NetServer(网络服务器)

(4) CommBridge(网桥)

(5) View(运行环境)

(6) DDEServer(DDE 服务器)

(7) OPCServer(OPC 服务器)

(8) ODBCRouter(数据转储组件)

(9) httpsvr(Web 服务器)

(10) CommServer(数据交互服务器)

2. 各进程运行时说明

(1) DB(实时数据库)

在任务栏上显示的图标为,运行时的画面如图 11-39 所示。

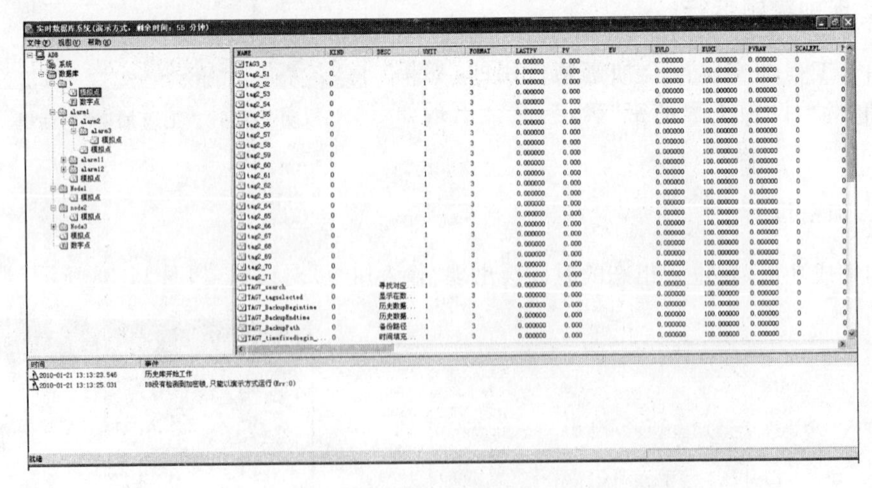

图 11-39 运行画面

在数据库运行时，可以直接在 DB 的运行界面进行调试，例如，将 a1 点的 pv 值设定为 12。具体操作步骤如下。

在 a1 点的参数 pv 值处双击，弹出“设置数据”对话框，在对话框中输入 12，单击“确定”按钮，如图 11-40 所示，操作的结果如图 11-41 所示。

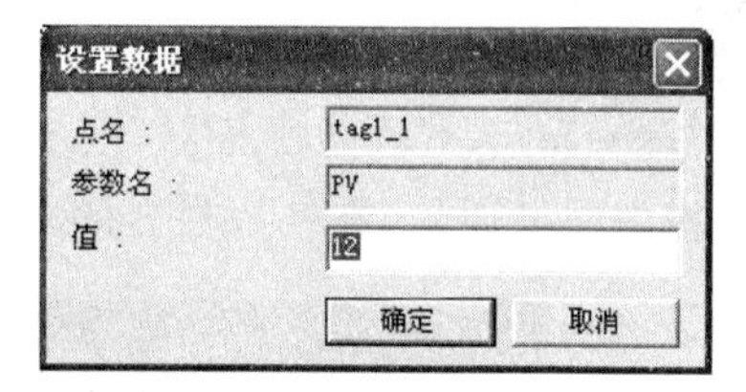

图 11-40　“设置数据”对话框

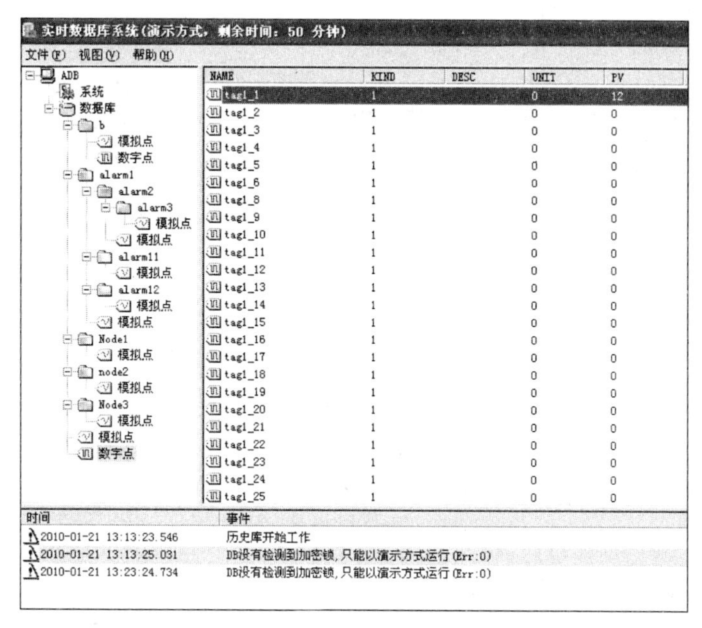

图 11-41　运行结果

(2) IoMonitor(I/O 监控器)

IoMonitor(I/O 监控器)是用于 I/O 通信状态的监控窗口，在任务栏上显示的图标为，运行时的界面如图 11-42 所示。

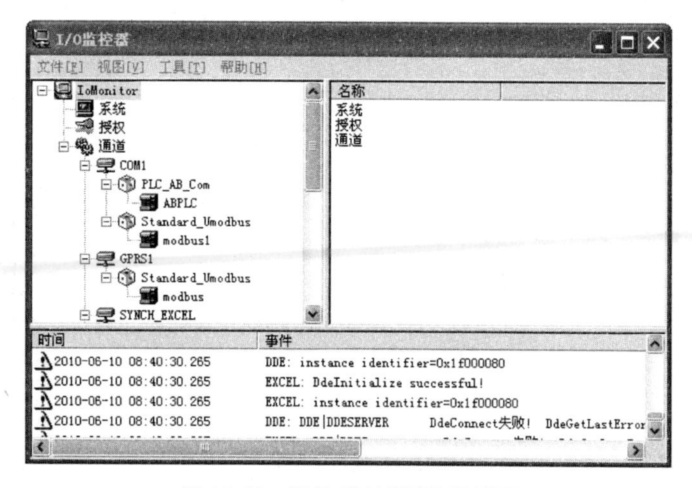

图 11-42　“I/O 监控器”运行界面

(3) NetServer(网络服务器)

NetServer(网络服务器)用于管理力控监控组态软件的C/S、B/S和双机冗余等网络结构的网络通信，在任务栏上的图标为![icon]，运行时的界面如图11-43所示。

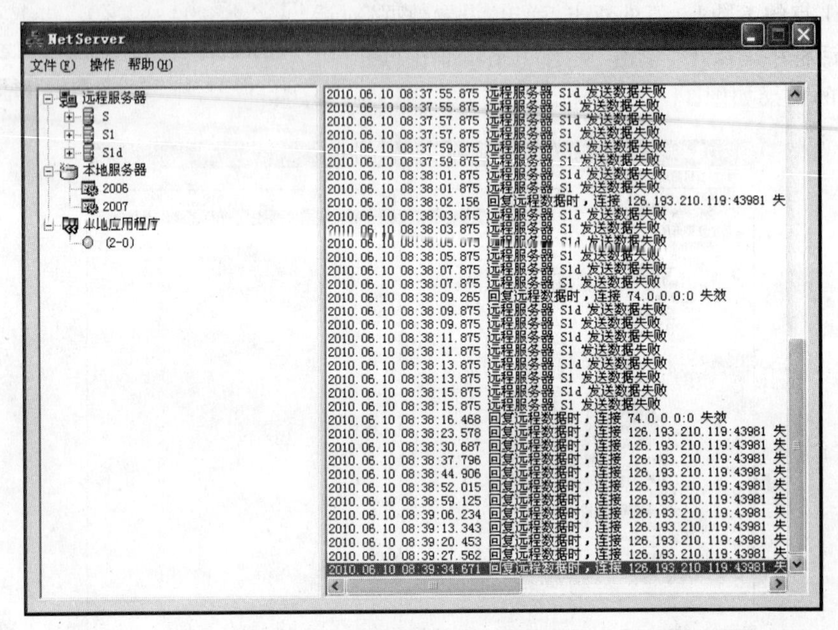

图 11-43 “网络服务器”运行界面

(4) CommBridge(网桥)

当力控监控组态软件与下位机设备之间采用无线GPRS/CDMA通信时，需要使用CommBridge(网桥)程序，用于DTU的登录，在任务栏中的图标为![icon]，系统运行时的界面如图11-44所示。

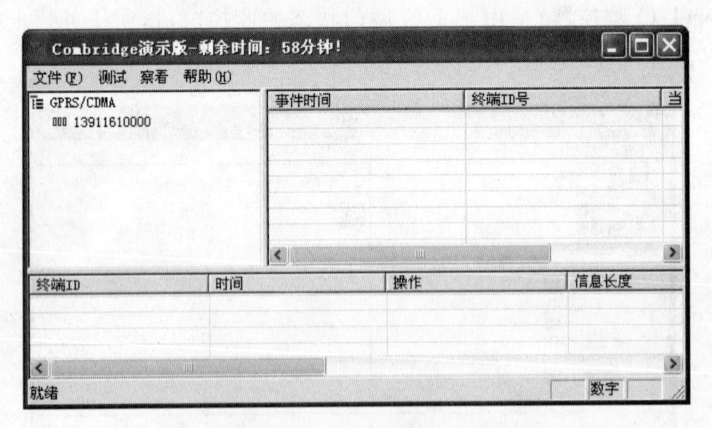

图 11-44 “网桥”运行界面

(5) httpsvr(Web服务器)

httpsvr(Web服务器)是当采用B/S网络结构时，网络服务器端的网络发布管理程序，在任务栏上的图标为![icon]，运行时的界面如图11-45所示。

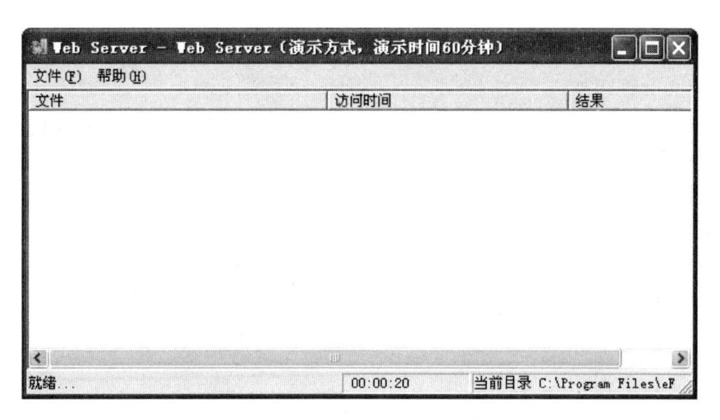

图 11-45 Web Server 运行界面

3. 启动与停止进程管理

(1) 进程的加载

加载要启动和停止的进程，只需在力控监控组态软件的开发系统中，单击“配置”导航栏→“系统配置”→“初始启动程序”，来加载进程管理器中要启动和停止的进程，如图 11-46 所示。

(2) 力控监控组态软件进程管理器

启动与停止进程需要在力控监控组态软件“进程管理器”中进行，对进程的停止有两种方法。

① 停止所有进程

在进程管理器中选择菜单命令“监控”→“退出”，就可以同时关闭所有进程了，如图 11-47 所示。

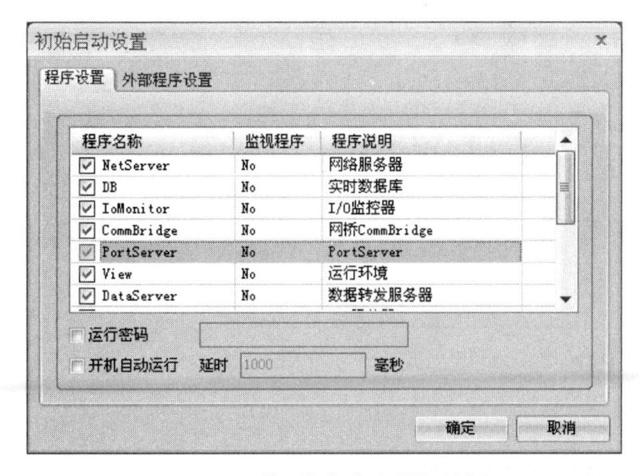

图 11-46 “初始启动设置”对话框

图 11-47 “进程管理器”窗口

② 停止单一的进程

在进程管理器中选择菜单命令“监控”→“查看”，就可以停止所选择的单一进程了，如图 11-48 所示。

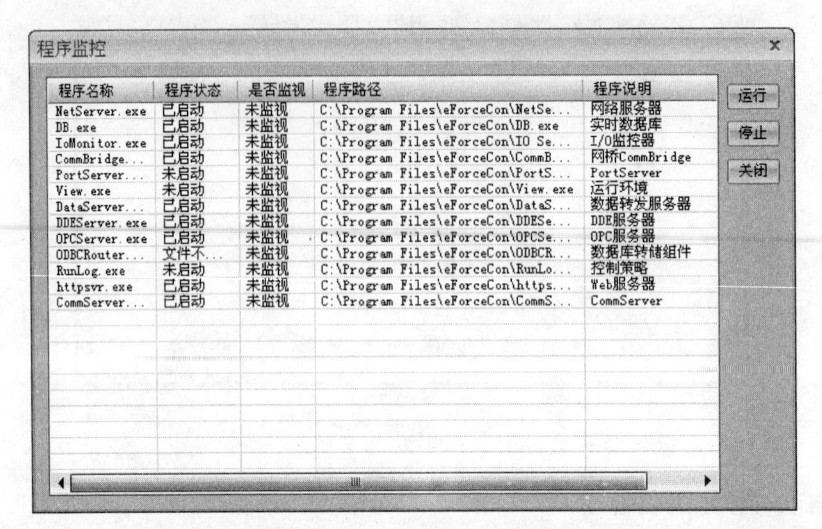

图 11-48 “程序监控”对话框

4. 进程管理器的看门狗功能

进程管理器的看门狗功能是指在进程管理器中管理着的程序，如果由于人为或其他任何原因退出后，经过 2 秒进程管理器会自动将该程序启动，保证系统运行的连续性。此功能需要将“初始启动设置”中的力控监控组态软件“程序设置”中的“监视程序”选为 Yes，如图 11-49 所示。

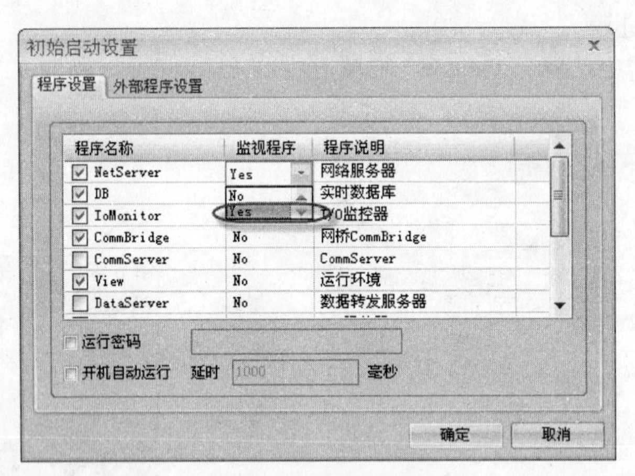

图 11-49 “程序设置”页

思考与习题

11.1 运行系统有哪些功能？

11.2 怎样对工程加密？

11.3 试用函数创建一个修改用户口令的按钮，并能修改口令。

第12章 chapter 12

控件及复合组件对象

力控是一个面向对象的开发环境，控件和组件在组态软件内部都作为对象存在，是完成特定任务的一段程序，但不能独立运行，必须依赖于一个主体程序——容器。控件具有各种属性和方法，用户可以通过调用控件的属性、方法控制控件的外观和行为，接收输入并提供输出。

力控支持多种控件及组件，如ActiveX控件、Windows控件、复合组件、后台组件等。

12.1 ActiveX控件

ActiveX控件技术是国际上通用的基于Windows平台，建立在COM编程模型上的软件技术，ActiveX控件以前也叫作OLE控件或OCX控件，它是一些完成特定任务的组件或对象的统称，可以将其插入到Web网页或其他应用程序中(这些应用程序称为控件容器)。力控就是一个标准ActiveX控件的容器，诸如Microsoft Visual Basic或IE浏览器等也都是标准的控件容器，可以在力控中使用一个或多个ActiveX控件。

ActiveX控件主要有三个要素：属性、方法和事件。

属性：用于描述控件的特征，可以修改。

方法：可以从容器调用的脚本函数，用于改变控件的行为。

事件：通过ActiveX容器触发，ActiveX控件进行响应。

力控允许访问ActiveX控件的属性、方法和事件，通过编写脚本来访问它们。

12.1.1 使用ActiveX控件

1. ActiveX控件的管理

在力控画面中置入一个ActiveX控件，可双击“工程”导航栏→“复合组件”→“其他”→“ActiveX容器”，出现插入ActiveX控件对话框，如图12-1所示。

对话框或工具箱中列出的ActiveX控件是在当前用户机器上已经注册的ActiveX控件。

选择“插入ActiveX控件”中的ActiveX控件，就可以将控件插入到力控画面上使用了。

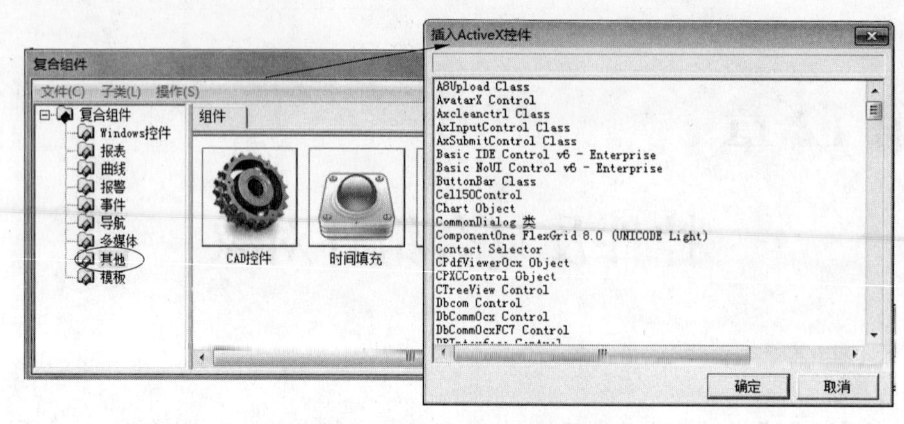

图 12-1 “插入 ActiveX 控件”对话框

2. ActiveX 控件的属性、方法和事件

需要查看力控画面上的已加入 AcitveX 控件的方法和属性时，可按如下步骤进行：

(1) 单击选中要查看的 ActiveX 控件。

(2) 在属性工具栏上单击“属性设置”，如图 12-2 所示。

属性设置

图 12-2 “属性设置”工具栏

“属性设置”工具栏具有如表 12-1 所示的 6 个快捷菜单。

表 12-1 快捷菜单

	属性：控件所具有的扩展属性、基本属性和控件属性
	方法：控件所具有的基本方法、自定义方法、控件事件和控件方法
	动画：通过在相关动画中写脚本可以使控件按脚本要求实现这一动画
	属性关联设置：包括关联变量设置、关联属性设置和属性变化脚本
	按类别分类：单击“属性”再单击此按钮表示“属性按类别排序”，“方法”类同
	按字符排序：单击“属性”再单击此按钮表示“属性按字符排序”，“方法”类同

分别单击、，弹出如图 12-3 所示的两个对话框。

对话框中的两页分别列出了该控件的所有属性、方法和事件的名称与格式。

12.1.2 用动作脚本控制 ActiveX 控件

ActiveX 控件与力控的关联除了在控件属性中关联力控的变量、定义 ActiveX 控件事件函数外，还可以在力控中使用动作脚本调用控件的属性、方法、事件，如在窗口动作、应用程序动作、数据改变动作、按键动作、一般动作、左键动作等动作脚本中调用。

用户通过 ActiveX 的调用，可以无限扩展力控的功能。一般意义上说，只要是标准的 ActiveX 控件，用户就可以通过加载此控件而获得控件提供的相应功能。本书以日历控件 12.0 控件为例，介绍如何在动作脚本中使用 ActiveX 控件。

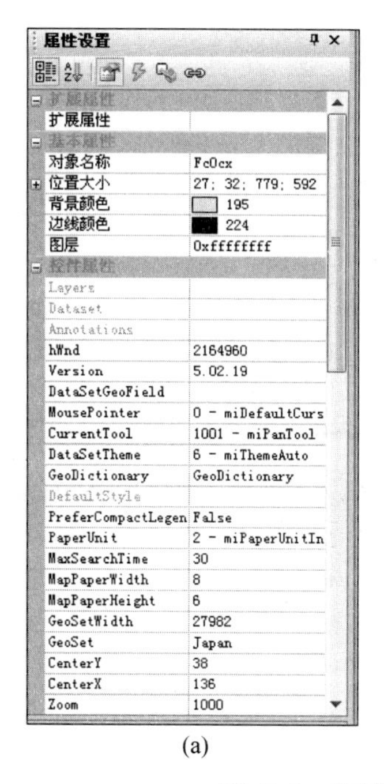

(a)

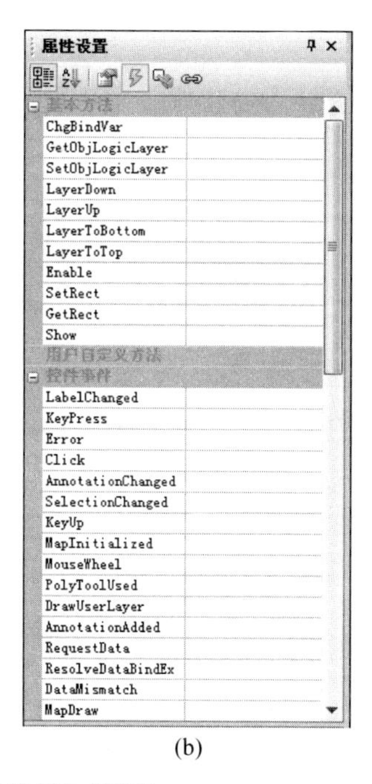

(b)

图 12-3 “属性设置”对话框

(1) 从复合组件“其他”中找到“ActiveX 容器”，双击它，从弹出的“插入 ActiveX 控件”对话框中选择“日历控件 12.0”，如图 12-4 所示。将此控件添加到力控的窗口，如图 12-5 所示。

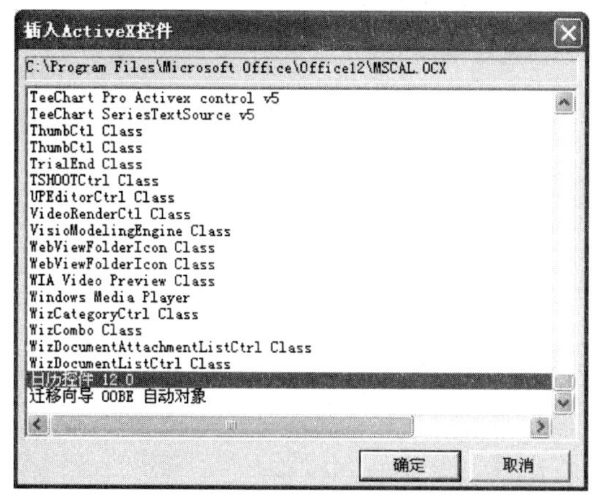

图 12-4 插入 ActiveX 控件

图 12-5 添加窗口

(2) 对 ActiveX 对象命名。选中日历控件 12.0，单击右键，在弹出的菜单中选择“对象命名”，如图 12-6 所示。或者在属性设置中命名，如图 12-7 所示。

(3) 在 ForceControl V7.0 中使用日历控件 12.0。

① 将日历控件的属性值赋给力控的数据库变量。在画面上建一个按钮，在属性设置（图 12-8）中选择左键动作。

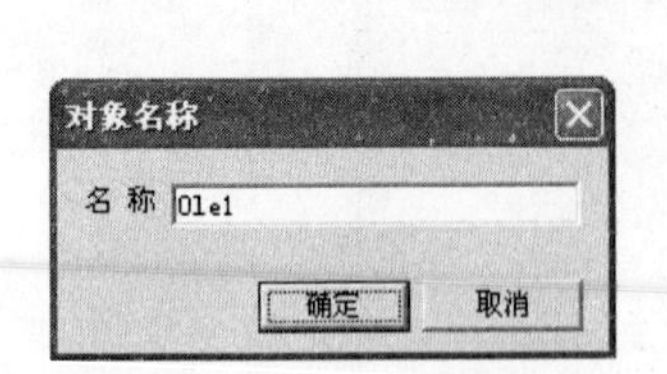

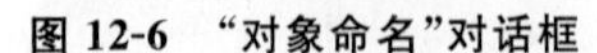

图 12-6 “对象命名”对话框

图 12-7 属性设置

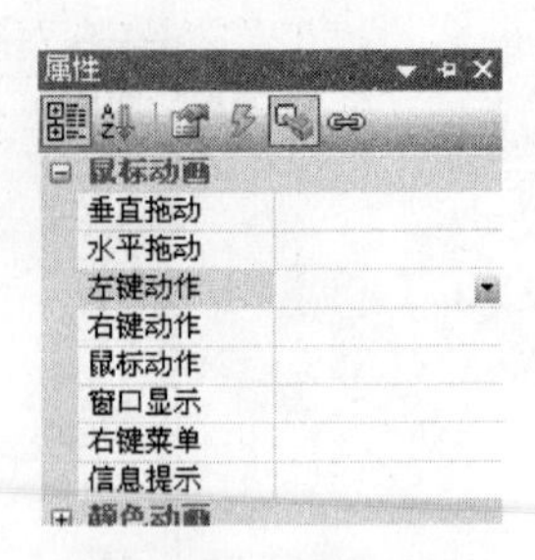

图 12-8 左键动作

或者也可以双击按钮，弹出“动画连接”对话框，选择左键动作，如图 12-9 所示。

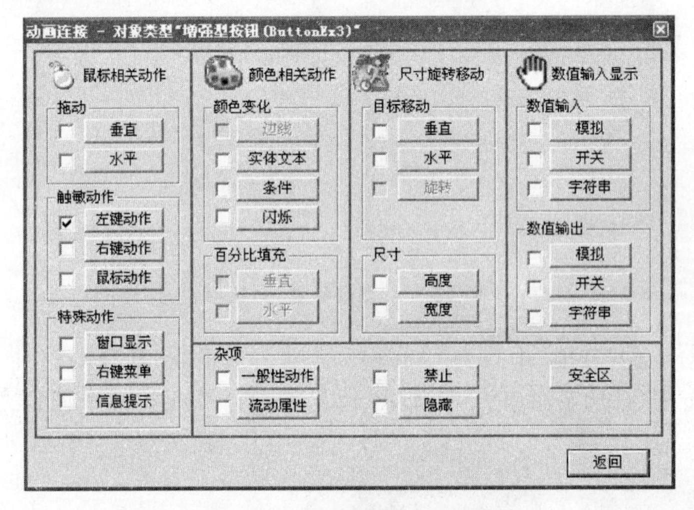

图 12-9 “动画连接”对话框

在弹出的“脚本编辑器”窗口中输入脚本 a1. pv= # Ole1. Year，如图 12-10 所示。

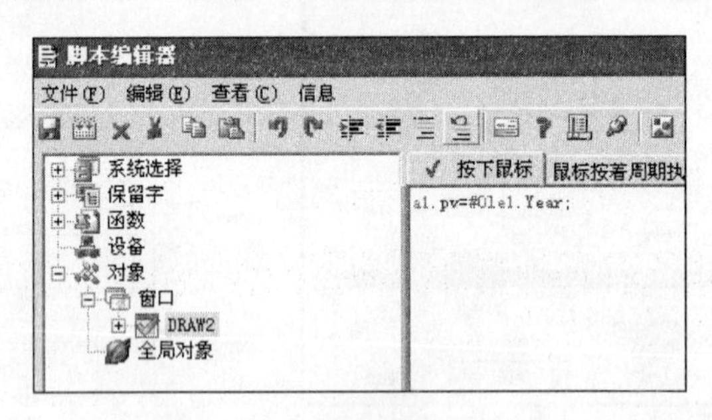

图 12-10 “脚本编辑器”窗口

② 用文本在画面上直接显示 ActiveX 控件的属性值。在窗口建立一个文本显示，选择“模拟输出”，进入“变量选择”对话框，选择“窗口”页，对象名称 Ole1，字段 Day，如图 12-11 所示。

③ 通过按钮使用脚本动作调用控件的方法。在画面上新建一个按钮，选择左键动作，单击“控件”，出现控件列表框，双击 NextDay，则在动作脚本中显示 # Ole1. NextDay()，

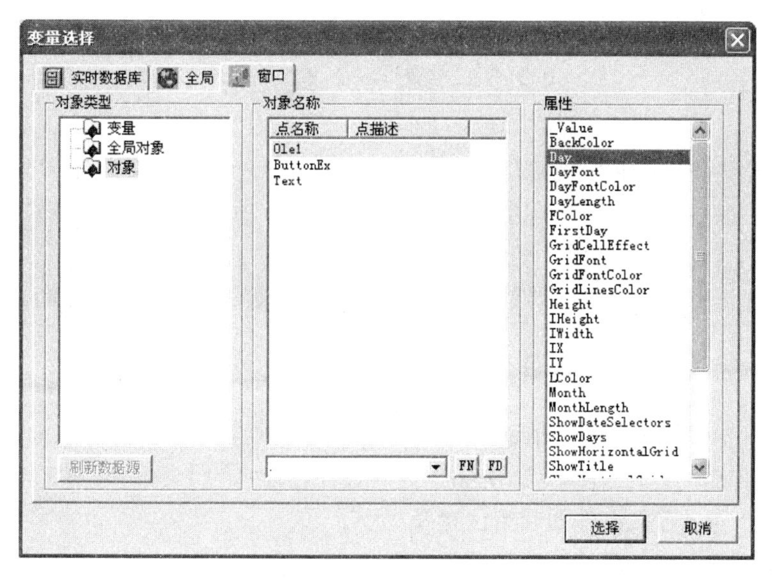

图 12-11 “变量选择”对话框

如图 12-12 所示。

④ 使用日历控件的 Click 事件。在属性设置窗口，选择方法页，则会显示 ActiveX 控件方法和事件，如图 12-13 所示。

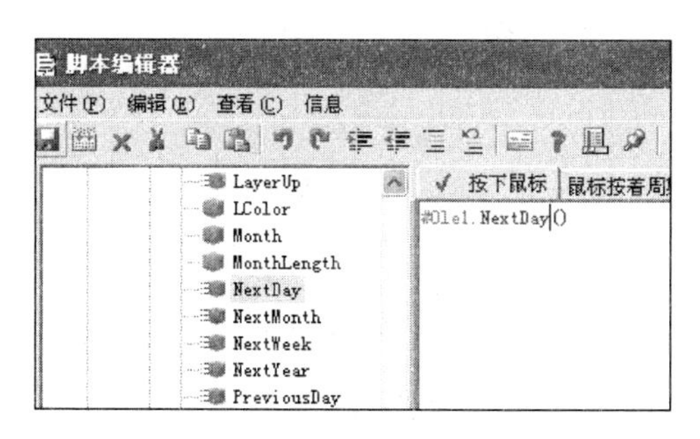

图 12-12 脚本编辑器

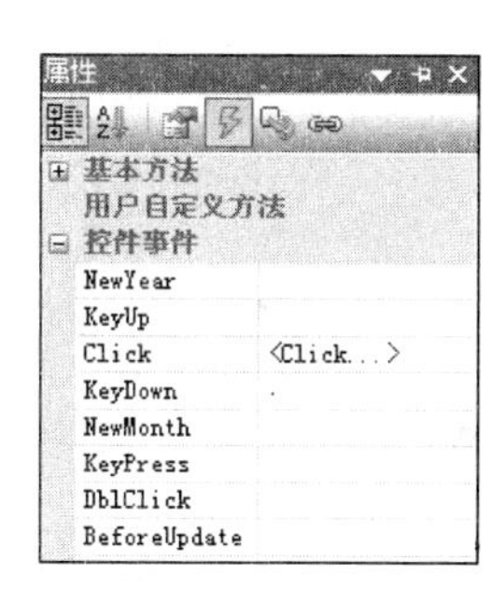

图 12-13 Click 事件

单击 Click 事件▼，出现如图 12-14 所示的窗口，写入要执行的动作脚本。

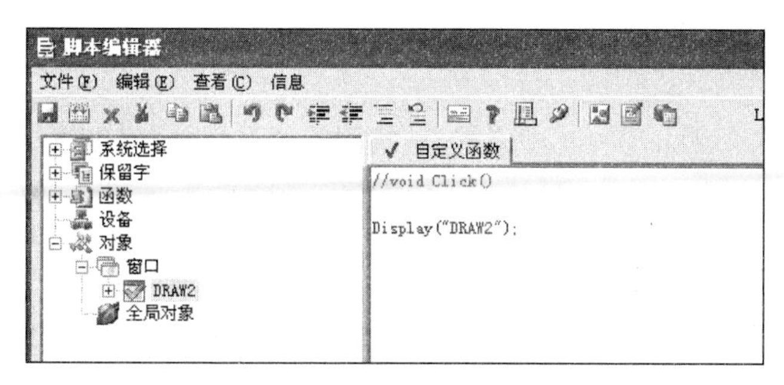

图 12-14 “脚本编辑器”窗口

12.2 复合组件

复合组件是经力控开发人员优化的一组控件组合，复合组件中的每一个组件都能够简单灵活地实现一项功能。复合组件和 ActiveX 控件一样主要有三个要素：属性、方法和事件。

力控允许访问复合组件的属性、方法和事件，通过编写脚本来访问它们。

12.2.1 复合组件基本属性

(1) 复合组件的基本属性如图 12-15 所示。

① 对象名称：定义控件名称，例如下拉列表控件命名为 ListBox。

② 位置大小：定义组件的起始位置及大小。

③ 背景颜色：定义组件的背景颜色。

④ 边线颜色：定义组件的边线颜色。

⑤ 图层：定义组件的可见图层。

(2) 将“复合组件”添加到窗口中的方法主要有如下几种。

① 单击开发环境中的下拉菜单“工具”→“复合组件”。

② 从工程项目树形菜单中选择，如图 12-16 所示。

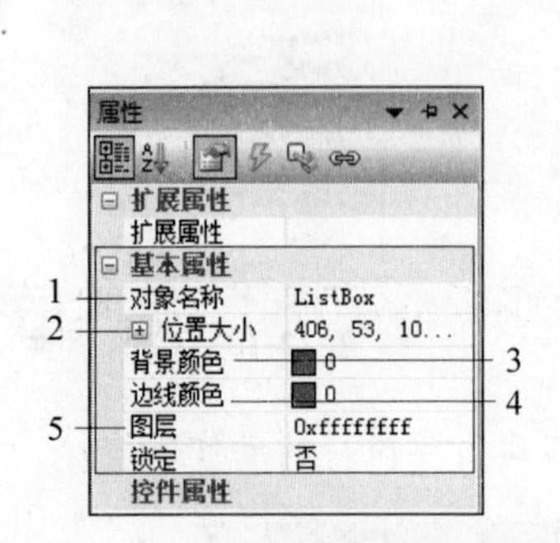

图 12-15 复合组件的基本属性

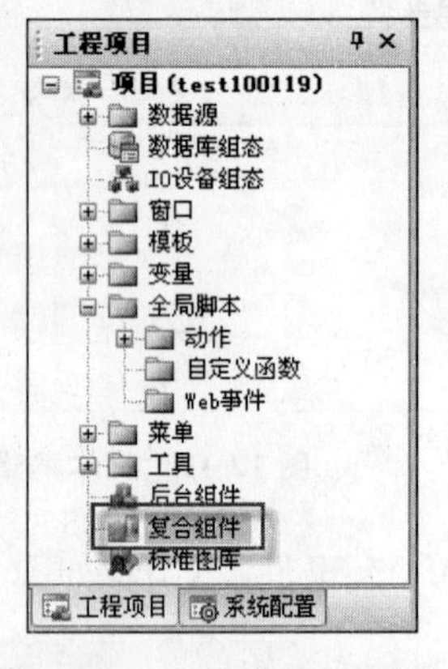

图 12-16 添加“复合组件”

以上两种方式会弹出“复合组件”窗口，找到需要的组件，双击该组件即可添加到窗口画面中。

③ 从工具箱中直接选择需要的组件，单击该组件即可添加到画面中。

12.2.2 Windows 控件

1. 下拉列表

下拉列表可以对若干可选项中的任何一项进行辨识。当某一项被选中后，后台程序会将其索引号送出，从而可以唯一确定此选中项。下拉列表还具备在运行状态下添加/删除项、将项索引或项名送给某一特定参数、保存/下置列表、查找特定项等功能。总之，力控下拉列表控件完全继承了 Windows 下拉列表的功能特性，通过其属性、方法可以简单灵活地实现用户的列表处理要求。

（1）参数设置

双击下拉“列表控件”或右键单击“列表控件”，从弹出的右键菜单里面选择“对象属性”后，会弹出下拉列表控件的“属性”设置对话框，如图 12-17 所示。

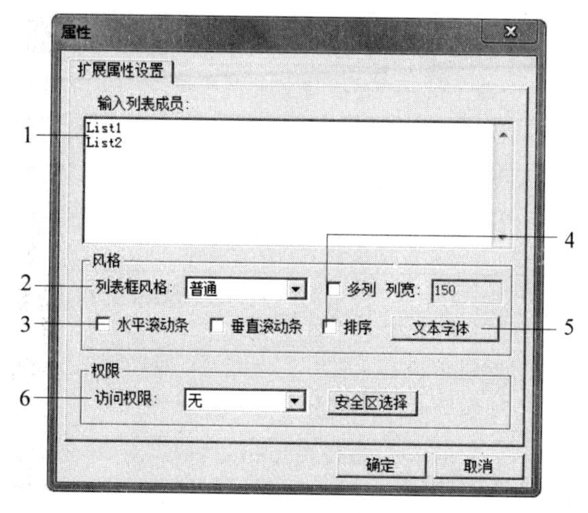

图 12-17 “属性”设置对话框

① 输入列表成员：设置列表的初始选项。

② 列表框风格：

- 普通：运行状态时只能选中单个成员选项。
- 多选：运行状态时可以同时选中多个成员选项。
- 多选扩展：运行状态时按住 Shift 键单击，可以同时选中多个成员选项。
- 多列：列表成员是否按多列显示。
- 列宽：列表框每列的宽度，以像素表示。

③ 是否有垂直/水平滚动条：选中复选框则带滚动条，选中多列时，垂直滚动条不再显示。

④ 是否排序：是否按字符排序。

⑤ 文本字体：设置列表文本的显示字体、字形、字号等。

⑥ 权限：设置列表的访问权限和安全区域。

（2）控件事件

控件事件如表 12-2 所示。

表 12-2 控件事件

事　件	说　　明	事　件	说　　明
Click	鼠标单击事件	Change	数据改变事件
DbClick	鼠标双击事件		

(3) 控件方法

控件方法如表 12-3 所示。

表 12-3　控件方法

方　法	说　明
ListAddItem	添加一行文本为列表框项
ListClear	删除列表框中所有项
ListDeleteItem	删除列表框中指定的成员项
ListFindItem	查找与文本串 Text 相匹配的索引项
ListGetSelection	获取当前选择项的索引号
ListSetSelection	设置当前选择项
ListGetItem	获取字符串信息
ListSetItemData	设置与索引号为 Index 的成员项相关联的数据值
ListGetItemData	取与索引号为 Index 的成员项相关联的数据值
ListInsertItem	指定位置插入对象
ListSave	将列表框中的内容存盘
ListLoad	从指定的文件中装载列表框
GetListCount	获取列表中元素的个数
IsCurSelection	查看所给索引号的项是否被选中

(4) 举例

① 在窗口中添加一个下拉列表控件。

② 在下拉列表控件的"属性"对话框中进行设置，如图 12-18 所示。

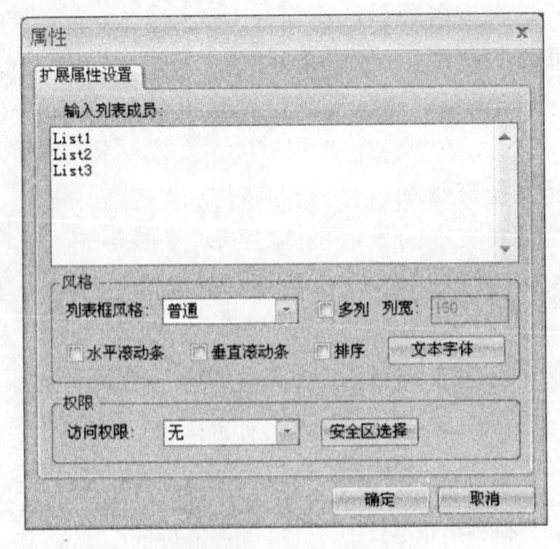

图 12-18　"属性"对话框

③ 调用 Change 事件，在弹出的“脚本编辑器”窗口中输入脚本，如图 12-19 所示。

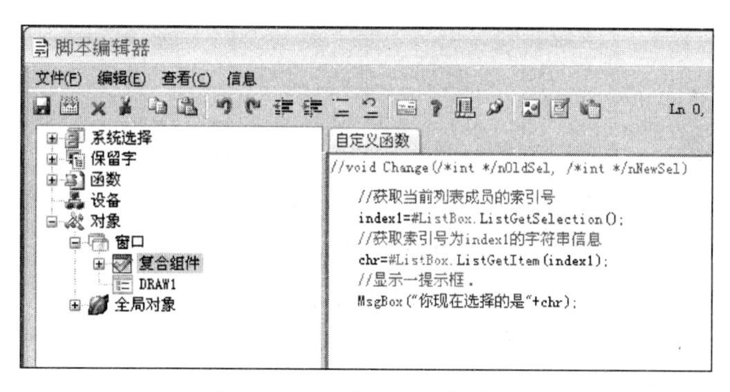

图 12-19 “脚本编辑器”窗口

④ 最后运行效果，单击其中任意一个选项会弹出信息框，如图 12-20 所示。

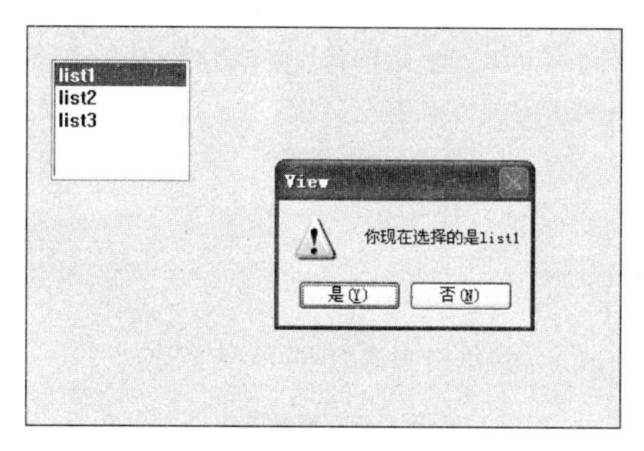

图 12-20 运行效果

2. 下拉框

下拉框为下拉列表和文本框(此处叫编辑框)的组合体，可以对若干可选项中的某一项进行辨识。当某一项被选中后，后台程序会将其索引号送出，从而可以唯一确定此选中项。下拉框还具备在运行状态下添加/删除项、将项索引或项名送给某一特定参数、保存/下载列表、查找特定项等功能。总之，力控下拉框控件完全继承了 Windows 下拉框(又名组合框)的功能特性，通过其属性、方法可以简单灵活地实现用户的列表选择处理要求。

(1) 参数设置

双击“下拉框”控件或右键单击“下拉框”控件，从弹出的右键菜单里面选择“对象属性”后，会弹出“下拉框”控件的“属性”设置对话框，如图 12-21 所示。

① 输入列表成员：设置列表的初始选项。

② 下拉框风格：运行状态时编辑框可以输入。

③ 是否有垂直滚动条：选中，则运行状态时会显示垂直滚动条，反之不显示。

④ 是否排序：是否按字符排序。

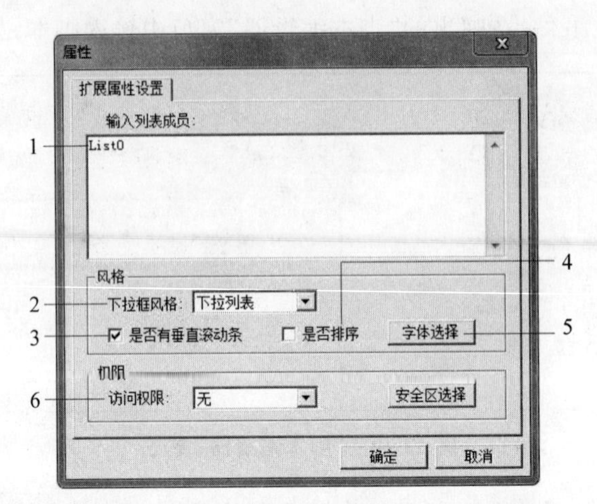

图 12-21 “下拉框”控件的“属性”设置对话框

⑤ 字体选择：设置列表文本的显示字体、字形、字号等。

⑥ 权限：设置列表的访问权限和安全区域。

(2) 控件事件

控件事件如表 12-4 所示，具体用法请参考《函数手册》。

表 12-4 控件事件

事 件	说 明
Change	数据改变事件

(3) 控件方法

控件方法如表 12-5 所示，具体用法请参考《函数手册》。

表 12-5 控件方法

方 法	说 明
ListAddItem	添加一行文本为列表框项
ListClear	删除列表框中所有项
ListDeleteItem	删除列表框中指定的成员项
ListFindItem	查找与文本串 Text 相匹配的索引项
ListGetSelection	获取当前选择项的索引号
ListSetSelection	设置当前选择项
ListGetItem	获取字符串信息
ListSetItemData	设置与索引号为 Index 的成员项相关联的数据值
ListGetItemData	取与索引号为 Index 的成员项相关联的数据值
ListInsertItem	指定位置插入对象
ListSave	将列表框中的内容存盘
ListLoad	从指定的文件中装载列表框
GetWindowsText	获取编辑框中的内容

3. 日期

“日期”控件用来指定日期，用户通过它的属性、方法可以方便地设置、获取其数据。此控件与时间范围控件配合使用，在力控工程中需要时间处理的地方具有广泛的应用。

(1) 参数设置

双击“日期”控件或右键单击“日期”控件，从弹出的右键菜单里面选择“对象属性”后，会弹出“日期”控件的“属性”设置对话框，如图12-22所示。

不同的风格设置将显示不一样的日期格式，如图12-23所示。

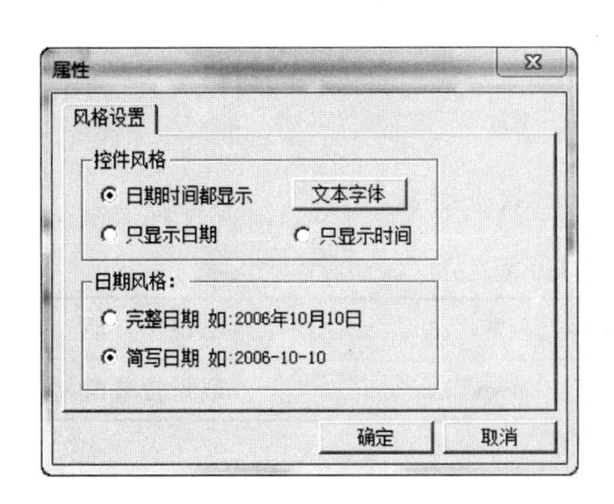

图12-22 “日期”控件的“属性”设置对话框

图12-23 日期风格设置

(2) 控件属性

控件事件如表12-6所示，具体用法请参考《函数手册》。

表12-6 控件事件

属　性	说　　明	属　性	说　　明
Year	控件的年参数	minute	控件的分参数
month	控件的月参数	second	控件的秒参数
day	控件的日参数	DayOfWeek	星期
Hour	控件的时参数		

(3) 控件方法

控件方法如表12-7所示，具体用法请参考《函数手册》。

表12-7 控件方法

方　法	说　　明	方　法	说　　明
SetTime	设置控件时间	GetTime	取得控件时间

4. 时间范围

“时间范围”控件用来指定时间范围，用户通过它的属性、方法可以方便地设置、获取其数据。此控件与“日期”控件配合使用，在力控工程中需要时间处理的地方具有广泛的应用。

(1) 控件属性

控件事件如表 12-8 所示，具体用法请参考《函数手册》。

表 12-8 控件事件

属性	说　明	属性	说　明
Type	控件时间单位	Value	控件时间值

(2) 控件方法

控件方法如表 12-9 所示，具体用法请参考《函数手册》。

表 12-9 控件方法

方　法	说　明	方　法	说　明
SetTime	设置控件时间	GetTime	取得控件时间

5. 复选框

每个复选框具备选中和未选中两种状态。用户可以根据复选框的这种特性从多个复选框中挑选出任意多个来进行辨识及脚本操作。

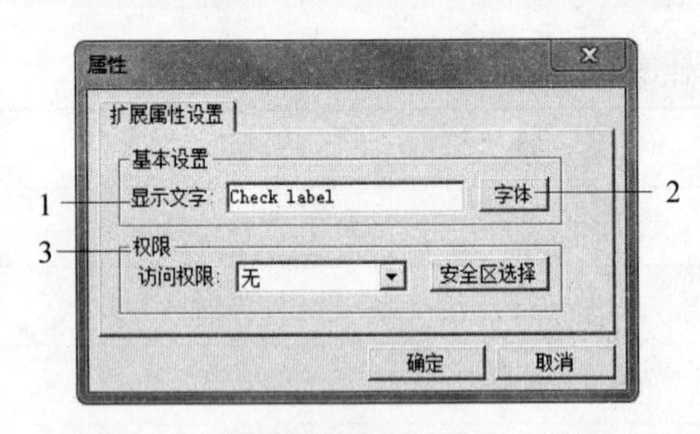

图 12-24 “复选框”控件的“属性”设置对话框

(1) 参数设置

双击“复选框”控件或右键单击“复选框”控件，从弹出的右键菜单里选择“对象属性”后，会弹出“复选框”控件的“属性”设置对话框，如图 12-24 所示。

① 显示文字：设置复选框的文字描述。

② 字体：设置控件显示内容的字体、字形、字号等。

③ 权限：设置控件的访问权限和安全区域。

(2) 控件事件

控件事件如表 12-10 所示，具体用法请参考《函数手册》。

表 12-10 控件事件

事　件	说　明	事　件	说　明
Click	鼠标单击事件	Change	数据改变事件

(3) 控件属性

控件属性如表 12-11 所示，具体用法请参考《函数手册》。

表 12-11 控件事件

属性	说　明	属性	说　明
Title	显示的文字	State	选中的状态
Color	文本的颜色		

6. 文本输入

力控复合组件中的文本框用于文本的输入、输出。

(1) 参数设置

双击“文本框”控件或右键单击“文本框”控件，从弹出的右键菜单里面选择“对象属性”后，会弹出“文本框”控件的“属性”设置对话框，如图 12-25 所示。

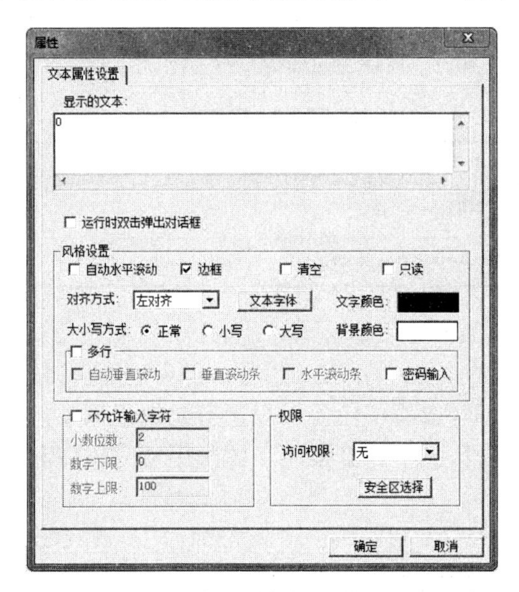

图 12-25 “文本框”控件的“属性”设置对话框

- 显示的文本：设置文本框的初始显示文本。
- 运行时双击弹出对话框：运行时双击文本控件可以弹出此“属性”设置对话框。
- 自动水平滚动：运行状态下输入文本时光标自动水平滚动。
- 边框：设置文本框是否带有边框。
- 清空：设置运行状态下是否显示初始文本，选中则不显示初始文本。
- 只读：设置文本框的内容是否只读。
- 对齐方式及字体：设置文本的对齐方式以及字体。
- 大小写方式：设置英文字体的大小写状态，选正常将按照原文的英文大小写显示；小写将英文字母转换为小写显示，大写将英文字母转换为大写显示。

- 多行：文本显示方式为多行。
- 自动垂直滚动：运行状态下文本自动垂直滚动。
- 垂直/水平滚动条：设置是否有垂直/水平滚动条。
- 文字颜色/背景颜色：设置文本框显示内容的颜色和文本框的背景颜色。
- 不允许输入字符：勾选后将只允许输入、显示数字，且数字要符合本项内规定的条件。
- 权限：设置列表的访问权限和安全区域。

(2) 控件方法

控件方法如表 12-12 所示，具体用法请参考《函数手册》。

表 12-12 控件方法

方 法	说 明	方 法	说 明
SetFocus	使文本框得到焦点	Invalidate	使文本框中显示和关联变量一致

(3) 控件属性

控件属性如表 12-13 所示，具体用法请参考《函数手册》。

表 12-13 控件属性

属 性	说 明	属 性	说 明
Text	显示的文字	FontColor	显示框中输出的字体颜色
BackColor	显示框的背景颜色		

7. 多选按钮

多选按钮可以对若干可选项中任何一项进行辨识。例如用于从多个文本中挑选出用户感兴趣的文本响应动作脚本。当某一项被选中后，后台程序会将其索引号送出，从而可以唯一确定此选中项。

(1) 参数设置

双击“多选按钮”控件或右键单击“多选按钮”控件，从弹出的右键菜单里面选择“对象属性”后，会弹出“多选按钮”控件的“属性”设置对话框，如图 12-26 所示。

成员定义：在标签输入框中输入按钮标签名，单击“增加”按钮即可把此标签添加到按钮列表中，选中已添加的按钮，单击“修改”按钮可修改此按钮标签名，单击“删除”按钮可删除此标签名。

字体：设置多选按钮显示文字的字体、字形、字号等。

外观：设置按钮的排列方式，并且可以设置每行/列的按钮的个数。

权限：设置控件的访问权限和安全区域。

(2) 控件事件

控件事件如表 12-14 所示，具体用法请参考《函数手册》。

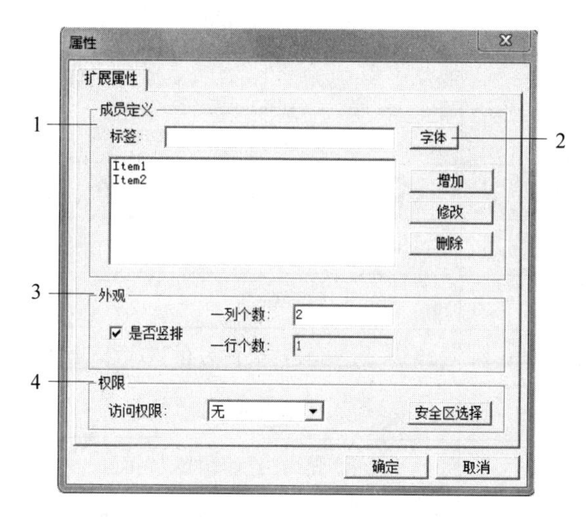

图 12-26 “多选按钮”控件的“属性”设置对话框

表 12-14 控件事件

事　件	说　　明	事　件	说　　明
Click	鼠标单击事件	Change	数据改变事件

(3) 控件属性

控件属性如表 12-15 所示,具体用法请参考力控官网提供的《函数手册》。

8. 浏览器

力控复合组件中的“浏览器”控件,继承了 Windows IE 的大部分功能。用户可以通过浏览器控件访问 WWW 网络。

表 12-15 控件属性

属性	说　　明
Color	可通过在脚本中执行此属性,在运行状态动态地改变标签的文本颜色
State	选中项的索引号

(1) 控件属性

控件属性如表 12-16 所示,具体用法请参考《函数手册》。

表 12-16 控件属性

属　性	说　　明
URLPath	可通过在脚本中执行此属性,在运行状态动态地改变标签的文本颜色

(2) 控件方法

控件方法如表 12-17 所示,具体用法请参考《函数手册》。

表 12-17 控件方法

方 法	说 明
Default	浏览器默认主页
Forward	网页前进
Back	网页后退
Refresh	网页刷新
SaveAs	弹出“文件另存”对话框选择要保存的路径
Print	打印当前页面
PrintView	弹出“打印预览”界面
PageSet	弹出“页面设置”对话框
ScriptRun	执行网页中的脚本函数

9. 树形菜单

树形菜单控件可以根据用户的需求，随意组建所需的菜单，配置好的菜单最终以树形结构的方式进行显示。树形菜单的每一级父项都支持无限级的子项，每一级的菜单项都可以配置安全区，另外菜单项的各级都支持力控所有的脚本命令。该组件的组态形式灵活，可以设置组件的标题、组件的背景色、菜单项的字体以及字体的颜色，各菜单项的连接方式以及菜单项的图标，同时支持键盘快捷键的操作。

(1) 属性参数设置

双击“树形菜单”控件或右键单击“树形菜单”控件，从弹出的右键菜单里面选择“对象属性”后，会弹出“树形菜单”控件的“属性”设置对话框，如图 12-27 所示。

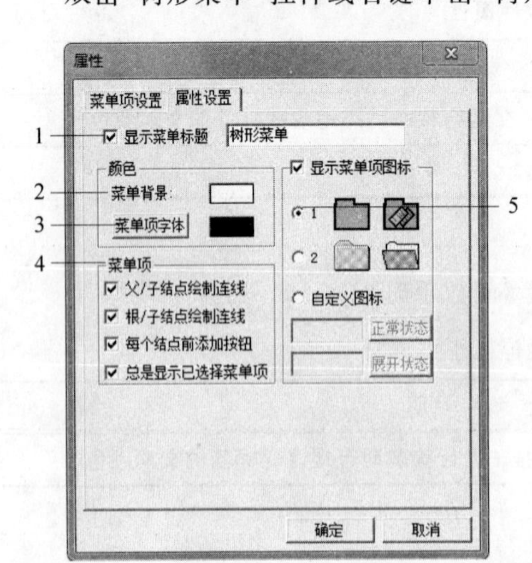

图 12-27 “树形菜单”控件的“属性”设置对话框

① 显示菜单标题：菜单运行时的标题显示文本，此项如不勾选即不显示任何文本。

② 颜色：设置菜单的背景颜色以及字体的颜色。

③ 字体菜单项：设置菜单的显示字体及字号。

④ 菜单项：设置菜单项的显示方式，包括各相关结点是否连线、是否添加按钮、是否总是显示已选菜单项。

⑤ 显示菜单项图标：菜单项关闭或打开状态的显示图标，可引用 ico 格式的文件设置自定义图标。

(2) 菜单项参数设置

"菜单项设置"页如图 12-28 所示。

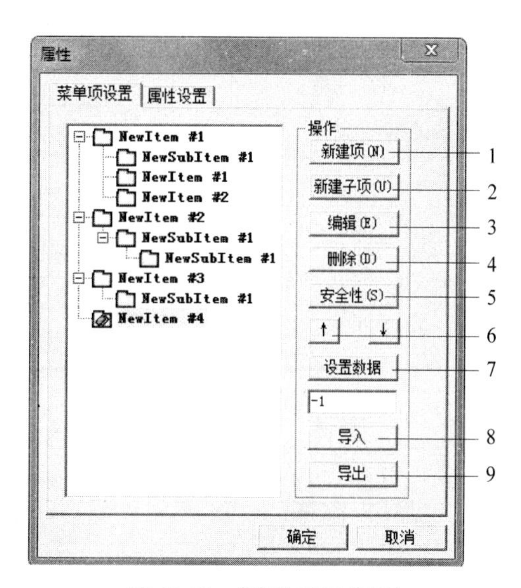

图 12-28 "菜单项设置"页

① 新建项：选中当前菜单项，单击"新建项"按钮，将产生一个和当前项同级别的菜单选项，编辑时的快捷键为 Ctrl + N。

② 新建子项：选中当前菜单项，单击"新建子项"按钮，将产生一个当前项子项的菜单选项，编辑时的快捷键为 Ctrl + U。

③ 编辑：选中当前菜单项，单击"编辑"按钮，将修改当前菜单项的名称，编辑时的快捷键为 Ctrl + E。

④ 删除：选中当前菜单项，单击"删除"按钮，将删除当前的菜单项，编辑时的快捷键为 Ctrl + D。

⑤ 安全性：设置每一个菜单项的安全区，编辑时的快捷键为 Ctrl + S。

⑥ 上下箭头：可以改变选中项在菜单中的位置，将菜单按要求重新排序。

⑦ 设置数据：给当前选中项设置一个初始数据，数据由其下的文本框输入，范围为 −2 147 483 648～+2 147 483 647，本数据可由控件方法 # TreeMenu. GetSelItemData() 调出。

⑧ 导入：将磁盘存储的菜单配置信息备份导入。

⑨ 导出：将菜单配置信息导出到磁盘，格式为 XML。

(3) 控件事件

控件事件如表 12-18 所示，具体用法请参考《函数手册》。

表 12-18 控件事件

事 件	说 明	事 件	说 明
DbClick	双击菜单项事件	Change	所选菜单项变化事件
Expand	展开菜单项事件		

(4) 控件方法

控件方法如表 12-19 所示，具体用法请参考《函数手册》。

表 12-19 控件方法

方 法	说 明
GetSelItemData	获得树形菜单中被选中项中附带的数值
GetSelItemName	获得树形菜单中被选中项的名称
GetItemData	获取指定菜单项的数值

续表

方法	说明
SetItemData	设置指定菜单项的数值
DeletItem	删除指定菜单项
ModifyItem	编辑指定菜单项的名称
AddnewChildItem	在指定目录添加子菜单项
AddnewItem	在指定目录添加菜单项

12.2.3 多媒体

1. 幻灯片控件

力控幻灯片控件可以同时加载多幅 BMP、JPEG、GIF 等格式的静态图片，并根据用户的需求按一定的速率对图片进行播放。用户可设置待播放的图片列表，并可设置图片的播放速率。

(1) 参数设置

双击“幻灯片控件”或右键单击“幻灯片控件”，从弹出的右键菜单里面选择“对象属性”后，会弹出“幻灯片控件”的“扩展属性”对话框，如图 12-29 所示。

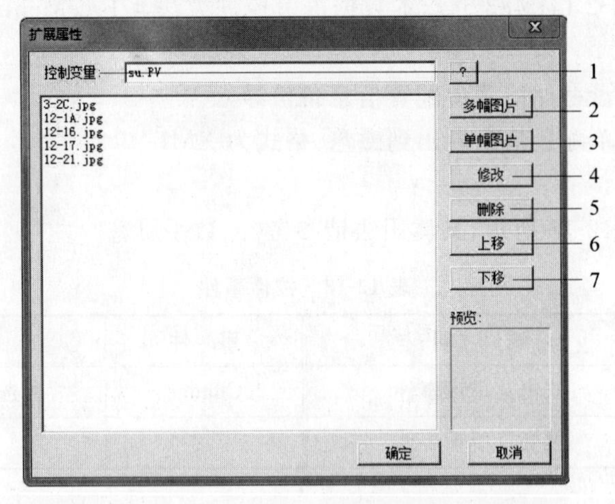

图 12-29 “幻灯片控件”的“扩展属性”对话框

① 控制变量：控制手动状态下显示第几幅图，为 1 时播放，为 0 时停止。

② 多幅图片：同时导入多幅图片时播放列表。

③ 单幅图片：导入一幅图片时播放列表。

④ 修改：选中播放列表里的图片，单击“修改”按钮将替换当前选中的图片。

⑤ 删除：可将一幅图片从播放列表中删除。

⑥ 上/下移：改变选中图片在播放列表中的次序。

(2) 控件事件

控件事件如表 12-20 所示,具体用法请参考《函数手册》。

表 12-20 控件事件

事 件	说 明	事 件	说 明
Click	幻灯片单击事件	Change	所选菜单项变化事件

(3) 控件属性

控件属性如表 12-21 所示,具体用法请参考《函数手册》。

表 12-21 控件属性

属 性	说 明	属 性	说 明
Fact	是否保持图片原始大小	ControlAll	变量变化是否统一控制全部图片

2. 图片显示控件

力控图片显示控件可以打开 BMP、JPEG 等格式的静态图片,并可方便灵活地对图片进行切换、旋转、显示/隐藏、设置透明度等操作,如图 12-30 所示。

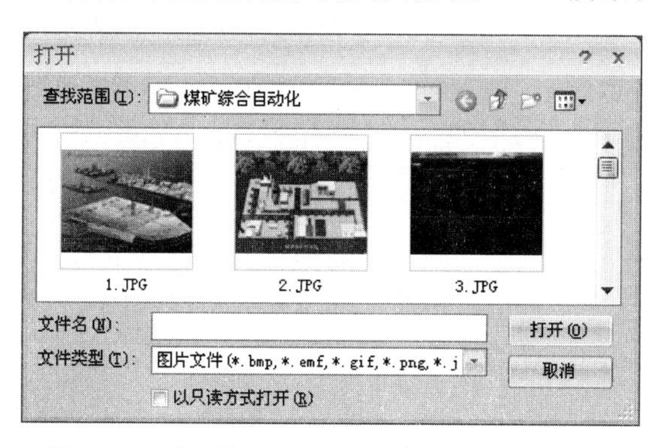

图 12-30 "图片显示"控件的"属性设置"对话框

双击"图片显示"控件或右键单击"图片显示"控件,从弹出的右键菜单里面选择"对象属性"后,会弹出"图片显示"控件的"属性设置"对话框。

在"图片显示"控件的"扩展属性"窗口中,可以设置初始静态图片。

控件属性如表 12-22 所示,具体用法请参考《函数手册》。

表 12-22 控件属性

属 性	说 明	属 性	说 明
Path	图片路径	Transparency	图片透明度
Fact	是否保持图片大小	Rotate	旋转到的角度
Border	是否画边框	HighSpeed	高速缓存
LineWidth	边框宽度	TransparencyBackColor	透明背景色

3. 动画文件播放控件

力控“动画文件播放器”控件可以播放 GIF 动画文件，当前手机比较流行的 GIF 动画文件均可在力控动画文件播放器中播放。用户可根据自己的需要，使用第三方软件制作出特定的 GIF 文件在力控中播放。

(1) 参数设置

双击“动画文件播放”控件或右键单击“动画文件播放”控件，从弹出的右键菜单里面选择“对象属性”后，会弹出“动画文件播放”控件的“属性”设置对话框，如图 12-31 所示。

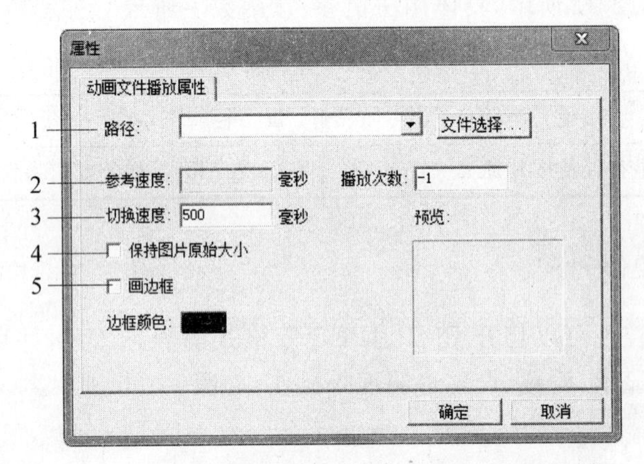

图 12-31 “动画文件播放”控件的“属性”设置对话框

① 路径：设置动画文件的初始路径。

② 参考速度：动画文件自身的播放速度，只读属性。

③ 切换速度：在运行系统中动画文件的播放速度。

④ 保持图片原始大小：选中则按照文件实际大小显示，不选则缩放显示。

⑤ 画边框：设置动画控件的边框及颜色。

(2) 控件属性

控件属性如表 12-23 所示，具体用法请参考《函数手册》。

表 12-23 控件属性

属　性	说　明	属　性	说　明
Path	图片路径	ColorBorder	边框颜色
Fact	是否保持图片大小	Speed	播放切换速度
Border	是否画边框		

(3) 控件方法

控件方法如表 12-24 所示，具体用法请参考《函数手册》。

表 12-24 控件方法

方法	说明	方法	说明
Play	播放	Stop	停止

4. 多媒体播放器

力控"多媒体播放器"控件可以播放 Windows Media Player 所支持的全部文件格式(需安装相关解码器),可以播放数字媒体内容、调整音频音量和控制音频的声响方式。

总之,力控"多媒体播放器"控件继承了 Windows Media Player 的基本功能特性,通过其属性、方法可以简单灵活地实现用户的多媒体播放需求。

(1) 参数设置

双击"多媒体播放器"控件或右键单击"多媒体播放器"控件,从弹出的右键菜单里面选择"对象属性"后,会弹出"多媒体播放器"控件的"属性"设置对话框,如图 12-32 所示。

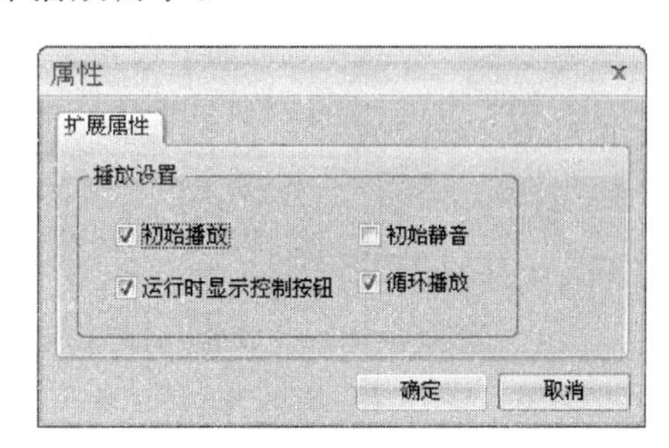

图 12-32 "多媒体播放器"控件的"属性"设置对话框

在多媒体播放器的扩展属性窗口中,可以设置多媒体播放器是否初始播放、是否初始静音、是否运行时显示控制按钮和是否循环播放。

(2) 控件属性

控件属性如表 12-25 所示,具体用法请参考《函数手册》。

表 12-25 控件属性

属性	说 明	属性	说 明
Path	图片路径	Volume	设置声音大小
Loop	设置是否循环播放		

(3) 控件方法

控件方法如表 12-26 所示,具体用法请参考《函数手册》。

表 12-26 控件方法

方 法	说 明	方 法	说 明
Play	播放	Fast	加快
Stop	停止	Mute	是否静音
Pause	暂停	SkipForward	前进
Slow	减慢	SkipBack	后退

5. Flash 播放器

力控"Flash 播放器"控件用于播放 Flash 文件。用户可以通过此控件将 Flash 文件嵌入到力控工程中,并可通过控件所提供的属性、方法对 Flash 文件进行播放、停止、暂停、快进、替换、隐藏、禁用等多种操作。

双击"Flash 播放器"控件或右键单击"Flash 播放器"控件,从弹出的右键菜单里面选择"对象属性"后,会弹出"Flash 播放器"控件的"属性"设置对话框,如图 12-33 所示。

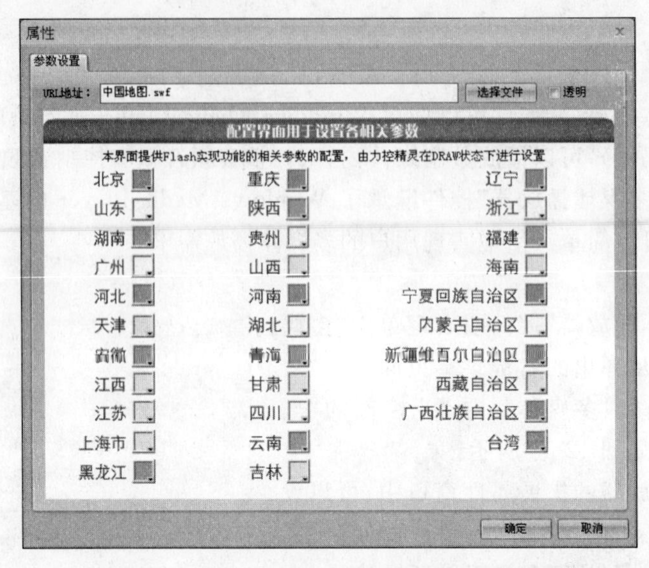

图 12-33 “Flash 播放器”控件的“属性”设置对话框

在 Flash 播放器的“扩展属性”窗口中，可以设置 Flash 播放器初始文件。

(1) 控件属性

控件属性如表 12-27 所示，具体用法请参考《函数手册》。

表 12-27 控件属性

属性	说明
Path	图片路径

(2) 控件方法

控件方法如表 12-28 所示，具体用法请参考《函数手册》。

表 12-28 控件方法

方法	说明	方法	说明
Play	播放	CurrentFrame	当前帧数
Stop	停止	GetVariable	获取变量值
Pause	暂停	SetVariable	设置变量值
Loop	设置是否循环播放	GetFlashVars	获取 FlashVars 变量
Forward	前进一帧，处于暂停状态	SetFlashVars	给 FlashVars 变量设置值
Back	后退一帧，处于暂停状态	SetReturnValue	设置函数返回值
GotoFrame	跳转	CallFunction	调用 Flash 内部 AS 脚本函数
TotalFrames	总帧数		

思考与习题

12.1 举例说明 OLE 控件的作用。

12.2 Windows 控件有哪些？怎样使用 Windows 控件？

12.3 什么叫内部组件？内部组件有哪些？举例说明它们的使用方法。

第13章 chapter 13

I/O 设备通信

力控可以与多种类型现场设备进行通信，为不同通信协议的 I/O 设备提供相应的 I/O 驱动程序，通过 I/O 驱动程序来完成与设备的通信，I/O 调度支持冗余、容错、离线、在线诊断功能、故障自动恢复，配置支持模板组态功能，目前支持的现场设备类型主要包括：集散系统(DCS)、可编程控制器(PLC)、现场总线(FCS)、电力设备、智能模块、板卡、智能仪表、变频器、USB 接口设备等，如图 13-1 所示。

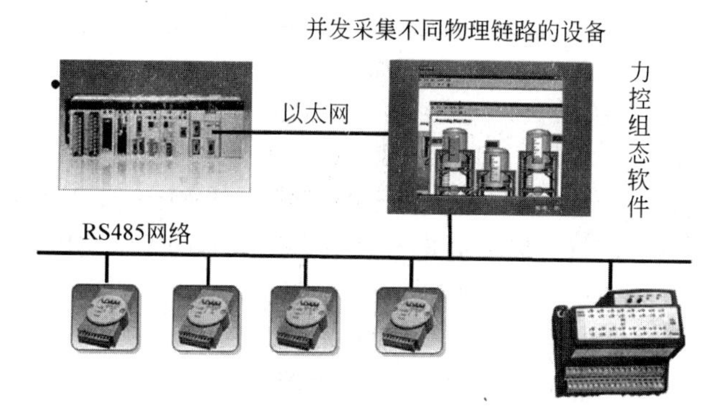

图 13-1 控制系统

力控与现场设备通信主要有以下几种方式：串行通信方式(支持 RS 232/422/485、Modem、电台远程通信)、板卡方式、网络节点(支持 TCP/IP 协议、UDP/IP 协议通信)方式、适配器方式、DDE 方式、OPC 方式、网桥方式(支持 GPRS、CDMA、ZigBee 通信)等。

实时数据库通过 I/O 驱动程序对现场设备进行监控，实时数据库与 I/O 设备之间采用多进程并采集运行模式，通过多个 I/O 进程完成与多台 I/O 设备之间的通信，每个 IO 进程负责采集的 I/O 设备数量可手动配置。

I/O 管理器(IoManager)是配置 I/O 驱动的工具，IoManager 可以根据现场设备的通信协议选择相应的 I/O 驱动，完成逻辑 I/O 设备的定义、参数设置和数据连接项配置，对物理 I/O 设备进行测试等。

I/O 监控器(IoMonitor)是监控和调试 I/O 驱动程序的工具。可以完成对 I/O 驱动程序的启/停控制、运行参数的配置、驱动程序进程状态的查看、通信报文的浏览和导出等功能。

13.1 I/O设备管理

I/O设备的管理主要包括根据物理I/O设备的类型和实际参数，在力控开发系统中创建对应的逻辑I/O设备（如果没有特别说明，以下的I/O设备均指逻辑I/O设备），并设定相应的参数，如图13-2所示。

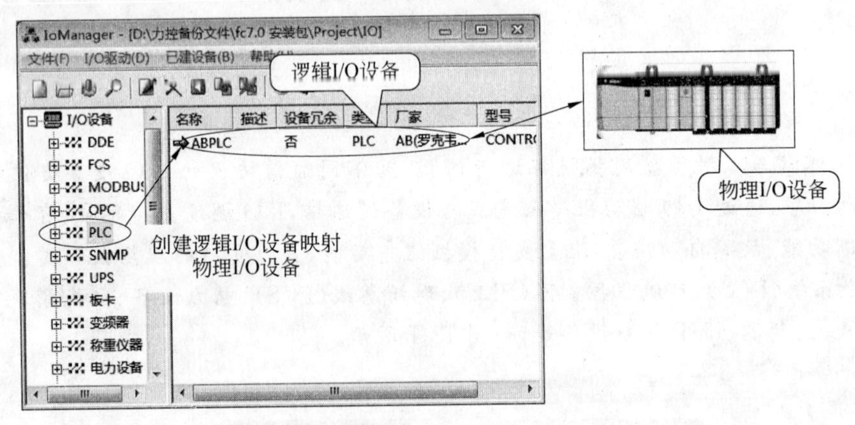

图13-2 参数设定

当逻辑I/O设备创建完成后，如果物理I/O设备已经连接到计算机上，可对其进行在线测试。对I/O设备的管理是通过工具I/O管理器(IoManager)完成的。

I/O设备配置完成后，就可以在创建I/O数据连接的过程中使用这些设备。

1. 新建I/O设备

创建I/O设备的过程如下。

(1) 在开发系统Draw导航器中选择项目“I/O设备组态”，如图13-3所示。

(2) 双击“I/O设备组态”，弹出I/O设备管理器IoManager。

在IoManager导航器的根结点“I/O设备”下面按照设备分类、厂商、设备或协议类型等层次依次展开，找到所需的驱动类型，双击驱动类型或单击鼠标右键选择右键菜单命令“新建”，如图13-4所示新建一个MODBUS设备。

在弹出的“设备配置”对话框中设置各个设备参数，设备创建成功后，会在右侧的项目内容显示区内列出已创建的设备名称和图标。

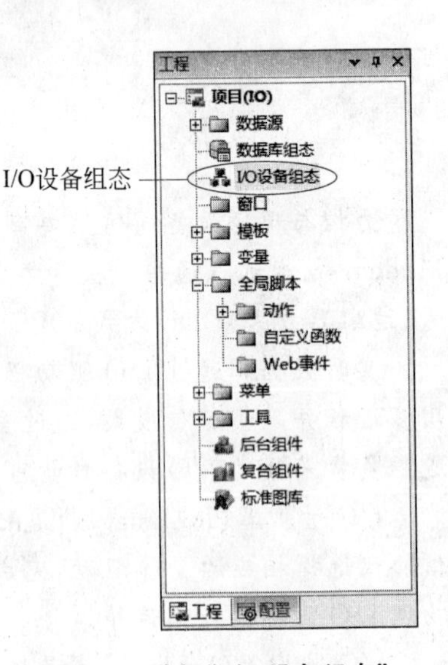

图13-3 选择“I/O设备组态”

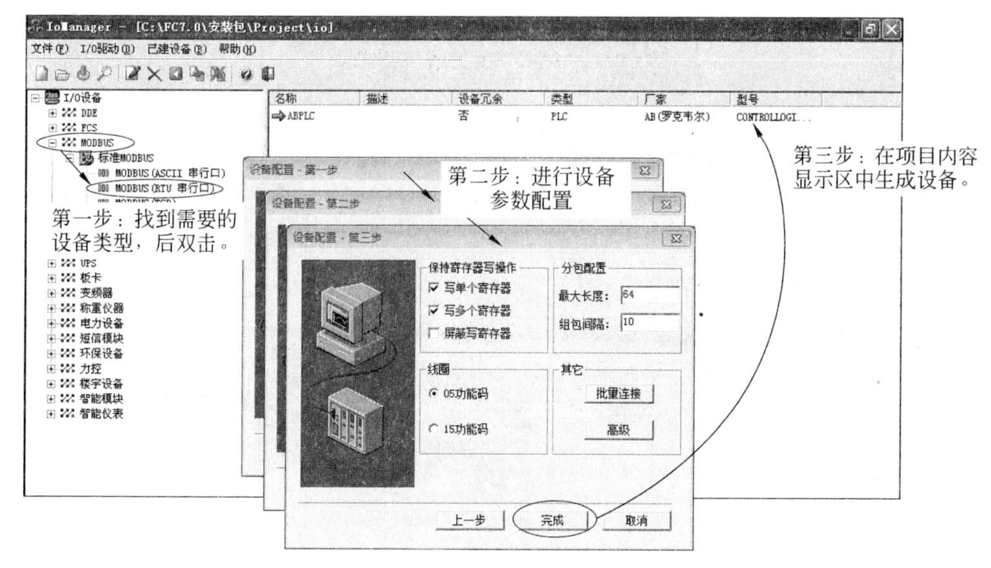

图 13-4 新建 MODBUS 设备

2. 设备参数

无论对于哪种设备和哪种通信方式，在使用时都需要确切了解该设备的网络参数、编址方式、物理通道的编址方法等基本信息，详细的参数配置请参考下节。

3. 修改或删除 I/O 设备

如果要修改已创建的 I/O 设备的配置，在 IoManager 右侧的项目内容显示区内选择要修改的设备名称，双击该设备的图标或者选中该设备的图标后，单击鼠标右键，在下拉菜单中选择“修改”，重新设置 I/O 设备的有关参数。

如果要删除已创建的 I/O 设备的配置，在 IoManager 右侧的项目内容显示区内选择要删除的设备名称，选中该设备的图标后，单击鼠标右键，在下拉菜单中选择“删除”。

4. 引用 I/O 设备

已定义的 I/O 设备在进行数据连接时引用，数据连接过程就是将数据库中的点参数与 I/O 设备的 I/O 通道地址一一映射的过程，在进行数据连接时要引用 I/O 设备名，如图 13-5 所示。

5. 如何开发驱动程序

力控驱动库支持上千种现场设备，详细内容请见软件中驱动列表，对于力控目前暂不支持的设备，可委托力控研发部进行开发。此外，力控提供了 I/O 驱动程序接口开发包(FIOSSDK)。使用 FIOSSDK 用户可以自行开发力控的 I/O 驱动程序。开发过程比较简单，大多数复杂的处理过程已被封装为标准类库供开发者直接调用。详细情况请阅读 FIOSSDK 相关文档。

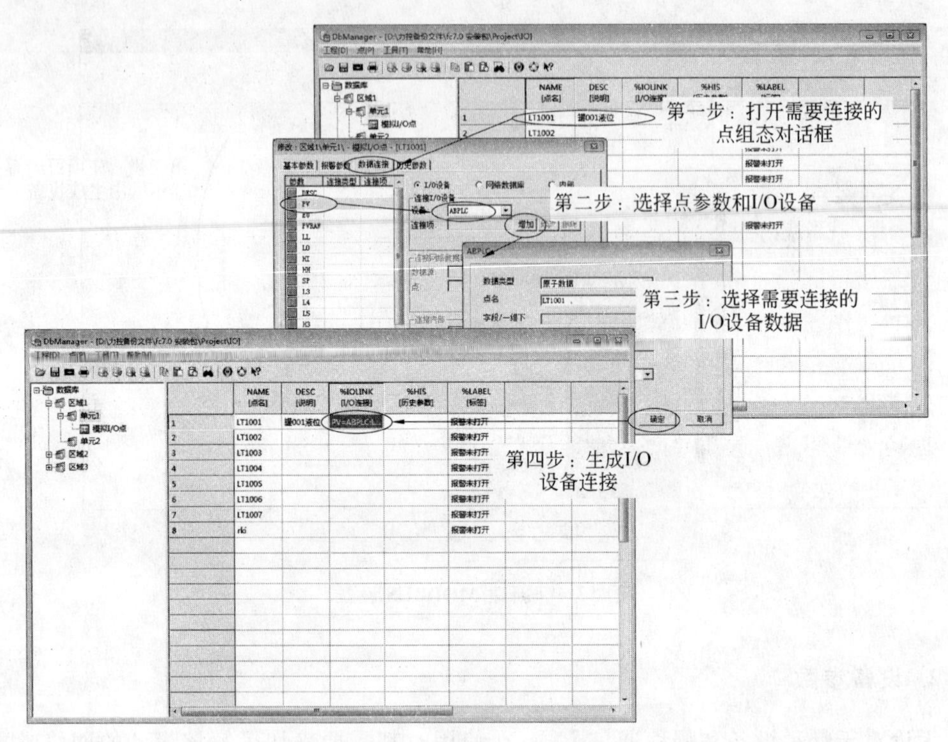

图 13-5　数据连接过程

13.2　I/O 设备通信配置

1. 概述

(1) 通信一般概念

① 通信协议：是指通信双方的一种协商机制，双方对数据格式、同步方式、传送速度、传送步骤、检纠错方式以及控制字符定义等问题做出统一规定，它属于 ISO/OSI 七层参考模型中的数据链路层，在力控 I/O 驱动程序中，用户可以不关心通信协议内容即可使用力控进行通信。

② 设备地址：每个控制设备在总线、通信网络上都有一个唯一的地址，对于通过不同编址进行区分的物理设备，不同设备的编址方式一般不同，需要具体参阅力控驱动帮助。

③ 数据包：在控制设备的通信协议中，数据需要批量传送，往往将相同特性的数据打到一个数据包中，通信过程中，往往要传送多个数据包。例如工程人员要采集一台 PLC 中 1000 个 I/O 点，这些变量分属于不同类型的寄存器区，I/O 驱动将根据变量所属的寄存器区(个别驱动可以设置包的最大长度，及包的偏移间隔)，将这 1000 个 I/O 点分成多个数据包。

(2) 物理通信链路

上位机与设备连接的物理通信链路一般分为以下几种。

① 串行通信

软件是通过标准的 RS 232、RS 422、RS 485 等方式与设备进行通信；另外，使用 RS 232 互连的计算机串口和设备通信口还可以用 Modem、电台、GPRS/CDMA 等方式通信。

② PC 总线

通信接口卡方式是利用 I/O 设备制造厂家提供的安装在计算机插槽中的专用接口卡与设备进行通信。I/O 卡一般直接插在计算机的扩展总线上，如 ISA、PCI 等，然后利用开发商提供的驱动程序或直接经端口操作和软件进行通信，在 I/O 驱动通信方式设置上一般采用的是同步通信方式。

I/O 设备与计算机间的通信完全由这块专用接口卡管理并负责两者之间的数据交换。现场总线网络主要借助于这种方式，如 MB+、LON、PROFIBUS 等。

③ 工业以太网

不管是局域网、广域网还是移动网络，只要支持 TCP/IP 或者 UDP/IP 等标准网络通信协议，软件和设备之间就可以进行网络节点间的数据传递。

④ 软件通信

通过操作系统或其他软件技术实现的程序进程间的通信。如 DDE、OPC、ODBC、API 等。

2. I/O 设备组态步骤

如图 13-6 所示的为"设备配置-第一步"对话框，对话框中涉及的设备参数为设备基本参数。

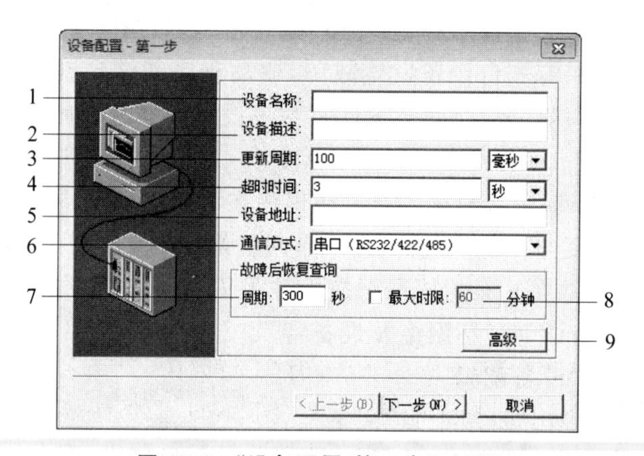

图 13-6 "设备配置-第一步"对话框

(1) 设备名称：指定要创建的 I/O 设备的名称。如 PLC。在一个应用工程内，设备名称要唯一。

(2) 设备描述：I/O 设备的说明，可指定任意字符串。

(3) 更新周期：I/O 设备在连续两次处理相同数据包的采集任务时的时间间隔。更新周期的设置一定要考虑到物理设备的实际特性，对有些通信能力不强的通信设备，更新周期设置过小，会导致频繁采集物理设备，增加设备的处理负荷，甚至出现通信中断的情况。更新周期可根据时间单位选择毫秒、秒、分等。

(4) 超时时间：在处理一个数据包的读、写操作时，等待物理设备正确响应的时间。

例如，工程人员要通过串口采集一台 PLC 中某个寄存器的变量，超时时间设为 8 秒。驱动程序通过串口向该 PLC 设备发送了采集命令，但命令在传输过程中由于受到外界干扰产生误码，PLC 设备未能收到正确的采集命令将不做应答。因此驱动程序在发出采集命令后将不能收到应答，它会持续等待 8 秒后继续其他任务的处理。在这 8 秒期间，驱动程序不会通过串口发送任何命令。

超时时间的概念仅适用于串口、以太网等通信方式，对于同步（板卡、适配器、API 等）方式没有实际意义。

超时时间可根据时间单位选择毫秒、秒、分等。

(5) 设备地址：设备的编号，需参考设备设定参数来配置。

(6) 通信方式：根据上位机连接设备的物理通信链路，选择对应的通信方式。力控支持以下几种通信方式。

- 同步：板卡、现场总线适配器、OPC、API 等通信。
- 串口：RS 232/422/485 通信、电台通信。
- MODEM：Modem 拨号通信。
- TCP/IP：TCP Client 方式进行通信。
- UDP/IP：UDP Client 方式进行通信。
- 网桥：TCP/UDP Server 方式进行通信，支持 GPRS/CDMA 等。

(7) 故障后恢复查询/周期：对于多点共线的情况，如在同一 RS 485/422 总线上连接多台物理设备时，如果有一台设备发生故障，驱动程序能够自动诊断并停止采集与该设备相关的数据，但会每隔一段时间尝试恢复与该设备的通信。间隔的时间即为该参数设置，时间单位为秒。

(8) 故障后恢复查询/最大时限：若驱动程序在一段时间之内一直不能恢复与设备的通信，则不再尝试恢复与设备的通信，这一时间就是指最大时限的时间。

(9) 高级：高级参数在一般的情况下按默认配置就可以完成通信，在特殊的通信情况下如想改变该参数请详细了解网络及设备特性后，再做修改。单击“设备配置-第一步”对话框中的“高级”按钮，将弹出“高级配置”对话框，如图 13-7 所示，该对话框中涉及的参数在大多数应用中无须变动。

- 设备扫描周期：每次处理完该设备采集任务到下一次开始处理的时间间隔。

当用户希望对设备的采集过程尽可能地快，即处理完成设备的本次采集任务后，立即开始下一次的采集任务，此时可将该参数设为 0。

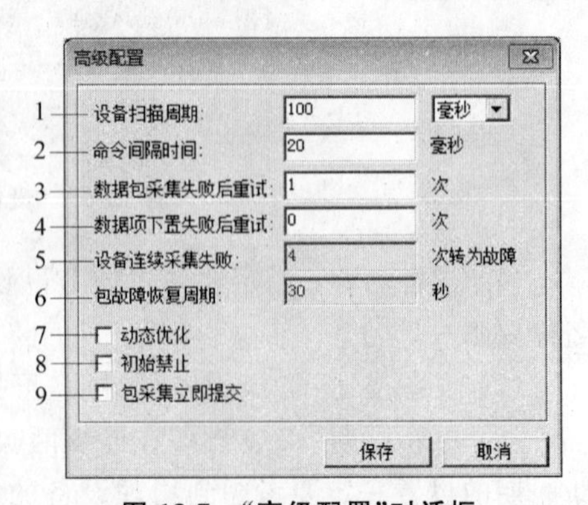

图 13-7 “高级配置”对话框

当用户希望对设备的采集任务的处理间隔进行精确控制时，例如通过 GPRS 通信方式进行采集，希望精确控制采集间隔时间以便有效控制通信流量和费用，则需要根据实际情况准确设置该参数。

• 命令间隔周期：连续的两个数据包采集的最小间隔时间。此设置主要是针对一些通信能力不强的通信设备的设置，如果这种设备采集频率过快，会导致设备的通信负荷很重，有可能造成通信失败。通过给数据包之间设置合适的间隔时间，就可以有效解决此类问题。

提示：命令间隔与更新周期的区别如图 13-8 所示。

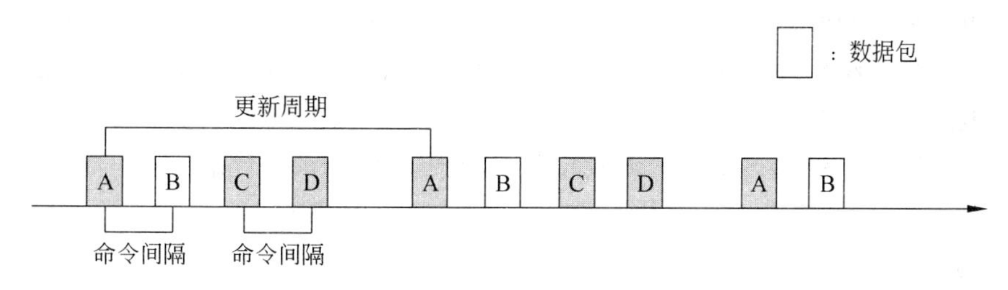

图 13-8　命令间隔与更新周期的区别

• 数据包采集失败后重试()次：力控驱动程序在采集某一数据包时如果发生超时，会重复采集当前数据包，重复的次数即为该参数设置。

驱动程序的这种工作方式可以有效避免在电气干扰非常严重的现场条件下，由于偶发的通信误码，而影响数据采集的问题。

• 数据包下置失败后重试()次：力控驱动程序在执行某一数据项下置命令时发生超时，会重复执行该操作，重复的次数即为该参数设置。
• 设备连续采集失败()次转为故障：驱动程序内部对每个逻辑设备都设置了一个计数器，记录设备连续产生的超时次数(无论是不是同一个数包产生的超时，都会被计数器累计)。当超时次数超出该参数设置后，这个逻辑设备即被标为故障状态。处于故障状态的设备将不再按照“更新周期”的时间参数对其进行采集，而是按照“故障后恢复查询”的“周期”时间参数每隔一段时间尝试恢复与该设备的通信。
• 包故障恢复周期：在一个逻辑设备内如果涉及对多个数据包的采集，当某个数据包发生故障(例如 Modbus 设备中某个数据包指定了无效的地址)时，驱动程序能够自动诊断并停止采集该数据包，但会每隔一段时间尝试与该数据包通信。间隔的时间即为该参数设置，时间单位为秒。
• 动态优化：该参数用于优化、提高对设备的采集效率。

例如，工程人员要采集一台设备中 1000 个 I/O 点的数据，而其中一部分变量既不需要保存历史，也不参与脚本逻辑运算，仅在需要时查看一下当前数据值。在这种情况下，工程人员可以选择动态优化选项，同时尽可能地将这部分变量放在同一画面上。这样当操作人员打开该画面时，驱动程序才会采集画面上显示的 I/O 点，当操作人员关闭该画面时，驱动程序会立即停止对这部分 I/O 点的采集。

- 初始禁止：选择该参数选项后，在开始启动力控运行系统后，驱动程序会将该设备置为禁止状态，所有对该设备的读写操作都将无效。若要激活该设备，需要在脚本程序中调用 DEVICEOPEN()函数。该选项主要用于在某些工程应用中，虽然系统已经投入运行，但部分设备尚未安装、投用，需要滞后启用的情况。
- 包采集立即提交：在默认情况下，当一个数据包采集成功后，驱动程序并不马上将采集到的数据提交给数据库，而是当该设备中的所有数据包均完成一次采集后，才将所有采集到的数据一次性提交给数据库。这种方式可以减少驱动程序与数据库之间的数据交互频度，降低计算机系统的负荷。但对于某些采集过程较为缓慢的系统(如 GPRS 通信系统)，用户对"更新周期"参数的设置一般都较长(可能达到几分钟)，如果设备包含的数据包又较多，这种情况下整个设备的数据更新速度就会较慢。此时启用该参数设置，就可以保证每个数据包采集成功后立刻提交给数据库，整个设备的数据更新速度就会大大提高。

2. 通信参数配置

根据在基本参数配置中选择的通信方式，单击"下一步"按钮，会进入"设备配置-第二步"对话框。

(1) 串行通信配置

I/O 设备驱动程序和控制设备进行通信时，通信发起方一般称为"主"，应答方一般称为"从"，串行通信一般分为以下几种方式通信：单主单从(1∶1)，单主多从(1∶N)，多主多从(N∶N)等方式，在单主多从(1∶N)情况下，I/O 驱动程序支持多种不同协议的设备在一条总线上通信。

对于串口通信方式类设备，单击"设备配置-第一步"对话框中的"下一步"按钮，将弹出"设备配置-第二步"对话框，如图 13-9 所示。

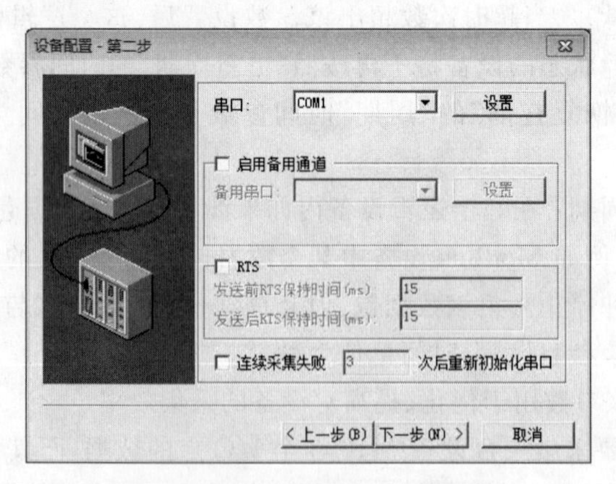

图 13-9 "设备配置-第二步"对话框

① 串口：串行端口。可选择范围为 COM1～COM256。

② 设置：单击该按钮，弹出"串口设置"对话框，可对所选串行端口设置串口参数，如

图 13-10 所示。

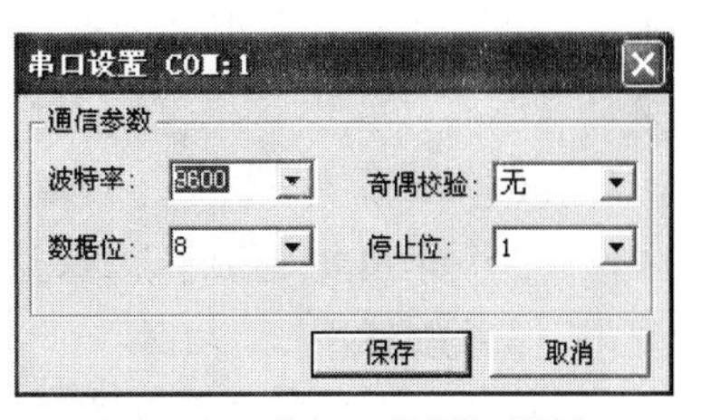

图 13-10 “串口设置”对话框

串口参数的设置一定要与所连接的 I/O 设备的串口参数一致。

③ 启用备用通道：选择该参数，将启用串口通道的冗余功能。

力控的 I/O 驱动程序支持串口通道的冗余功能。当串口通道发生故障时，如果选择了“启用备用通道”参数，I/O 驱动程序会自动打开备用串口通道进行数据采集，如果备用串口通道又发生故障，驱动程序会切换回原来的串口通道。

④ 启用备用通道/备用串口：备用通道的串行端口，可选择范围为 COM1～COM256。

⑤ 启用备用通道/设置：对所选备用串行端口设置串口参数。

RTS：选择该参数，将启用对串口的 RTS 控制。

⑥ RTS/发送前 RTS 保持时间：在向串行端口发送数据前，RTS 信号持续保持为高电平的时间，单位为毫秒。

⑦ RTS/发送后 RTS 保持时间：在向串行端口发送完数据后，RTS 信号持续保持为高电平的时间，单位为毫秒。

⑧ 连续采集失败()次后重新初始化串口：设置该参数后，当数据采集连续出现参数所设定的次数的失败后，驱动程序将对计算机串口进行重新初始化，包括关闭串口和重新打开串口操作。提示：如果使用 485 或 422 方式通信，则建议不要使用此功能。

注意：对于多点共线的情况，如在同一 RS 485/422 总线上连接多台物理设备，对应将定义多个 I/O 设备，建议每个设备的更新周期参数设置为相同值。例如，在一条 RS 485 总线上连接了 10 台 PLC 设备，在定义其中 9 个逻辑设备时，都指定更新周期为 50 毫秒，只有 1 个逻辑设备的更新周期设为 1000 毫秒，由于这 10 台设备共用一条 485 通信链路，整个系统的采集速度会因为这 1 台更新周期较长的设备受到影响。对于其他不存在通信链路复用的通信方式，如 RS 232(包括 Modem)、以太网(包括 TCP/IP、UDP/IP)、同步(板卡、适配器、API 等)方式等不存在这个问题。

对于 RS 485 通信方式，力控支持在同一总线上混用多个厂家的多种通信协议的 I/O 设备。在某些场合下(如无线电台)，这种方式可以解决在同一信道上，实现多厂家混合通信协议 I/O 设备的多点共线传输问题。在使用这种通信方式时需要注意以下几点。

① I/O 设备通信协议的链路控制方式必须都符合单主多从(1 : N)的主/从(Master/Slave)方式。即由上位计算机作为单一主端向 I/O 设备发送请求命令，各个 I/O 设备作为从端应答上位计算机的请求。

② 各个 I/O 设备的串口通信参数包括波特率、数据位、奇偶校验位、停止位必须一致。

③ 建议使用有源的 RS 485 适配器，RS 485 总线安装终端电阻，以避免多个厂家的 I/O 设备在同一总线上混用时产生电气干扰。

④ 总线上使用的各种通信协议之间应无互扰性，即上位计算机向某一 I/O 设备发送

请求命令时，总线上采用其他通信协议的I/O设备不应对请求产生错误响应，产生干扰报文。

(2) 拨号通信配置

对于Modem通信方式类设备，单击“设备配置-第一步”对话框中的“下一步”按钮，将弹出“设备配置-第二步”对话框，如图13-11所示。

① 串口：串行端口。可选择范围为COM1～COM256。

② 设置：单击该按钮，弹出“串口设置”对话框，可对所选串行端口设置串口参数，如图13-12所示。

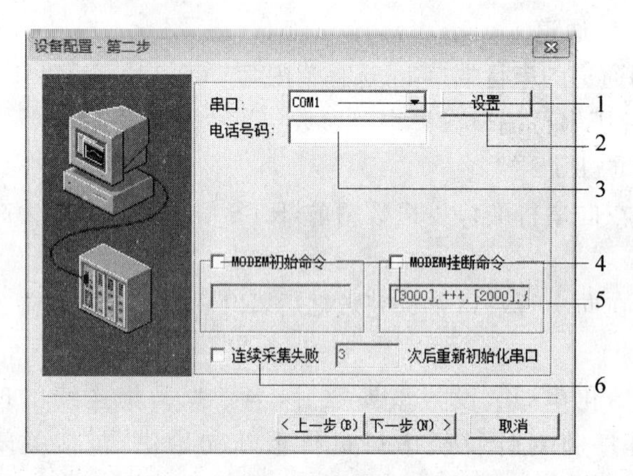

图13-11 “设置配置-第二步”对话框

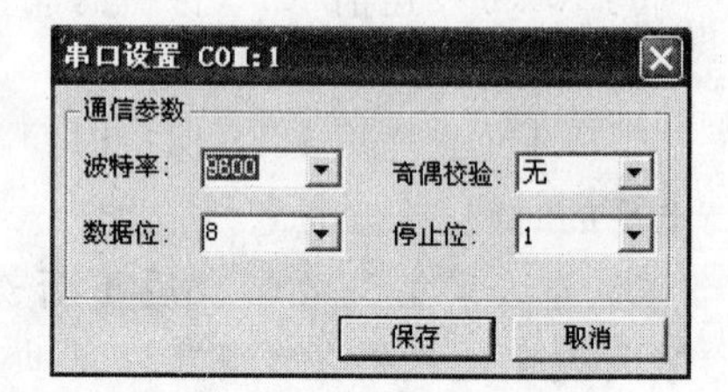

图13-12 “串行设置”对话框

串口参数的设置一定要与被拨端MODEM的串口参数一致。

③ 电话号码：被拨端MODEM电话线路的号码。

④ MODEM初始命令：选择该选项，可以在下面的输入框内指定一个初始AT命令，该命令在向MODEM发送拨号命令前发送。

⑤ MODEM挂断命令：选择该选项，可以在下面的输入框内指定挂断MODEM所占线路时发送的AT命令，一般情况下挂断命令为“＋＋＋，ATH\0xd”。

⑥ 连续采集失败()次后重新初始化串口：选择该参数后，当数据采集连续出现参数所设定的次数的失败后，驱动程序将对计算机串口进行重新初始化，包括关闭串口、重新打开串口、重新发送拨号命令等。

(3) 以太网通信配置

对于通信方式采用TCP/IP类设备，单击“设备配置-第一步”对话框中的“下一步”按钮，将弹出“设备配置-第二步”对话框，如图13-13所示。

① 设备IP地址：该参数指定I/O设备的IP地址。

② 端口：I/O设备使用的网络端口。

③ 启用备用通道：选择该参数，将启用设备的TCP/IP通道冗余功能。力控的I/O驱动程序支持对TCP/IP通道的冗余功能。当TCP/IP通道发生故障时，如果选择了“启用备用通道”参数，I/O驱动程序会自动按照“备用IP地址”打开另一TCP/IP通道进行数据采集。

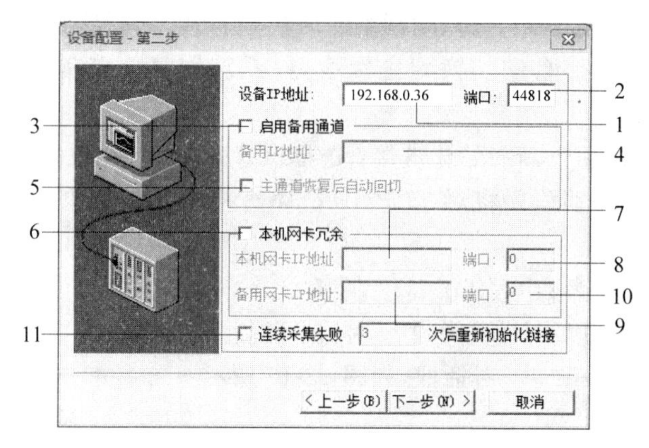

图 13-13 “设备配置-第二步”对话框

④ 启用备用通道/备用 IP 地址：备用 TCP/IP 通道的 IP 地址，与“设备 IP 地址”使用相同网络端口。

⑤ 启用备用通道/主通道恢复后自动切回：如果选择该参数，当主通道发生故障并已经切换到备用 TCP/IP 通道后，I/O 驱动程序仍将不断地监视主 TCP/IP 通道的状态，一旦发现主 TCP/IP 通道恢复正常，I/O 驱动程序会自动切回到主 TCP/IP 通道进行数据采集。其中切换回主 TCP/IP 通道有两种模式：网络模式和 CPU 模式。对于网络模式，以能否正常建立主 TCP/IP 通道的 Socket 链接为主通道是否恢复正常的判断依据；对于 CPU 模式，以 I/O 设备中某寄存器值作为标志位来判断主通道是否恢复正常并作为是否切换回主通道的依据。

备注：在工业控制中，为了提高控制系统的可靠性，控制站的电源、CPU、通信模块往往需要采用冗余的配置方式，即设备冗余，它是指两台相同的控制设备之间的相互冗余，包括时间同步、I/O 状态同步等，例如西门子公司的 S7417H 系列 PLC 等。对于有些数据采集系统，有时也会用两个完全一样的设备同时采集数据。冗余的控制设备一般为主、从控制器，控制器主从 CPU 同时连接设备总线，主从设备之间通过网络进行数据同步，防止控制出错，主设备损坏时，从设备自动接管控制权。

⑥ 本机网卡冗余：选择该参数，将启用上位机的双网卡冗余功能。

⑦ 本机网卡冗余/本机网卡 IP 地址：上位机网卡 IP 地址。

⑧ 本机网卡冗余/本机网卡 IP 地址/端口：上位机网卡使用的端口。

⑨ 本机网卡冗余/备用网卡 IP 地址：上位机备用网卡 IP 地址。

⑩ 本机网卡冗余/备用网卡 IP 地址/端口：上位机备用网卡使用的端口。

备注：为了保证网络的稳定性，控制器很多情况下采用了双网络来和其他节点进行通信，力控驱动程序通过两个不同网段的网络和控制器进行通信。双网冗余实现了力控软件与控制器采用两条物理链路进行网络连接，防止单一网络出现故障时造成的整个网络节点的瘫痪。

控制网络的任意一个节点均安装两块网卡，例如 PC 节点和 PLC 控制节点，同时将它们设置在两个网段内，分为主网络和从网络。正常时力控软件和其他节点通过主网络通信，当主网络中断时，力控软件判断网络超时后会自动将网络通信切换到从网，当主网络恢复正常时，力控通信自动切换到主网线路，系统恢复到正常状况。网络拓扑图如图13-14所示。

⑪ 采集失败()次后重新初始化链接：选择该参数后，当数据采集连续出现该参数所设定的失败次数后，驱动程序将对TCP/IP链路进行重新初始化，包括关闭和重新打开Socket链接。

(4) UDP/IP通信参数

对于通信方式采用UDP/IP类设备，单击"设备配置-第一步"对话框中的"下一步"按钮，将弹出"设备配置-第二步"对话框，如图13-15所示。

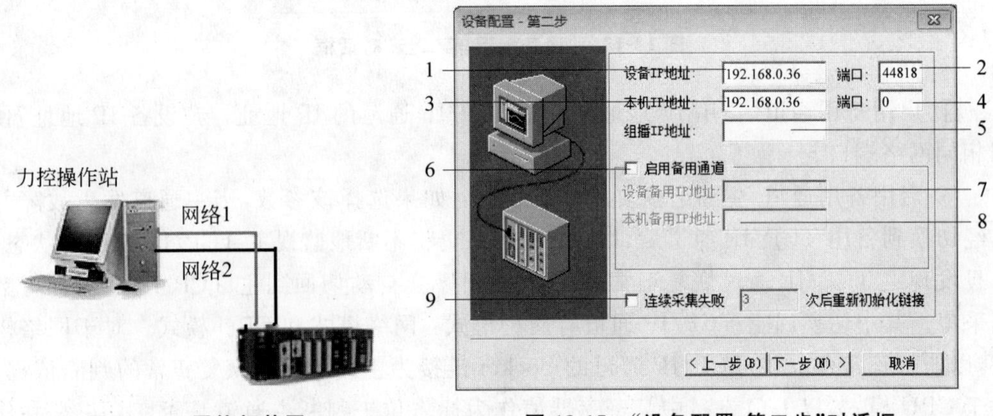

图13-14 网络拓扑图

图13-15 "设备配置-第二步"对话框

① 设备IP地址：该参数指定I/O设备的IP地址。

② 设备IP地址/端口：I/O设备使用的网络端口。

③ 本机IP地址：计算机连接到I/O设备的网卡的IP地址。

④ 本机IP地址/端口：计算机接收I/O设备发送的UDP数据包时使用的网络端口，一般需要根据I/O设备来指定。

⑤ 组播IP地址：如果I/O设备使用了组播功能，需要在该项中指定I/O设备使用的组播IP地址。若I/O设备未使用组播功能，该项可以为空。一般地，当I/O设备需要主动向网络中的多台计算机同时发送UDP数据包时，才需要使用组播功能。

⑥ 启用备用通道：选择该参数，将启用设备的UDP/IP通道冗余功能。力控的I/O驱动程序支持UDP/IP通道的冗余功能。当UDP/IP通道发生故障时，如果选择了"启用备用通道"参数，I/O驱动程序会自动按照"设备备用IP地址"打开另一UDP/IP通道进行数据采集。

⑦ 设备备用IP地址：备用UDP/IP通道的IP地址，与"设备IP地址"使用相同网络端口。

⑧ 本机备用IP地址：计算机连接到I/O设备的备用网卡的IP地址。

⑨ 采集失败()次后重建链接：选择该参数后，当数据采集连续出现该参数所设定的失败次数后，驱动程序将对自身的UDP/IP链路控制进行重新初始化。

(5) 同步方式配置

采用同步方式通信的设备一般是总线板卡，或者是采用 API 接口进行编制的 I/O 驱动程序，总线板卡包括常见的数据采集板卡、现场总线通信板卡，I/O 驱动程序是通过调用总线板卡驱动程序的 API 函数来和板卡进行通信的，因此对串口等的通信设置参数在同步方式下无效，需要注意的是和板卡通信，通信地址有十进制和十六进制的写法，具体使用时请详细参考力控驱动帮助。

常见的采用同步方式通信的 I/O 服务程序见下。

① OPC 通信

② DDE 通信

③ 板卡通信

④ 现场总线

(6) 网桥方式配置

对于通信方式采用网桥的设备，I/O 驱动程序需要使用扩展功能组件 CommBridge。关于该部分内容的详细情况请参考 5.4 节。

13.3 设备冗余

在系统安全性要求高的场合，往往会使用控制设备冗余。只需在力控软件上进行简单配置，即可使力控软件和冗余控制设备很好地配合。具体过程如下：

在 IoManager 的逻辑 I/O 设备列表中选中需要冗余配置的设备，右键单击，在弹出菜单中选中“设备冗余”，就会弹出根据不同设备的“冗余设置”对话框，按照实际情况填写后即完成设备冗余配置，如图 13-16 所示。

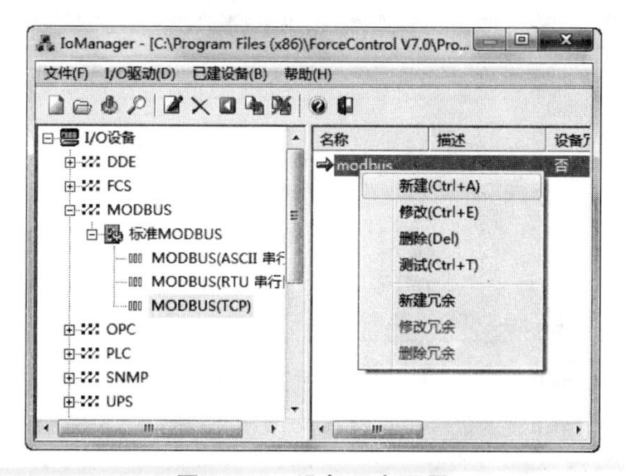

图 13-16 设备冗余配置

13.4 I/O 设备通信离线诊断

当在 IoManager 中定义了 I/O 设备后，如果物理 I/O 设备已经连接到计算机上，可以利用 IoManager 提供的设备测试器(IoTester)在不创建数据库的情况下对物理 I/O 设备进行测试。通过 IoTester，可以验证计算机与物理 I/O 设备通道连接的正确性、I/O 设备参数设置的正确性、驱动程序对设备采集数据的正确性等。

在 IoManager 右侧的项目内容显示区内选择要测试的设备名称，单击鼠标右键，在右键菜单中选择“测试”，弹出 IoTester 窗口，如图 13-17 所示。

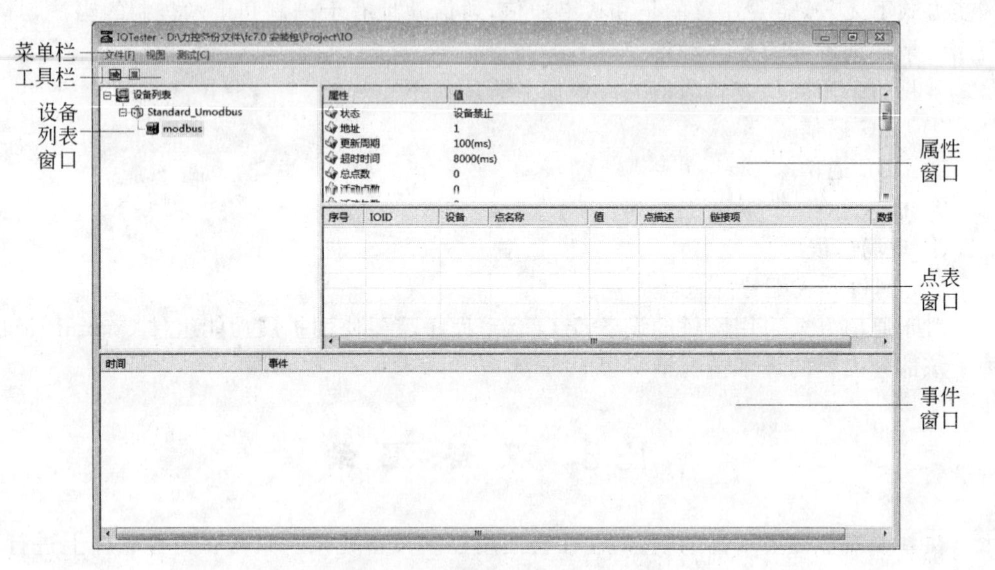

图 13-17　IoTester 窗口

在左侧的设备列表中选择要测试的设备名称，本例为 MODBUS，然后在右侧中间的点表窗口的空白处双击，弹出“点定义”对话框，如图 13-18 所示。

点定义
点名:
点说明:
数据类型: Real(浮点)　工程单位(EU):
小数位数: 3　读写控制: 可读可写
数据转换　线性化　开平方
量程下限: 0　量程上限: 100
量程变换　裸数据下限: 0　裸数据上限: 4095
I/O设备连接
设备: dev　增加
I/O连接:　修改
确定　取消

图 13-18　“点定义”对话框

在“点名”项中指定测试点的名称(可任意指定)，然后单击“I/O 设备连接”组中的“增加”按钮设置数据连接项，其他参数可采用默认设置。最后单击“确定”按钮添加一个测试点，可根据需要添加多个测试点。

当所有测试点添加完毕后，选择菜单命令“测试”→“运行”或单击工具栏上的“运行”按钮，启动 IoTester 测试。开始与物理 I/O 设备建立通信过程，同时将采集到的数据显示在点表窗口上。在通信过程中产生的事件显示在下方的事件窗口内。

选择 IoTester 菜单命令“视图”→“显示报文”，可以查看 I/O 设备通信过程中产生的报文信息。

13.5 I/O设备的运行与监控

I/O设备的运行系统主要由两部分组成：I/O调度进程和I/O进程监控器(IoMonitor)。

I/O 调度进程负责与现场设备之间的数据通信、与实时数据库进行数据交互。

IoMonitor 是一个监控 I/O 进程管理程序，负责控制 I/O 驱动程序的启/停，监控 I/O 设备运行状态等。

1. I/O进程的启动和进程管理

I/O 进程内部是按照通道驱动、设备、包、点的层次结构来完成组织和协调逻辑。一个串口、一个 TCP/IP 网络链接、一块通信接口卡都算作一个通道，一个 I/O 进程可管理一个或多个通道。相互独立的进程管理方式可以确保某一驱动出现异常时，不会对其他通道的数据采集产生影响。I/O 进程的运行方式都是后台运行方式，没有程序界面、图标。

当启动力控运行系统时，进程管理器自动启动 IoMonitor，由 IoMonitor 完成对所有 I/O 调度进程的创建、加载与运行。

如果发现 IoMonitor 不能自动启动，需要检查开发系统 Draw“系统配置”→“初始启动程序”中的设置，如图 13-19 所示，要确定 IoMonitor 项已被选择。

图 13-19 “初始启动设置”对话框

IoMonitor 也可以手动启动，选择开始菜单中“力控 ForceControl V7.0”→“工具”→“I/O 监控器”命令可以启动 IoMonitor。如果 IoMonitor 已经启动，手动启动时不会启动 IoMonitor 程序新的实例，而是将已经启动的 IoMonitor 进程的窗口置为顶层显现。单击 IoMonitor 右上角“关闭”按钮，IoMonitor 并不退出，而是缩小为程序图标隐藏在任务栏上。IoMonitor 在任务栏上的图标形式为。在任务栏上用鼠标单击该图标，可将

IoMonitor 窗口激活并置为顶层窗口显现，如图 13-20 所示。

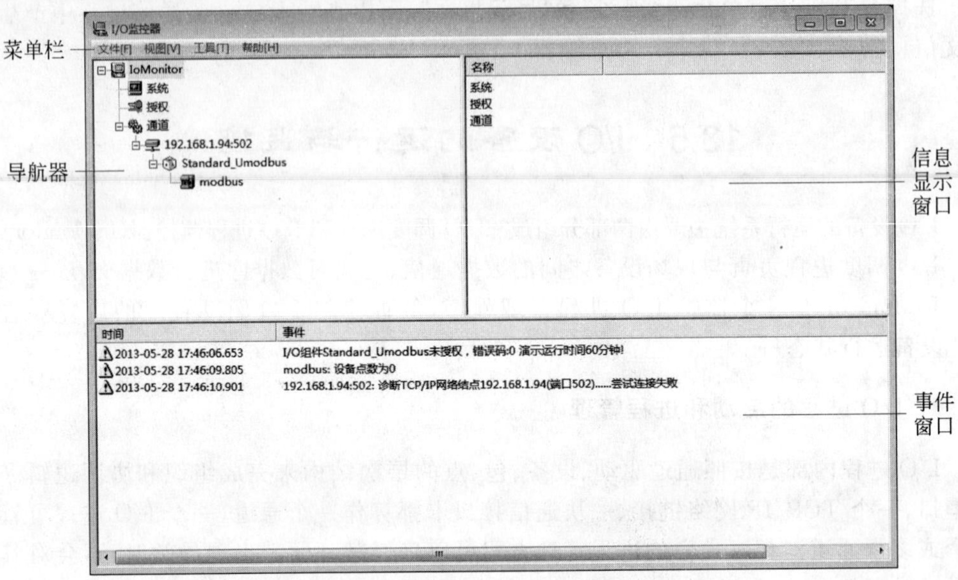

图 13-20 “I/O 监控器”窗口

2. 监控 I/O 设备运行

IoMonitor 提供了丰富的监控功能，可以对 I/O 设备在运行过程中的各种状态及产生的事件进行监视与浏览。

(1) 查看系统状态

选择 IoMonitor 左侧导航器中的“系统”，在右侧的信息显示窗口内将显示出“开始时间”、“当前时间”、“工程应用路径”、“数据库(Db)状态”、“冗余状态”等信息。

(2) 查看授权信息

选择 IoMonitor 左侧导航器中的“授权”，在右侧的信息显示窗口内将显示出系统使用的所有 I/O 驱动程序的 ID 及授权状态，如果授权状态显示为“未授权”，表明该驱动程序为演示使用方式，连续运行时间为 1 个小时。

(3) 查看通道

IoMonitor 导航器“通道”下面列出了 I/O 设备使用的所有通道，分别用 COMx、GPRSx、192.168.1.105：9600 等表示通道名称。选择通道名称，会在右侧信息显示窗口内显示出具体的通道信息。可以查看通道的通信内容，选择通道名称，单击鼠标右键，弹出如图 13-21 所示的菜单。

① 选择“查看信道信息”，弹出“信道信息”对话框，如图 13-22 所示。

选择查看方式和信息类型，单击“确定”按钮，IoMonitor 的“信道信息”窗口会立即开始显示信道信息记录。如果没有信道信息显示，可能是由于设备状态不正常，通信处于故障状态。

导航器通道名称下面的项为驱动组件名称。选择驱动组件名称，右侧信息窗口内列

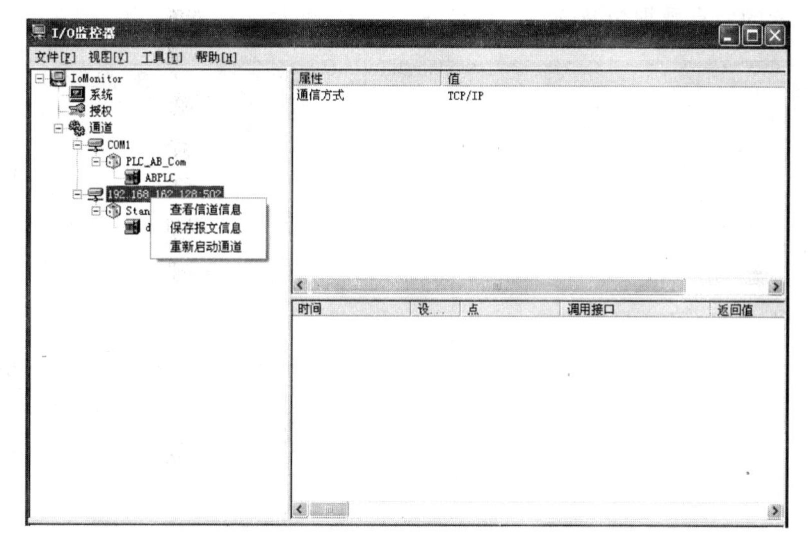

图 13-21 “I/O 监控器”菜单

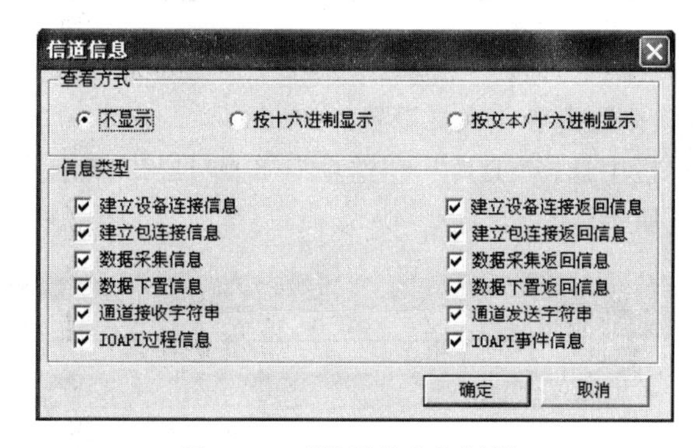

图 13-22 “信道信息”对话框

出该驱动组件的IOID、类别、说明、版本号等信息。

驱动组件名称下面的项为I/O设备名称。选择I/O设备名称，右侧信息窗口内列出该设备的各种运行状态信息，包括状态、地址、设备更新周期、超时时间、总点数、活动点数、活动包数、采集包数、请求次数、应答次数、采集超时次数、平均采集周期、平均采集频率、可写点点数、写操作次数、写操作答应次数、写操作超时次数等。

② 选择“保存报文信息”，弹出“保存当前选择通道报文”对话框。

③ 选择“重新启动通道”，当前通道会被强制重启。

（4）查看数据包信息

在IoMonitor导航器中选择某个I/O设备名称，然后单击鼠标右键，选择弹出菜单中“查看数据包信息”，如图13-23所示。

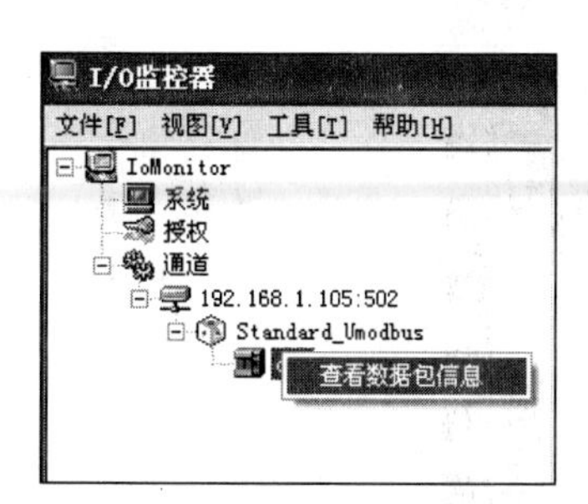

图 13-23 选择“查看数据包信息”

弹出“数据包信息”对话框，在对话框上显示所选

I/O 设备包含的所有数据包及连接项的信息，供 I/O 调试人员查看，如图 13-24 所示。

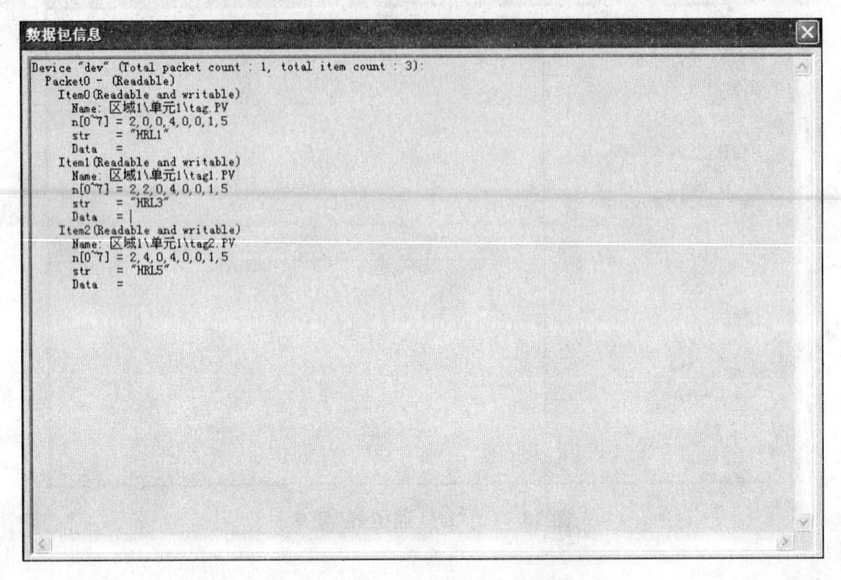

图 13-24 “数据包信息”对话框

(5) I/O 配置参数(一般由专业人员设置)

在 IoMonitor 菜单栏中选择“工具”→“选项”(如图 13-22 所示)，会弹出“IO 配置参数”对话框，如图 13-25 所示。

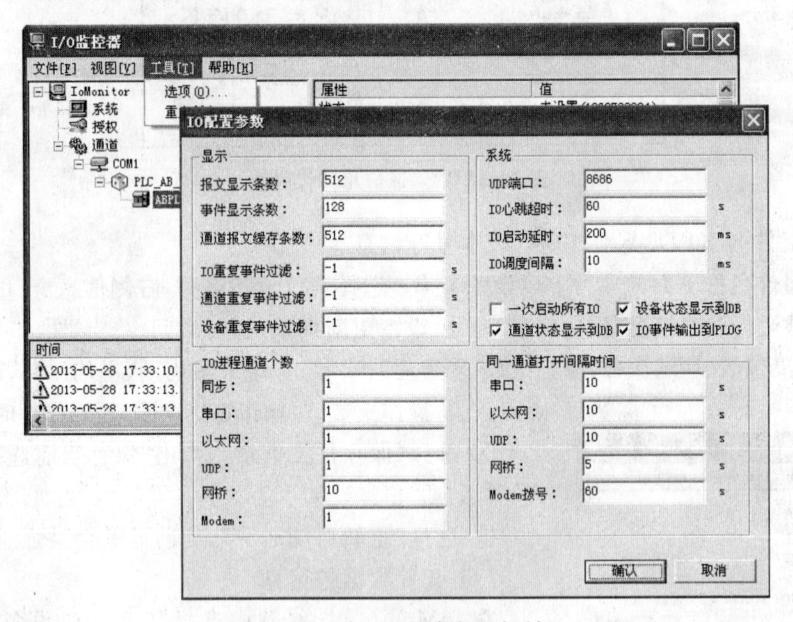

图 13-25 “IO 配置参数”对话框

图 13-26 参数如下。

- 报文显示条数：设置报文显示窗口可以显示最新的报文的条数。

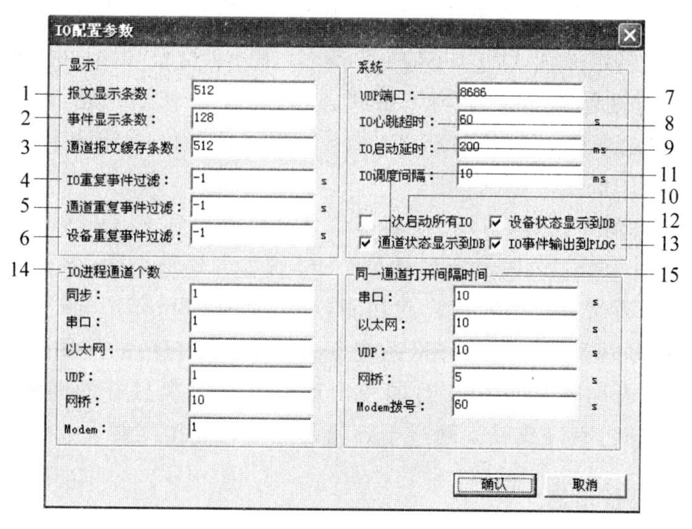

图 13-26 “IO 配置参数”对话框

- 事件显示条数：设置事件显示窗口可以显示最新的事件的条数。
- 通道报文缓存条数：设置每个通道一次可以保存的报文条数。
- IO 重复事件过滤：设定一个固定时间内不再显示相同的 IO 事件。默认为－1，不过滤。
- 通道重复事件过滤：设定一个固定时间内不再显示相同的通道事件。默认为－1，不过滤。
- 设备重复事件过滤：设定一个固定时间内不再显示相同的设备事件。默认为－1，不过滤。
- UDP 端口：IoMonitor 的 UDP 默认端口为 8686，IO. exe 的 UDP 端口是在 IoMonitor 端口的基数上加上 IO 的索引，如 0、1、2 等。
- IO 心跳超时：IoMonitor 和 IO. exe 之间存在心跳，如果 IO. exe 超过设置时间没有心跳，IoMonitor 会自动重启 IO. exe。
- IO 启动延时：启动 IoMonitor 之后，延时启动 IO。此设置主要解决操作系统刚启动的同时，自启动 ForceControl 工程，造成占用资源（主要是 CPU）过多的问题。
- 一次启动所有 IO：主要分为一次全部启动和顺序启动。一次全部启动时，IoMonitor 一次启动所有的 IO，可能占 CPU 比较高，但是启动快。顺序启动时，在上一个 IO 启动完成后再启动下一个 IO，这样启动比较慢，但使用 MOXA 这样的串口服务器的虚拟串口的话最好使用该方式。
- 通道状态显示到 DB：如果选上此项，则需要在数据库里给每个通道定义一个对应的点。点名定义为 CS_加对应通道名称，如 COM1，对应的状态点名为 CS_COM1，如果 COM1 被命名为 Modbus01，则对应的状态点名为 CS_ Modbus01。运行后，正常显示 1，未连接显示 0。不使用的话最好不要选上，不然 DB 会提示访问不存在的位号。

- 设备状态显示到DB：如果选上此项，则需要在数据库里给每个设备定义一个对应的点。点名定义为DS_加对应设备名，如IO设备dev1对应的状态点名为DS_dev1。运行起来之后，会有四种状态，分别为0(初始状态，即未连接)，1(正常状态)，2(故障状态)，3(超时状态)。不使用的话最好不要选上，不然DB会提示访问不存在的位号。
- IO事件输出到PLOG：IO系统事件信息是否输出到PLOG作为日志保存。
- IO进程通道个数：可以灵活设置单个IO管理的通道个数，但要注意，每个IO只能管理相同通信方式的通道。此功能，对于使用CommBridge通道特别多的时候非常有用，可以非常有效地降低系统资源(主要是内存)的使用。
- 同一通道打开间隔时间：IO对同一个通道连续两次打开的间隔时间，最好使用默认间隔时间，串口或以太网过于频繁的操作可能出问题。

3. 查看I/O设备日志

在运行过程中，IoMonitor会自动将I/O设备产生的重要事件记录到力控日志系统中。若要查看这些事件，打开力控日志系统，选择“系统日志”大类，在右侧的事件窗口中可以查看所有来自IoMonitor的事件信息。

思考与习题

13.1 输入输出设备驱动能组态哪些设备?

13.2 举例说明组态PLC的方法和步骤。

13.3 举例说明组态数字仪表的方法和步骤。

13.4 举例说明组态智能模块的方法和步骤。

13.5 举例说明组态I/O板卡的方法和步骤。

13.6 举例说明组态A/D板卡的方法和步骤。

第14章 chapter 14

外部接口及通信

在很多情况下，为了解决异构环境下不同系统之间的通信，用户需要用力控监控组态软件与其他第三方厂商提供的应用程序之间进行数据交换。力控监控组态软件支持目前 Windows 平台下软件之间的数据通信、数据交换标准，包括 DDE、OPC、ODBC 等，同时力控软件提供 API/SDK 供其他应用程序调用。

14.1 DDE

动态数据交换(DDE)是微软的一种数据通信形式，它使用共享内存在应用程序之间进行数据交换。它能够及时更新数据，在两个应用程序之间信息是自动更新的，无须用户参与。

两个同时运行的程序间通过 DDE 方式交换数据时是客户端/服务器关系，数据通信时，接收信息的应用程序称作客户端，提供信息的应用程序称作服务器。一个应用程序可以是 DDE 客户端或是 DDE 服务器，也可以两者都是。一旦客户端和服务器建立起连接关系，则当服务器中的数据发生变化时就会马上通知客户端。通过 DDE 方式建立的数据连接通道是双向的，即客户端不但能够读取服务器中的数据，而且可以对其进行修改。

DDE 和剪贴板一样既支持标准数据格式(如文本、位图等)，又可以支持自定义的数据格式。但它们的数据传输机制不同，一个明显区别是剪贴板操作几乎总是用作对用户指定操作的一次性应答，如从菜单中选择粘贴命令。尽管 DDE 也可以由用户启动，但它继续发挥作用，一般不必用户进一步干预。

DDE 有以下两种数据交换方式。

(1) 冷连接(Cool Link)：数据交换是一次性数据传输，与剪贴板相同。当服务器中的数据发生变化时不通知客户端，但客户端可以随时从服务器中读写数据。

(2) 热连接(Hot Link)：当服务器中的数据发生变化时马上通知客户端，同时将变化的数据直接送给客户。

两个程序间建立的 DDE 会话中包括很多数据项，每个数据项对应一个 DDE 项目名。如果通过网络与远程机器的 DDE 通信，还要提供远程节点的名称。机器名、应用程序名、主题和项目名构成 DDE 通信的 4 要素。

机器名：远程机器名称，若为本机可以忽略。

应用程序名：DDE 服务器的名字，通常使用服务器软件程序的名字。

主题名：DDE 服务器上数据组的名字，可能是数据的文件名或工作表名。

项目名：单个数据项。

力控监控组态软件的系统支持 DDE 标准，可以和其他支持 DDE 标准的应用程序(如 EXCEL)进行数据交换。一方面，力控软件可以作为 DDE 服务器，其他 DDE 客户程序可以从力控的 DDE 服务器中访问力控实时数据库中的数据。另一方面，力控也可以作为 DDE 客户程序，从其他 DDE 服务程序中访问数据。注意，本书中的 DDE 例子都是在 Windows 2000/2003/XP 操作系统下做的。

14.1.1 力控监控组态软件作 DDE 客户端

当力控软件作为客户端访问其他 DDE 服务器时，是将 DDE 服务器当作一个 I/O 设备，并专门提供了一个 DDE Client 驱动程序实现与 DDE 服务器的数据交换。

在使用力控 DDE Client 驱动程序访问其他 DDE 服务器前，首先要清楚 DDE 服务器的应用程序名、主题名、项目名规范等基本信息。

(1) 示例 1：EXCEL 作为 DDE 服务器

首先在数据库中创建一个模拟 I/O 点 FI101，FI101 的 PV 参数为实型，FI101 的 DESC 参数为字符型。FI101. PV 和 FI101. DESC 通过 DDE 方式分别链接到 EXCEL 工作簿 BOOK1. XLS 中的 R1C1 和 R1C2 单元，即 EXCEL 工作单的第一行左起第一个和第二个单元格(CELL)。

建立 DDE 设备 EXCEL。打开 IoManager，在导航器中选择“DDE 设备”，配置设备定义参数。设备名称可任意定义，如 EXCEL。“服务名”参数定义为 EXCEL。“主题名”参数定义为 BOOK1. XLS，如图 14-1 所示。

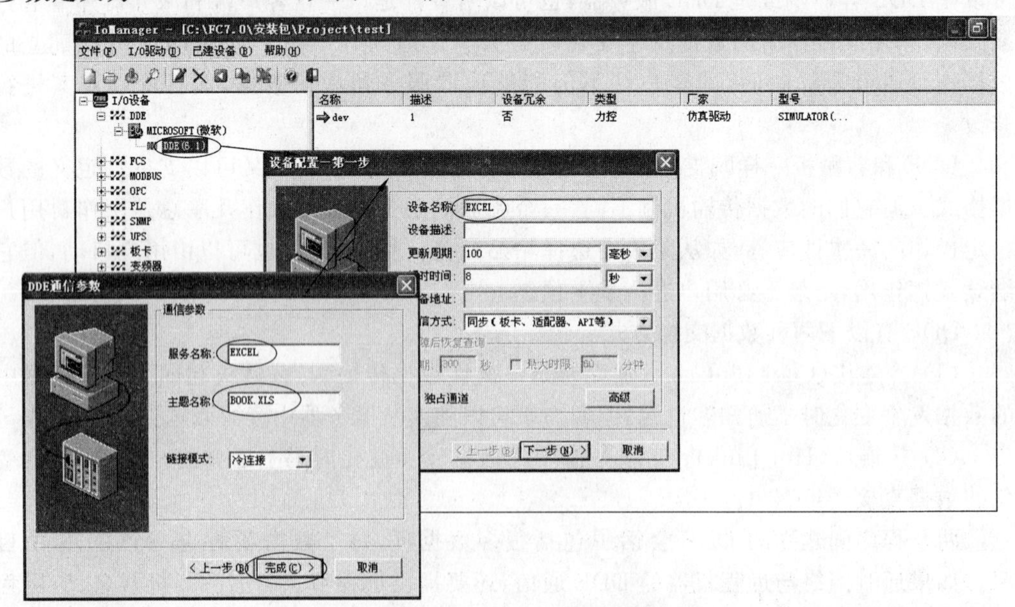

图 14-1 DDE 通信参数

注意事项：主题名参数的设置要遵照DDE服务器说明。对于EXCEL程序，主题名一般为EXCEL打开的文件名称，上例为BOOK1.XLS。但由于操作系统和EXCEL版本的不同，EXCEL文件名称是否指定扩展名（例如是BOOK1.XLS还是BOOK1）可能会有所不同。一个简单的方法是以EXCEL在打开文件时的应用程序标题为准，如图14-2所示，情况主题名称显然应为BOOK1。

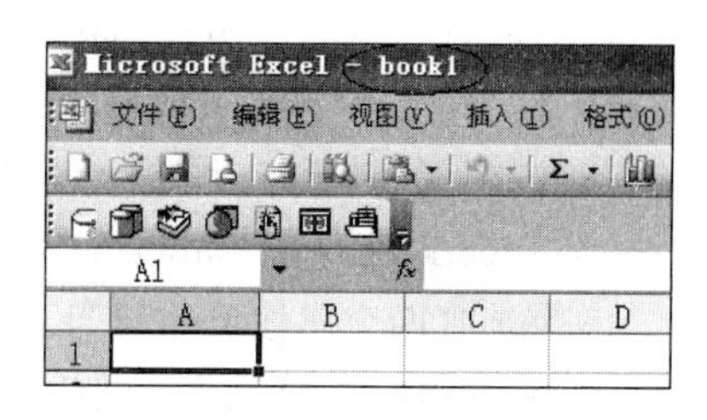

图14-2 情况主题名称

启动DbManager程序，选择FI101点，进入数据连接页面，在出现“数据连接”对话框后，选择PV参数，选择“I/O设备”下面的EXCEL项，单击“增加”按钮，出现对话框，输入DDE的项目名R1C1，单击“确定”按钮，该点的PV“连接项列表”中增加了一项数据连接，如图14-3所示。

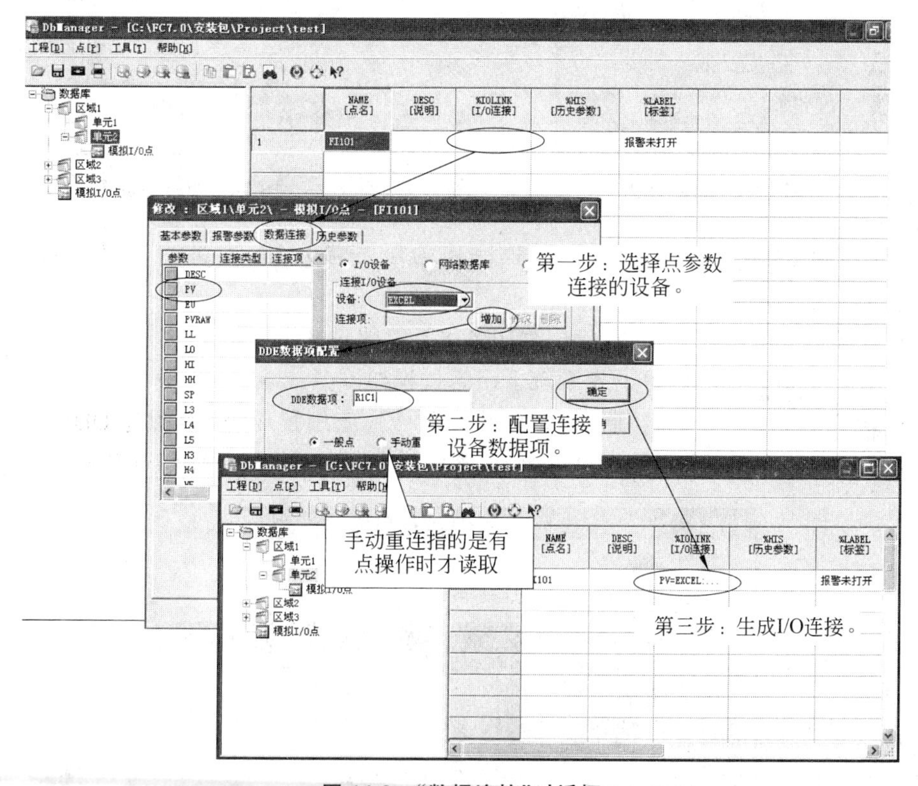

图14-3 “数据连接”对话框

用同样的方法为FI101点的DESC参数创建一个数据连接，连接的单元地址为R1C2。

上面实例中，FI101.PV和FI101.DESC与I/O设备EXCEL之间建立了数据连接，它们将从名为BOOK1.XLS的EXCEL电子表格的R1C1和R1C2单元格中接收数据。FI101.PV可以接收实型数值，而FI101.DESC可以接收字符型数值。

（2）示例2：VB应用程序作为DDE服务器

① 在VB开发环境下的操作过程如下。

• 新建工程项目，将窗体更名为DDEServer。在窗体中绘制4个标签，分别为Label1、Label2、Label3、Label4；在窗体中绘制4个文本，分别为var1、var2、var3、var 4(四个属性值初始为1.00000)，如图14-4所示。

• 文本和标签均不需要做任何设置，窗体DDEServer的设置如图14-5所示。

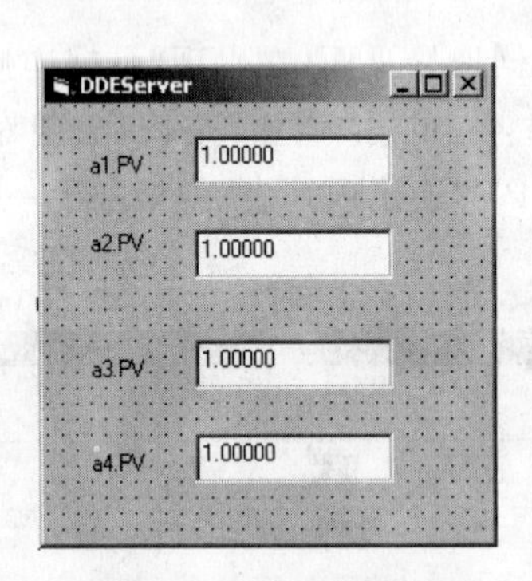

图14-4　文本输入框

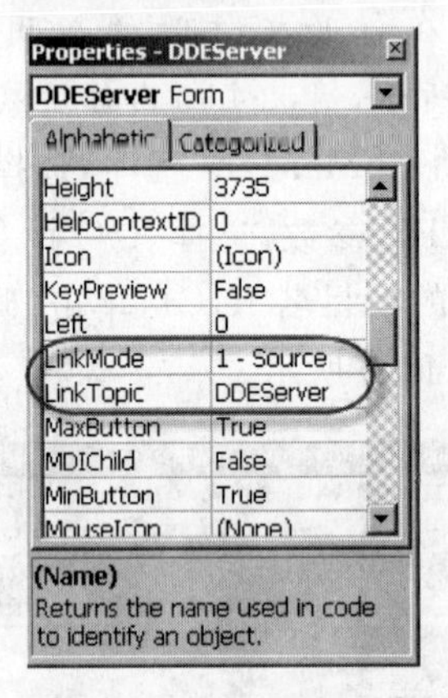

图14-5　属性设置

其中，LinkMode：1-Source（表示程序作为服务端）；LinkTopic：窗体的名字（即DDEServer）。

• 生成VB应用程序（注意应用程序名字不能超过8个字符）

② 在力控监控组态软件开发系统下组态过程如下。

• 定义I/O设备：dde，“服务名称”指定为VB应用程序名，本例为DDE，“主题名称”指定为VB应用程序窗体名称，本例为DDEServer，如图14-6所示。

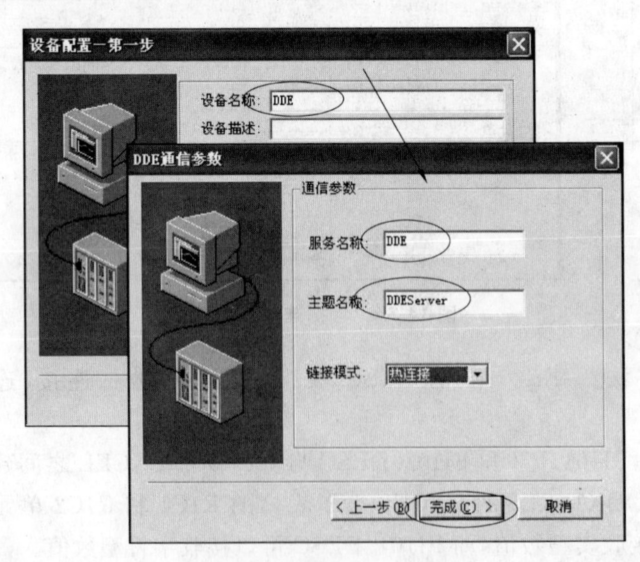

图14-6　定义I/O设备

- 在数据库中创建 4 个数据库点：a1、a2、a3 和 a4。这 4 个数据点数据连接项中的 DDE 项分别指定为 VB 窗体中文本框的名字，即分别为 var1、var2、var3 和 var4，如图 14-7 所示。

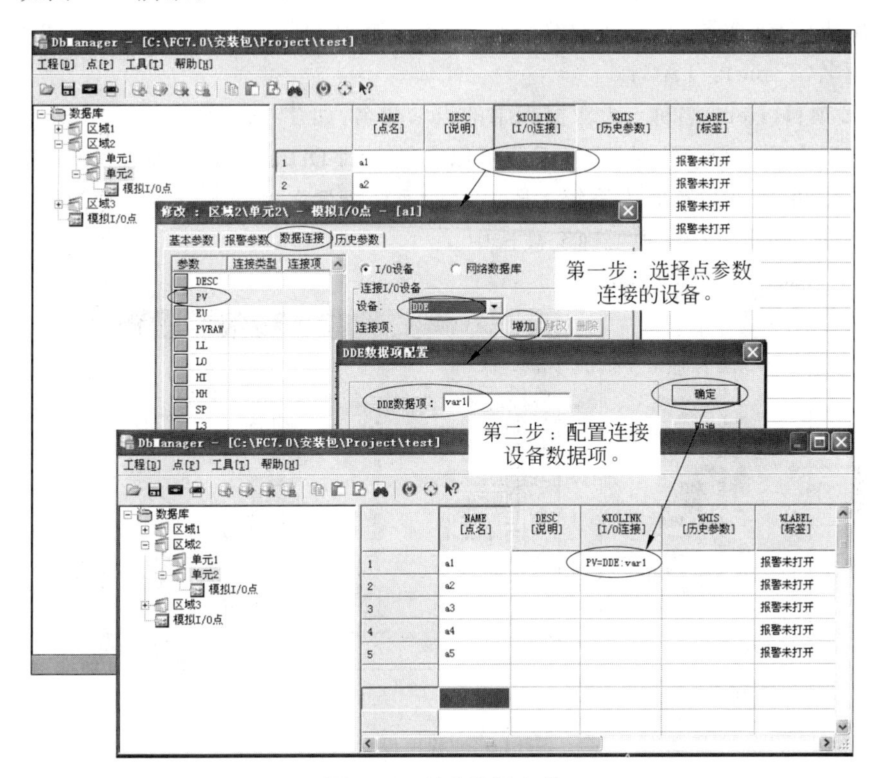

图 14-7 创建数据库点

首先启动 VB 程序，然后启动力控运行系统，可以实现 VB 程序与力控监控组态软件运行系统之间的 DDE 数据交互，如图 14-8 所示。

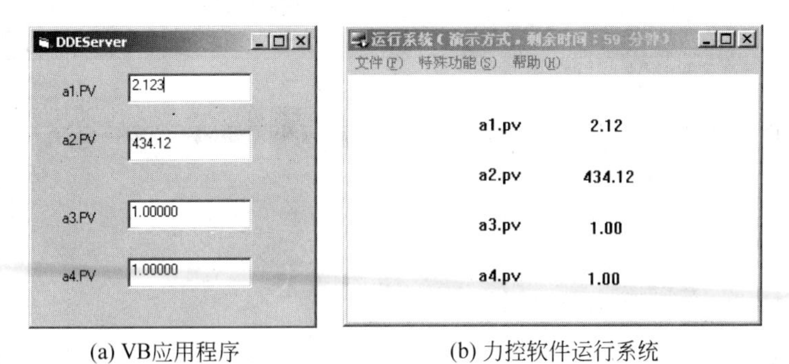

(a) VB应用程序 (b) 力控软件运行系统

图 14-8 DDE 数据交互

14.1.2 力控监控组态软件作 DDE 服务器

力控监控组态软件提供了一个专门的 DDE 服务器 DDEServer，DDEServer 是一个可以独立运行的组件。它可以与力控数据库安装、运行在同一计算机上，也可以单独安装、运行在其他计算机上，通过网络与力控数据库通信。

DDEServer 默认设置如下。

应用程序名（Application）：PCAuto；

主题名（Topic）：TAG；

DDE 项目（Item）名称：为数据库中的点参数名，如 TAG1. PV。

当启动力控运行系统时，运行系统可以自动启动 DDEServer。如果发现 DDEServer 不能自动启动，需要检查开发系统 DRAW 中“系统配置”→“初始启动程序”中的设置，如图 14-9 所示，DDEServer 项要确定被选中。

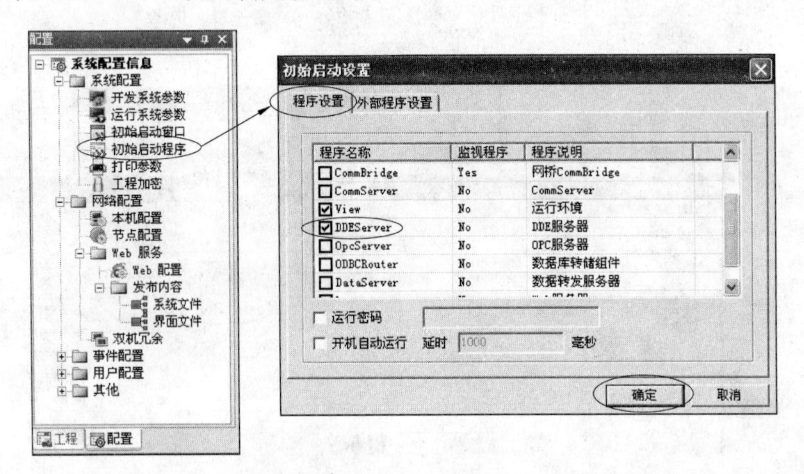

图 14-9 “程序设置”页

DDEServer 在任务栏上显现的图标形式为▢。单击 DDEServer 右上角“关闭”按钮，DDEServer 并不退出，而是缩小为程序图标隐藏在任务栏上。在任务栏上用鼠标单击该图标，可将 DDEServer 窗口激活并置为顶层窗口显现出来，如图 14-10 所示。

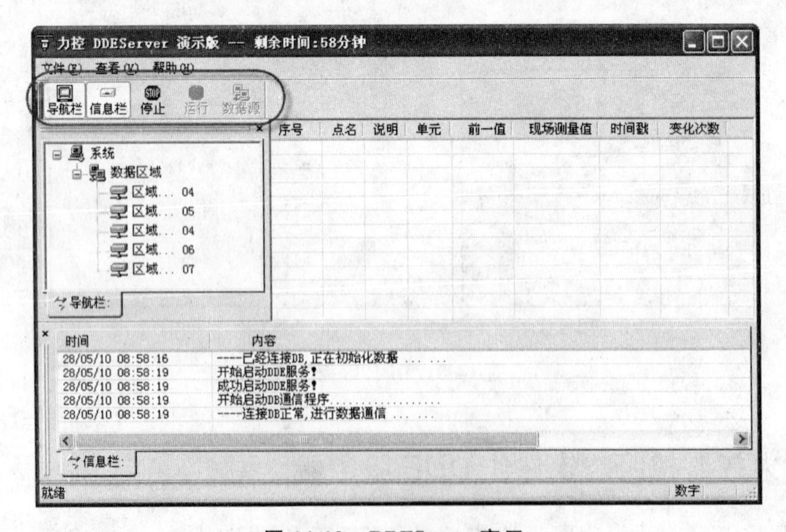

图 14-10 DDEServer 窗口

下面说明 DDEServer 工具栏上各个按钮的功用。

① 导航栏：单击该按钮可显示或隐藏左侧导航栏窗口。

② 信息栏：单击该按钮可显示或隐藏下方信息栏窗口。

③ 停止：单击该按钮停止 DDE 服务。

④ 运行：单击该按钮启动 DDE 服务。

⑤ 数据源：首先停止 DDE 服务，然后单击该按钮弹出“数据源”对话框，如图 14-11 所示。

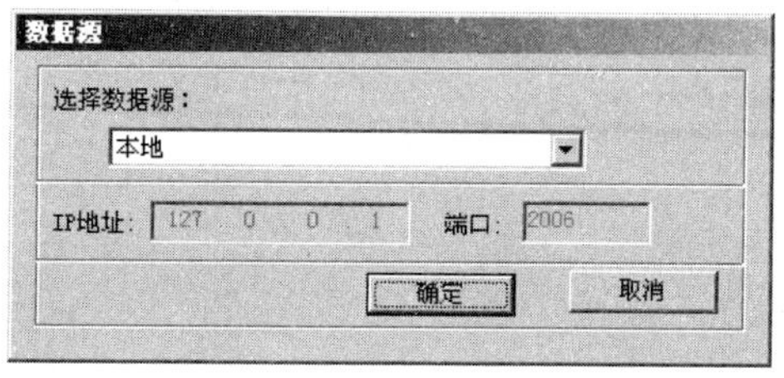

图 14-11 “数据源”对话框

在下拉框“选择数据源”中可选择“本地”或“远程”。如果选择“本地”，DDEServer 将从本机的力控数据库中获取实时数据。如果选择“远程”，需要在下面的“IP 地址”和“端口”项中指定运行力控数据库的网络计算机的 IP 地址和网络端口。网络端口默认采用 2006。

(1) 示例 1：EXCEL 作为客户端访问力控 DDE Server

EXCEL 作为 DDE 客户程序且力控数据库作为 DDE 服务器进行数据交换的过程如下。

① 在力控数据库中创建一个模拟 I/O 点 TAG1。

② 启动力控数据库和力控 DDEServer。

③ 用 EXCEL 程序打开一个工作簿，在工作单的单元格内输入以下内容。

=PCAuto | TAG! TAG1.PV

(2) 示例 2：VB 应用程序作为客户端访问力控 DDEServer

操作步骤如下。

① 用 VB 新建工程项目，将窗体命名为 DDEClient，在窗体中绘制 4 个标签，分别为 Label1、Label2、Label3、Label4；在窗体中绘制 4 个文本，分别为 Text1、Text2、Text3、Text 4，如图 14-12 所示。

② 标签不需要做任何设置，文本框的属性设置如图 14-13 所示(如 Text1)。

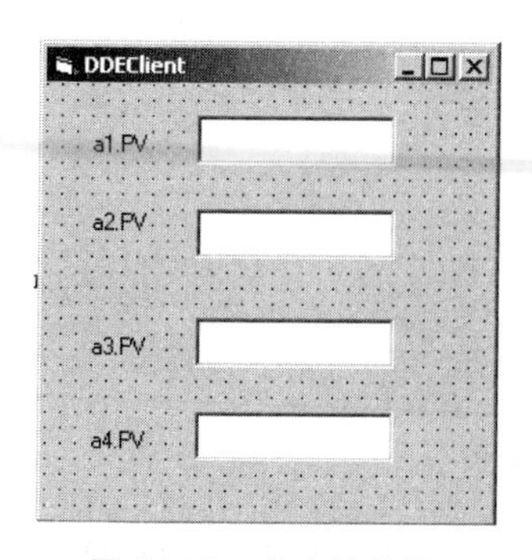

图 14-12 文本输入框

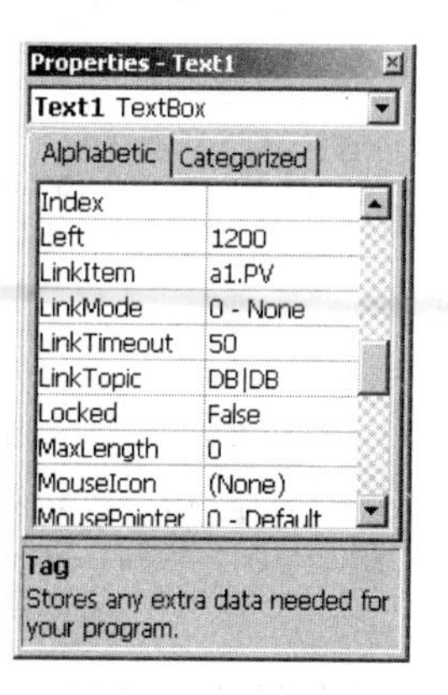

图 14-13 属性设置

力控 DDEServer 的应用程序名为 PCAuto,主题名为 TAG,数据连接项为数据库点参数名,如图 14-14 所示。

LinkItem: a1. PV(数据库变量名);

LinkMode: 0,1,2,3;

LinkTopic: PCAuto | Tag;

注意: LinkMode 初始为 0,当力控已启动可设置为 1。

Text2、Text3、Text4 的 LinkItem 分别为 a2. PV、a3. PV、a4. PV,其他设置和 Text1 一样,如图 14-15 所示。

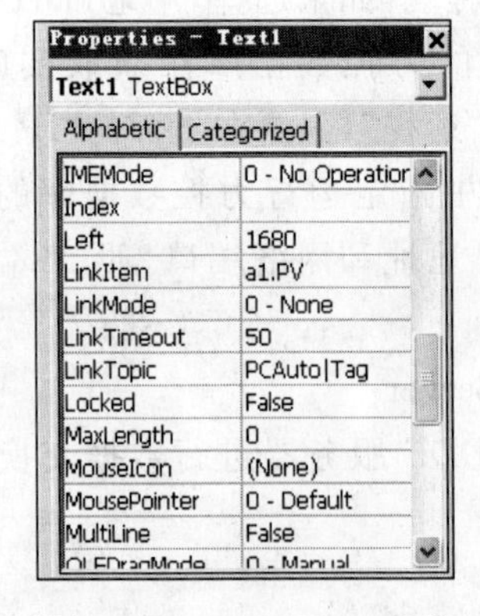

图 14-14 DDE Server 参数

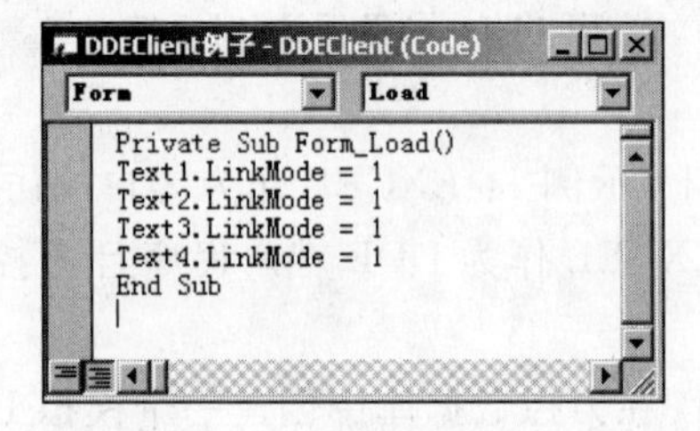

图 14-15 文本脚本框

③ 在 Form_Load()中编写脚本程序。将各个文本设置为"自动连接"方式,运行时应先启动力控 DDEServer。

④ 在力控数据库中创建 4 个数据库点,分别为 a1、a2、a3 和 a4(与 VB 中文本 LinkItem 的属性值一致)。

⑤ 首先启动力控,再启动 VB 程序,可以观察 VB 程序与力控间的数据交互过程,如图 14-16 所示。

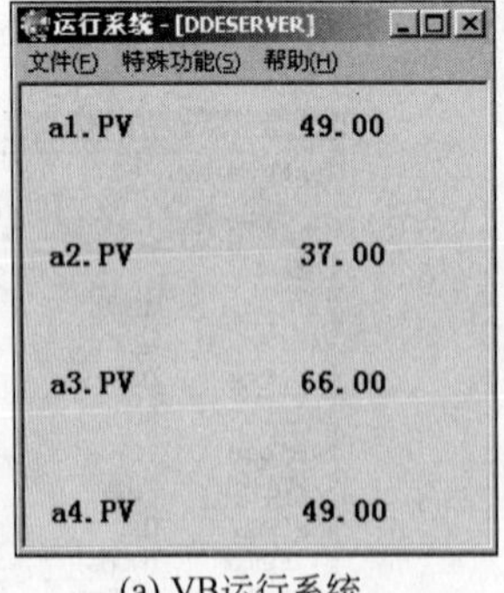

(a) VB运行系统

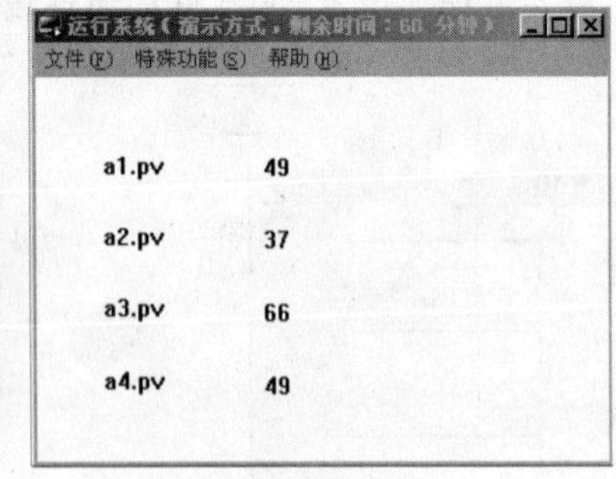

(b) 力控运行程序

图 14-16 数据交互过程

14.1.3 远程 NETDDE 配置

NETDDE 是使用 DDE 共享特性来管理通过网络进行程序通信和共享数据的方式。当 DDE 服务器程序与 DDE 客户端程序分别运行在网络上不同的网络结点计算机上时，就可以使用 NETDDE 技术。

在 Windows NT/2000/XP 等操作系统上，可以使用操作系统自带的 NETDDE 功能。

下面以服务器端运行力控 DDEServer、客户端运行 EXCEL 为例，说明具体配置方法。

需要注意的是，NETDDE 的使用必须保证服务器端与客户端的网络连接正常，能够互相找到对方的网络名称。

1. 服务器端设置

服务器端需要对 Windows 设置 DDE 共享。

(1) 打开或添加 DDE 共享

要打开 DDE 共享，请单击 Windows 系统菜单“开始”，单击“运行”，然后键入 ddeshare 确定。

选择“共享”菜单下的“DDE 共享”，单击“添加共享”按钮，弹出“DDE 共享属性”对话框，如图 14-17 所示。

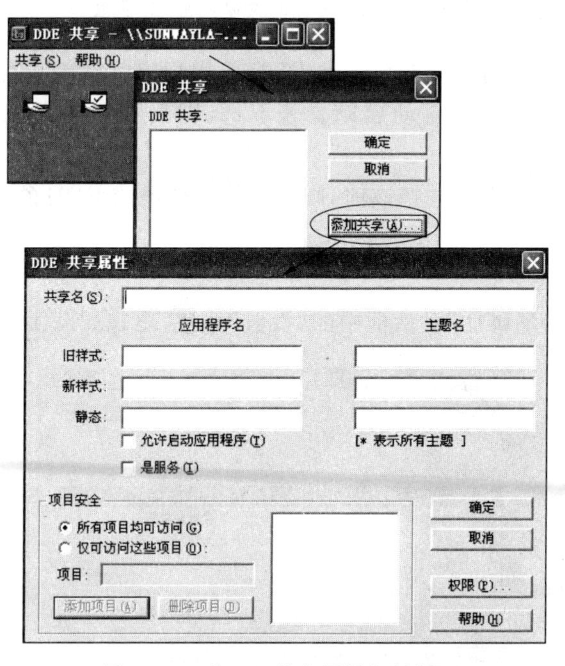

图 14-17 “DDE 共享属性”对话框

共享名：可任意指定。

应用程序名：设为力控 DDE 服务器的应用程序名称 PCAuto。

主题名：设为力控 DDE 服务器的主题名称 TAG。“新样式”和“静态”等参数不必设置。

允许启动应用程序：如果 DDE 服务器程序没有运行，则 DDE 对话将启动该应用程序。

项目安全：指出用户可以访问任何项目，还是只能访问指定的项目。

权限：指出具有访问权限的用户和组，以及每个用户和组的访问类型。

(2) 信任共享设置

用于查看和修改与信任的 DDE 共享有关的属性。选中刚才建立的共享 PCAuto，然后单击按钮“信任共享”，弹出“受信任的共享属性”对话框，如图 14-18 所示。

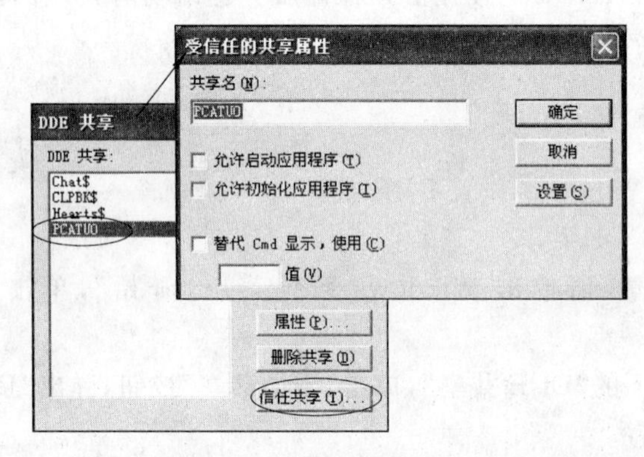

图 14-18 “受信任的共享属性”对话框

允许启动应用程序：当某个客户端的 DDE 应用程序尝试初始化一个 DDE 对话时，服务器端的 DDE 应用程序将自动启动。若不选，则只有服务端的 DDE 程序运行时，DDE 对话才能成功。

允许初始化应用程序：若选择该项，则允许建立到当前 DDE 的新连接，若不选，则只运行当前 DDE 对话。

(3) 设置访问权限

单击“受信任的共享属性”对话框中的“设置”按钮，出现如图 14-19 所示的对话框。

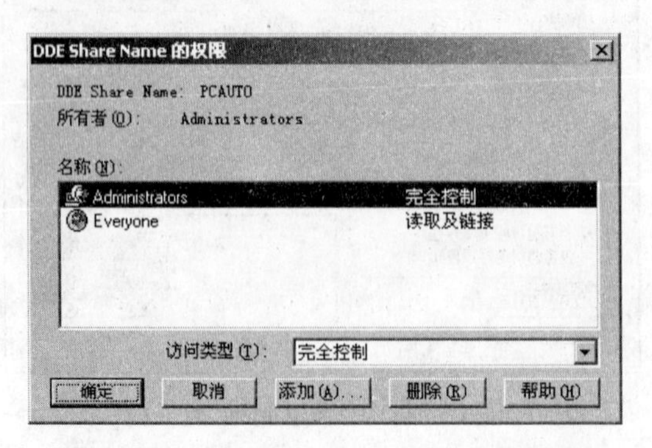

图 14-19 “DDE Share Name 的权限”对话框

可以设置为 Everyone 完全控制，或者用户根据需要设置访问权限。

上述设置完成后，启动力控 DDEServer。

2. 客户端设置

客户端启动 EXCEL，在单元格内输入以下内容。

“=\\网络机器名\ PCAuto |TAG! tagname. pv”。

14.2 OPC

力控支持 OPC 标准。既可以作为 OPC 客户程序，从其他 OPC 服务器程序中访问数据，也可以作为服务器端，供其他 OPC 客户程序访问。

与 DDE 类似，当力控作为 OPC 客户端访问其他 OPC 服务器时，是将 OPC 服务器当作 I/O 设备。因此力控 OPC 客户端采用的是 I/O 驱动形式。

14.2.1 OPC 概述

在计算机控制的发展过程中，不同的厂家提供不同的协议，即使同一厂家的不同设备之间与计算机通信的协议也不同。在计算机上，不同的语言对驱动程序的接口有不同的要求。这样又产生了新的问题，应用软件需要为不同的设备编写大量的驱动程序，而计算机硬件厂家要为不同的应用软件编写不同的驱动程序。这种程序可复用程度低，不符合软件工程的发展趋势。在这种背景下，产生了 OPC 技术。

OPC 是 OLE for Process Control 的缩写，即把 OLE 应用于工业控制领域。

OLE 原意是对象连接和嵌入，随着 OLE 2 的发行，其范围已远远超出了这个概念。现在的 OLE 包含了许多新的特征，如统一数据传输、结构化存储和自动化，已经成为独立于计算机语言、操作系统甚至硬件平台的一种规范，是面向对象程序设计概念的进一步推广。OPC 建立于 OLE 规范之上，它为工业控制领域提供了一种标准的数据访问机制。

OPC 规范包括 OPC 服务器和 OPC 客户端两个部分，其实质是在硬件供应商和软件开发商之间建立一套完整的“规则”，只要遵循这套规则，数据交互对两者来说都是透明的，硬件供应商无须考虑应用程序的多种需求和传输协议，软件开发商也无须了解硬件的实质和操作过程。

14.2.2 OPC 特点

OPC 是为了解决应用软件与各种设备驱动程序的通信而产生的一项工业技术规范和标准。它采用客户端/服务器体系，基于 Microsoft 的 OLE/COM 技术，为硬件厂商和应用软件开发者提供了一套标准的接口。

综合起来说，OPC 有以下几个特点。

(1) 计算机硬件厂商只需要编写一套驱动程序就可以满足不同用户的需要。硬件供应商只需提供一套符合 OPC Server 规范的程序组，无须考虑工程人员需求。

(2) 应用程序开发者只需编写一个接口便可以连接不同的设备，软件开发商无须重写大量的设备驱动程序。

(3) 工程人员在设备选型上有了更多的选择。对于最终用户而言，选择面更宽一些，可以根据实际情况的不同，选择切合实际的设备。

(4) OPC扩展了设备的概念，只要符合OPC服务器的规范，OPC客户端都可与之进行数据交互，而无须了解设备究竟是PLC还是仪表，甚至如果在数据库系统上建立了OPC规范，OPC客户端便可与之方便地实现数据交互，力控能够对提供OPC Server的设备进行全面支持。

14.2.3 OPC基本概念

OPC服务器由三类对象组成，相当于三种层次上的接口：服务器(Server)、组(Group)和数据项(Item)。

1. 服务器对象(Server)

拥有服务器的所有信息，同时也是组对象(Group)的容器，一个服务器对应于一个OPC Server，即一种设备的驱动程序。在一个Server中，可以有若干个组。

2. 组对象(Group)

拥有本组的所有信息，同时包括逻辑组织OPC数据项(Item)。

OPC组对象(Group)提供了客户组织数据的一种方法，组是应用程序组织数据的一个单位。客户端可对之进行读写，还可设置客户端的数据更新速率。当服务器缓冲区内数据发生改变时，OPC将向客户端发出通知，客户端得到通知后再进行必要的处理，而无须浪费大量的时间进行查询。OPC规范定义了两种组对象，公共组(或称全局组，Public)和局部组(或称局域组、私有组，Local)。公共组由多个客户端共有，局部组只隶属于一个OPC客户端。全局组对所有连接在服务器上的应用程序都有效，而局域组只能对建立它的Client有效。一般说来，客户端和服务器的一对连接只需要定义一个组对象。在一个组中，可以有若干个项。

3. 项

项是读写数据的最小逻辑单位，一个项与一个具体的位号相连。项不能独立于组存在，必须隶属于某一个组，组与项的关系如图14-20所示。

在每个组对象中，客户可以加入多个OPC数据项(Item)。

OPC数据项是服务器端定义的对象，通常指向设备的一个寄存器单元。OPC客户端对设备寄存器的操作都是通过其数据项来完成的，通过定义数据项，OPC规范尽可能地隐藏了设备的特殊信息，也使OPC服务器的通用性大大增强。OPC数据项并不提供对外接口，客户不能直接对之操作，所

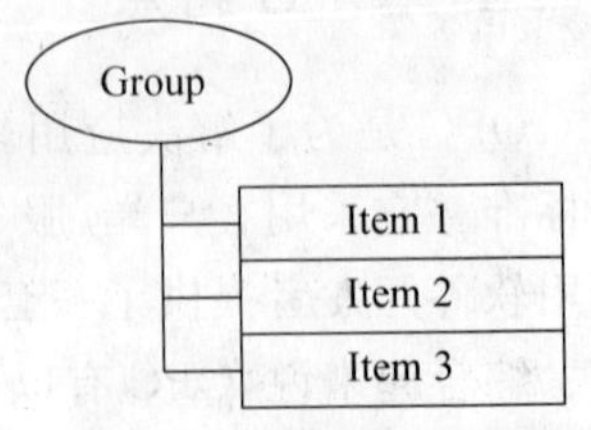

图14-20 组与项的关系

有操作都是通过组对象进行的。

应用程序作为 OPC 接口中的 Client 方，硬件驱动程序作为 OPC 接口中的 Server 方。每一个 OPC Client 应用程序都可以接若干个 OPC Server，每一个硬件驱动程序可以为若干个应用程序提供数据，其结构如图 14-21 所示。

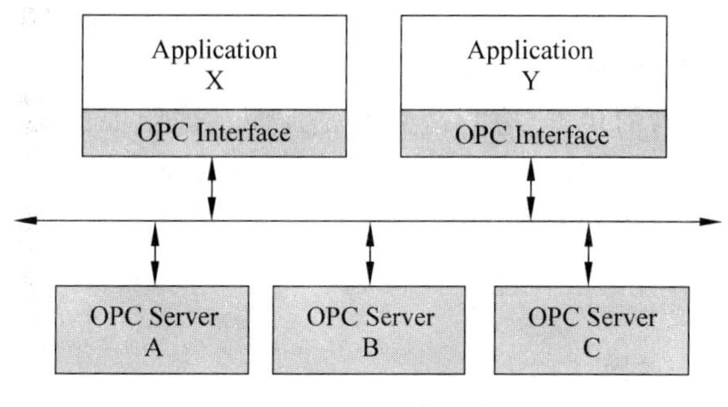

图 14-21 系统结构

客户端操作数据项的一般步骤如下。

(1) 通过服务器对象接口枚举服务器端定义的所有数据项，如果客户端对服务器所定义的数据项非常熟悉，此步可以忽略。

(2) 将要操作的数据项加入客户定义的组对象中。

(3) 通过组对象对数据项进行读写等操作。

每个数据项的数据结构包括三个成员变量：数据值、数据质量戳和时间戳。数据值是以 VARIANT 形式表示的。应当注意，数据项表示同数据源的连接而不等同于数据源，无论客户端是否定义数据项，数据源都是客观存在的。可以把数据项看作数据源的地址，即数据源的引用，而不应看作是数据源本身。

14.2.4 OPC 体系结构

OPC 规范提供了两套接口方案，即 COM 接口和自动化接口。COM 接口效率高，通过该接口，客户端能够发挥 OPC 服务器的最佳性能，采用 C++ 语言的客户端一般采用 COM 接口方案；自动化接口一般为采用 VB 语言的客户所采用。自动化接口使解释性语言和宏语言编写客户端应用程序变得简单，然而自动化客户运行时需进行类型检查，这一点则大大牺牲了程序的运行速度。

OPC 服务器必须实现 COM 接口，是否实现自动化接口则取决于供应商的主观意愿。

1. 服务器缓冲区数据和设备数据

OPC 服务器本身就是一个可执行程序，该程序以设定的速率不断地同物理设备进行数据交互。服务器内有一个数据缓冲区，其中存有最新的数据值、数据质量戳和时间戳。时间戳表明服务器最近一次从设备读取数据的时间。服务器对设备寄存器的读取是不断进行的，时间戳也在不断更新。即使数据值和质量戳都没有发生变化，时间戳也会进行更新。

客户端既可从服务器缓冲区读取数据，也可直接从设备读取数据，从设备直接读取数据速度会慢一些，一般只有在故障诊断或极特殊的情况下才会采用。

2. 同步和异步

OPC客户端和OPC服务器进行数据交互可以有两种不同方式，即同步方式和异步方式。同步方式实现较为简单，当客户端数目较少而且同服务器交互的数据量也比较少的时候可以采用这种方式；异步方式实现较为复杂，需要在客户端程序中实现服务器回调函数。然而当有大量客户端和大量数据交互时，异步方式能提供高效的性能，尽量避免阻塞客户端数据请求，并最大可能地节省CPU和网络资源。

14.2.5 力控OPC作客户端

当力控作为客户端访问其他OPC服务器时，是将OPC服务器当作一个I/O设备，并专门提供了一个OPC Client驱动程序实现与OPC服务器的数据交换。通过OPC Client驱动程序，可以同时访问任意多个OPC服务器，每个OPC服务器都被视作一个单独的I/O设备，并由工程人员进行定义、增加或删除，如同使用PLC或仪表设备一样。下面具体说明OPC Client驱动程序的使用过程。

1. 定义OPC设备

在力控开发系统导航器窗口中双击"IO设备组态"，启动IoManager。选择OPC类中的MICROSOFT OPC CLIENT并展开，然后选择OPC CLIENT 3.6并双击弹出"设备配置-第一步"对话框，在"设备名称"中输入逻辑设备的名称(可以随意定义)，在"数据更新周期"中指定采集周期，如图14-22所示，原理见I/O驱动相关章节。

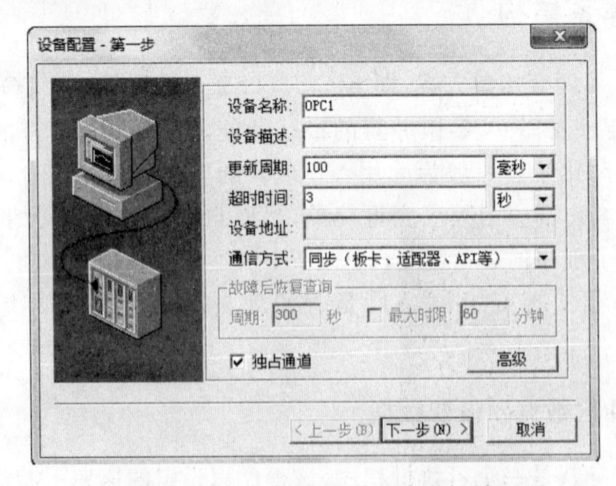

图14-22 "设备配置-第一步"对话框

然后单击"下一步"按钮，出现"OPC服务器设备定义"对话框，如图14-23所示。

(1) 服务器节点：服务器节点设置只使用在网络上，当OPC Server需要通过网络访

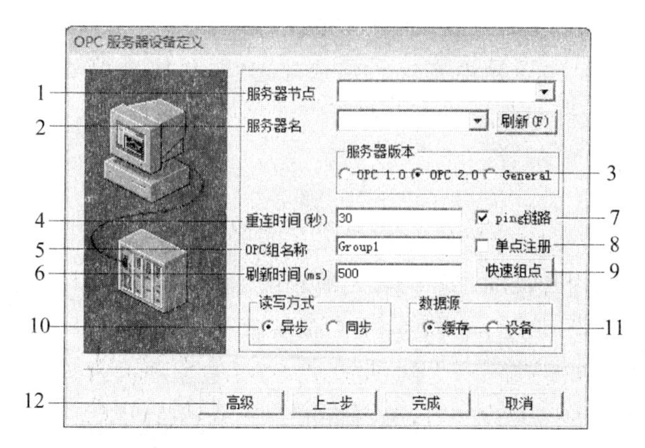

图 14-23 “OPC 服务器设备定义”对话框

问时使用，要求写出正确的计算机名或 IP 地址，以便连接到网络上的 OPC Server。

(2) 服务器名：是你所要访问的 OPC Server 的名称，当没有选项时单击“刷新”按钮，便可以自动搜索计算机系统中已经安装的所有 OPC 服务器。

(3) 服务器版本：选择 OPC 的版本。当 1.0 和 2.0 都刷新不到时，选择 General。

(4) 重连时间：失去 OPC Server 链接后，多长时间后重新连接。

(5) OPC 组名称：填写 OPC 组名。

(6) 刷新时间：是控制 OPC Server 访问外部设备的时间。

(7) ping 链路：勾选后系统会先进行 ping 链路操作，链路 ping 不通则不连接 OPC Server。

(8) 单点注册：选择注册方式。

(9) 快速组点：驱动支持快速组点。

(10) 读写方式：选择通信方式。当选择“同步”方式时，数据采集速度取决于设备组态第一步的“更新周期”设置。

(11) 数据源：数据源的类型，一般情况下选择“缓存”。

(12) 高级：单击“高级”按钮，可进入如图 14-24 所示对话框。

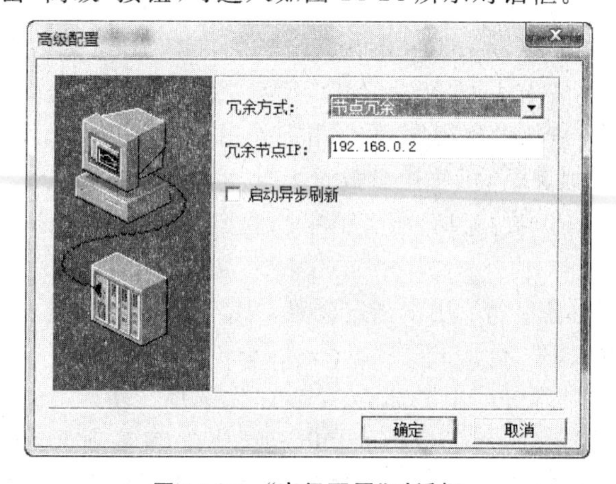

图 14-24 “高级配置”对话框

⑪ 冗余方式和冗余节点 IP: 用于配置冗余 OPC,填写冗余 OPC 的 IP 地址。

⑫ 启动异步刷新: 选择异步方式时勾选此选项,系统会每隔 5 秒发送一次刷新请求,要求 OPC Server 向客户端回发所有数据。

单击"确定"按钮完成配置。

2. 数据连接

对 OPC 数据项进行数据连接的操作与其他设备类似。

下面以 Schneider 公司的一个仿真 OPC 服务器 OPC Factory Simulator Server(服务器名为 Schneider-Aut. OFSSimu)为例,说明对 OPC 数据项进行数据连接的过程。

(1) 首先在 PC 上安装 OPC Factory Simulator Server 程序,然后按照上文所述的过程定义一个 OPC Factory Simulator Server 的 OPC 设备,假设设备名为 OPC。

(2) 启动数据库管理工具 DbManager,然后创建一个"模拟 I/O 点",并切换到"数据连接"页,在"连接 I/O 设备"的"设备"下拉框中选择设备 OPC1。单击"增加"按钮,出现的对话框如图 14-25 所示。

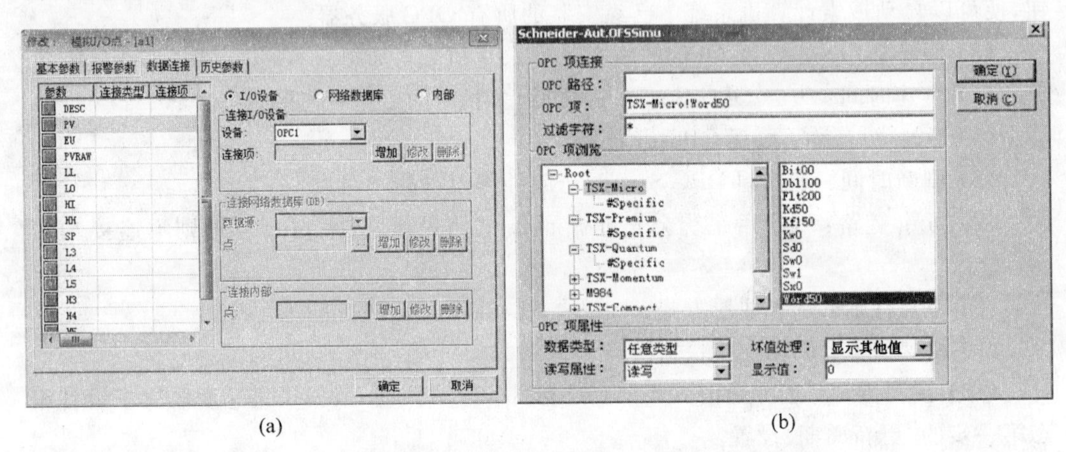

(a) (b)

图 14-25 对 OPC 数据项进行数据连接

① OPC 项连接/OPC 路径: OPC 路径(AccessPath)是 OPC 服务器端提供的一个参数,用于指定对应的 OPC 项的数据采集方式。例如,OPC 服务器在采集某个 RTU 上的数据时,可以通过 COM1 上的高速 MODEM 进行,也可以通过 COM2 上的低速 MODEM 进行。通过 OPC 路径参数,可以指定采用 COM1 还是 COM2 进行采集。对于没提供该功能的 OPC 服务器,可将该参数置为空。

② OPC 项连接/OPC 项: OPC 服务器中的基本数据项。一般用字符串表示,可唯一标识一个数据项。

③ OPC 项连接/过滤字符: 用于指定浏览 OPC 项的过滤字符。例如 A*,表示浏览所有以字母 A 开头的 OPC 项。

④ OPC 项浏览: 该部分列出全部 OPC 项以供选择。左侧对话框内容为 OPC 项的树形层次结构,右侧对话框内容为具体的 OPC 项,单击 OPC 项,会自动将形成的 OPC 项的标识填到"OPC 项连接/OPC 项"输入框内。对于不支持浏览功能的 OPC 服务器,无

法进行OPC项浏览，此时只能手动在“OPC项连接/OPC项”输入框内输入OPC项标识。

⑤ OPC项属性/数据类型：指定所选的OPC项的数据类型。

⑥ OPC项属性/读写属性：指定所选的OPC项的读写属性。

⑦ OPC项属性/坏值处理：指定所选的OPC项出现坏值(由质量戳确定)时的处理方式。如果选择“显示其他值”，可指定一个固定值表示坏值。如果选择“保持原值”，则保持为上一次采集到的值。

⑧ OPC项属性/显示值：当“OPC项属性/坏值处理”指定为“显示其他值”时，该参数用于指定表示坏值的固定值。

14.2.6 力控OPC作服务器

力控软件提供了一个自有的OPC服务器：力控OPC Server。其他OPC客户端程序通过力控OPC Server可以访问力控实时数据库。

力控OPC Server是一个可以独立运行的组件。它可以与力控数据库安装、运行在同一计算机上，也可以单独安装、运行在其他计算机上通过网络与力控数据库通信。

在安装力控时自动完成对力控OPC Server的注册。在使用力控OPC Server前，要保证力控实时数据库已经正常启动运行。

当启动力控运行系统时，运行系统可自动启动力控OPC Server。如果发现力控OPC Server不能自动启动，需要检查开发系统Draw中“系统配置”→“初始启动程序”中的设置，如图14-26所示，OPCServer项要确定被选中。

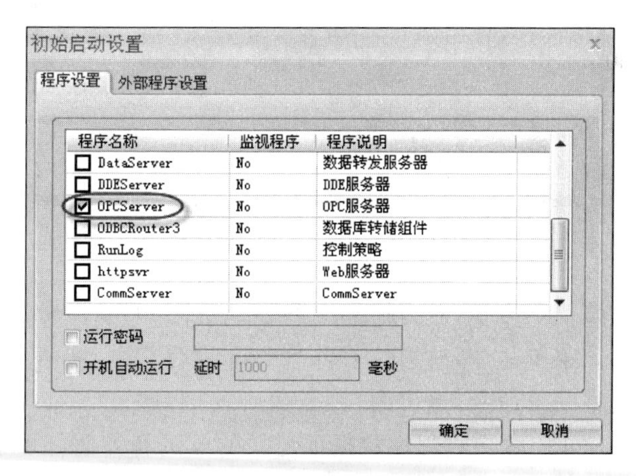

图14-26 “程序设置”页

力控OPCServer也可以手动启动。选择开始菜单中，“力控ForceControl V7.0”→“扩展组件”→“OPC Server”命令可以启动OPC Server。力控OPC Server没有程序窗口，仅以程序图标形式显示在任务栏上，在任务栏上显现的图标形式为。在任务栏上用鼠标右键单击该图标，弹出OPC Server菜单，如图14-27所示。

(1) 配置数据源：选择该菜单命令，弹出“DB数据源设置”对话框，如图14-28所示。

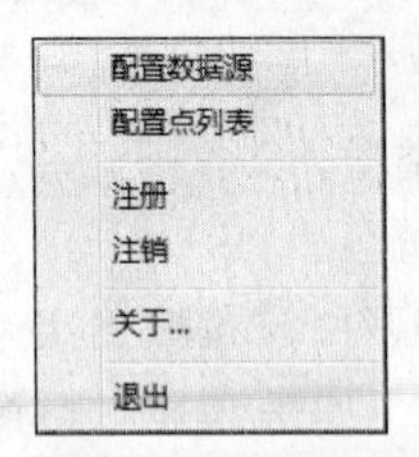

图 14-27　OPCServer 菜单

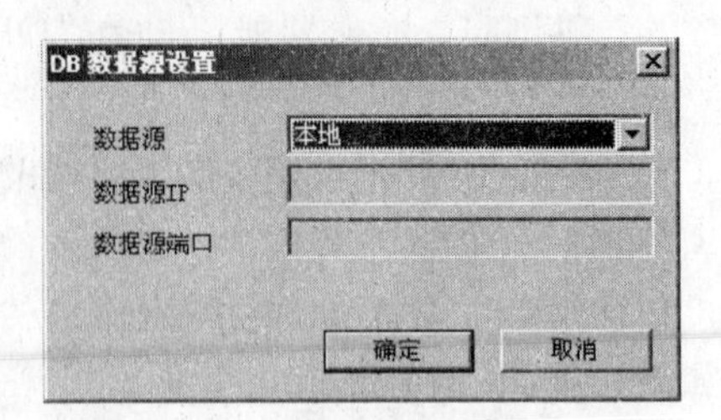

图 14-28　“DB 数据源设置”对话框

其中“数据源”可指定“本地”或“远程”两种方式，如果力控实时数据库与力控 OPCServer 都运行在本机，选择“本地”方式，如果力控实时数据库运行在其他网络节点上，选择“远程”方式，并在“数据源 IP”参数项中指定力控实时数据库所在的网络节点的 IP 地址，在“数据源端口”参数项中指定网络端口，默认为 2006。

(2) 配置点列表：选择该命令，弹出“点表设置”对话框，如图 14-29 所示，左侧列出了数据库中的点，可以使用中间的选择＞或≫将单个点或全部点选到点列表中作为 OPC Server 中的点，其他 OPC 客户端可以浏览到，也可将已选点移除。

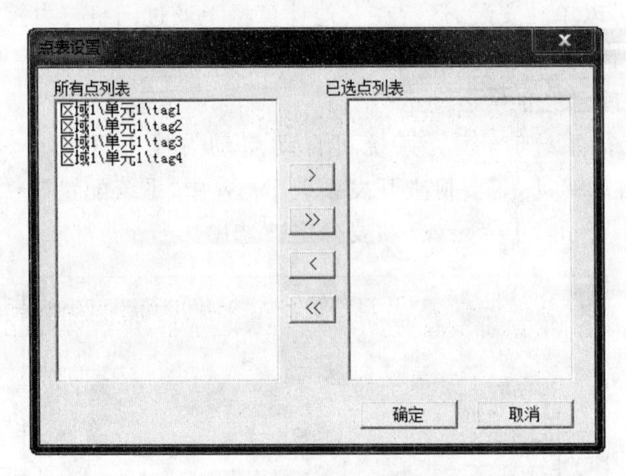

图 14-29　“点表设置”对话框

(3) 注册：选择该菜单命令，对力控 OPCServer 进行 OPC 注册。

(4) 注销：选择该菜单命令，对力控 OPCServer 进行 OPC 注销。

(5) 退出：选择该菜单命令，退出力控 OPCServer 程序。

不同厂家提供的 OPC 客户端程序数据项定义的方法和界面都可能有所差异。下面以某厂家的 OPC 客户端为例说明力控 OPC Server 的使用。

(1) 启动力控 OPC Server(首先要保证力控实时数据库已经启动运行)。

运行某厂家提供的 OPC 客户端，选择 OPC 菜单中的 connect 项，弹出“服务器选择”对话框，选择列表中的力控 OPC Server，英文名称为 PCAuto. OPCServer，单击 OK 按钮，界面如图 14-30 所示。

(2) 选择菜单中的 OPC 选项，选择 Add Item，在 Browse items 中，左边是力控数据库中的所有点，右边是点参数，选择要连接的点及其参数，单击 Add Item 按钮加入到

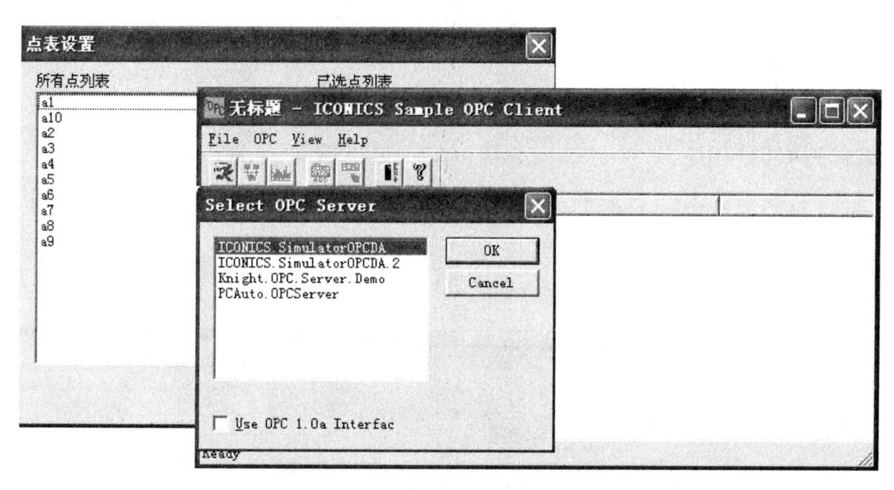

图 14-30 "服务器选择"对话框

OPC 客户端,OPC 客户端便按照给定的采集频率对力控 OPC Server 的数据进行采集,如图 14-31 所示。

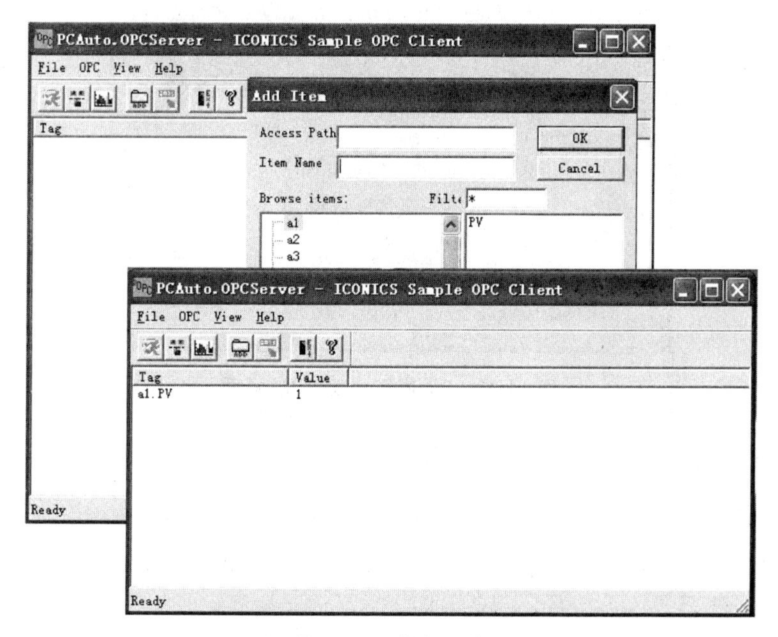

图 14-31 数据采集

选择菜单 OPC 下的 Write Value to Item 项,可以对可读写变量的可读写域进行修改。

14.2.7 网络 OPC

当 OPC 服务器与 OPC 客户端运行在不同的网络节点上时,服务器与客户程序之间通过 DCOM 方式进行通信。DCOM 是 Windows 操作系统提供的一种组件通信技术。OPC 程序在实现 DCOM 通信时,需要对运行 OPC 服务器与客户端的 Windows 操作系统的 DCOM 进行配置,下面以力控 OPC Server 为例介绍配置过程。

1. 第三方防火墙设置

如果运行 OPC 程序的 Windows 系统(包括 OPC 服务器端和客户端)启用了第三方防火墙产品,必须首先对防火墙产品进行正确的设置,才能保证 OPC 网络通信正常。下面以天网防火墙为例,说明设置过程。

(1) 启动"天网防火墙设置"界面,如图 14-32 所示。

图 14-32 "天网防火墙设置"界面

(2) 添加 svchost. exe;添加 mmc. exe;添加 Opcenum. exe;添加 PCAuto OpcServer. exe,如图 14-33 所示。

2. OPC 服务器端采用 Windows 2000 Professional 系统

(1) 在 Windows 菜单"开始"中选择"运行",在编辑框中输入 dcomcnfg,单击"确定"按钮后,弹出"分布式 COM 配置属性"对话框,进入"默认安全机制"属性页进行定义,如图 14-34 所示。

对"默认访问权限"、"默认启动权限"和"默认配置权限"进行设置,将 everyone 用户设置为"允许访问"、"允许调用"和"完全控制"。

(2) 回到首页"应用程序"页,然后选中 OpcEnum,单击"属性"按钮,在弹出对话框的"安全性"属性页中选中"使用自定义访问权限"、"使用自定义启动权限"和"使用自定义配置权限",并分别进行编辑,全部设置为 everyone 允许访问、允许设置、完全控制等。然

图 14-33 添加程序

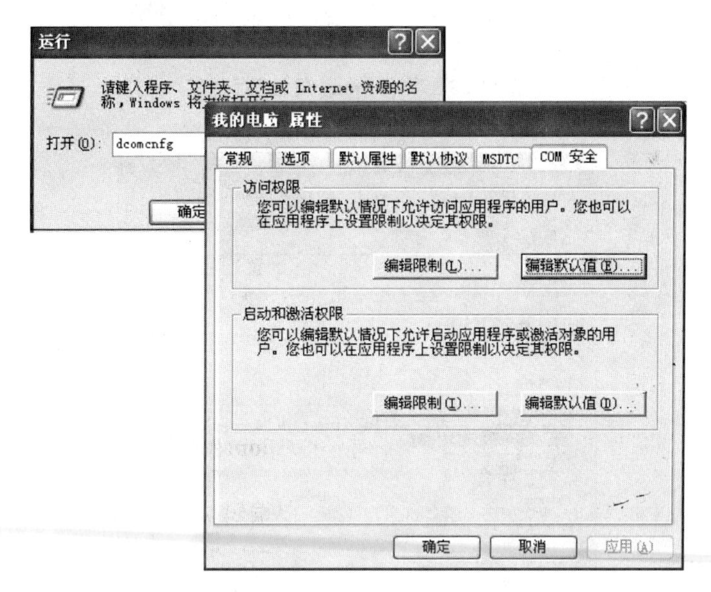

图 14-34 "默认安全机制"属性页

后在"身份标识"属性页中选中"交互式用户"，如图 14-35 所示。

(3) 再回到"分布式 COM 配置 属性"对话框中，选中 PCAuto OPCServer 进行属性配置，同样，在"安全性"属性页中选中"使用自定义访问权限"、"使用自定义启动权限"和"使用自定义配置权限"，并分别进行编辑，全部设置为 Everyone 允许访问、允许设置、完全控制等。然后在“身份标识”属性页中选中“交互式用户”,如图 14-36 所示。

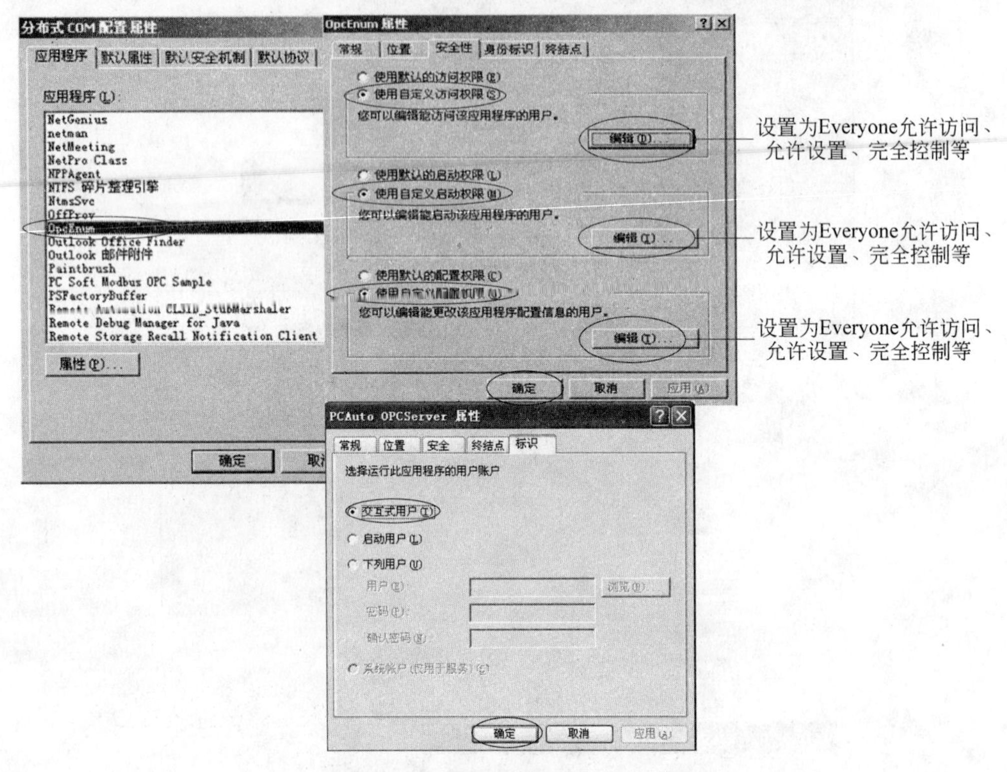

图 14-35　“OpcEnum 属性”对话框

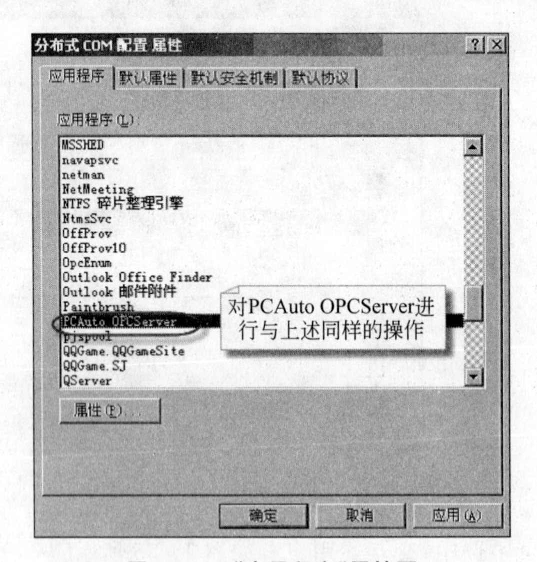

图 14-36　“应用程序”属性页

对于 OPC 客户端,如果采用了 Windows 2000 Professional 系统,也要采用上述配置方法。

3. OPC 服务器端采用 Windows 2000 Server 系统

(1) 在 Windows 菜单“开始”中选择“运行”，在编辑框中输入 dcomcnfg，单击“确定”后，弹出“分布式 COM 配置 属性”对话框，保持“默认属性”页的默认设置，如图 14-37 所示。

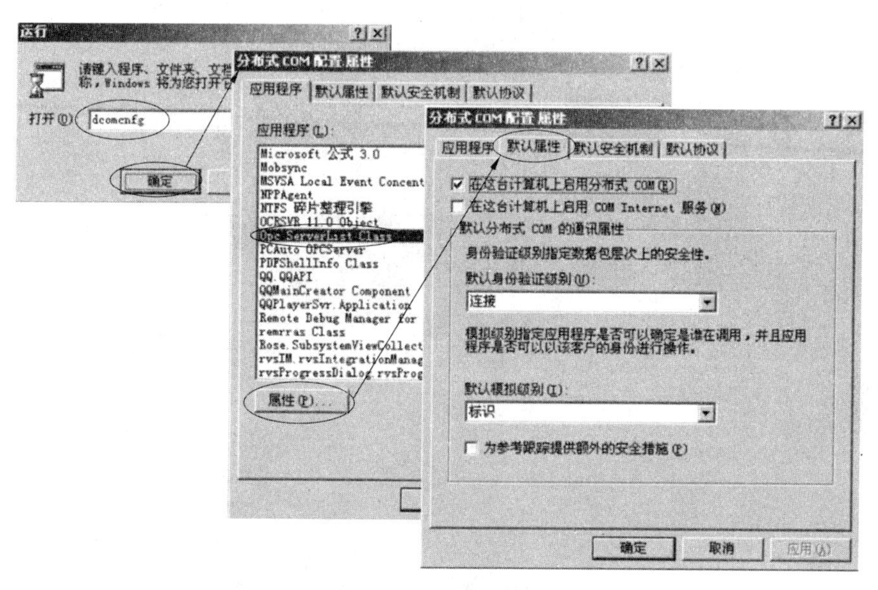

图 14-37 “分布式 COM 配置 属性”对话框

(2) 进入“默认安全机制”属性页进行设置，分别修改“默认启动权限”、“默认修改权限”，设置如图 14-38 所示。

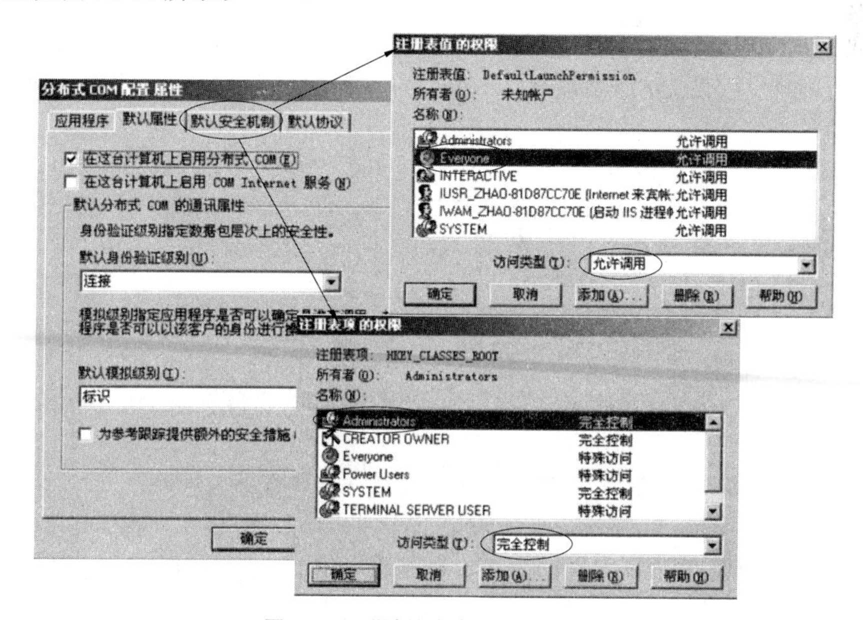

图 14-38 “默认安全机制”属性页

(3) 保持“默认协议”为默认设置。

(4) 回到首页“应用程序”页，选择 OPC Serverlist Class，单击“属性”按钮。保持“常规”页参数为默认设置。在“身份标识”页中，选择“交互式用户”，配置过程如图 14-39 所示。

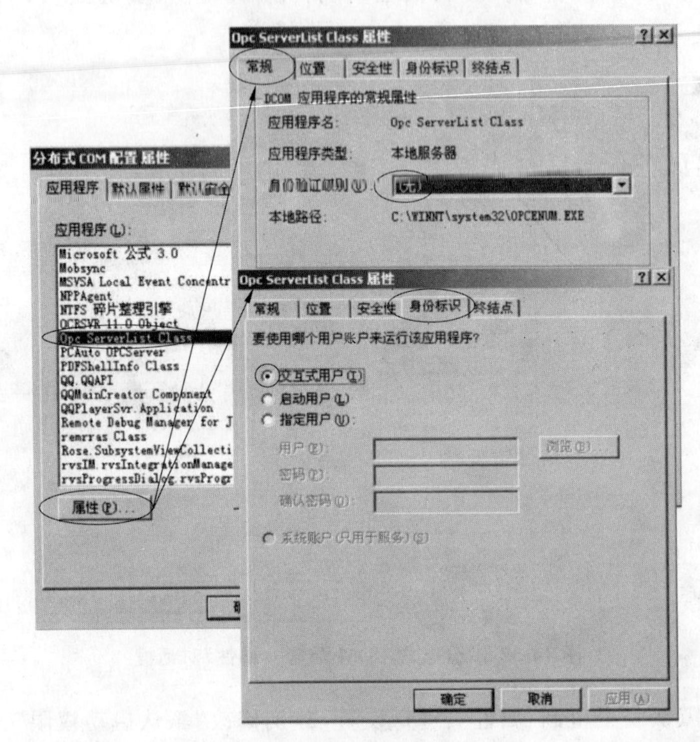

图 14-39 配置“属性”

选择“安全性”页，分别编辑各项“使用自定义访问权限”、“使用自定义启动权限”、“使用自定义配置权限”分别添加 Everyone 用户，访问类型是“允许访问”，如图 14-40 所示。

(5) 回到首页“应用程序”页，选择 PCAuto OPCServer，单击“属性”按钮。保持“常规”页的默认设置，在“身份标识”页中，选择“交互式用户”，如图 14-41 所示。

对于 OPC 客户端，如果采用了 Windows 2000 Server 系统，也要采用上述配置方法。

4. OPC 服务器端采用 Windows XP 系统

(1) 防火墙配置

由于 Windows XP 自带防火墙，很多情况下，只有正确设置防火墙，才能保证 OPC 通信。

① 启动防火墙设置，在“常规”属性页中，按默认方式选择启用即可。

② 选择“例外”属性页，在这个属性页中，用户可以添加程序，允许这些程序访问网络。单击“添加程序”按钮，在使用力控 OPC Server 时，需要把力控安装目录下的 OPCServer.exe 和 OPCEnum.exe 添加上(不是 Windows 安装目录“\WINNT\system32”下的 OPCEnum.exe)。

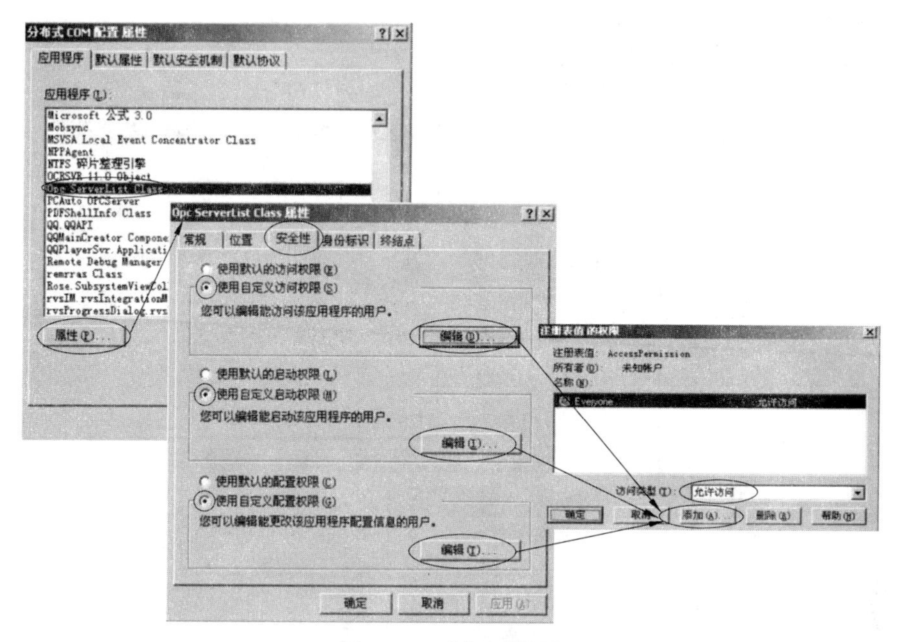

图 14-40 “安全性”页

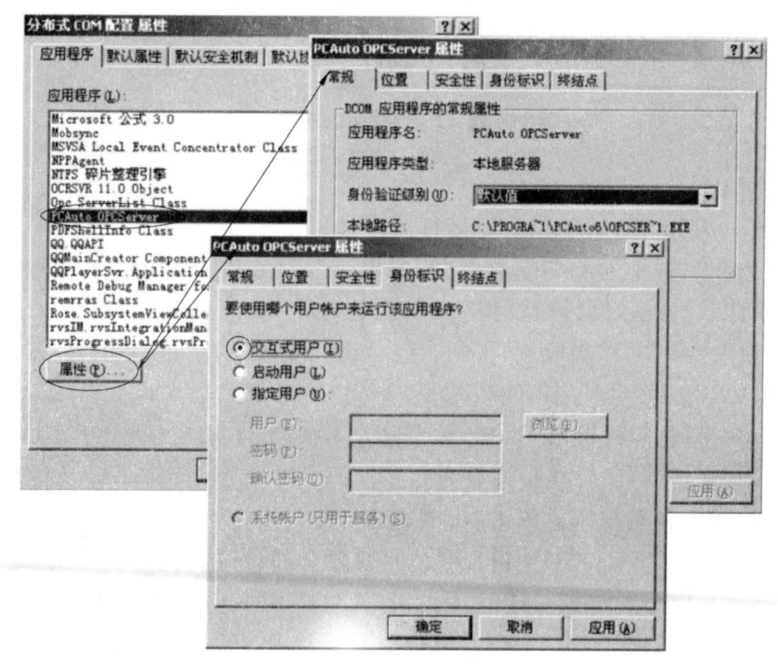

图 14-41 “身份标识”页

③ 添加端口。

添加一个 DCOM 要用到的端口，单击“例外”属性页的“添加端口”按钮，在对话框中添加 135 端口，如图 14-42 所示。

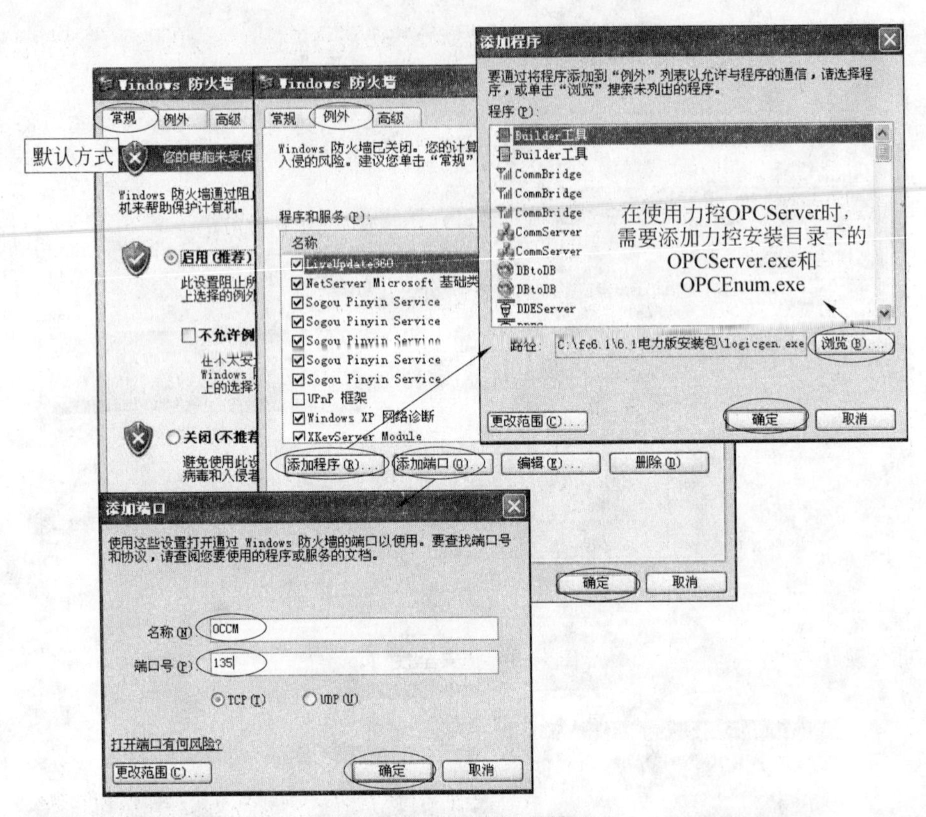

图 14-42 “例外”属性页

(2) DCOM 设置

在 Windows 菜单“开始”中选择“运行”，在编辑框中输入 dcomcnfg，单击“确定”，启动“组件服务”窗口，选中左侧导航器中“我的电脑”，在右键菜单中选择“属性”项。弹出“我的电脑 属性”对话框，然后切换到“COM 安全”页。其他页中的参数可采用默认设置。

- 访问权限：单击“编辑限制”按钮，弹出“访问权限”对话框，将其中 ANONYMOUS LOGON 用户的“本地访问”、“远程访问”权限都设为允许。单击“编辑默认值”按钮，弹出“访问权限”对话框，将其中 ANONYMOUS LOGON 用户的“本地访问”、“远程访问”访问权限都设为允许。
- 启动权限和激活权限：单击“编辑限制”按钮，弹出“安全权限”对话框，将其中 ANONYMOUS LOGON 用户的访问权限全部设置为允许。单击“编辑默认值”按钮，弹出“启动权限”对话框，将其中 ANONYMOUS LOGON 用户的访问权限全部设置为允许，如图 14-43 所示。

(3) OpcEnum 配置

在“组件服务”窗口左侧导航器中展开“我的电脑”，选择下面的“DCOM 配置”，在右侧列表中选中 OpcEnum，单击右键，在右键菜单中选择“属性”项，在弹出的“OpcEnum 属性”对话框中选择“常规”属性页，将其中的“身份验证级别”设置为“无”，切换到“标识”页，选中“交互式用户”选项，如图 14-44 所示。

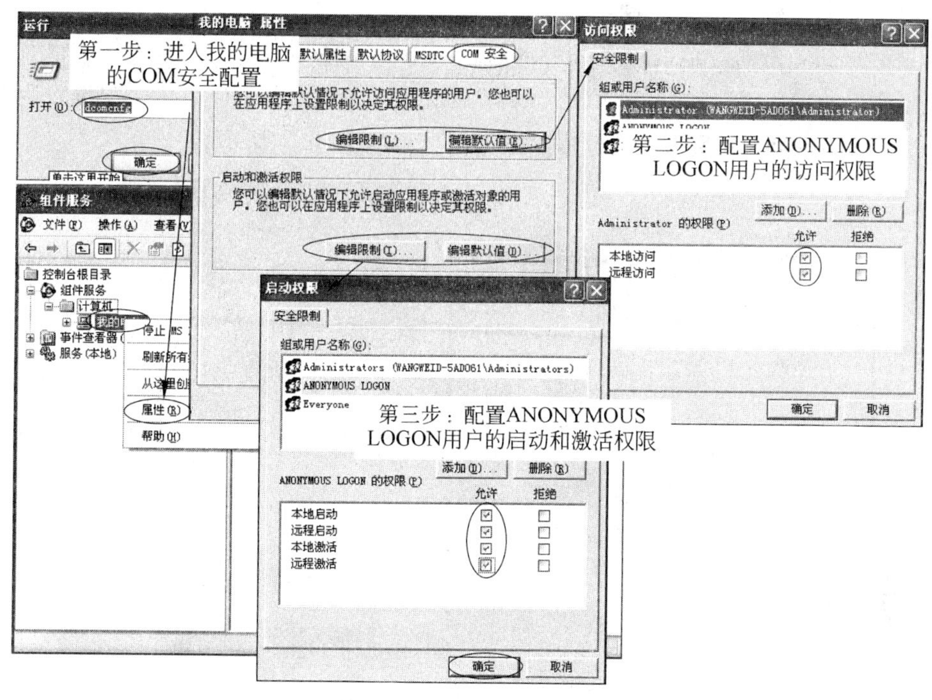

图 14-43 “安全限制”对话框

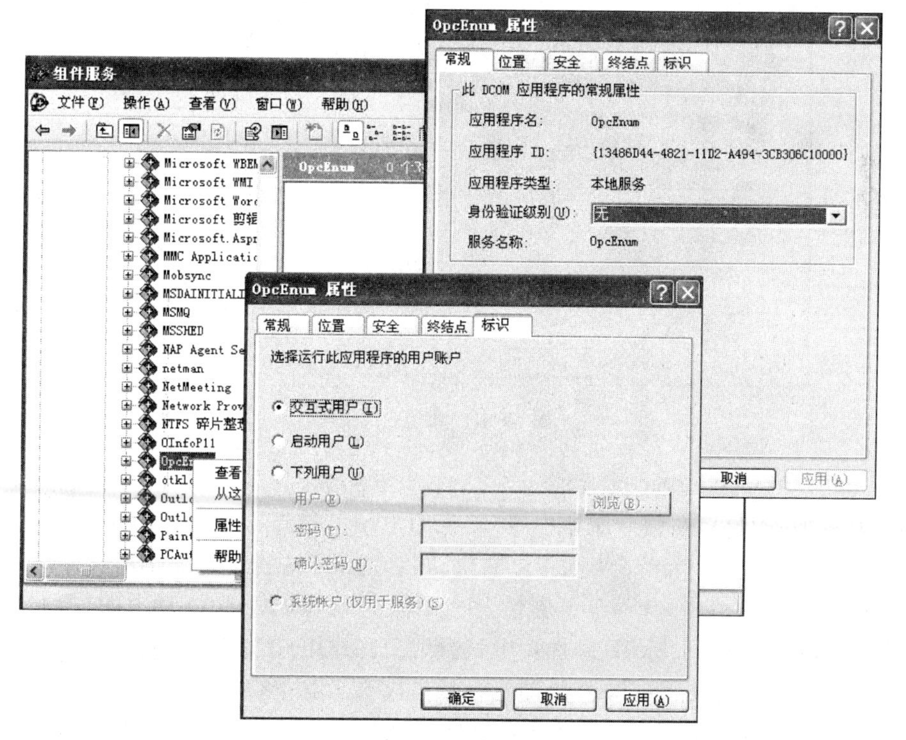

图 14-44 “标识”页

切换到“安全”属性页，将所有的权限都选择自定义，并进行编辑。

编辑“启动和激活权限”，将 ANONYMOUS LOGON 用户的权限设为“允许”。编辑“访问权限”，将 ANONYMOUS LOGON 用户的权限设为“允许”。编辑“配置权限”，将 ANONYMOUS LOGON 用户的权限设为“允许”，如图 14-45 所示。

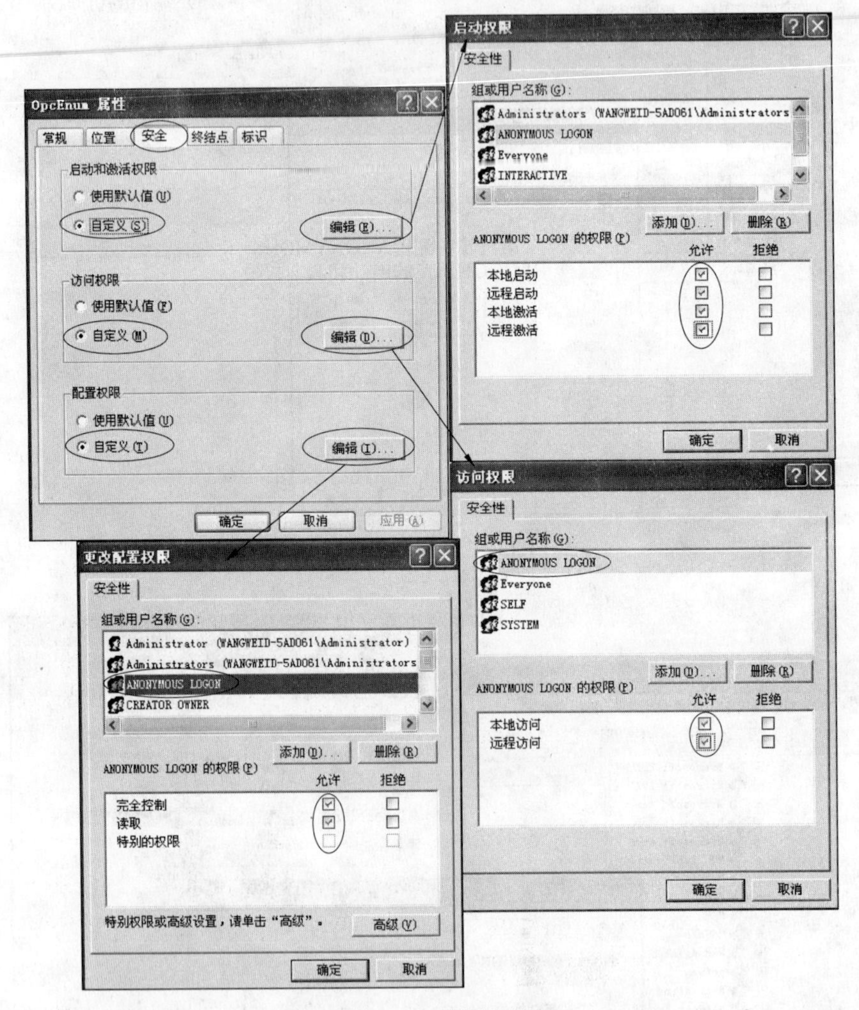

图 14-45　配置权限

(4) PCAuto OpcServer 配置

在“组件服务”窗口左侧导航器中展开“我的电脑”，选择下面的“DCOM 配置”，在右侧列表中选中 PCAuto OpcServer，单击右键，在右键菜单中选择“属性”项。

在弹出的“PCAuto OpcServer 属性”中选择“常规”属性页，将其中的“身份验证级别”设置为“无”。切换到“标识”属性页中，选择“交互式用户”，如图 14-46 所示。

切换到“安全”属性页，“启动和激活权限”选择“自定义”选项，并添加 ANONYMOUS LOGON 用户组，添加用户组权限需在“访问权限”中选择“自定义”选项，并添加 ANONYMOUS LOGON 用户组，添加用户组权限如图 14-47 所示。

图 14-46 “标识属性”页

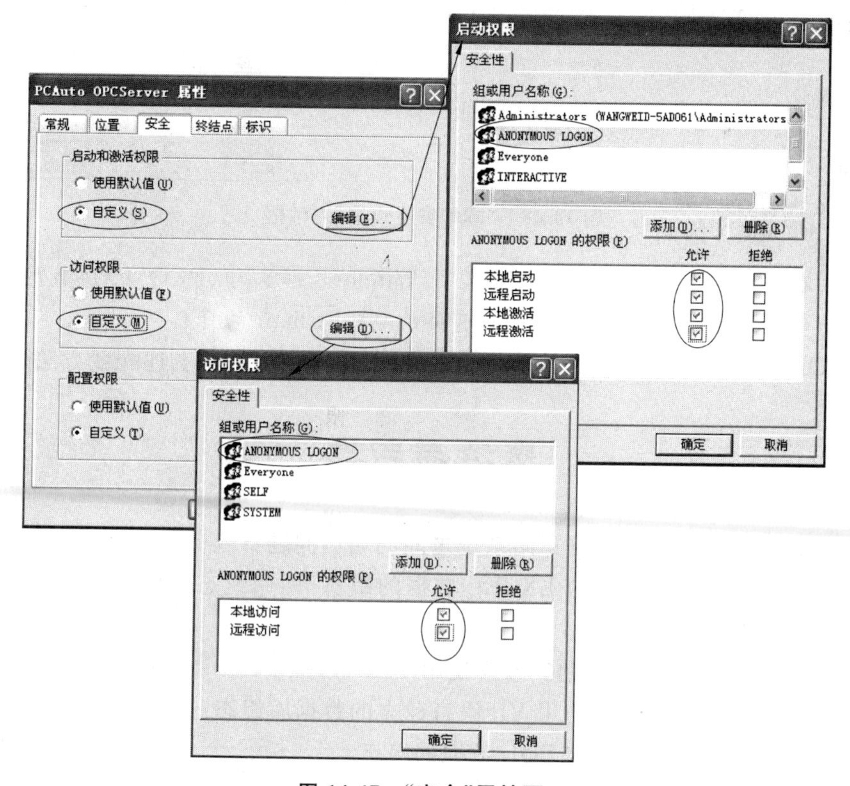

图 14-47 “安全”属性页

如果通过网络可以访问到 OpcServer,也能看到数据点,但数据点不随服务器变化,可以进行以下设置。Windows XP SP2 网络设置,进入“开始菜单”→“设置”→“控制面板”,选择“管理工具”选项,进入“本地安全策略”。在本地安全设置中,选择“安全设置”→“本地策略”→“用户权利指派”,从“拒绝从网络访问这台计算机”的属性中删除 guest 用户,设置过程如图 14-48 所示。

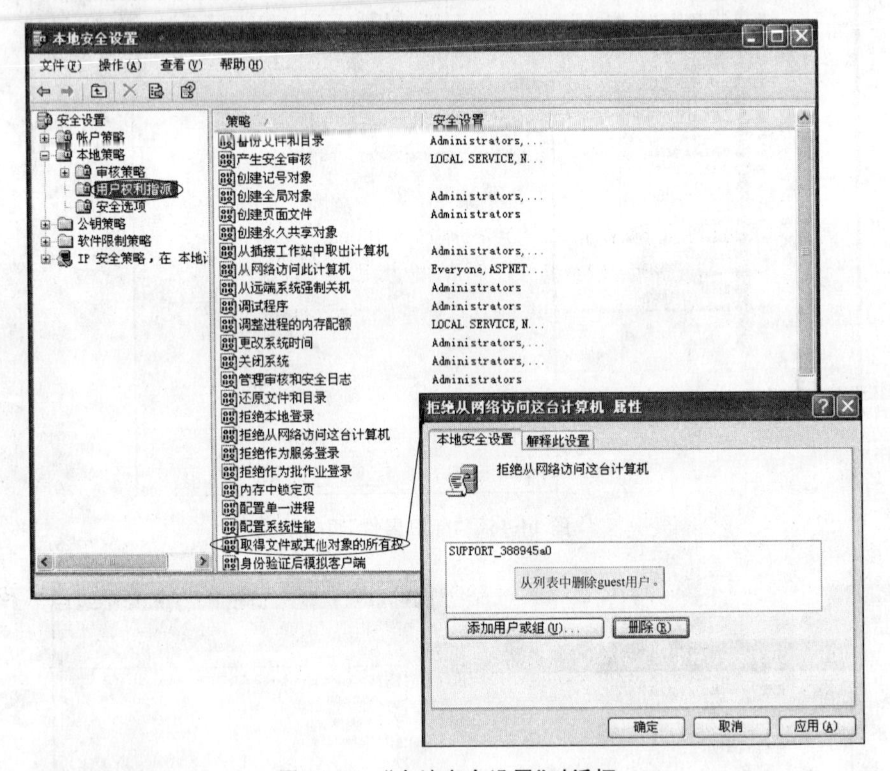

图 14-48 “本地安全设置”对话框

注意:在 OPC Client 端系统,只要设置 Windows 防火墙、DCOM 的“我的电脑”和 OPCEnum 部分就可以了,具体情况参照有关的 OPC Client 的资料。

对于 OPC 客户端,如果采用了 Windows XP 系统,也要采用上述配置方法。

思考与习题

14.1 组态软件怎样解决与不同系统之间的通信问题?

14.2 举例说明开发系统与 EXCEL 数据的组态,即用组态软件开发的应用系统如何使用 EXCEL 表格中的数据。

14.3 OPC 能解决什么问题?怎样使用 OPC 技术?

14.4 举例说明开发系统与用 VB 语言建立的数据库组态。

14.5 举例说明开发系统与 SQL 数据的组态。

第15章 chapter 15

分布式网络应用

力控监控组态软件支持完全的分布式网络结构，多个力控监控组态软件应用系统可以分布运行在网络上的多台服务器上，每台服务器分别处理各自的监控对象的数据采集、历史数据保存、报警处理等。运行在其他工作站上的力控监控组态软件客户端应用程序通过网络访问服务器的数据。

力控监控组态软件系统以实时数据库为核心，数据库之间可以互相访问，可以互为服务器和客户端，灵活组成各种网络应用。

力控监控组态软件系统支持Web应用，可将实时数据库的数据以Web方式发布。用户可以通过互联网用浏览器直接查看工厂的实时生产情况，如流程图界面、实时/历史趋势、生产报表等。

力控监控组态软件系统根据功能的不同在集散控制系统中可以充当工程师站、操作员站、历史服务器站、报警服务器、事件服务器、文件服务器等，构成一个完整的分布式网络系统，如图15-1所示，力控监控组态软件应用在控制系统的各层上。

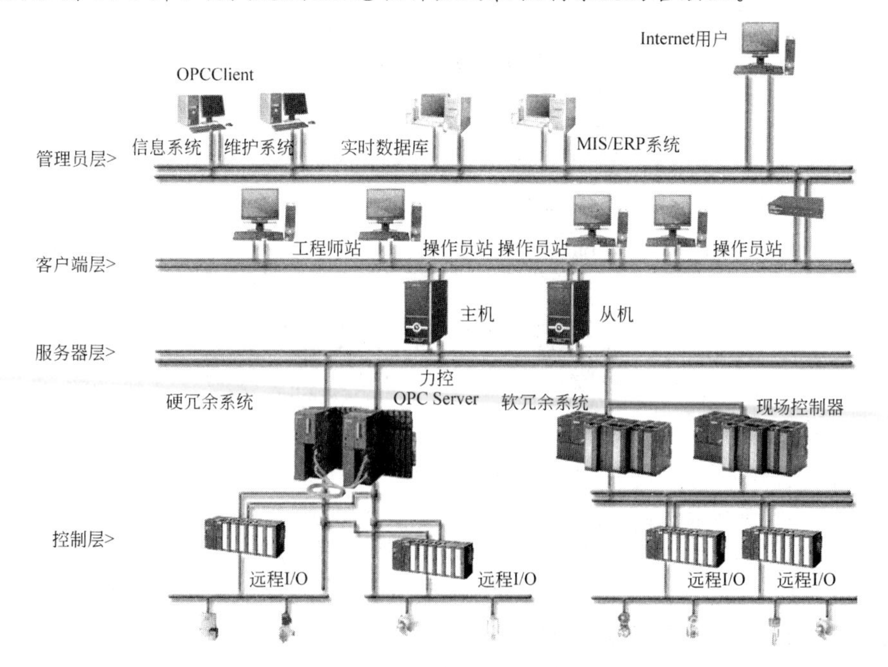

图15-1 分布式网络系统

15.1 网络节点

分布式系统，是利用网络将多个独立的电脑系统联合在一起，通过专用的软件将这些系统抽象成一个单一的系统，简单地讲就是将多台电脑“装”成一台，但这“一台”的性能几乎是所有机子的性能总和，相当于一台超级计算机。下面讨论相关知识。

15.1.1 网络节点是什么

在一个网络系统中，通常拥有自己的网络地址的设备都可以看作一个网络节点。在力控监控组态软件应用系统中，我们把一个与力控监控组态软件系统通过网络进行数据通信的计算机系统称为一个网络节点。

网络节点有两类，一类被称为力控监控组态软件网络节点，这类节点安装了力控监控组态软件，通过网络与其他力控监控组态软件网络节点进行通信，不同的网络节点的力控监控组态软件可以构成标准的客户端/服务器网络结构，简称 C/S 网络，力控监控组态软件既可以作服务器也可以作客户端。另一类节点没有安装力控监控组态软件，通过 IE 等浏览器运用 Web 技术访问其他力控监控组态软件网络节点的数据，这类节点被称为 Web 客户端节点。以下如果没有特别说明为 Web 客户端节点，均指力控监控组态软件网络节点。

15.1.2 网络节点的配置

对于每一个力控监控组态软件网络节点，在通信之前需要对该节点进行参数配置，网络节点配置过程需要指定以下两方面参数，如图 15-2 所示。

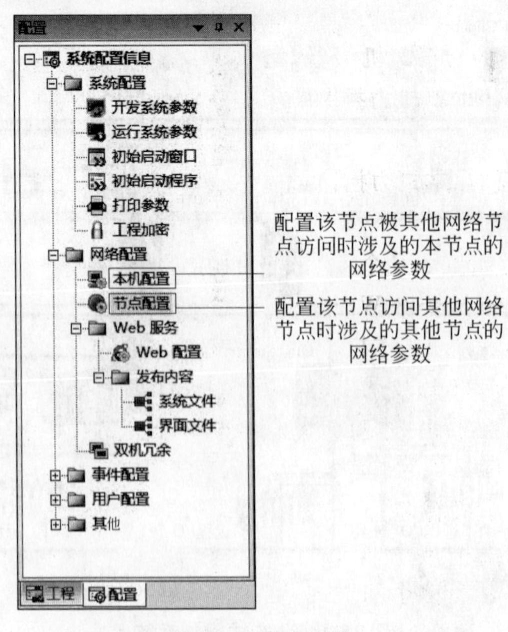

图 15-2 节点配置

1. 本机配置

本机配置用于指定该节点被其他网络节点访问时涉及的网络参数。配置时，在开发系统 Draw 导航器中选择“系统配置”页中的“网络配置”项，该项下面有“本机配置”和“节点配置”。

双击“本机配置”，弹出“节点配置”的“本机配置”页，如图 15-3 所示。

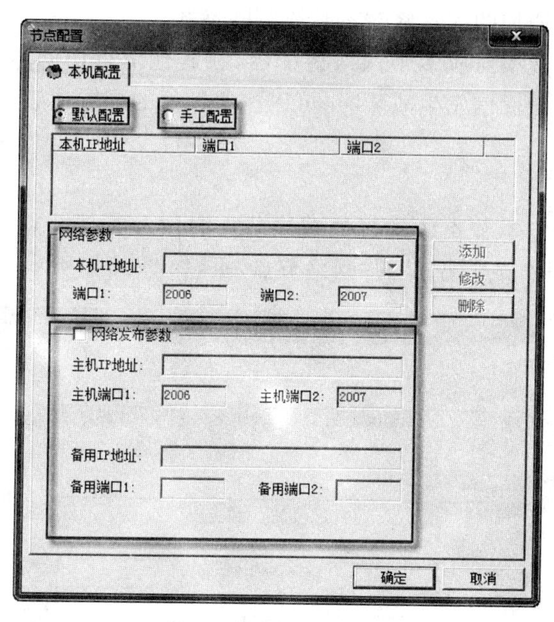

图 15-3 “本机配置”页

(1) 网络参数包括以下几个。

① 本机 IP 地址：用于配置本机 IP。

② 端口 1：系统运行时，本机力控监控组态软件程序传送数据需要占用的本地 TCP 端口，默认为 2006。

③ 端口 2：系统运行时，本机力控监控组态软件程序传送数据需要占用的本地 TCP 端口，默认为 2007。

(2) 网络发布参数包括以下几个。

① 主机 IP 地址：工程发布后 Web 客户端要访问的地址，通常为本机的 IP 地址。

② 主机端口 1：系统运行时，本机力控监控组态软件程序向 Web 传送数据需要占用的本地 TCP 端口，默认为 2006。

③ 主机端口 2：系统运行时，本机力控监控组态软件程序向 Web 传送数据需要占用的本地 TCP 端口，默认为 2007。

④ 备用 IP 地址：当本机有多个网卡时，可填入备用的本机 IP 地址。

⑤ 备用端口 1：当本机有多个网卡时，填入对应备用 IP 的备用端口。

⑥ 备用端口 2：当本机有多个网卡时，填入对应备用 IP 的备用端口。

(3) 默认配置：选择该项，力控监控组态软件将把在本机搜索到的第一块网络适配器作为被其他网络节点访问时建立 TCP/IP 网络链接的网络适配器，默认占用两个网络端口：2006 和 2007。

(4) 手动配置：选择该项，可由用户自行指定本机被其他网络节点访问时建立 TCP/IP 网络链接的网络适配器(根据 IP 地址对应不同的网络适配器)和网络端口。在下面的“网络参数”中指定“本机 IP 地址”、“端口号 1”和“端口号 2”，然后单击“添加”按钮可增加一项配置。已增加的配置在上面的列表框中列出，选择列表框中的配置项，单击“修改”或“删除”按钮可对已增加的配置修改参数或删除参数。

同时添加多个配置项对应多个网络适配器，在其他节点访问本机时，如果按照其中的一个配置项进行网络通信发生故障时，可以按照其他的配置项建立另外的网络链接。

2. 节点配置

节点配置用于指定本节点访问其他网络节点时涉及其他节点的网络配置参数。双击“节点配置”项，弹出“节点配置”的“网络节点”页，如图 15-4 所示。

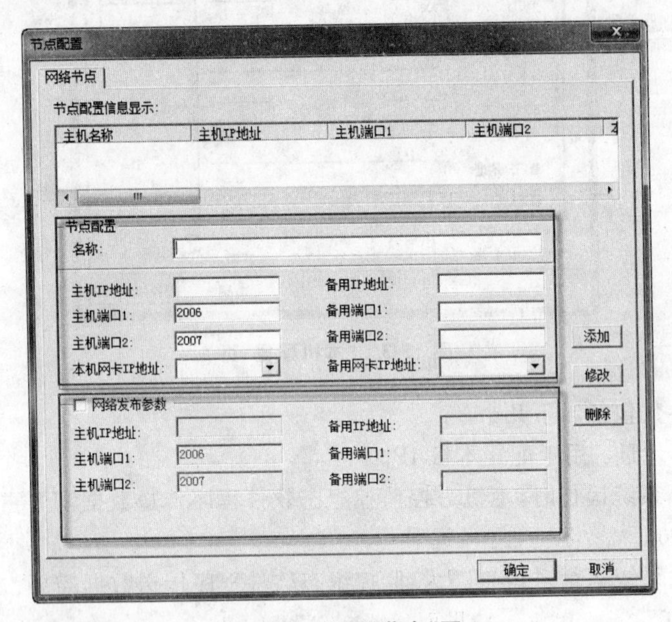

图 15-4 “网络节点”页

(1) “节点配置”用于配置远程节点的 IP 端口等网络参数。

① 名称：要访问的网络节点的名称，可任意指定。

② 主机 IP 地址：要访问的网络节点的 IP 地址。

③ 主机端口 1：要访问的网络节点使用的网络端口 1，默认为 2006。

④ 主机端口 2：要访问的网络节点使用的网络端口 2，默认为 2007。

⑤ 本机网卡 IP 地址：访问网络节点时本机使用的网络适配器(即网卡)。默认为空，表示使用本机系统默认的网络适配器。

如果要访问的网络节点还存在另一块备用网卡，可以指定右侧的一组参数。

① 备用 IP 地址：要访问的网络节点的备用网络适配器的 IP 地址。

② 备用端口 1：要访问的网络节点备用网络适配器使用的网络端口 1，默认为 2006。

③ 备用端口 2：要访问的网络节点备用网络适配器使用的网络端口 2，默认为 2007。

④ 备用网卡 IP 地址：访问网络节点备用网络适配器时本机使用的网卡。默认为空，表示使用本机系统默认的网络适配器。

(2) 网络发布参数：工程中含有远程节点的数据源时，发布后，Web 客户端依照配置的发布参数访问各节点资源。网络发布具体内容请参考第 7 章。

① 主机 IP 地址：要访问的网络节点的 IP 地址。

② 节点端口 1：要访问的网络节点使用的网络端口 1，默认为 2006。

③ 节点端口 2：要访问的网络节点使用的网络端口 2，默认为 2007。

④ 备用 IP：要访问的网络节点的备用网络适配器的 IP 地址。

⑤ 备用端口 1：要访问的网络节点备用网络适配器使用的网络端口 1，默认为 2006。

⑥ 备用端口 2：要访问的网络节点备用网络适配器使用的网络端口 2，默认为 2007。

15.2 数据源

1. 数据源的定义

数据源是用来提供数据的。力控监控组态软件界面系统里的数据库变量，以及力控监控组态软件其他程序需要获取实时有效数据时，都需要从数据源取得。

在力控监控组态软件系统中有一个核心组件——实时数据库，它从现场 I/O 设备中不断采集处理过程数据，为力控监控组态软件其他组件程序提供有效数据。数据源就是通过指定运行力控监控组态软件实时数据库软件的网络节点，从而定义数据的来源。

2. 数据源的分类

数据源分为本地数据源与远程数据源两类，本地数据源可以给本地的界面系统 View 和本地其他程序提供数据，远程数据源从远程网络节点的数据库取得数据。如图 15-5 所示的“节点 1”和“节点 2”为两个力控监控组态软件节点，DB 代表力控监控组态软件实时数据库，View 代表人机界面运行系统。

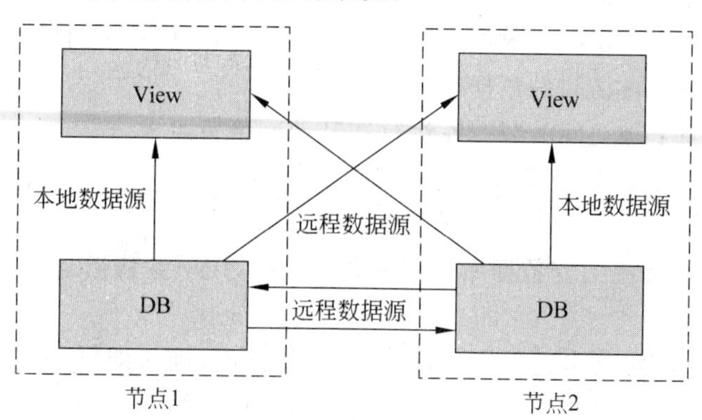

图 15-5 数据源

从上图可以看出，DB可以同时作为本地数据源和远程数据源。

(1) 本地数据源，DB与客户端（如VIEW）运行在同一节点上，DB对于本地VIEW为本地数据源。

(2) 远程数据源，DB与客户端（如VIEW或其他DB）运行在不同网络节点上，DB对于远程机器上的VIEW或DB为远程数据源。

3. 数据源的配置

(1) 数据源定义

一般地，新建的工程中有一个默认的数据源“系统”，指向本地数据库。单机应用时，无须修改这个数据源的参数就可以直接使用。

在组织网络系统应用，尤其要用到远程数据源时，使用前要先进行相关参数的配置，根据要使用位于哪个节点上的数据库定义出一个数据源。配置主要是要指定数据源驱动和节点地址，过程如下。

在开发系统Draw导航器中“工程”页中的“数据源”上右击，选择右键菜单上的“新建”，弹出“数据源驱动”对话框。在这里选择数据源驱动，目前支持的数据源驱动有FC7数据库。选中驱动名称，单击“选择”按钮，弹出“数据源定义”对话框，如图15-6所示。

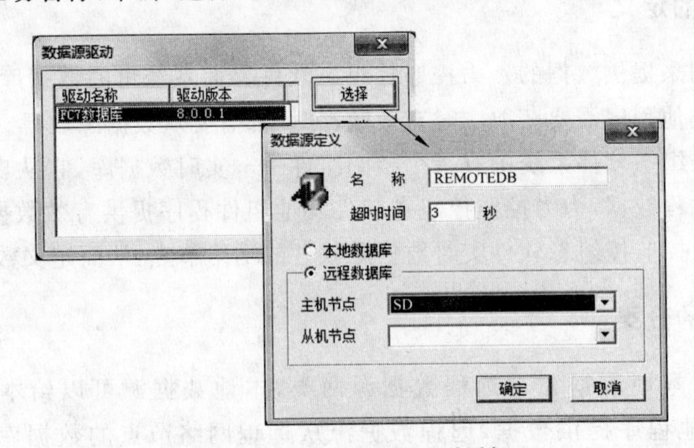

图15-6 “数据源定义”对话框

① 名称：数据源名称，可任意指定。

② 超时时间：客户端在与数据库通信时，等待数据库应答的时间参数，单位为秒。

③ 本地数据库：被访问的数据库运行在本机。

④ 远程数据库：被访问的数据库运行在其他网络节点上。

⑤ 主机节点：远程数据库所在的网络节点的名称（关于网络节点的概念与配置方法参见上一节内容）。

⑥ 从机节点：如果远程数据库为双机冗余系统，该项参数指定从机数据库所在的网络节点的名称。

填入各项参数。定义本地数据源，选择本地数据库，确认即可；如果要定义远程数据源，选择远程数据库，在主机节点处选择已建立的远程网络节点确认即可；如果远程是双机冗余的系统，在主机节点中要选择冗余系统中配置为主机的节点，从机节点选择冗余系统中的从机节点，不能颠倒，无冗余系统从机节点可不填。

参数配置完毕后，单击“确认”按钮，就建好一个数据源了。新建数据源的名字出现在导航栏数据源下，如图 15-7 所示。

(2) 数据源管理

选中导航栏的数据源，右击选择“浏览”，弹出“数据源列表”对话框，如图 15-8 所示。

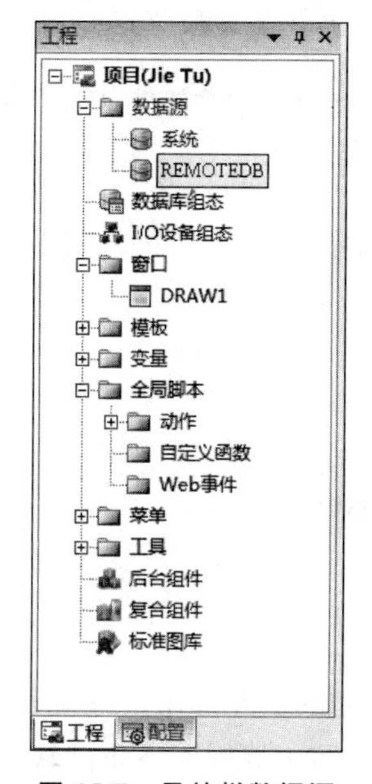

图 15-7 导航栏数据源

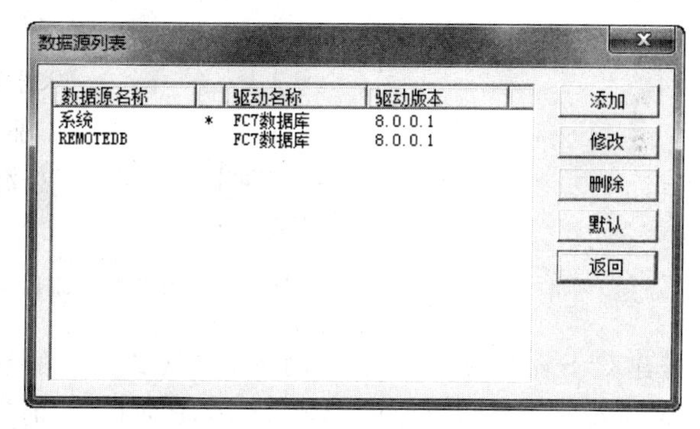

图 15-8 “数据源列表”对话框

表中列出了已建立的数据源，可以对它们进行管理。

① 添加：添加数据源，按照以上步骤再定义数据源，一个工程中可以定义多个数据源。

② 修改：修改选中的数据源的参数，单击将弹出数据源定义时的信息。

③ 删除：删除选中的数据源，如果数据源已被引用，例如已经定义了指向此数据源的数据库变量，便不允许删除数据源。

④ 默认：将选中的数据源作为默认的数据源，选择本地数据库为默认数据源可以在开发环境中调出数据库组态画面。

⑤ 返回：返回开发系统，关闭此对话框。

15.3 客户端/服务器应用

在力控监控组态软件系统中，网络节点分成两类，一类节点运行了力控监控组态软件实时数据库这类节点被称为数据源节点；另一类节点没有运行力控监控组态软件实时数据库，仅运行力控监控组态软件客户端软件，如人机界面运行系统 View，这类节点本身不能提供现场过程数据，被称为非数据源节点。

数据源节点和非数据源节点之间，以及数据源节点和数据源节点之间可以形成各种网络数据服务结构，以满足不同的网络应用，客户端程序有多种，最常用的是人机界面View运行系统，多个力控监控组态软件实时数据库之间也可以互为服务器端和客户端，因此客户端也可以是另一个力控监控组态软件的实时数据库系统。

如图15-9所示为一种典型的网络应用。节点1和节点2为数据源节点，实现了对现场过程数据的采集与监控。节点3和节点4为非数据源节点，从节点1和节点2中获取过程数据。

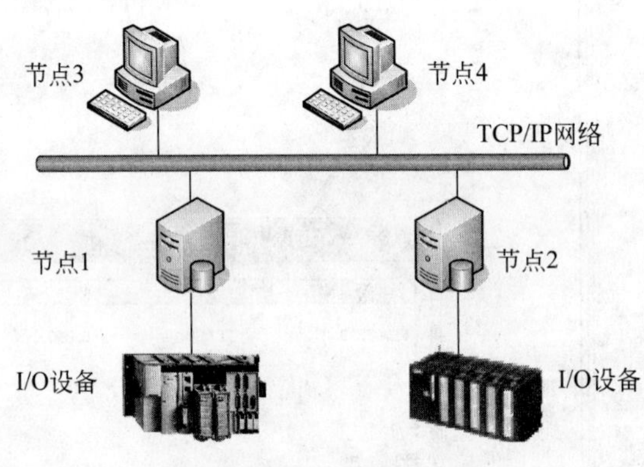

图15-9 典型的网络应用

搭建C/S网络应用时，各个网络节点无论安装的是哪种Windows操作系统，都必须要在Windows上配置网络时绑定TCP/IP协议，同时正确设置防火墙等网络防御软件的参数，保证各结点间的TCP/IP网络通信是正常的（可用ping命令测试节点间通信情况）。

1. 关于NetServer

使用力控监控组态软件组成客户端/服务器结构也有专门的组件进行通信管理。NetServer就是力控监控组态软件里负责通信的网络服务组件，使用力控监控组态软件搭建C/S、B/S网络结构要保证这一组件随系统启动。检查开发系统Draw中"配置"→"初始启动程序"中的设置，如图15-10所示，确定NetServer项被选中。

力控监控组态软件组成的C/S结构常用的两种应用，一种是以实时数据库为服务器端，人机界面运行系统View为客户端；另一种是实时数据库为服务器端，其他网络节点上的力控监控组态软件实时数据库系统为客户端，它们之间的通信管理都是通过网络通信程序NetServer来进行的。

NetServer运行后会在屏幕右下角缩成一个托盘图标，单击图标展开NetServer的界面，如图15-11所示。

界面上显示了一些网络连接的信息。左侧的导航树展开有远程服务器，显示的是本机连接远程节点的信息，包括连接的IP地址和端口号；本地服务器显示的是连接到本机端口上的远程网络节点的信息。右侧的信息区将显示与远程机器的通信信息。

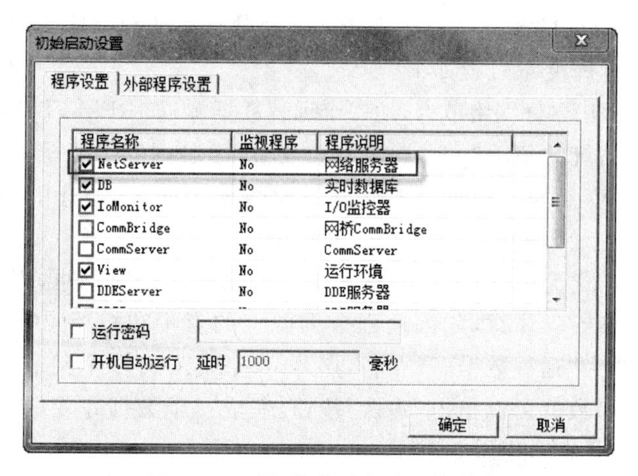

图 15-10 “初始启动程序”对话框

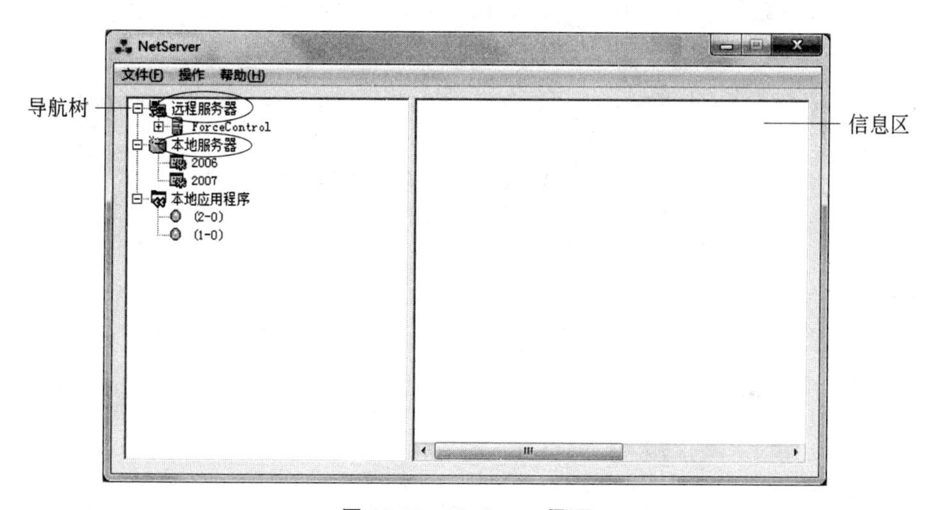

图 15-11 NetServer 界面

打开菜单栏中的“文件”→“设置”，弹出“设置”对话框，如图 15-12 所示。

设置
密码设置：
请输入旧密码：
请输入新密码：
请确认新密码：
网络参数设置
网络通信超时时间：35 秒
心跳包发送时间：10 秒
确认 取消

图 15-12 “设置”对话框

密码设置框内可以设置 NetServer 的密码，没有密码，用户不能更改网络参数设置或者退出程序。

“网络参数设置”框内可设置本机与网络上各节点通信的超时时间和心跳包发送时间。

2. 人机界面 View 作客户端

人机界面运行系统 View 是一个可以独立运行的子系统，它既可以与实时数据库运行在同一节点上，也可以分别运行在不同网络节点上。View 内部维护着一个完整的变量系统，其中有一类变量叫作数据库变量，专门用于与实时数据库中的点建立数据映射关系，实现数据交换。

通常使用 NetView 的步骤是先建立指向远程数据源的数据库变量，再使用变量。建立远程数据源的数据库变量过程如下。

首先依上节提示建立好网络节点，建一个远程数据源，如 REMOTEDB 指向网络节点。

依次单击开发系统的菜单栏中“功能”→“变量管理”，打开“变量管理”对话框。单击导航栏里的“数据库变量”，会列出已建立的远程数据源的名字，选中要指向远程数据源的名字，单击“添加变量”，弹出“变量定义”对话框。

输入“变量名”，“类型”与数据库点参数类型相符，“类别”为数据库变量，“参数”输入远程数据源上的点参数。注意，如果远程数据源上的点不在根节点下，要使用长点名包括节点的名字，格式为“远程数据\节点名\点名.参数名”，有多个父节点时要依次排列节点名。配置好其他参数就可以单击“确认”按钮，完成一个数据库变量的定义，如图 15-13 所示。

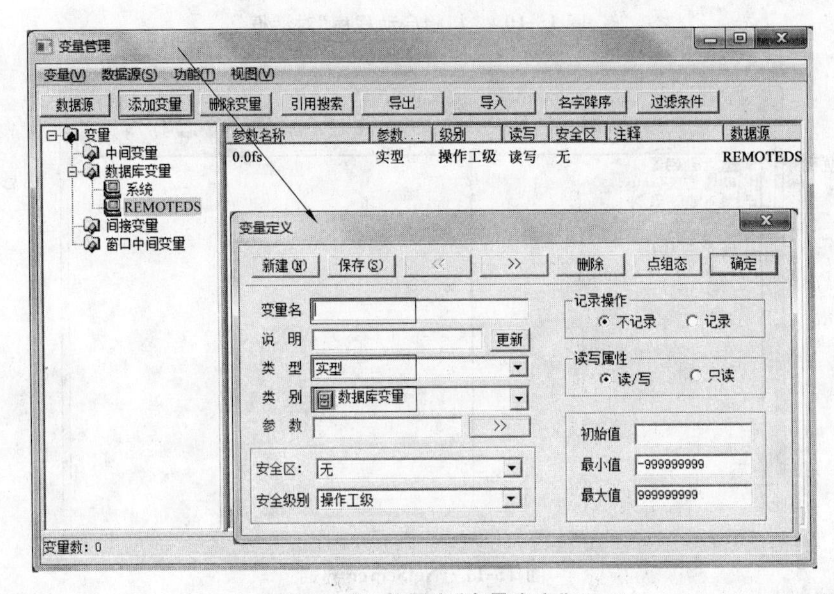

图 15-13 数据库“变量定义”

如果远程节点上的数据库已经启动，可以自动将远程数据源上所有的点参数刷新过来供链接选择，比手动填入点参数名更方便，也可以防止手动填写与远程实际的点参数名不一致。单击参数后面的按钮，展开数据库点的列表。

选中“远程数据源”，系统自动刷新远程数据源的点参数，或者也可以单击左下方的“刷新数据源”按钮，弹出“是否连接远程数据源”的提示，单击“确定”按钮。远程数据源上的点信息被刷新过来显示在下方。

在左侧选择节点，右侧选择点参数，单击参数的名字完成点参数选择，配置完其他参数，然后单击“确认”按钮就定义了一个数据库变量，如图 15-14 所示。

在界面上引用该数据库变量，运行后，这些变量就可以获取远程数据源上相应的点参数的实时值。

在变量选择时选用远程数据库点参数。同本地数据库里的点参数可以在界面对象等的变量选择里直接选择引用一样，远程数据库点参数也可以在变量选择时直接引用。

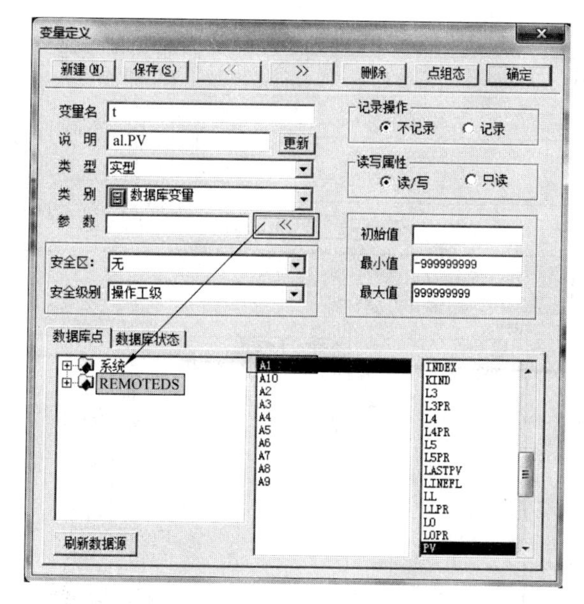

图 15-14 “变量定义”对话框

如在界面上要建立文本来显示远程数据库点参数数值的变化,可以这样来做:

在窗口上建立一个文本,双击文本对象,弹出“动画连接”对话框,单击“数值输出”→“模拟”,弹出“模拟值输出”对话框。

单击“变量选择”按钮,弹出“变量选择”对话框。

“数据源”中选择远程数据源,单击“刷新数据源”,在点和参数中分别选择要指定显示的点参数,单击“选择”按钮,在表达式中就列出了要显示数值的点名。

单击“确认”按钮,运行后文件将显示远程数据库的点参数的实时值,步骤如图 15-15 所示。

这种方式,在选择变量的过程中,系统实际已经自动建立了一个与远程数据库点参数相同的数据库变量,省去了定义数据库变量的过程,更方便快捷。

另外,也有一种快速构建客户端应用的办法,即服务器工程构建完后,将服务器端的工程复制到客户端,打开工程,建立指向服务器的网络节点,然后将工程中默认的指向本地的数据源指向远程的网络节点,全部编译一下就可以了,不需要手动建立映射关系。这种方法在服务器和客户端的工程界面内容相同时使用,非常方便。

3. 实时数据库 DB 作客户端

当一个力控监控组态软件实时数据库系统要访问另一个力控监控组态软件实时数据库系统中的数据时,这两个实时数据库系统间就构成了 C/S 应用,在客户端,通过数据连接方式使数据库中的点与服务器端实时数据库中的点建立数据映射关系。

客户端需要首先配置网络节点(指向服务器节点)与数据源。然后在定义点的数据连接时选择“网络数据库”,选择代表服务器节点的数据源,直接在点后面的文本框中输入远程数据库中的点参数名,单击“增加”按钮即可。如果远程数据库已经运行,可以将远程数据库的点信息刷新过来选择。单击文本框后面的...,将弹出“点参数”选择对话框,可刷出远程数据源上的所有数据库点,如图 15-16 所示。

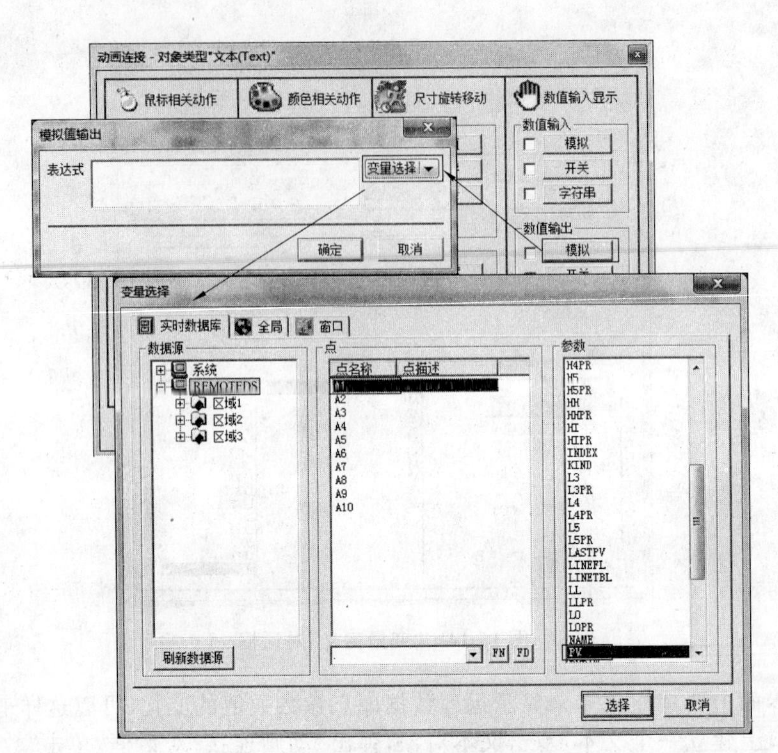

图 15-15　变量选用远程数据库点参数

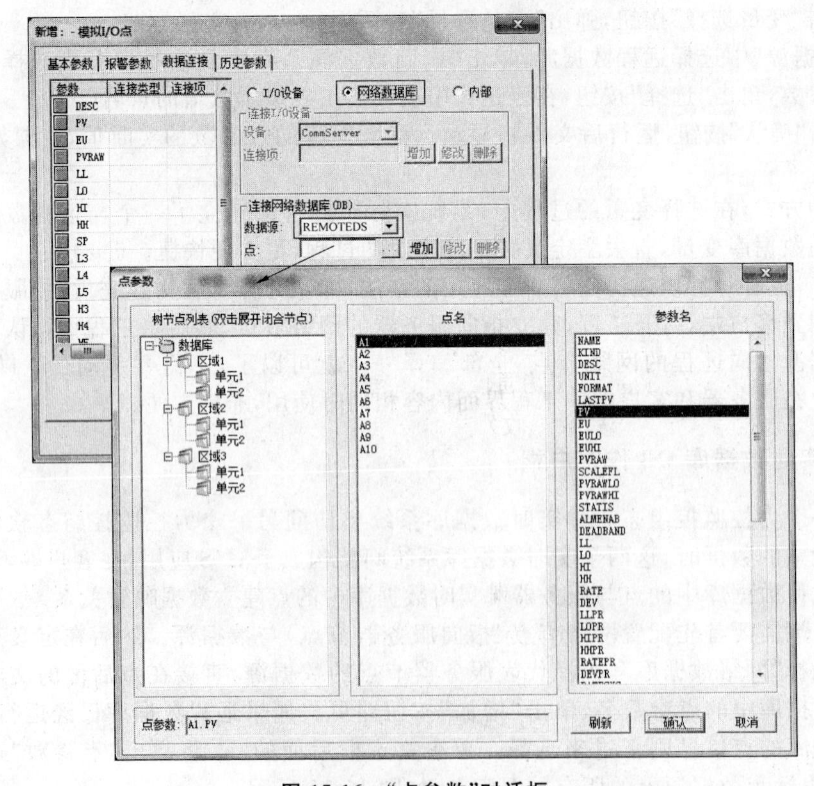

图 15-16　“点参数”对话框

选择要连接的数据库点参数，单击“确认”按钮，再“增加”即可。如果要在文本框里手动填入点参数，必须要保证跟远程数据源上的点名一致。

运行后，数据库里的这个点参数就会实时取到远程数据库里所选的点参数的实时值。

15.4 远程移动通信（CommBridge 应用）

1. 概述

力控 CommBridge 是配合 I/O 驱动程序使用的一个扩展组件，通过 CommBridge，原来仅支持直接串口通信的驱动程序可以通过 GPRS/CDMA 等移动网络对 I/O 设备进行数据采集，也可以和 CommServer 通信程序配合使力控软件之间通过 GPRS/CDMA 等移动网络进行通信来满足 SCADA 系统的需要。

如图 15-17 所示为 CommBridge 基于 GPRS/CDMA 的典型应用示意图。

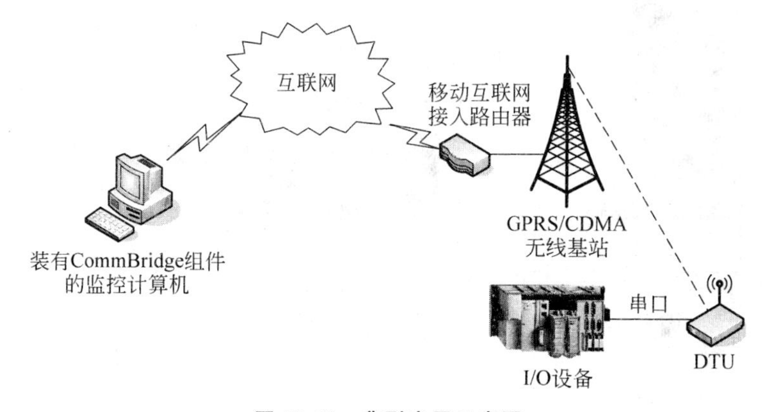

图 15-17 典型应用示意图

由于 GPRS/CDMA 自身网络的特点，用该技术实现数据通信时一般仅适合于间断的、突发性的数据传输或频繁的、少量的数据传输，不适合于频繁的、大量数据传输。

在实现中心站与多个 DTU 通信时，由于 CommBridge 对每个 DTU 采用了单独的信道管理与数据缓冲区管理，数据收发控制采用并发处理算法，因此通信效率不会因 DTU 数据量的增加而受到影响。

2. CommBridge 配置

如果要使用 CommBridge 实现 GRPS/CDMA 方式对 I/O 设备的采集，在定义 I/O 设备时，需要将“通信方式”切换为“网桥”方式，如图 15-18 所示。

需要注意的是，并不是所有的 I/O 设备都支持“网桥”方式。目前仅限于采用串口协议的 I/O 设备可以使用“网桥”方式。对于不支持“网桥”方式的 I/O 设备，如果在上述定义设备时强制设置为“网桥”方式，将导致通信故障。

单击“下一步”按钮，弹出“设备定义向导”对话框，如图 15-19 所示，图中各项解释如下。

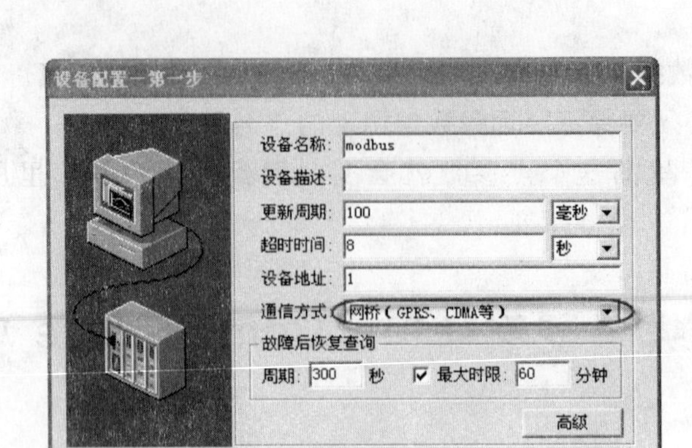

图 15-18 “设备配置-第一步”对话框

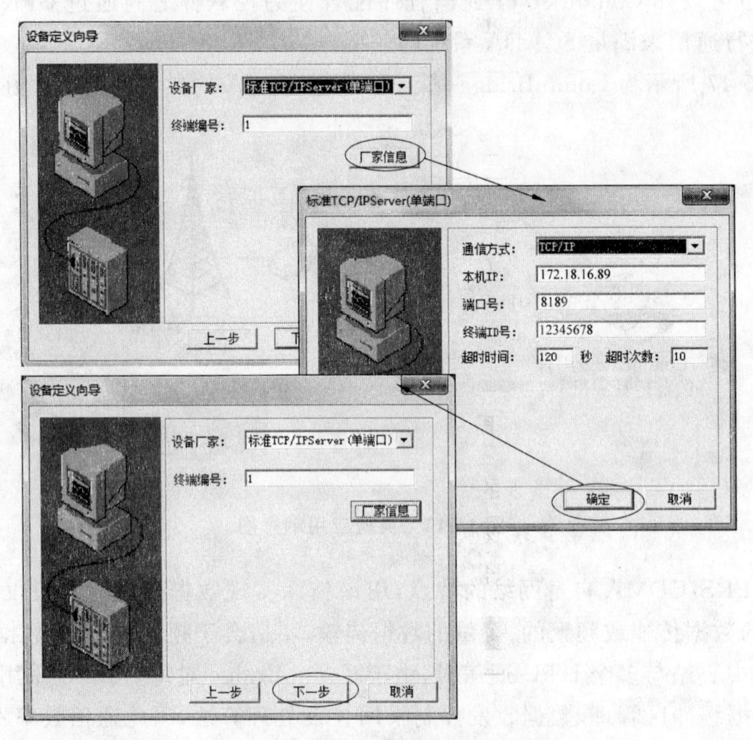

图 15-19 “设备定义向导”对话框

(1) 设备厂家：选择使用的终端设备(DTU)的生产厂商。

(2) 终端编号：CommBridge 支持在一个系统中使用多个厂商的多个终端设备,需要对所有终端进行统一编号。编号从 1 开始,每个终端的编号要唯一。如果终端的采集端为 RS 485 并且连接了多个 I/O 设备,那么在指定这些设备的终端编号时都要指定为同一编号。

注意：新建设备就配置到这里,“下一步”按钮是禁用的,此时设备并未配置完成,应单击“厂家信息”按钮继续对设备进行配置,不同的设备厂家需要配置的项目也会不同,这里以“标准 TCP/IPServer(单端口)”为例。

单击“厂家信息”按钮,弹出如图 15-19 所示对话框,进行如下参数设置。

(1) 通信方式：选择终端设备的网络通信方式：TCP/IP 或 UDP/IP。

(2) 本机 IP：指定本机网卡的 IP 地址。

(3) 端口号：指定连接到本机 TCP 网络使用的端口。

(4) 终端 ID 号：由终端厂商为每个终端设定的唯一标识，多数厂商直接采用 SIM 卡号码作为终端 ID，具体情况需要参考终端的使用手册。

单击“确定”按钮，回到设备定义窗口，此时可以单击“下一步”完成后续设备配置。

3. CommBridge 启动设置

力控运行系统可以自动启动 CommBridge 服务程序。在开发系统 DRAW 中设置“配置”→“初始启动程序”，如图 15-20 所示，CommBridge 项要确定被选中。

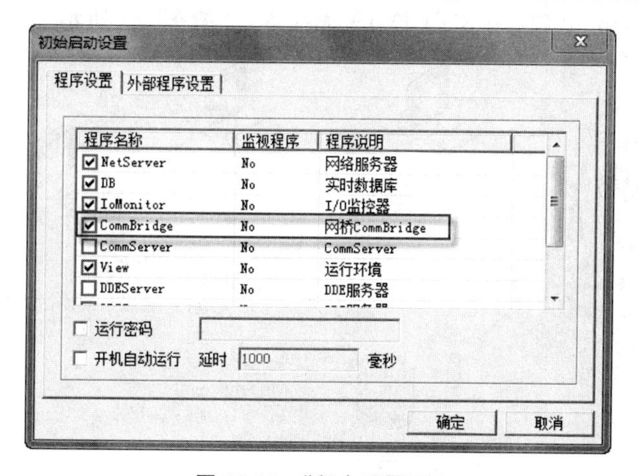

图 15-20 “程序设置”页

CommBridge 在任务栏上显现的图标形式为 。在任务栏上用鼠标单击该图标，可将 CommBridge 窗口激活并置为顶层窗口显现出来，如图 15-21 所示。单击 CommBridge 右上角“关闭”按钮，CommBridge 并不退出，而是缩小为程序图标隐藏在任务栏上。

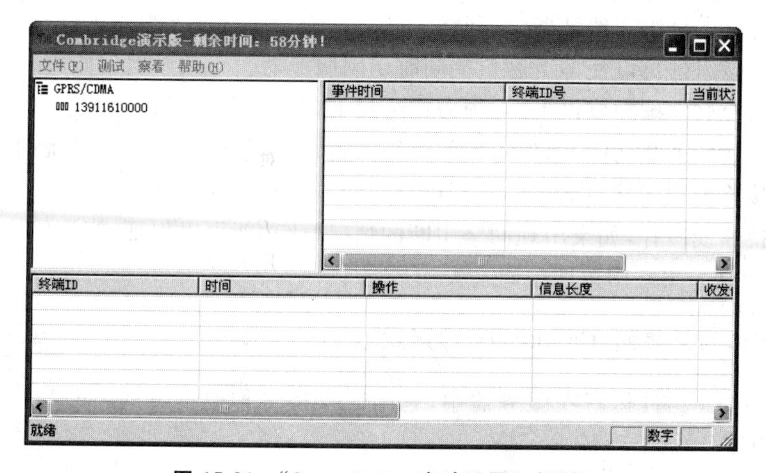

图 15-21 “CommBridge 启动设置”对话框

15.5 CommServer的使用

1. 概述

在 SCADA 系统中，由于地理比较分散，需要软件之间可以通过 MODEM、电台、GPRS/CDMA、无线方式来进行通信，力控数据库通信组件 CommServer 是一个扩展力控系统间相互通信能力的组件，通过 CommServer，可以将一个力控实时数据库系统作为服务器，其他力控实时数据库系统作为客户端，以各种通信方式访问服务器的数据。

客户端与服务器之间采用力控专有协议进行通信，CommServer 支持的通信方式包括网络、串口、Modem、电台、GPRS/CDMA 无线等，如图 15-22 所示。

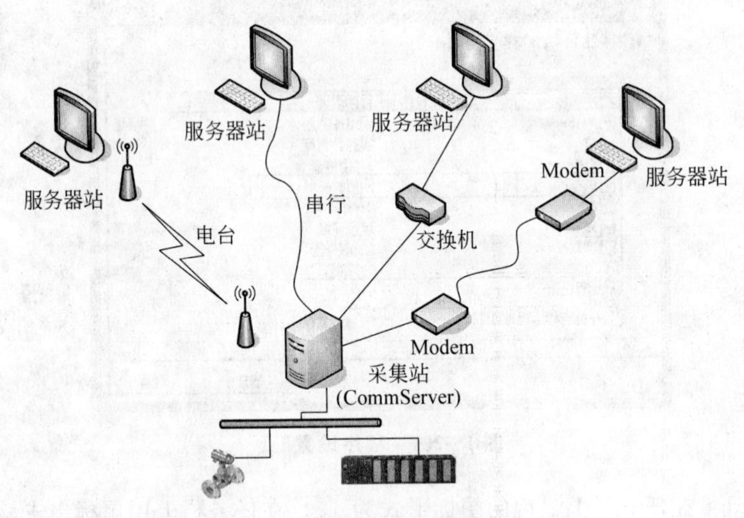

图 15-22　控制系统

其功能特点有以下几个。

(1) 组件具备分组和地址概念，网络不同节点的力控通过该组件可进行互相寻址。

(2) 通过该组件可以使多个客户端同时访问服务器。

(3) 把力控软件虚拟成设备，远程力控通过 I/O 驱动程序访问力控。

(4) 具备故障恢复功能，通信中断的时候具备自动恢复功能，保证系统的稳定性。

(5) 直接将力控区域数据库的数据进行发送，提高了系统的效率。

(6) 支持断线缓存，如果出现网络中断的情况，此功能可以保证，当网络恢复通信后，服务器站可以从采集站中读取中间丢失的数据。

2. 力控作为采集站(CommServer)配置

CommServer 组件运行在服务器中，它同时支持多种通信方式，如串口、Modem、网桥和网络(TCP/IP、UDP/IP)。

力控先进入运行状态，然后在力控安装根目录下双击 CommServer.exe 或者单击“开始"菜单→"所有程序"→"力控 ForceControl V7.0"→"扩展组件"→CommServer，CommServer 运行界面如图 15-23 所示。

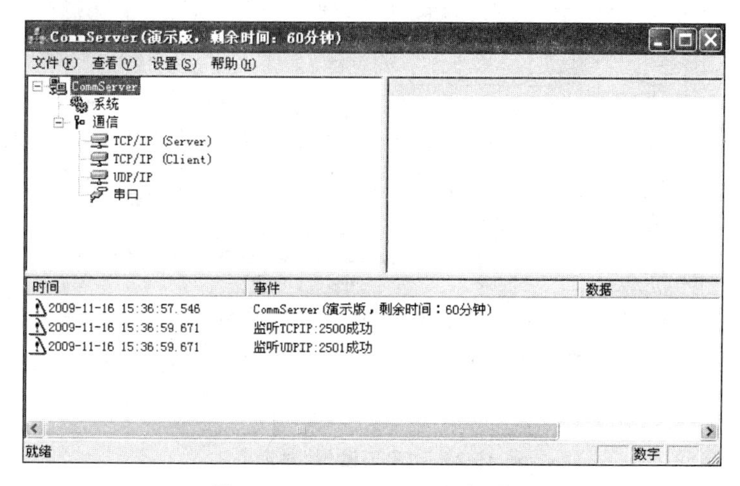

图 15-23 CommServer 运行界面

在菜单栏中单击"通信设置"，出现如图 15-24 所示对话框。

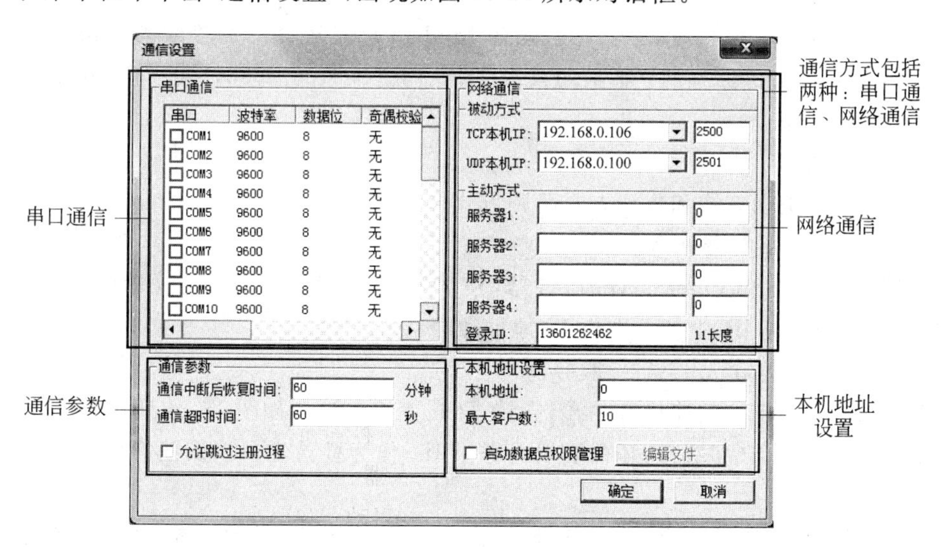

图 15-24 "通信设置"对话框

(1) 通信方式配置(串口通信、网络通信)

① 串口通信(串口、电台、DTU 和 Modem)

单击要使用的串口(复选框)，出现如图 15-25 所示的对话框。

设置串口参数，与设备(现场设备、电台 DTU 或 Modem)的串口参数保持一致。

注意：

- 串口直接连接时，两台计算机的串口参数必须一致。
- 使用电台时，需要对电台的串口进行配置，电台和 CommServer 串口参数必须保持一致。

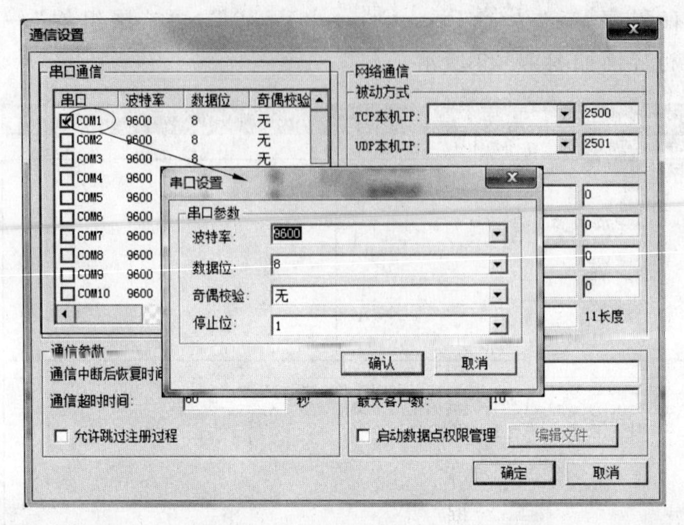

图 15-25 “串口设置”对话框

• 使用 DTU 时，需要对 DTU 的串口进行配置，DTU 和 CommServer 串口参数必须保持一致。

• 使用 Modem 通信时，首先把两端的 Modem 配置成自动应答方式，Modem 的串口参数与上位机的串口参数的设置保持一致（默认为 9600，8N1），否则可能会导致通信失败。

② 网络通信

网络通信分被动方式和主动方式两种方式。

• 被动方式（服务器→CommServer）

即客户端去连接 CommServer 服务器，分 TCP 和 UDP 两种。设置如图 15-24 所示，在“TCP(UDP)本机 IP”中填上本机 IP 地址和端口号。

• 主动方式（CommServer→服务器）

即 CommServer 主动连接客户端，支持 TCP 方式。设置如图 15-24 所示，在“服务器1”中填写服务器的 IP 和端口，还需要填写登录 ID，作为登录客户端认证信息（即标识）。

(2) 通信参数

① 通信中断后恢复时间：在客户端多长时间没有访问或收到数据不正确之后清空数据缓存重新建立数据信息。

② 通信超时时间：在通信时超过一定时候没有收到数据包或者收到的数据包不正确，处理相应的链路。

③ 允许跳过注册过程：在通信链路带宽较窄的情况下可以跳过注册点过程，这样可以直接读取实时数据或者历史数据，节省通信时间。选择跳过注册过程时，CommServer 会在工程目录下 CommServer 文件夹中搜索注册点文件，文件名命名规范为 RegInfo_通信链路_链路地址.csv，例如 RegInfo_Tcp_200.csv 代表在 TCP 链路上注册链路地址为 200 的设备，RegInfo_TcpClient(192.168.0.157 2008)_203 代表 TCP 客户端方式、连接服务端 2008 号端口、注册链路地址为 203 的设备，RegInfo_udp_201.csv 代表在 UDP 链

路上注册链路地址为201的设备，RegInfo_com15_202.csv代表在串口15上注册链路为202的设备，其中链路地址为200～255且不能重复。此文件由客户端I/O采集程序生成，位于客户端工程目录II_SunWay_DB_Ex文件夹中，将其复制到CommServer端，根据链路形式更改相应的文件名即可。

(3) 本机地址设置

① 本机地址：设定本机使用CommServer的地址，在客户端定义设备时的地址必须跟它一致。

② 最大客户端数：设定每一种链路所能承受的最大的客户端数量，设定值的作用范围为每一个链路，例如COM1或者COM2或者TCP或者UDP，不做全局的数量限定，由于UDP通信的特殊性质，数量限定约为通信个数的2倍，例如UDP正常使用2个客户端，那么客户端限制应至少为4个，否则会影响数据通信。

③ 启动数据点权限管理：如果启用“启动数据点权限管理”，需要编辑权限文件，可以为每一个数据点设置权限和数据变化死区，该设置启动后不在配置文件范围内的点则默认为没有访问权限。对于每一个数据点，要把图中4项全部设置上，否则会报错。如图15-26所示。

	A	B	C	D	E	F
1	点名(Tag1.PV)	权限(0:没有权限1:读写权限2:只读权限)	数据上限	数据下限	数据死区(%)	
2	tag1.PV	2	100	0	5	
3	tag2.PV	2	100	0	5	
4	tag3.PV	2	100	0	5	
5	tag4.PV	2	100	0	5	
6	tag5.PV	2	100	0	5	
7	tag6.PV	2	100	0	5	
8	tag7.PV	2	100	0	5	
9	tag8.PV	2	100	0	5	
10	tag9.PV	2	100	0	5	
11	tag10.PV	2	100	0	5	
12	tag11.PV	2	100	0	5	
13	tag12.PV	2	100	0	5	
14	tag13.PV	2	100	0	5	
15	tag14.PV	2	100	0	5	
16	tag15.PV	2	100	0	5	
17						
18						

图15-26 数据点权限管理

(4) 数据库组态

“数据库组态”对话框如图15-27所示。

3. 力控作为服务器站(I/O驱动)配置

(1) I/O设备组态

当客户端通过CommServer访问服务器力控数据库时，可将服务器视作一个I/O设备，通过专用的驱动实现与CommServer服务程序的数据交互。该驱动的使用方法与其他I/O驱动相同。

启动IoManager，在“力控”类里选择“数据库”→“COMMSERVER通信”，如图15-28所示。

① 串行通信方式

- 串口和电台方式

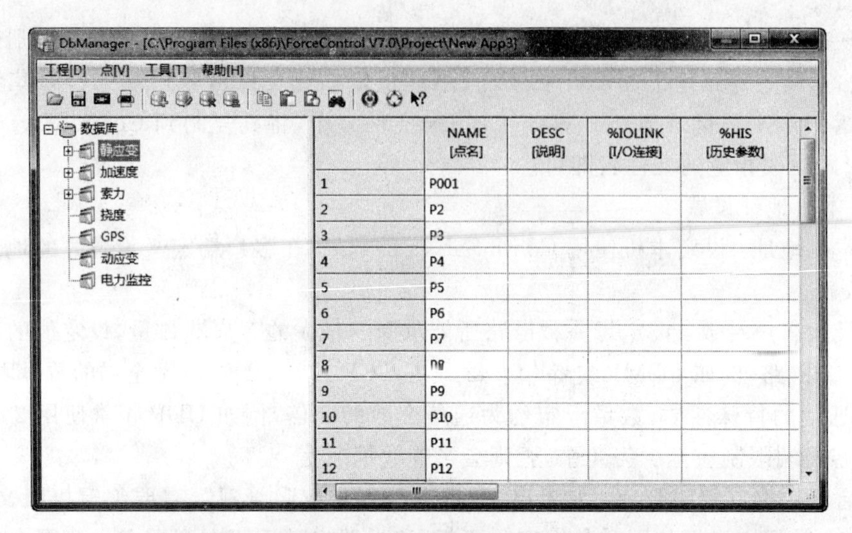

图 15-27 “数据库组态”对话框

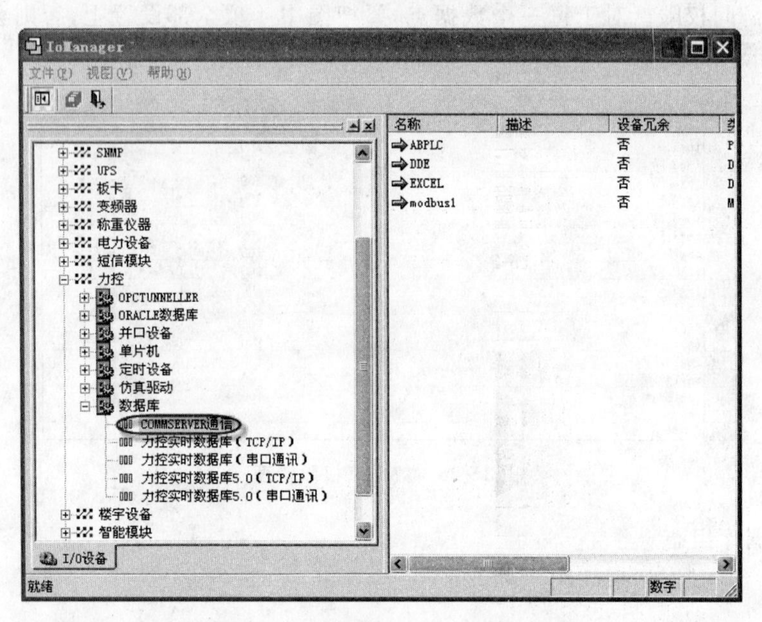

图 15-28 “COMMSERVER 通信”对话框

通信方式选择“串口(RS 232/422/485)”，设备地址与 CommServer 设置的地址保持一致，选择服务器站使用的 COM 口，并设置串口参数与采集站使用 COM 口保持一致，步骤如图 15-29 所示。

- DTU 通信方式

通信方式选择“网桥”，设备地址与 CommServer 设置的地址保持一致，第二步配置请参考力控 DTU 的配置说明，配置如图 15-30 所示。

- MODEM 方式

通信方式选择 MODEM 方式，设备地址与 CommServer 设置的地址保持一致，如图 15-31 所示。

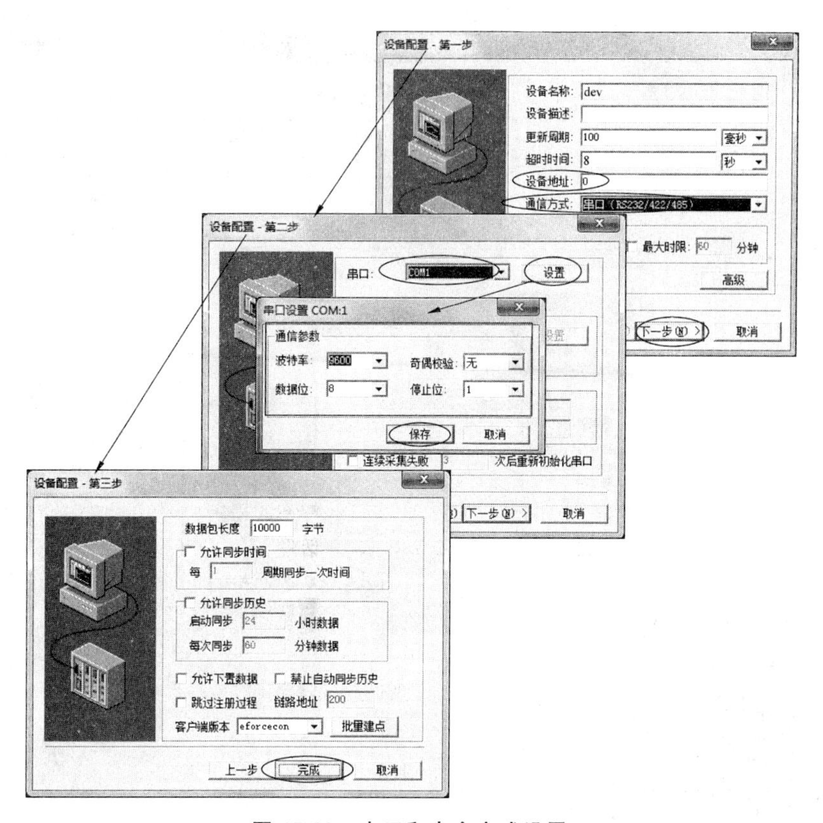

图 15-29 串口和电台方式设置

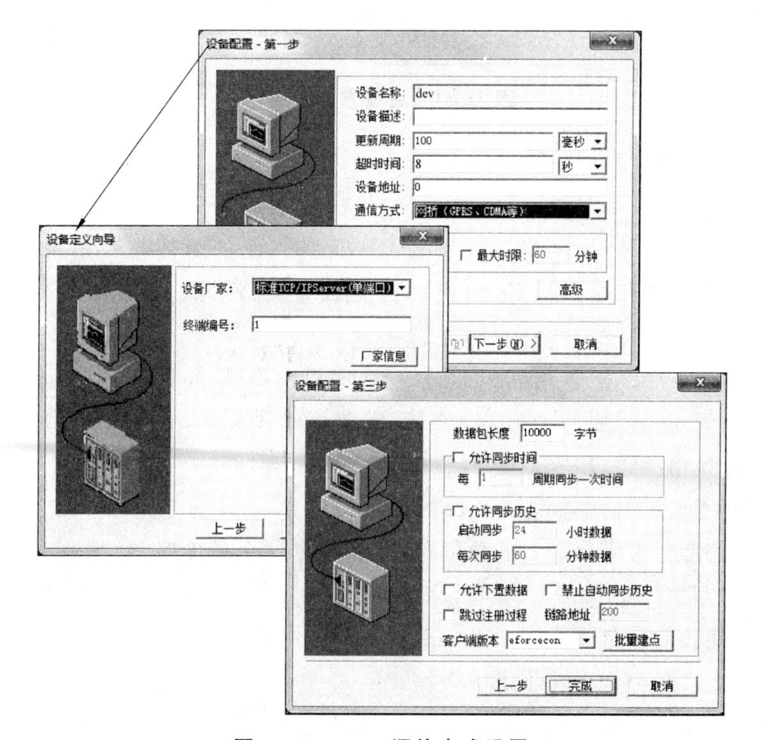

图 15-30 DTU 通信方式设置

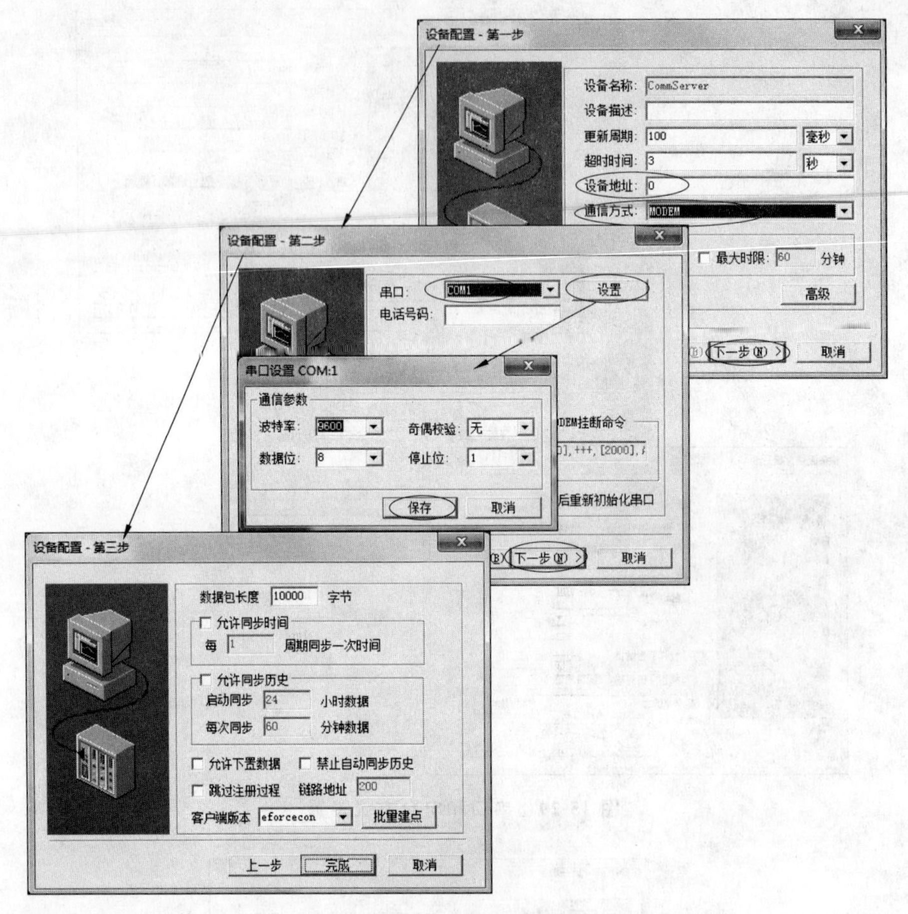

图 15-31　通信方式设置

② 网络通信方式

- 被动方式(TCP/UDP)

通信方式选择"TCP/IP 网络"或"UDP/IP 网络",设备地址与 CommServer 设置的地址保持一致,IP 地址和端口与 CommServer 端设置保持一致,步骤如图 15-32 所示。

- 主动方式

此方式基本与 DTU 配置相同。不同的是,这里没有用到 DTU 设备,直接利用局域网或广域网就可以实现。注意,设备厂家选择"力控",端口和终端 ID 号要与 CommServer 设置相一致,步骤如图 15-33 所示。

设备配置的第三步中各参数说明如下。

- 数据包长度：通信时最大的数据包长度,超过这个长度时,数据将分包发送(如果选择 DTU 和 Modem 方式,建议设置在 800 到 1000 之间)。
- 同步时间：是否允许修改 CommServer 端的时间。
- 同步历史：是否允许同步历史数据。
- 启动同步历史数据时间：是指程序启动时同步多长时间的历史数据。

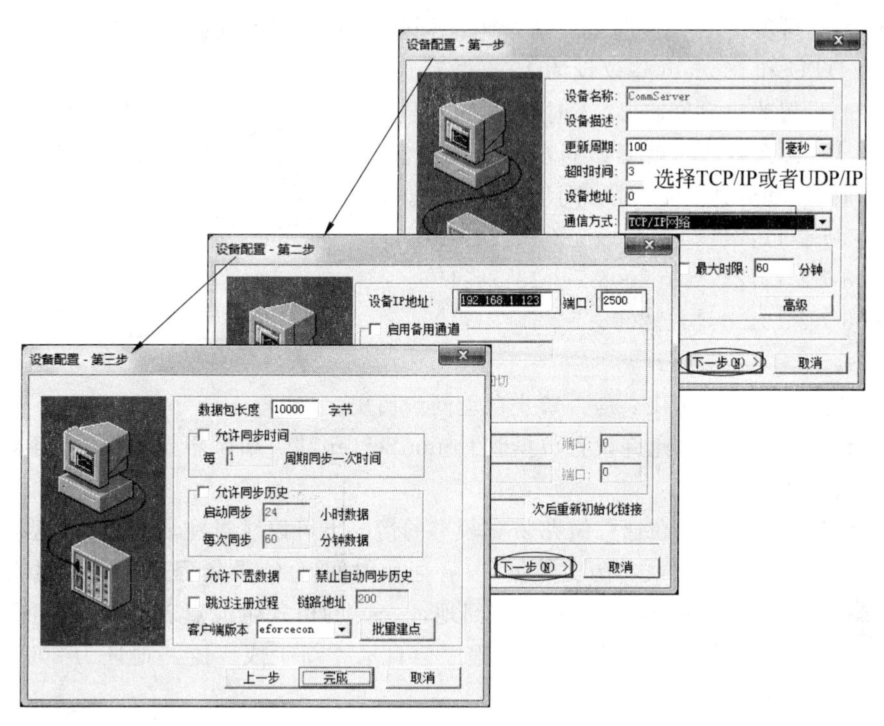

图 15-32　通信设置

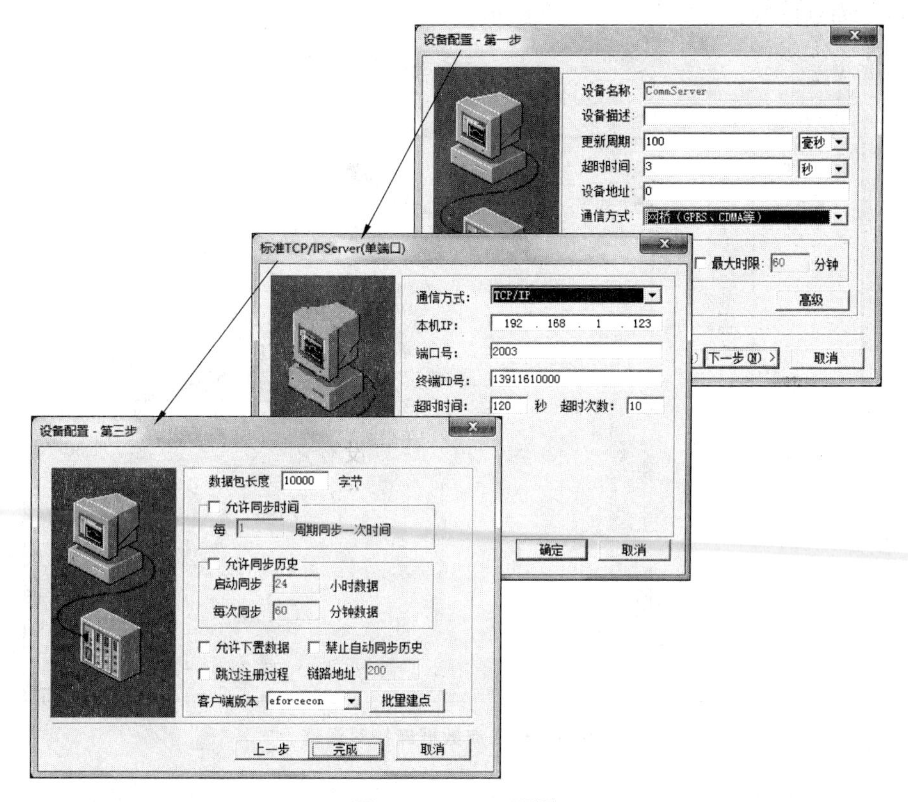

图 15-33　DTU 配置

- 每次同步历史数据时间：是指程序同步历史过程中每次读取的历史数据长度（DTU 和 Modem 建议设为 10 分钟）。

例如，设置为启动同步 24 小时数据，每次同步 60 分钟数据，则若启动时间为 2008-7-3 11:24:10，那么启动时就开始同步 2008-7-2 11:24:10 至 2008-7-3 11:24:10 的历史数据，同步时每 60 分钟一个间隔，同步过程如下。

2008-7-2 11:24:10—2008-7-2 12:24:10

2008-7-2 12:24:10—2008-7-2 13:24:10

2008-7-2 13:24:10—2008-7-2 14:24:10

……

- 禁止自动同步历史：是否禁止自动同步历史。
- 允许下置数据：允许设置数据到 CommServer 端。如果想设置数据，组态时必须勾选此项。
- 跳过注册过程：在通信链路带宽较窄的情况下可以跳过注册点过程，这样可以直接读取实时数据或者历史数据，节省通信时间，I/O 采集程序判断点名文件不存在时会按照 RegInfo_设备名_链路地址.csv 的格式生成点表文件，如组态发生变化时可以删除原点表文件，I/O 程序会自动重新生成。链路地址为 200～255 且不能重复。

(2) 数据库组态

数据库点的数据连接如图 15-34 所示。

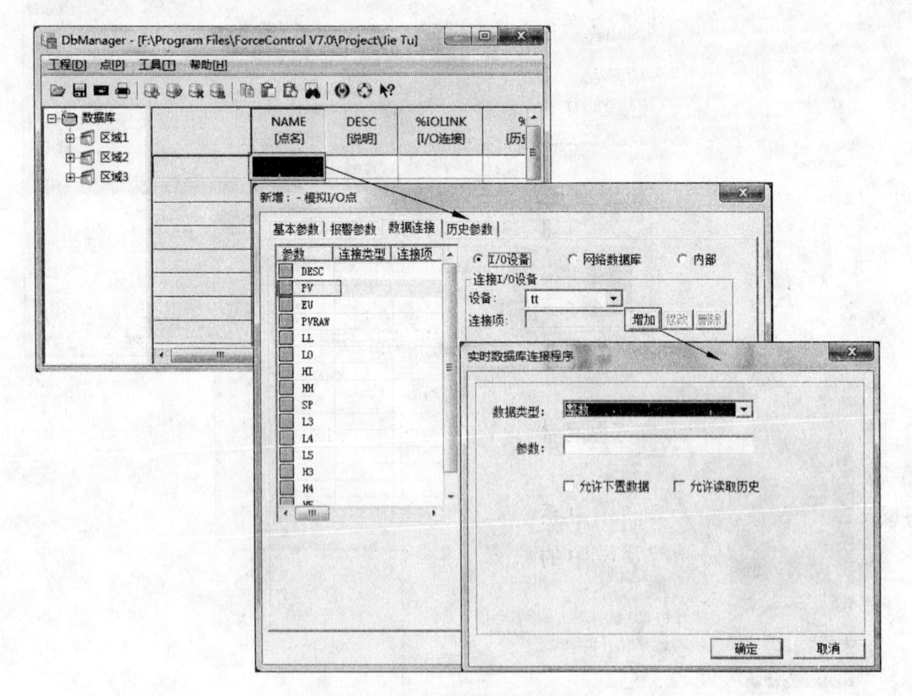

图 15-34　点数据连接对话框

- 数据类型：数据传送的类型。

- 参数：力控 CommServer 端的数据库点名和参数。
- 允许下置数据：允许下置数据到服务器。如果需要下置数据，点组态时必须勾选此项。
- 允许读取历史：如果想同步历史数据，点组态时必须勾选此项。

4. 注意事项

（1）如果允许同步历史数据，工程运行后，就会在工程目录下 II_SunWay_DB_Ex 文件夹中生成一个“设备名.dat”文件，此文件记录上一次插入历史数据的时间。工程再次运行会从记录时间开始往后读，如果想全部重新读取历史数据，把此文件删除即可。同步过来的历史数据放在工程 DB 目录下 dat 文件夹中。

（2）启动 CommBridge（用于 DTU 和网络通信的主动方式）

如果使用 DTU 或是网络通信的主动方式，在运行程序之前，先打开“初始启动设置”，在“程序设置”中勾选 CommBridge，如图 15-35 所示。

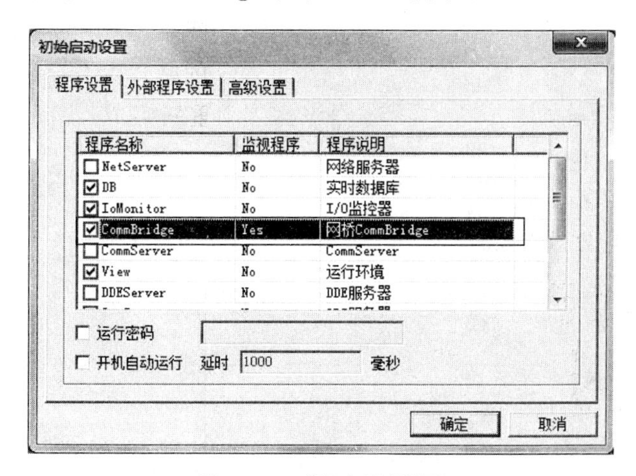

图 15-35 “程序设置”页

思考与习题

15.1 CommServer 数据服务器能解决哪些设备的通信问题？怎样使用 CommServer 数据服务器？

15.2 怎样建立开发的用户系统与远程的用户系统之间的通信？

15.3 怎样查询远程系统中的数据？怎样监控远程系统？